高等学校应用型本科创新人才培养计划系列教材

高等学校经管类专业课改系列教材

会计信息系统(金蝶 K/3)

主　编　韩福才

副主编　张　娜　闫　华

参　编　田　乐　孙艳霞

　　　　刘明玮　韦修玲

西安电子科技大学出版社

内 容 简 介

　　为了更好地适应应用型教育的人才培养要求和发展趋势，进一步深化传统教学模式和教学方法的改革，作者根据多年在企业担任主管会计的工作经验，根据项目化教学理念设计教学大纲，组织全书内容。

　　本书的体系结构有别于其他的会计信息系统教材，全书并不以金蝶 K/3 的系统模块为体系编写，而是以实际业务操作流程为主线组织内容。本书以最新的金蝶 K/3 V14.0 为背景，以企业的经济业务贯穿始终，以项目教学模式为特点，以实际应用为导向，各环节的具体操作尽量以真实情境来反映，突出实用性，旨在提高学生的实践操作能力，使其达到基本岗位要求。本书共有六个项目：金蝶 K/3 系统、账套管理、初始设置、日常业务处理、期末处理和报表管理。全书以"建账和维护账套→系统初始设置→处理日常业务→期末处理→编制会计报表"业务操作流程为主线组织教学内容，使学生对金蝶 K/3 系统有一个全面的认识。

　　本书既可作为各高校会计信息系统及相关专业的教材，也可作为金蝶认证的培训教材，还可作为希望了解会计信息化的广大企业财务人员及各高校的教师和学生的辅导资料。

图书在版编目(CIP)数据

会计信息系统：金蝶 K/3 / 韩福才主编. —西安：西安
电子科技大学出版社，2016.1(2023.6 重印)
ISBN 978–7–5606–3599–6

Ⅰ. ① 会…　Ⅱ. ① 韩…　Ⅲ. ① 会计信息—财务管理系统—高等学校—教材
Ⅳ. ① F232

中国版本图书馆 CIP 数据核字(2015)第 317220 号

策　　划　刘小莉　毛红兵
责任编辑　马武装
出版发行　西安电子科技大学出版社(西安市太白南路 2 号)
电　　话　(029)88202421　88201467　　邮　编　710071
网　　址　www.xduph.com　　　　电子邮箱　xdupfxb001@163.com
经　　销　新华书店
印刷单位　广东虎彩云印刷有限公司
版　　次　2016 年 1 月第 1 版　　2023 年 6 月第 4 次印刷
开　　本　787 毫米×1092 毫米　1/16　印　张　19.5
字　　数　462 千字
印　　数　5501～6000 册
定　　价　43.00 元
ISBN 978-7-5606-3599-6/F

XDUP 3891001–4

如有印装问题可调换

前　言

　　课程建设与改革是提高教学质量的核心，也是教学改革的重点与难点。改革教学方法和手段，融"教、学、做"为一体，把现代信息技术作为提高教学质量的重要手段，强化学生能力的培养，是课程建设与改革的重点所在。应用型教育的目标是培养职业能力强的高素质技能性人才。因此，在教学中应加大实训课程的比重，注重学生操作技能的培养。

　　本书具体内容包括 6 个项目：金蝶 K/3 系统、账套管理、初始设置、日常业务处理、期末处理和报表管理。以"建账和维护账套→系统初始设置→日常业务处理→期末处理→编制会计报表"业务操作流程为主线组织教学内容，使学生对金蝶 K/3 系统有一个全面的认识。

　　为了进一步方便读者的阅读和更准确无误地运用金蝶 K/3 财务软件，本书在编写过程中不但完全采用了图例步骤式的讲解方法，使得图文能够紧密结合，尽可能地减少长篇累牍的枯燥文字，而且特别注重对操作流程的讲解，并重点将实际操作中的知识点与实例紧密结合，使得本书理论讲解深入浅出，逻辑流程脉络清晰，内容衔接紧密，具有极强的整体感。通过对书中各知识点的详细讲解，读者不必事先学习其他软件，就可以掌握金蝶 K/3 财务软件的知识要点，并对书中所涉及的每个知识点进行反复演练，最终运用到实际工作之中。从这方面来说，这也是一本提高财务工作爱好者知识水平的实用工具书。

　　本书由商丘工学院韩福才担任主编，商丘工学院张娜、闫华担任副主编，全书由韩福才统稿与定稿。本书的编写分工是：项目一、项目二及项目三的任务一和任务二由张娜编写，项目三的任务三和任务四由商丘工学院田乐编写，项目三的任务五和任务六及项目四的任务一由韩福才编写，项目四的任务二和任务三由商丘工学院孙艳霞编写，项目四的任务四和任务五由商丘工学院刘明玮编写，项目四的任务六及项目五由商丘职业技术学院韦修玲编写，项目六、实训项目及附录由闫华编写。在编写过程中，编者阅读了许多同类教材，借鉴了其中的诸多优点，在此谨向这些教材的作者表示深深的谢意！

　　由于编者水平有限，书中难免有不足之处，恳请读者批评指正。

编　者

2015 年 8 月

目　　录

项目一 金蝶 K/3 系统

能力目标	熟悉金蝶 K/3 系统的理念和功能
	熟悉金蝶 K/3 系统的特点和内涵
	熟练掌握金蝶 K/3 系统的安装

任务一 金蝶 K/3 系统认知

1. 金蝶 K/3 系统概述

金蝶 K/3 ERP 系统集财务管理、供应链管理、生产制造管理、人力资源管理、企业绩效管理、移动商务、集成引擎及行业插件等业务管理组件于一体，以成本管理为目标，以计划与流程控制为主线，通过对成本目标及责任进行考核激励，推动管理者应用 ERP 等先进的管理模式和工具，建立企业人、财、物、产、供、销科学完整的管理体系。

金蝶 K/3 ERP 构建于金蝶 K/3 BOS 平台之上，具有极强的灵活性，通过 K/3 BOS 业务配置可以实现模块、功能、单据、流程、报表、语言、应用场景和集成应用等环节的灵活配置，帮助企业实现个性化管理需求的快速部署；同时还可以通过 K/3 BOS 集成开发快速实现新增功能的定制开发和第三方系统的紧密集成，支持系统的灵活扩展与平滑升级，从而最大限度地保护企业信息化投资，降低总体拥有成本(TCO)。

2. 金蝶 K/3 系统理念

企业在创造价值的动态过程中，从原料采购、生产运作、市场销售、售后服务等基本活动，到计划、财务、人力资源、协同办公等支持系统，都会对各环节的分工和管理方法不断进行总结提炼和持续改善，寻找解决问题的最佳方案，最大限度地减少管理所占用的资源和降低管理成本，以获得更高效率、更多效益和更强竞争力。

秉承"帮助顾客成功"的企业理念，经过多年实践与经验积累，金蝶 K/3 ERP 在帮助企业实现全面业务应用的基础上，进一步提出"让管理精细化"的产品理念，从管理方法、流程控制、管理对象等方面，引导企业从常规管理迈向深入应用，使企业在激烈的竞争环境中不断提升企业边际利润，实现企业的卓越价值和基业长青。

金蝶 K/3 ERP 的主要特点如下：

(1) 管理方法精细化。金蝶 K/3 ERP 针对不同业务领域、不同行业应用、不同管理模式，将日成本管理、作业成本管理、车间工序管理、精益生产、MTO 计划及绩效过程管理等管理方法充分融合，帮助企业逐步迈入管理精细化阶段。

(2) 流程控制精细化。金蝶 K/3 ERP 基于 K/3 BOS 平台，借助灵活可变的流程将系统模块、功能、单据、数据、角色等要素紧密关联，通过参数精确控制，帮助企业实现管理流程的规范化和精细化。

(3) 管理对象精细化。金蝶 K/3 ERP 以企业的人、财、物为基本分类，将产、供、销等业务运营过程中涉及的物料、产品、伙伴等基本对象从数量、价值、时点、质量、状态等多维度进行全面细致的监控，实现对管理对象的精细化管理。

3. 金蝶 K/3 系统功能

金蝶 K/3 ERP 系统整合企业内外部资源，为企业管理者搭建了完整的信息化管理平台，提供财务管理、供应链管理、生产制造管理、销售与分销管理、人力资源管理(HR)、协同办公(OA)、客户关系管理(CRM)和企业绩效管理八大应用系统，实现企业价值链的价值最大化。

(1) 财务管理系统：帮助企业财务管理从会计核算型向经营决策型转变，在满足财务核算的基础上，实现集团层面的财务集中、全面预算、资金管理和财务报告。

(2) 供应链管理系统：协助企业全面管理整个供应链网络，提供采购管理、销售管理、库存管理、存货核算、进口管理、出口管理、质量管理等业务管理功能。

(3) 生产制造管理系统：帮助企业实现制造全面管理，对企业的产品数据、生产计划、能力计划、车间生产作业、委外加工等业务进行集成管理。

(4) 销售与分销管理系统：帮助企业建立基于销售网络的信息化系统，提供分销管理、门店管理、前台管理等业务管理功能。

(5) 人力资源管理系统：帮助企业实现战略人力资源管理，提供职员管理、考勤管理、薪酬福利管理等基础人事业务管理功能，还可以提供组织规划、能力素质管理、薪酬设计、绩效管理、招聘选拔、培训发展、员工自助等专业人力资源业务管理功能。

(6) 协同办公系统：帮助企业创建电子化的工作环境和知识门户，提供公共信息、行政事务、个人信息和协同办公等事务处理功能。

(7) 客户关系管理系统：帮助企业对客户进行全生命周期管理，提供商机管理、服务管理等业务管理功能。

(8) 企业绩效系统：帮助企业决策层及时了解企业运营情况，通过统一管理门户，提供了目标管理、销售与运营计划等决策参考功能。

4. 金蝶 K/3 ERP V14.0 新增功能

金蝶 K/3 ERP V14.0 产品在金蝶 K/3 原有产品的基础上，对产品功能作了进一步的改进和完善，同时增加了许多特色功能。这样所有功能都可以通过主控台进入，从而方便用户操作，体现集团化管理，使用户一目了然。

1) 社交化移动销售管理，提升销售力——销售管家

销售工作只需要一部手机便可进行处理，如汇报工作、行程、客户上报等，同时提供了一个 WEB 后台，管理人员可以在电脑后台查看销售人员所在位置。

2) 阿里 1688 电商平台，采购互联网化

金蝶与阿里巴巴进行战略合作，在产品层面打通了后台 ERP 与阿里采购平台，可以实现 ERP 的一键向阿里寻源，完成了订单到支付的闭环。

3) ERP 即时通讯，全新商务沟通模式

在不打开 K/3 的前提下，也能了解或者处理相关业务，比如有预警信息，可以像 QQ 一样响一下，14.0 版本增加了 K/3 与手机即时通讯的业务集成。

4) 端到端的智能化业务处理——OA 集成

客户除了 ERP 系统外，有可能还应用了其他许多系统，那么就需要一个门户，统一管理来自不同系统的业务，比如来自 ERP 的采购订单可直接在 OA 中进行审批，以及不在 ERP 中的车辆管理、发文流程等。ERP 系统增设了"关注"功能，可对特别关注的单据进行推送，并且支持 PC、PAD 和智能手机。

5) 移动 BOS，支持企业全面定制移动应用

金蝶提供移动 BOS，通过移动 BOS，客户可以进行图形化界面定制应用，并发布到金蝶云之家或者微信这样的平台中。移动 BOS 无代码定制，非常简单。

6) 二维码，支持企业间供应链协作

金蝶 K/3 提供二维码应用，如 K/3 支持供应商送货的二维码标签，送货过来后，只要扫码便可生成入库单，非常方便。

7) 可视化生产——PMC 平台

本版本 K/3 针对 PMC 角色提供了计划平台和物控平台。

(1) 生产计划通过甘特图展示，所以生产进度及排程可视化、透明化。

(2) 通过醒目的颜色标示，并可以联查物料不足原因。可按日展示物料的动态供需结存，并追查生产原因，及时作出调整。

(3) 可以进行插单模拟物料配齐情况。

(4) 如有计划调整，可以直接拖动进行批量调整。

8) 财务集成平台，异构系统与金蝶财务一体化

针对很多行业性客户，业务系统不用金蝶，但财务用 K/3，似乎难以实现业务与财务的一体化。实际上，K/3 提供了财务集成平台，只需要作个对接，便可让业务数据在金蝶系统中生成凭证。

9) 快速实施向导工具，快速实施、快速见效

针对 ERP 进度慢，不能快速见效的不足，本版本 K/3 增加了快速实施向导工具，可向导式、流程化、模板化进行快速、有质量的交付。

5. 金蝶 K/3 系统特性

金蝶 K/3 ERP 是在新的管理思想、软件技术以及十多年业务实践的基础上发展起来的新一代 ERP，具有平台化、集成化和人性化的特点。

1) 平台化，帮助企业快速随需应变

金蝶 K/3 ERP 系统完全基于金蝶 K/3 BOS 平台构建，K/3 BOS 通过业务配置、集成开发和运行引擎三个应用层次为企业提供随需应变的 ERP 解决方案。

2) 集成化，帮助企业有效整合资源

金蝶 K/3 ERP 集成财务管理、供应链管理、生产制造管理、销售与分销管理、人力资源管理、办公自动化、客户关系管理和企业绩效八大应用，面向供应、消费、资本和知识

四个市场,有效地整合了现有系统以及 PDM、银企互联平台、考勤系统、金税系统、条码、实验信息系统等第三方系统。

3) 人性化,帮助企业实现便捷业务处理

金蝶 K/3 ERP 提供了易学易用的人性化界面、精准的使用帮助,可使企业应用人员轻松快速地掌握软件应用功能。金蝶 K/3 ERP 移动商务具有"随时、随地、随身"的工作方式,可使企业的任何人、在任何时间和任何地点获取授权信息,进行相应的业务处理。

6. 金蝶 K/3 系统的内涵

金蝶 K/3 系统遵循微软 Windows DNA 框架结构,基于三层结构技术,支持网络数据库与 Microsoft/Citrix 终端应用,是真正面向网络的企业管理软件。它由数据库技术、三层结构组件技术、Citrix 终端技术与企业管理技术组成。

(1) 数据库技术:企业管理软件应关注的是数据存放系统,即用来存储和管理企业数据的工具。该软件可实现数据安全、高效、快速存储及意外事件的数据自动恢复等功能。金蝶 K/3 系统采用大型网络数据库管理系统,支持大用户量的访问和海量数据存储,支持主流大型数据库,如 Microsoft SQL Server 2000 和 Microsoft SQL Server 2005。

(2) 三层结构组件技术:企业管理软件是典型的数据库应用,三层结构是一项先进且成熟的数据库应用结构。根据分布式计算原理,它将应用分为数据库端、中间层和客户端三个层次。数据库端即数据库服务器;中间层包含封装商业规则的计算组件;客户端即用户窗口,可以是本地 GUI 客户端,也可以是远程的 Citrix 客户端。

(3) Citrix 终端技术:金蝶软件(中国)有限公司是思杰系统亚太有限公司正式授权的 Citrix 独立软件开发商,被授权可在中国内地、香港和台湾地区与金蝶应用软件系统一起捆绑销售 Citrix Metaframe Presentation Server。K/3 与 Citrix MPS 结合部署可以大大减少远程客户端的网络带宽占用,提高传输安全性,并且 K/3 在 MPS 上部署的客户端还具有免维护、集中管理、易于扩充等特性,能有效降低企业的系统管理成本。

(4) 企业管理技术:包括企业管理软件的业务规则以及数据处理的手段。金蝶 K/3 系统通过对企业物流、资金流、信息流的业务和财务管理,实现完善的"数据—信息—决策—控制"企业管理解决方案。

任务二　金蝶 K/3 系统安装

首先,安装金蝶 K/3 V14.0 系统之前,需要安装 Microsoft SQL Server 2000 数据库服务器;其次,进行金蝶 K/3 V14.0 系统安装的环境检测,安装支持金蝶 K/3 管理系统运行的第三方组件;最后,安装金蝶 K/3 V14.0 系统。

1. Microsoft SQL Server 2000 的安装

【操作向导】

安装 Microsoft SQL Server 2000 的步骤如下:

(1) 将 Microsoft SQL Server 2000 光盘插入 CD-ROM 驱动器,如果该光盘不自动运行,则双击该光盘根目录中的 Autorun.exe 文件。

(2) 选择"安装 SQL Server 2000 简体中文个人版"，如图 1-1 所示。

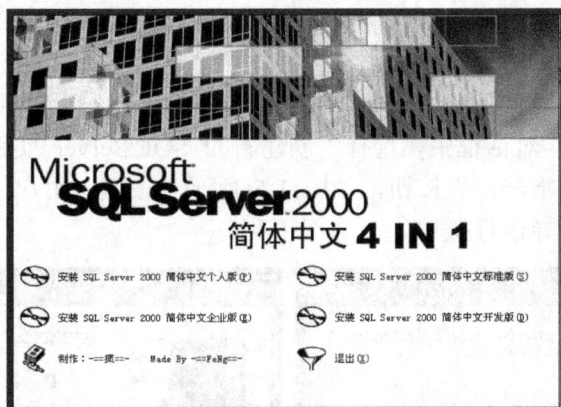

图 1-1 安装版本

(3) 选择"安装 SQL Server 2000 组件"，如图 1-2 所示。

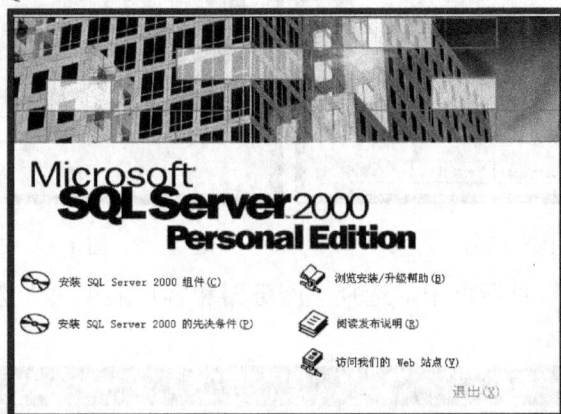

图 1-2 安装组件

(4) 选择"安装数据库服务器"，安装程序于是准备 SQL Server 安装向导。单击"安装数据库服务器"按钮，如图 1-3 所示。

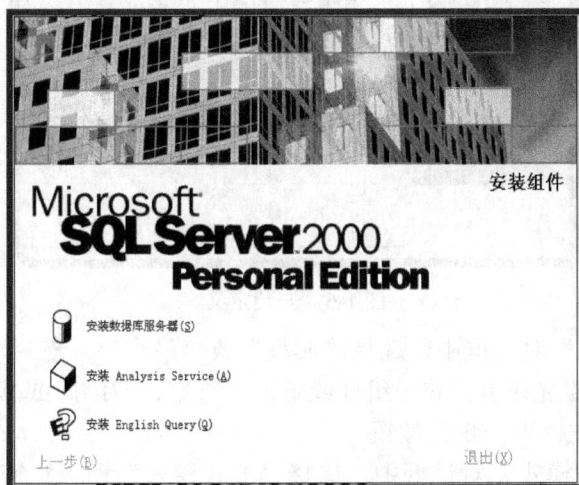

图 1-3 安装数据库服务器

(5) 在"计算机名"对话框中，选择"本地计算机"默认选项，并且本地计算机名出现在编辑框中，然后单击"下一步"按钮，如图 1-4 所示。对于远程安装，则选择"远程计算机"选项，然后可以键入计算机名或者单击"浏览"按钮找到远程计算机。如果检测到群集，则"虚拟服务器"是默认选项。

(6) 在"安装选择"对话框中，选择"创建新的 SQL Server 实例，或安装"客户端工具"选项，然后单击"下一步"按钮，如图 1-5 所示。按照"用户信息"、"软件许可协议"和相关屏幕上的指导进行操作。

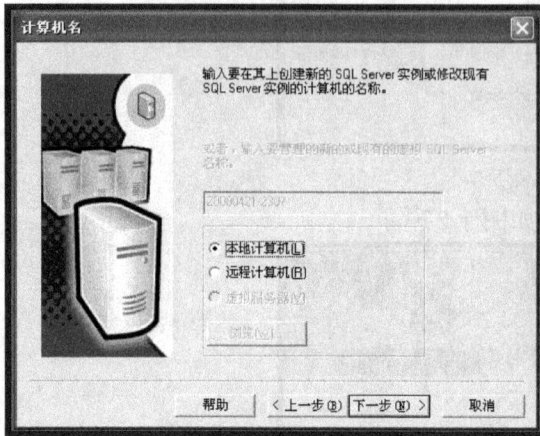

图 1-4　计算机名　　　　　　　　　　　　　　　图 1-5　安装选择

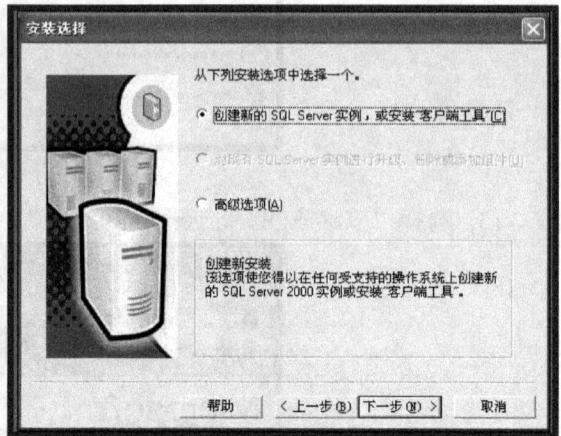

(7) 在"安装定义"对话框中，选择"服务器和客户端工具"选项，然后单击"下一步"按钮，如图 1-6 所示。

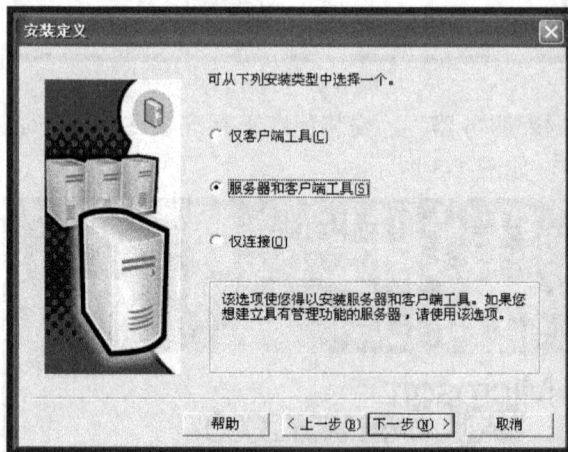

图 1-6　安装定义

(8) 在"安装类型"对话框中，选择"典型"或"最小"，然后单击"下一步"按钮，如图 1-7 所示。如果要选择组件和子组件或更改字符集、网络库或其他设置，则选择"自定义"按钮，然后单击"下一步"按钮。

(9) 在"身份验证模式"对话框中，选择"混合模式"和"空密码"，然后单击"下一步"按钮，如图 1-8 所示。

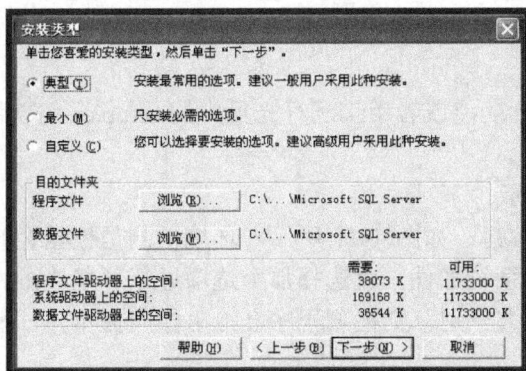

图 1-7 安装类型

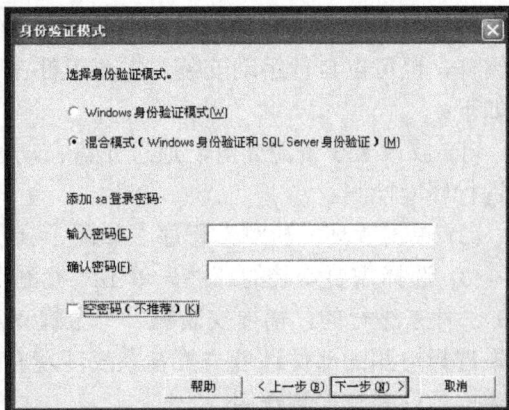

图 1-8 身份验证模式

(10) 在"安装完毕"对话框中，单击"完成"按钮，然后重新启动计算机即可，如图 1-9 所示。

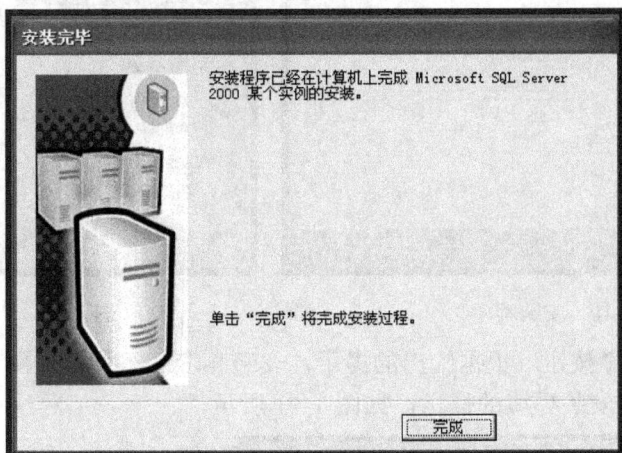

图 1-9 安装完毕

2. 环境检测

K/3 系统的正常运行需要很多第三方组件的支持，所以在安装 K/3 系统前需要对安装目标机器做一次系统环境检测，以保证这些必需组件在目标机器中都具备并且运作正常。在目标机器中没有或者运作不正常的组件，在环境检测过程中会自动从 K/3 资源光盘中安装。基准组件主要包括：Microsoft Windows 2000 Service Pack 4，Microsoft Windows XP Service Pack 1，Microsoft Internet Explorer WebControls Version 1.0，Microsoft.NET FrameWork 1.1，Microsoft Internet Exporler 6.0.2600，Microsoft VM for JAVA，Microsoft MDAC 2.8，MicrosoftActive Directory Client，Windows 2003 Service Pack 1，Microsoft Windows Installer 3.1，Microsoft.NET Framework 2.0 X86，Microsoft.NET Framework 2.0 X64，Microsoft SQL Server 2000 SP4，Microsoft VBA，Adobe SVG Viewer 3.0，EliteIVv2.40.0.1 x86，EliteIVv2.40.0.1 X64，Microsoft Internet Explorer 6.0，IBM 4614 POS 机接口程序等。

根据操作系统和所要安装的 K/3 系统组件的不同，以上第三方组件可能并非都需要，

K/3 环境检测程序会自动检测出所需要的组件。如果不想通过环境检测程序自动安装第三方组件，也可以自行手动安装，主要组件在 K/3 资源光盘中的"OS"文件中。具体操作步骤如下：

(1) 放入 K/3 资源光盘，通过光盘自动运行功能或者手工运行光盘中的 setup.exe 文件来进行环境检测。

(2) 单击"环境检测"程序，如图 1-10 所示。

(3) 选择需要安装的部件，单击"检测"按钮，如图 1-11 所示。环境检测是根据金蝶 K/3 部件来进行的，需要安装哪一个金蝶 K/3 系统部件，就选择那个选项进行环境检测。如果选择检测的部件环境与推荐系统环境有重大差别，则检测程序会给出相应提示，一般这类提示只具有提醒作用。

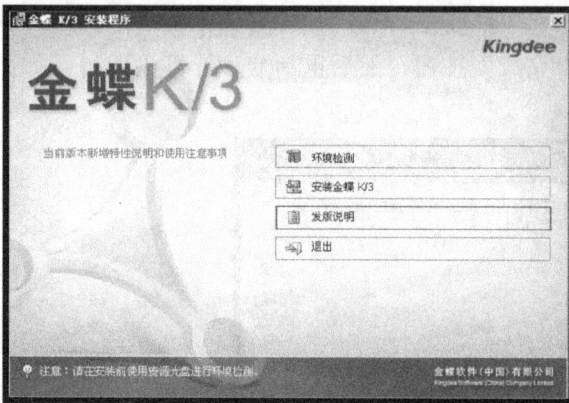

图 1-10　安装程序

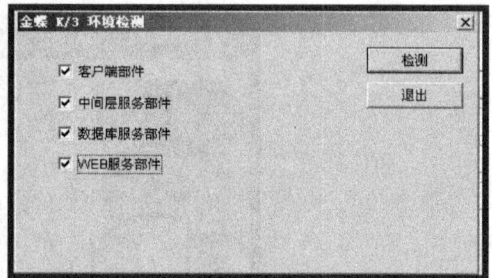

图 1-11　环境检测

(4) 单击"确定"按钮。根据给出的提示，安装相应的组件，如图 1-12 所示。如果符合，系统会给出符合安装环境的提示，如图 1-13 所示。

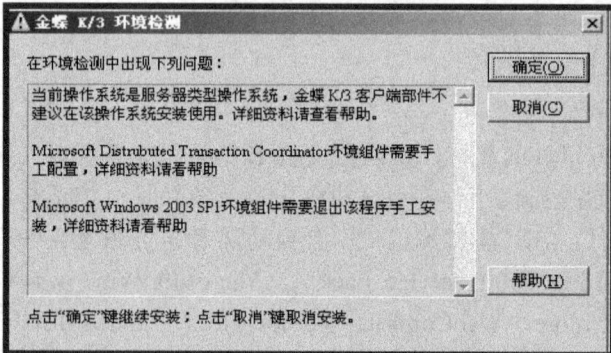

图 1-12　环境检测

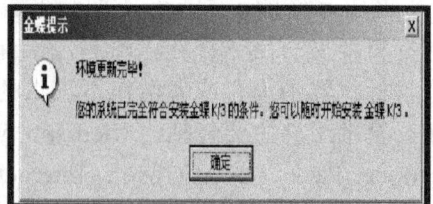

图 1-13　更新完毕提示

3. 金蝶 K/3 V14.0 系统的安装

环境检测成功之后，可以根据实际需要进行所需服务部件的安装。将 K/3 系统安装光盘插入 CD-ROM 驱动器，通过光盘自动运行功能或者手工运行安装光盘中的 setup.exe 文件，可以进行安装。具体操作步骤如下：

(1) 单击"安装金蝶 K/3"，开始金蝶 K/3 的安装过程，如图 1-14 所示。

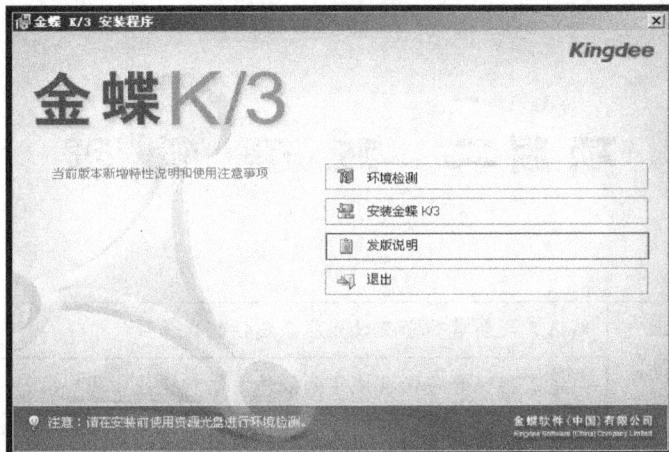

图 1-14 安装程序

(2) 选择"全部安装"。如果需要安装一个以上的部分部件，则选择"自定义安装"，这样可以选择多个部件组合安装。可以根据业务需要选择不同业务领域的组件进行安装，不安装不使用的业务系统，这样可以缩短安装时间，如图 1-15 所示。

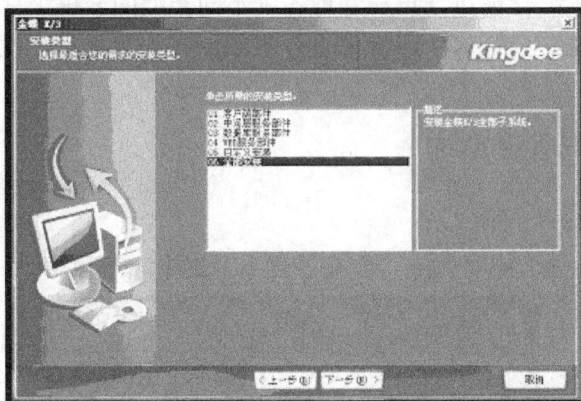

图 1-15 安装类型

(3) 单击"完成"按钮，如图 1-16 所示，安装完成后通常会要求重启计算机，否则 K/3 不能正常运行。

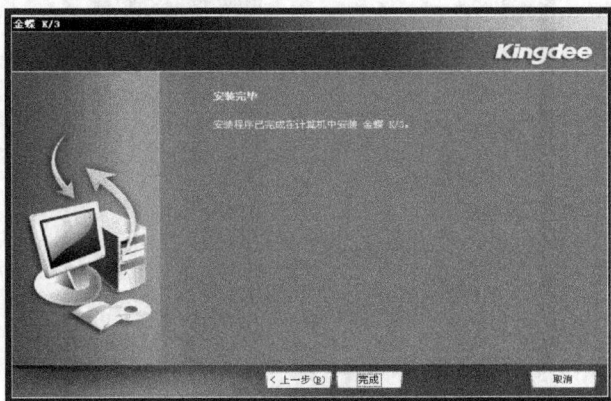

图 1-16 安装完毕

项目二　账套管理

能力目标	熟练掌握新建账套及设置账套属性的操作技能
	熟练掌握账套备份及恢复的操作方法和操作步骤
	熟练掌握用户和用户组的建立及使用方法

任务一　新建账套

账套管理系统为系统管理员维护和管理各种不同类型的金蝶 K/3 账套提供了一个方便的操作平台，它是围绕着金蝶 K/3 账套来进行组织的。如果是第一次使用金蝶 K/3 系统，首先要新建账套。

子任务一　登录账套管理系统

【操作向导】

(1) 单击"开始"→"程序"→"账套管理"，如图 2-1 所示。

图 2-1　登录账套管理

(2) 在"账套管理登录"窗口中输入用户名(系统默认用户名为 Admin)和密码(初始密码默认为空)，就可以登录系统，如图 2-2、图 2-3 所示。

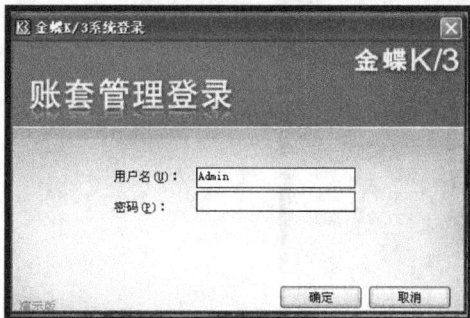

图 2-2　账套管理登录

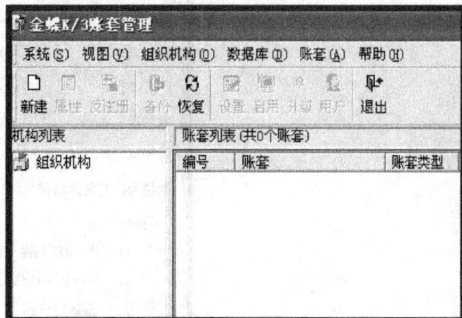

图 2-3　账套管理

(3) 账套管理的登录密码是可以修改的，修改的方法是：

① 进入系统后，选择"系统"→"修改密码"，弹出"更改密码"对话框，如图 2-4 所示。

② 在"更改密码"对话框中输入旧密码(此时系统默认为空)、新密码和确认密码。

③ 单击"确定"按钮，登录密码就修改成功了。下次登录账套管理时，则必须以用户名 Admin和修改后的密码进行登录。

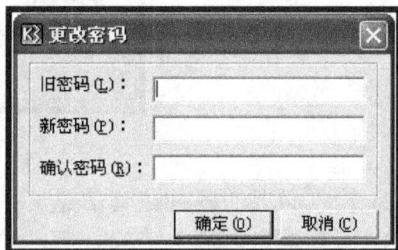

图 2-4　更改密码

【温馨提示】

在进入系统之后，建议用户立即修改账套管理的登录密码，以确保系统的安全性。

子任务二　新建账套

账套在系统中是非常重要的，它是存放各种数据的载体，各种财务数据、业务数据都存放在账套中。账套本身其实就是一个 MS SQL Server 数据库文件。

【任务 2-1-1】

上海华商有限公司账套信息如下：

(1) 账套号：888；

(2) 账套名称：上海华商有限公司；

(3) 账套类型：标准供应链解决方案；

(4) 数据库实体：系统自动给出，不需更改；

(5) 数据库文件路径：D：\上海华商 888 账套\(提前建好的文件夹)；

(6) 数据库日志文件路径：D：\上海华商 888 账套\；

(7) 系统账号："SQL Server 身份验证"，系统用户名默认为 sa。

【操作向导】

(1) 在"金蝶 K/3 账套管理"窗口中，选择"数据库"→"新建账套"命令，即可进入"新建账套"对话框，如图 2-5 所示。

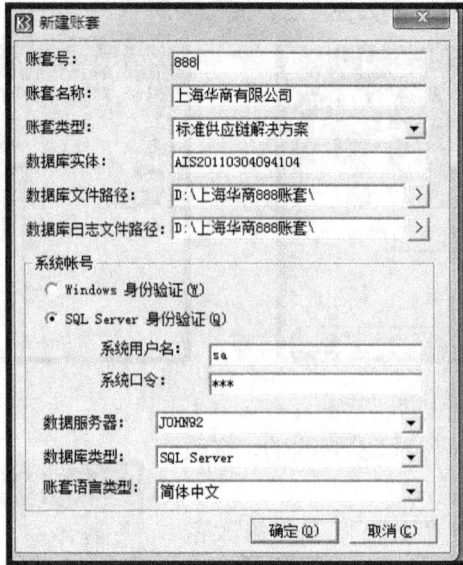

图 2-5　新建账套

(2) 输入必要的各种账套信息。

(3) 所有信息都输入正确之后，单击"确定"按钮，系统就会自动开始进行账套的创建过程了。

【说明与分析】

(1) "新建账套"选项卡的参数说明如表 2-1 所示。

表 2-1　"新建账套"参数说明

数据项	说　　明	必填项 (是/否)
账套号	账套在系统中的编号。用于标识账套具体属于哪个组织机构	是
账套名	账套的名称。对于已存在的账套名称，不允许新建账套或修改账套信息时再使用	是
账套类型	系统中存在 8 种账套类型。金蝶 K/3 系统根据不同的企业需求设置不同的解决方案。在新建账套时，在账套类型中选择不同的解决方案，系统会自动根据解决方案新建相关的内容	是
数据实体	账套在 SQL Server 数据库服务器中的唯一标识。 新建账套时，系统会自动产生一个数据实体，也可以手工更改	是
系统账号	新建账套所要登录的数据服务器名称、登录数据服务器方式、登录用户名和密码	是
数据库文件路径	账套保存的路径。该路径是指数据服务器上的路径，由选择的数据库服务器决定	是

(2) 金蝶 K/3 解决方案分为 8 种，分别是：

① 标准供应链解决方案：适用于工业、工商一体化的企业供应链、生产制造、人力资源和标准财务管理。

② 商业企业通用解决方案：适用于商业企业供应链、人力资源和标准财务管理。

③ 标准财务解决方案：适用于除合并账务系统、合并报表系统之外的纯财务业务。

④ 集团财务解决方案：适用于纯财务业务。

⑤ 行政事业管理解决方案：适用于行政、事业单位纯财务业务。

⑥ 战略人力资源解决方案：适用于人力资源业务。

⑦ 医药制造行业解决方案：适用于医药制造行业供应链、GMP、人力资源和标准财务管理。

⑧ 房地产行业解决方案：适用于房地产行业企业。

【温馨提示】

只有在账套管理中已经存在的账套，连接到该中间层的客户端才可以访问。

子任务三 账套属性设置

【任务 2-1-2】

设置上海华商有限公司的账套属性如下：

(1) 机构名称：上海华商有限公司；

(2) 地址：上海市浦东新区 888 号；

(3) 电话：021-88888888；

(4) 记账本位币代码：RMB；

(5) 名称：人民币；

(6) 小数点位数：2 位；

(7) 启用会计年度：2015 年；

(8) 启用会计期间：1 期；

(9) 自然年度会计期间选中。

【操作向导】

(1) 在"金蝶 K/3 账套管理"中，在右边账套列表中选定"888"账套，然后选择"账套"→"属性设置"命令，即可进入"属性设置"对话框，如图 2-6、图 2-7 所示。

图 2-6 属性设置 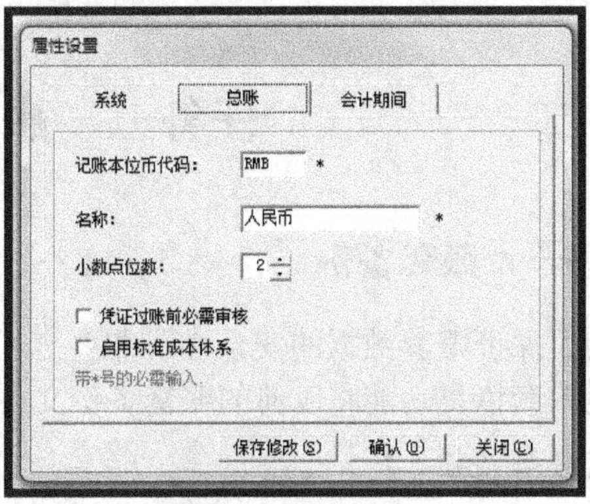　　　　　图 2-7 属性设置

(2) 单击"系统"选项卡，输入机构名称、地址和电话。

(3) 单击"总账"选项卡，输入记账本位币代码、名称和小数点位数。

(4) 单击"会计期间"选项卡，再单击"更改"按钮，设置"启用会计年度"为"2015"，"启用会计期间"为"1"，选择"自然年度会计期间"选项，单击"确认"按钮后退出，如图 2-8 所示。

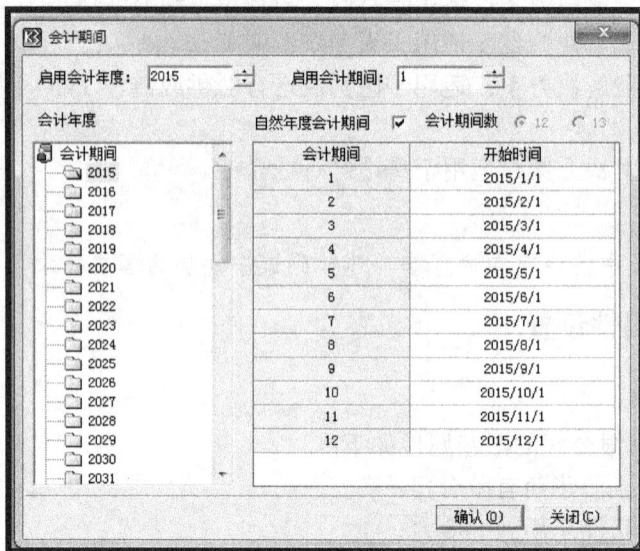

图 2-8　会计期间

(5) 可以在属性设置后直接启用账套，也可以选择"账套"→"启用账套"命令，启用账套，如图 2-9、图 2-10 所示。

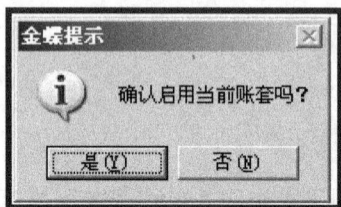

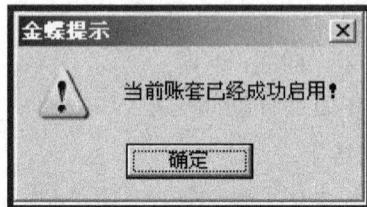

图 2-9　金蝶提示(1)　　　　　图 2-10　金蝶提示(2)

任务二　账套备份与恢复

子任务一　账套备份

为了保证账套数据的安全性，需要定期对账套进行备份。一旦原有的账套毁坏，就可以通过账套恢复功能将以前的账套备份文件恢复成一个新账套进行使用。

【任务 2-2-1】

系统管理员制定了备份方案：首先，在 D 盘中新建文件夹"上海华商 888 账套备份"；

其次，每天下班之前进行账套备份，采用"完全备份"方式，覆盖前一天的备份。

【操作向导】

(1) 在"金蝶 K/3 账套管理"窗口中，选定右边账套列表中的"888"账套。

(2) 选择"数据库"→"备份账套"命令，即可进入"账套备份"对话框，如图 2-11 所示。

(3) 选择"备份方式"为"完全备份"，"备份路径"为"D：\ 上海华商 888 账套备份\"。

(4) 单击"确定"按钮，系统就会进行账套的完全备份，备份成功后，系统会给出成功的提示，如图 2-12 所示。

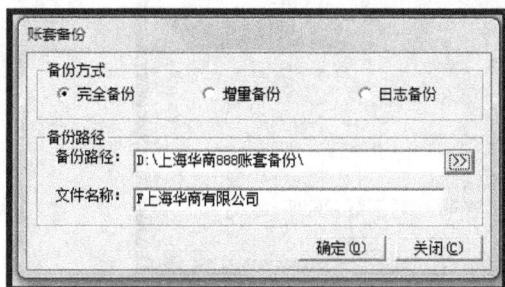

图 2-11　账套备份　　　　　　　　　图 2-12　金蝶提示

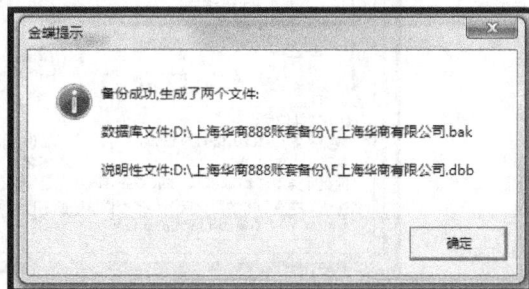

子任务二　账套恢复

【任务 2-2-2】

恢复已备份的上海华商有限公司账套，恢复的编号为"888"，恢复的账套名称为"上海华商有限公司"。

【操作向导】

(1) 在"金蝶 K/3 账套管理"窗口中，选择菜单"数据库"→"恢复账套"命令，即可进入"选择数据库服务器"对话框，如图 2-13 所示，单击"确定"按钮即可。

图 2-13　选择数据库服务器

(2) 在"账套号"中输入"888"，在"数据库文件路径"处选择"D：\上海华商 888 账套\"，在"服务器端备份文件"下拉列表中选择"F 上海华商有限公司.dbb"，如图 2-14 所示，单击"确定"按钮即可。

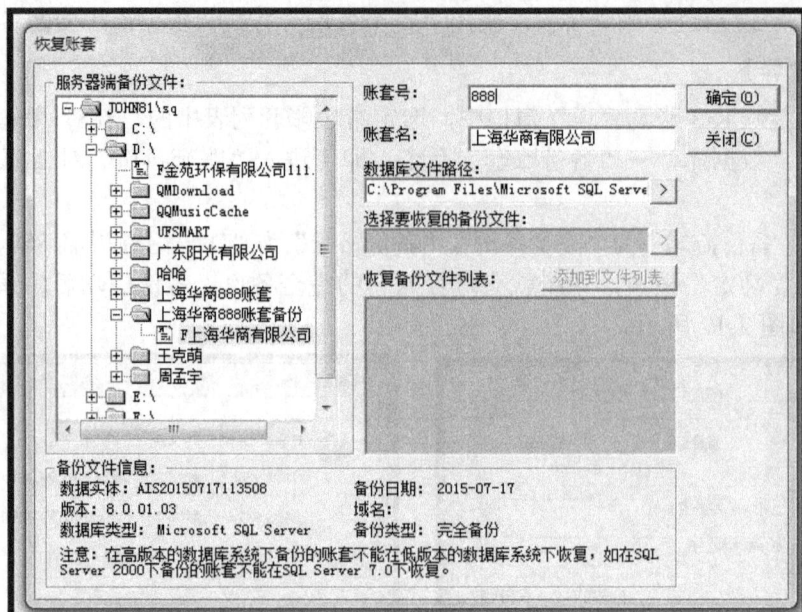

图 2-14　恢复账套

任务三　用户管理

用户管理针对具体账套的用户进行管理，即对用户使用某一个具体账套的权限进行控制，它可以控制哪些用户可以登录到指定的账套中，对账套中的哪些子系统或者哪些模块有使用或者管理的权限等。

用户管理中不仅有用户，还有用户组。用户组的作用主要是方便对多个用户进行集中授权。举例来说，如果有多个用户存在相同的权限，对这些用户一个一个进行授权，比较繁琐且耗费时间。但是如果有一个用户组，所有用户都在用户组下，只要对用户组进行一次授权，这些用户都可以继承用户组下的所有信息。这样操作起来，就简单快捷多了。

子任务一　增加用户组

【任务 2-3-1】

增加上海华商有限公司的用户组，对各组进行授权，如表 2-2 所示。

表 2-2　用　户　组

用户组名	说　　明	用　户　组　权　限
财务组	负责财务管理	基础资料、总账系统、报表系统、财务分析、现金管理、现金流量表、应收应付款系统
办公室组	负责固定资产系统	固定资产系统

【操作向导】

(1) 在"金蝶 K/3 账套管理"窗口中，选定右边账套列表中的"888"账套，然后选择

"账套"→"用户管理"命令，即可进入"用户管理"窗口，执行"用户管理"→"新建用户组"命令，如图 2-15、图 2-16 所示。

(2) 在"新增用户组"对话框中，输入用户组的名称和对用户组的说明。

(3) 单击"确定"按钮，保存用户组。

(4) 选择一个用户组，选择"功能权限"→"功能权限管理"命令，打开权限管理对话框，对新增的用户组授予相应的功能权限，单击"授权"按钮，如图 2-17 所示。

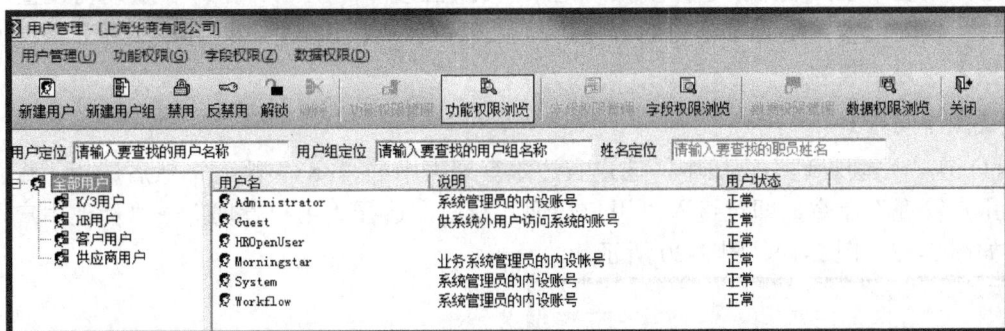

图 2-15　账套管理

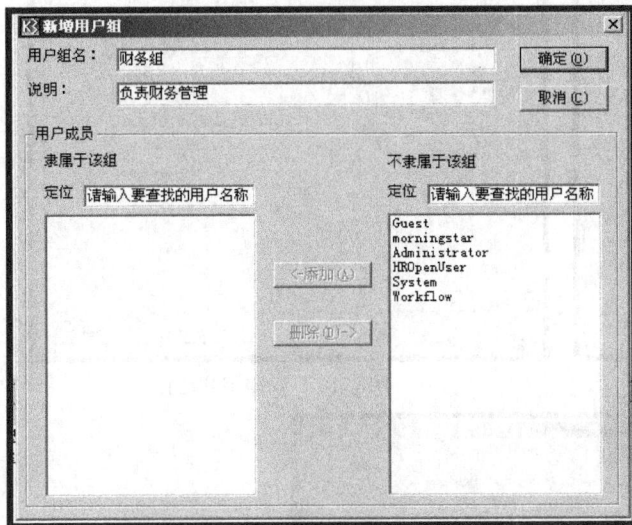

图 2-16　新增用户组　　　　　　　　图 2-17　权限管理

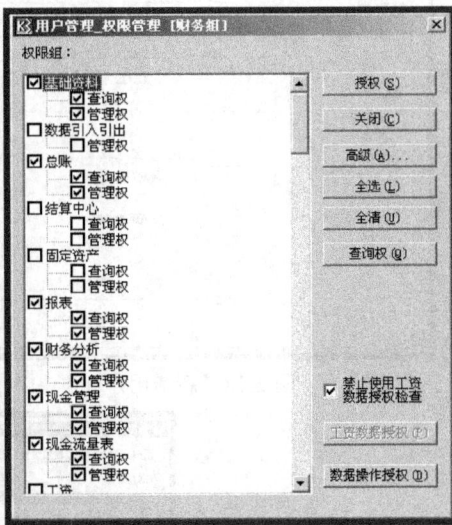

【温馨提示】

用户和用户组的名称在同一个账套中是不允许重名的。也就是说，不能存在相同名称的用户和用户组。

子任务二　增加用户

【任务 2-3-2】

增加上海华商有限公司的用户，加入相应的用户组中，如表 2-3 所示。

表2-3　用　户

姓名	密码认证	组　别	权限介绍
于洋	空	Administrators	不需授权，具有所有权限
李霞	空	财务组	拥有财务组权限
韩语	空	办公室组	拥有办公室组权限

总账系统中李霞制单，于洋审核、记账，其他业务二者皆可，于洋负责期初设置。

以上权限设置只是为了学习的方便，与企业实际分工可能存在差异，实际业务中操作员比较多，分工较细。

【操作向导】

(1) 在"账套管理"窗口中，选定右边账套列表中的"888"账套，然后选择"账套"→"用户管理"命令，即可进入"用户管理"窗口，选择"用户管理"→"新建用户"命令，如图2-18、图2-19、图2-20所示。

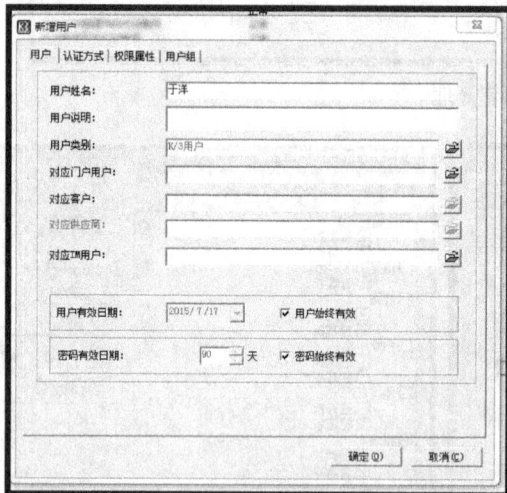

图 2-18　新增用户(1)

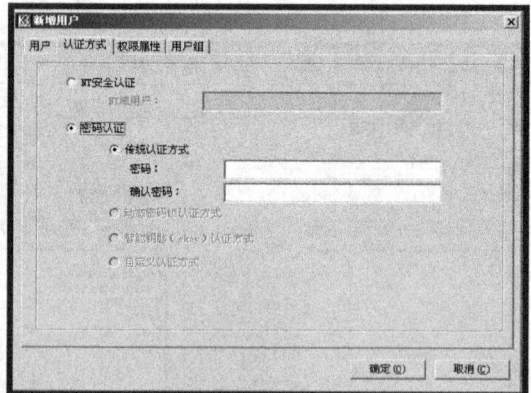

图 2-19　新增用户(2)

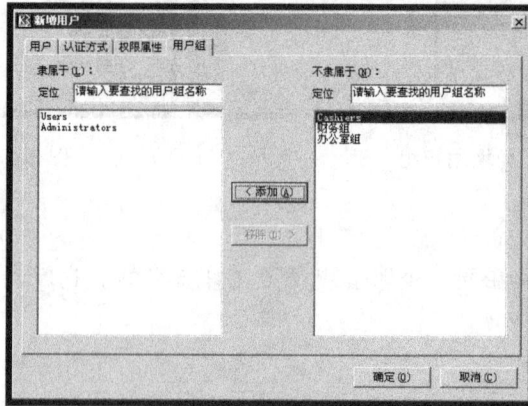

图 2-20　新增用户(3)

(2) 在"新建用户"对话框，输入用户姓名、认证方式，并选择一个用户组。

(3) 单击"确定"按钮，保存用户。

项目三　初 始 设 置

	熟练掌握总账系统初始设置的操作技能
	熟练掌握现金系统初始设置的操作技能
能力目标	熟练掌握固定资产系统初始设置的操作技能
	熟练掌握工资系统初始设置的操作技能
	熟练掌握应收款系统初始设置的操作技能
	熟练掌握应付款系统初始设置的操作技能

初始设置是企业采用财务软件工作的第一步，把企业的各种基础数据录入各个系统。因为总账系统是核心部分，所以首先对总账系统进行初始设置，然后再进行其他系统的初始设置。总账系统与各系统之间的数据关系如图 3-1 所示。

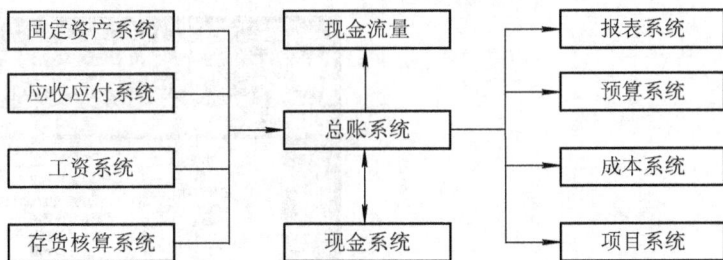

图 3-1　总账系统与各系统之间的数据关系

任务一　总账系统初始设置

总账系统初始化主要讲述了金蝶 K/3 总账系统在使用前的初始化工作，具体包括：系统设置、公共资料设置、初始数据录入和结束初始化。总账系统的初始化是系统进行日常业务操作的第一步，所以设置尤为重要。总账系统初始化流程图如图 3-2 所示。

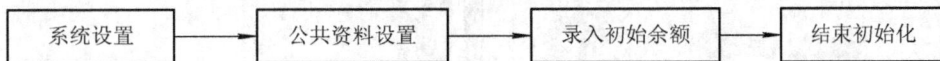

系统设置 → 公共资料设置 → 录入初始余额 → 结束初始化

图 3-2　总账系统初始化流程图

子任务一　系统参数设置

账套启用后，总账系统使用前，应首先对总账系统中的系统参数进行设置。这些参数是总账系统的基础，在设置前要慎重考虑。

【任务 3-1-1】

以于洋的身份对上海华商有限公司的系统参数进行设置：

(1) 上海华商有限公司使用"新会计准则科目"；

(2) 启用往来业务核算；

(3) 往来科目必须录入业务编号；

(4) 结账要求损益类科目余额为零；

(5) 凭证过账前必须进行审核；

(6) 凭证过账前必须出纳复核；

(7) 每条凭证记录必须有摘要；

(8) 银行存款科目必须录入结算方式和结算号。

【操作向导】

(1) 单击"开始"→"程序"→"金蝶 K/3"→"金蝶 K/3 WISE"，或者直接双击"桌面"上的"金蝶 K/3 WISE"，进入"金蝶 K/3 系统登录"窗口，选择"当前帐套"为"888"；选择"命名用户身份登录"；以"用户名"为"于洋"的身份登录金蝶 K/3 客户端，也可以使用预设的系统管理员 administrator 登录。单击"确定"按钮，即可进入"基础资料-［主界面］"窗口，如图 3-3、图 3-4 所示。

图 3-3 系统登录

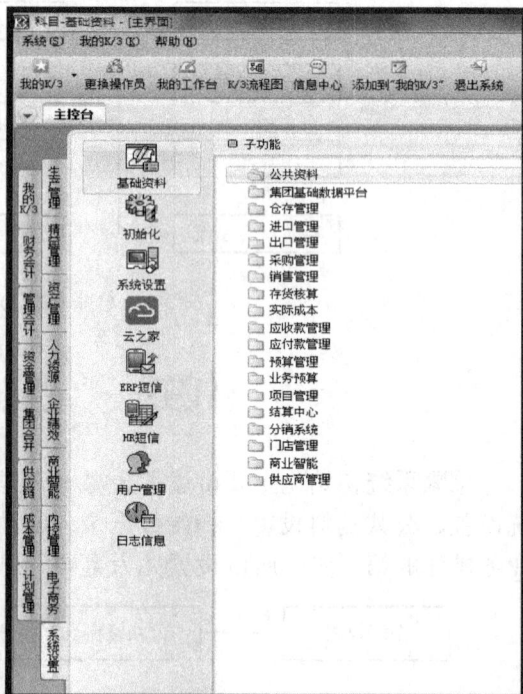

图 3-4 基础平台-主界面

(2) 选择"系统设置"→"基础资料"→"公共资料"→"科目"命令，进入"基础平台-［科目］"窗口，执行"文件"→"从模板中引入科目"命令，打开"科目模板"对话框，选择"新会计准则科目"，如图 3-5、图 3-6 所示。

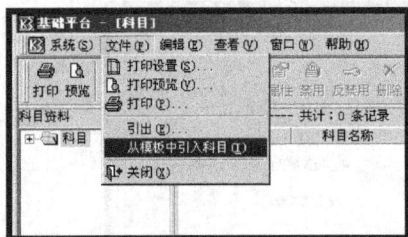

图 3-5 基础平台-科目

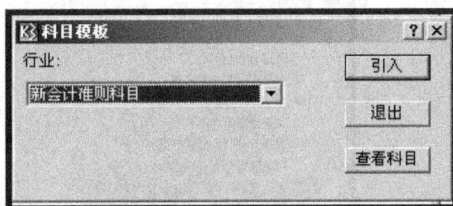

图 3-6 科目模板

(3) 单击"引入",打开"引入科目"对话框,选择要引入的科目。如果要引入所有科目,则单击"全选"即可,如图 3-7、图 3-8 所示。

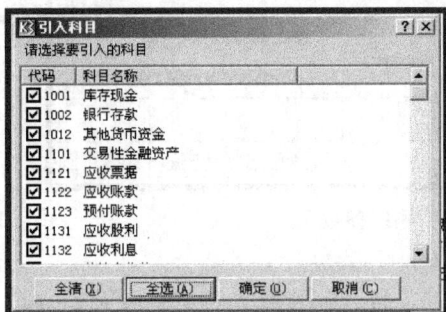

图 3-7 引入科目

图 3-8 金蝶提示

(4) 单击"确定"按钮,即可将用户选择的科目引入到系统中来。对引入的科目可以根据情况再进行修改。

(5) 在"基础平台-[主界面]"窗口,选择"系统设置"→"系统设置"→"总账"→"系统参数"命令,打开"系统参数"对话框,有"系统"、"总账"、"会计期间"等系统参数内容,在此修改各项参数,如图 3-9、图 3-10 所示。

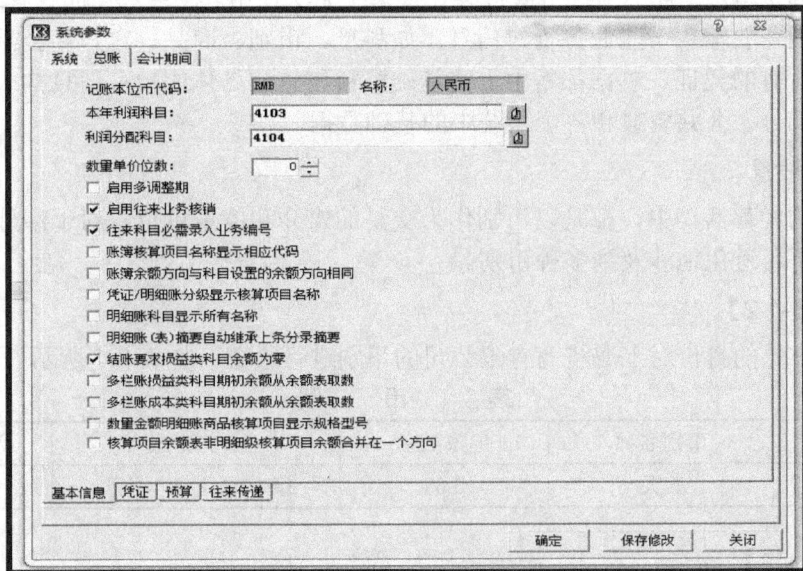

图 3-9 系统参数

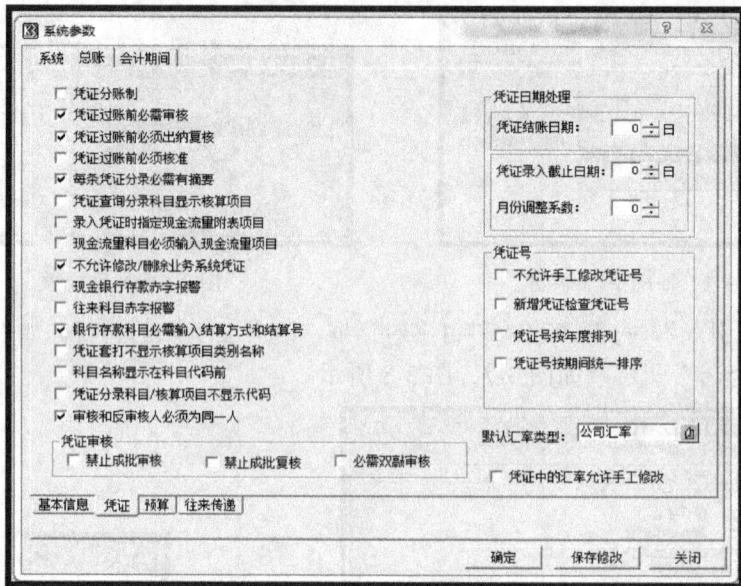

图 3-10 系统参数

【温馨提示】

① 如果需要进行损益的自动结转，则必须进行"本年利润"及"利润分配"科目的设置，否则，不能自动结转损益。

② 凭证分账制参数一般只使用于金融行业，其他行业绝对不要选用。

子任务二 公共资料设置

公共资料是总账系统以及其它各财务系统在操作中共同使用的基础数据，是各系统绝对不可缺少的资料，一旦不全或错误将会导致系统无法使用。在录入凭证或者录入单据时，都毫无例外地需要输入一些业务资料信息，如科目、币别、商品、客户和金额等信息。可以这么说，所有的凭证、单据都是由一些基础资料信息和具体的数量信息构成。公共资料分为两个大部分：公共资料和各个系统中的基础数据。

1. 币别设置

在企业的经营活动中，都是以币别作为交易的媒介和度量单位。对于涉外企业，其交易活动中将不可避免地涉及到多种币别。

【任务 3-1-2】

以"于洋"的身份对上海华商有限公司的币别进行设置，如表 3-1 所示。

表 3-1 币　　别

币别代码	币别名称	记账汇率	折算方式	汇率类型
USD	美元	6.68	原币×汇率=本位币	浮动

【操作向导】

(1) 选择"开始"→"程序"→"金蝶 K/3"→"金蝶 K/3 WISE"命令，进入"金蝶

K/3 系统登录"窗口，选择"当前帐套"为"888"，选择"命名用户身份登录"，以"用户名"为"于洋"的身份登录金蝶 K/3 客户端。

(2) 在"基础平台-[主界面]"窗口，选择"系统设置"→"基础资料"→"公共资料"→"币别"命令，即可进入"基础平台-[币别]"窗口，如图 3-11 所示。

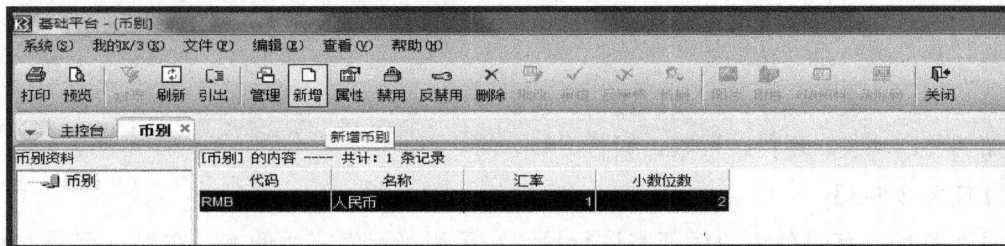

图 3-11　基础平台-币别

(3) 执行"新增"命令，打开"币别-新增"对话框，在窗口内输入币别信息。输入完毕后，单击"确定"按钮，保存新增币别的资料，如图 3-12 所示。

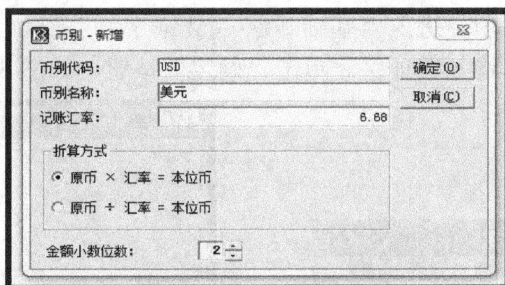

图 3-12　币别—新增

"新增币别"参数说明，如表 3-2 所示。

表 3-2　"新增币别"参数说明

数据项	说　明	必填项(是/否)
币别代码	表示货币币别的代码，本系统使用 3 个字符表示。建议使用一般惯例编码，如：RMB、HKD、USD 等。提醒：在输入货币代码时尽量不要使用"$"符号，因为该符号在自定义报表中已有特殊含义，如果使用该符号，那么在自定义报表中定义取数公式时可能会遇到麻烦	是
币别名称	表示货币的名称，如人民币、港币、美元等	是
记账汇率	在经济业务发生时的记账汇率，期末调整汇兑损益时，系统自动按对应期间的记账汇率折算，并调整汇兑损益额度	是
折算方式	本系统可选择的折算方法有直接汇率法和间接汇率法两种汇率折算方法，用户可根据实际情况选择其中一种。系统默认为直接汇率法	是
金额小数位数	指定币别的精确小数位数，范围为：0～4	是
固定/浮动汇率	指定币别是固定汇率还是浮动汇率，用户可根据实际情况选择其中一种。系统默认为固定汇率	是

2. 凭证字设置

凭证字就是在录入凭证时使用的用于标记凭证类别的凭证字，它与在实际工作中所使用的凭证字的含义是相同的。

凭证字常用设置方案包括：

第一种：记；

第二种：收、付、转；

第三种：现收、现付、银收、银付、转；

第四种：现收、现付、银收、银付、转、特。

【任务 3-1-3】

对上海华商有限公司的凭证字进行设置：采用"记"字凭证字，在科目范围方面无限制。

【操作向导】

在"基础平台-［主界面］"窗口，选择"系统设置"→"基础资料"→"公共资料"命令，双击"凭证字"选项，进入"基础平台-［凭证字］"窗口，单击窗口右边空白处，然后单击"新增"按钮，输入凭证字。单击"确定"按钮，如图 3-13、图 3-14 所示。

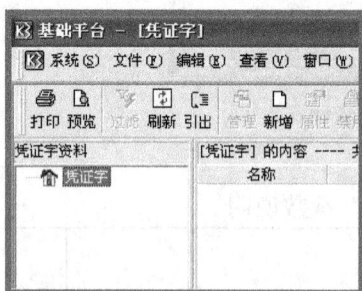

图 3-13　基础平台-凭证字图　　　　　图 3-14　凭证字-新增

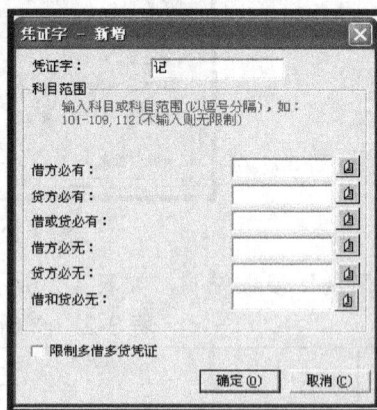

3. 计量单位设置

物料的设置必定涉及计量单位。在金蝶 K/3 系统中，计量单位的设置首先要设置计量单位组，然后在组中设置计量单位。

金蝶 K/3 系统中允许存在多计量单位，为了便于管理，可以通过计量单位组对不同计量单位进行分类管理和显示。同时为了管理操作的方便简洁，系统约定计量单位组只能存在一级，也就是说，计量单位组下不能再新增计量单位组，只能新增计量单位。

由于有些物料的计量单位可能会有几个，一个为主计量单位，其他为辅助计量单位，为了能够体现该物料多种计量方法以及这些计量单位之间的运算关系，所以将其设置为一个计量单位组，在组中各计量单位是主计量单位和辅助计量单位的关系。因此一个计量单位组系统只默认一个计量单位，默认计量单位的系数为 1。此计量单位组中其他的计量单位都为辅助计量单位，辅助计量单位的系数为默认计量单位的倍数。

在设置物料信息时，物料只能获取到默认计量单位，所以有多少必须要用的计量单位，则必须要设置多少个计量单位组，并且物流系统中各物流处理的核算都是用主计量单位来参与计算的。

【任务 3-1-4】

对上海华商有限公司的计量单位进行设置，如表 3-3 所示。

该公司在固定资产和物料的记账方面使用到多个计量单位，还有辅助计量单位。

表 3-3 计量单位及计量单位组

计量单位组	默认计量单位	辅助计量单位	换算率
数量组 1	套(110)	盒(111)	12
数量组 2	个(120)	包(121)	20
		箱(122)	50
数量组 3	台(130)		
数量组 4	栋(140)		
数量组 5	辆(150)		
重量组 1	千克(210)	吨(211)	1000

【操作向导】

(1) 在"基础平台-［主界面］"窗口，选择"系统设置"→"基础资料"→"公共资料"→"计量单位"命令，进入"基础平台-［计量单位］"窗口，执行"编辑"→"新增"命令，打开如图 3-15 所示"新增计量单位组"对话框，在窗口内输入计量单位组的名称。

图 3-15 新增计量单位组

(2) 输入完毕后，单击"确定"按钮，保存新增计量单位组的资料。

(3) 选择一个计量单位组，单击右边空白处，执行"编辑"→"新增"命令，进入"计量单位-新增"对话框，如图 3-16、图 3-17 所示。

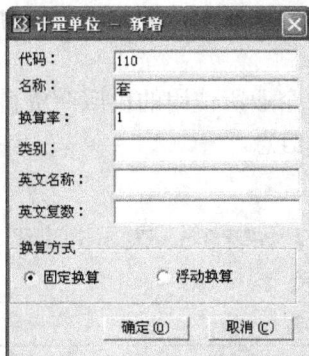

图 3-16 计量单位－新增(1)　　图 3-17 计量单位－新增(2)

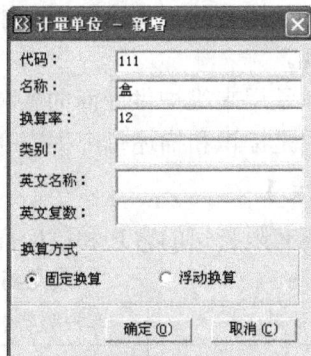

(4) 在新增窗口中输入计量单位的代码、名称和换算率(系统默认新增计量单位的系统为 1)。

(5) 输入完毕后,单击"确定"按钮,保存新增计量单位的资料。

4. 结算方式的设置

【任务 3-1-5】

对上海华商有限公司的结算方式进行设置,如表 3-4 所示。

表 3-4　结算方式

代　码	名　称
JF06	建行现金支票
JF07	建行转账支票

【操作向导】

(1) 在"基础平台-[主界面]"窗口,选择"系统设置"→"基础资料"→"公共资料"→"结算方式"命令,进入"基础平台-[结算方式]"窗口,如图 3-18 所示。

(2) 单击"新增"标签,输入新增结算方式的代码和名称,如图 3-19 所示。

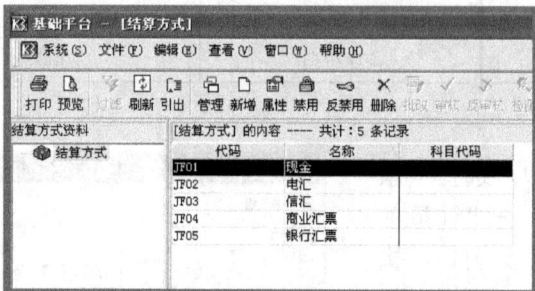

图 3-18　基础平台-结算方式　　　　　图 3-19　结算方式-新增

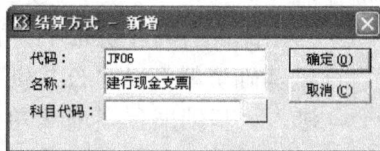

(3) 单击"确定"按钮,保存新增结算方式的资料。

5. 客户和供应商的设置

客户资料提供管理存货流转的消费者信息。客户是企业购销业务流程的终点,也是企业执行生产经营业务的直接外因,设置客户管理不仅是销售管理的重要组成部分,同时也是应收款管理、信用管理、价格管理所不可或缺的基本要素,因此用户应对客户资料的设置给予高度重视。

供应商资料是用来维护供应商的各种资料。对企业所使用的供应商资料进行集中、分级管理,其作用是标识和描述每个供应商及其详细信息。

【任务 3-1-6】

对上海华商有限公司的客户和供应商进行设置,如表 3-5、表 3-6 所示。

表 3-5　客 户 资 料

客户分类代码	客户分类名称	客户代码	客户名称
01	本地	01.01	上海华润公司
		01.02	上海萌萌公司
02	外地	02.01	北京长城公司
		02.02	西安亚太公司

表 3-6　供应商资料

供应商分类代码	供应商分类名称	供应商代码	供应商名称
01	材料供应商	01.01	上海中景公司
		01.02	西安阿丽公司
02	产品供应商	02.01	苏州天堂公司
		02.02	广州太阳公司

【操作向导】

(1) 在"基础平台-[主界面]"窗口，选择"系统设置"→"基础资料"→"公共资料"→"客户"命令，进入"基础平台-[客户]"窗口，如图 3-20 所示。

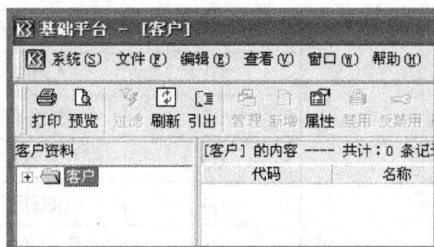

(2) 单击窗口右边空白处，然后单击工具栏中的"新增"按钮，打开"客户-新增"对话框。

(3) 单击"上级组"按钮，打开"客户-新增"对话框，在此增加客户分类代码和客户分类名称。单击"保存"按钮，进行保存，如图 3-21 所示。

图 3-20　基础平台-客户

(4) 增加了类别后，再次单击"上级组"按钮则取消增加类别新增状态，然后增加"01.01，上海华润公司"客户，单击"保存"按钮，进行保存，如图 3-22 所示。

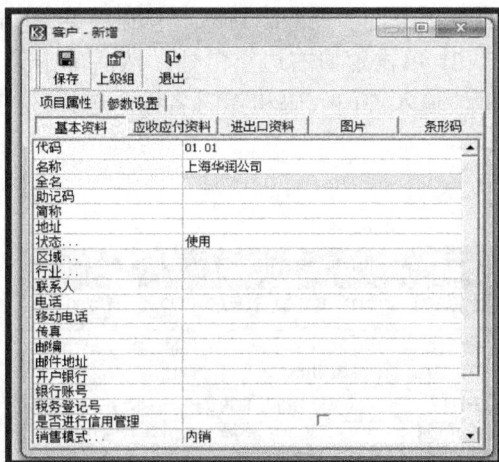

图 3-21　客户-新增(1)

图 3-22　客户-新增(2)

(5) 切换到"参数设置"选项卡，选中"新增代码自动递增"选项，则客户的代码可以不断新增。

(6) 切换到"项目属性"选项卡，然后增加其他的客户，单击"保存"按钮，进行保存，单击"退出"按钮。

(7) 在"基础平台-[主界面]"窗口，选择"系统设置"→"基础资料"→"公共资料"→"供应商"命令，即可进入"基础平台-[供应商]"窗口。设置供应商的方法与设置客户的方法相同。这里不再赘述。

6. 部门设置

部门资料用来记录企业组织结构的构成情况。可以根据实际情况来决定部门的级次结构。对企业所使用的部门资料进行集中、分级管理，其作用是标识和描述每个部门及其详细信息。

【任务 3-1-7】

对上海华商有限公司的部门进行设置，如表 3-7 所示。

表 3-7　部　门　资　料

部门代码	部门名称	部门属性	成本核算类型
01	人事部	非车间	期间费用部门
02	财务部	非车间	期间费用部门
03	办公室	非车间	期间费用部门
04	供销部	非车间	期间费用部门
05	生产车间		\
05.01	一车间	车间	基本生产部门
05.02	二车间	车间	基本生产部门

【操作向导】

(1) 在"基础平台-［主界面］"窗口，选择"系统设置"→"基础资料"→"公共资料"→"部门"命令，进入"基础平台-［部门］"窗口，如图 3-23 所示。

(2) 单击窗口右边空白处，然后单击工具栏中的"新增"按钮，打开"部门-新增"对话框，输入部门代码和部门名称，选择部门属性和成本核算类型等信息，如图 3-24 所示。

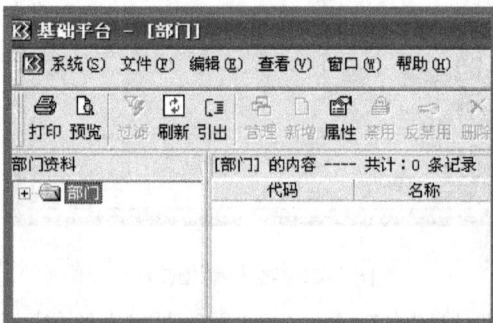

图 3-23　基础平台-部门

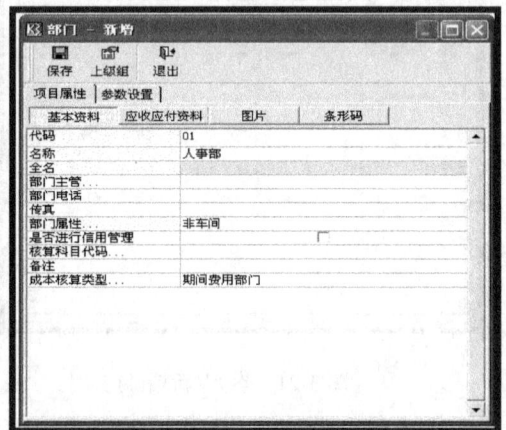

图 3-24　部门-新增

(3) 单击"保存"按钮，进行保存。

(4) 所有部门设置完毕，单击"退出"按钮。

7. 职员设置

职员这个核算项目用来记录一个组织机构内的所有员工信息。对企业所使用的职员资料进行集中、分级管理，其作用是标识和描述每个职员及其详细信息。

【任务 3-1-8】

对上海华商有限公司的职员进行设置，如表 3-8 所示。

表 3-8 职员资料

职工编号	姓名	所属部门	性别
001	于洋	财务部	男
002	李霞	财务部	女
003	韩语	财务部	女
004	何亮	人事部	男
005	张涛	供销部	女
006	李明	办公室	男

【操作向导】

(1) 在"基础平台-[主界面]"窗口，选择"系统设置"→"基础资料"→"公共资料"→"职员"命令，进入"基础平台-[职员]"窗口，如图 3-25 所示。

(2) 单击窗口右边空白处，然后单击工具栏中的"新增"按钮，打开"职员-新增"对话框，输入职员代码和职员名称，选择所属部门和性别等信息，如图 3-26 所示。

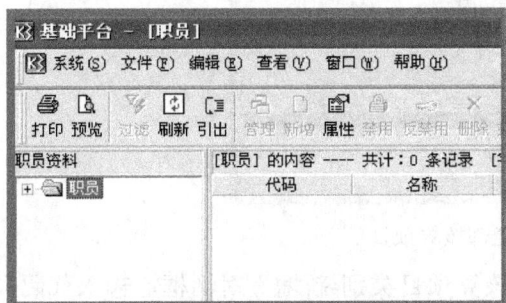

图 3-25 基础平台-职员

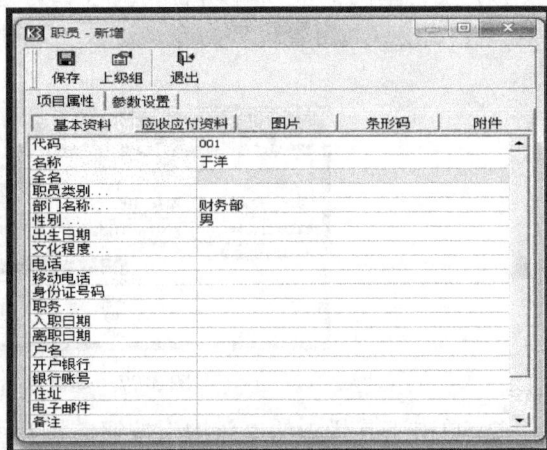

图 3-26 职员-新增

(3) 单击"保存"按钮，进行保存。

(4) 所有职员设置完毕，单击"退出"按钮。

8. 新增核算类别设置

在金蝶 K/3 系统中，核算项目是指一些具有相同操作、作用相类似的一类基础数据的统称。核算项目的共同特点是：(1) 具有相同的操作，如可以增删改，可以禁用，可以进行条形码管理，可以保存附件，可以审核，可以检测是否被使用过，可以在单据中通过 F7 进行调用等。(2) 是构成单据的必要信息，如录入单据时需要录入客户、供应商、商品、部门、职员等信息。(3) 本身可以包含多个数据，并且这些数据需要以层级关系保存和显示。

具有这些特征的数据我们把它们统一归到核算项目中进行管理。这样管理起来比较方便，操作起来也比较容易。

在金蝶 K/3 系统中已经预设了多种核算项目类型，如客户、部门、职员、物料、仓库、供应商、成本对象、劳务、成本项目、要素费用、分支机构、工作中心、现金流量项目等。也可以根据实际需要，自己定义所需要的核算项目类型。

【任务 3-1-9】

对上海华商有限公司的新增核算类别进行设置，如表 3-9、表 3-10 所示。

表 3-9　核算类别

代　码	名　　称	相关属性	属性页	是否显示
009	其他往来单位	区域	基础资料	是

表 3-10　其他往来单位明细

单位代码	名　　称	区　域
01	万世公司	华东
02	科尔公司	华北

【操作向导】

(1) 在"基础平台-［主界面］"窗口，选择"系统设置"→"基础资料"→"公共资料"→"核算项目管理"命令，进入"基础平台-［全部核算项目］"窗口，如图 3-27 所示。

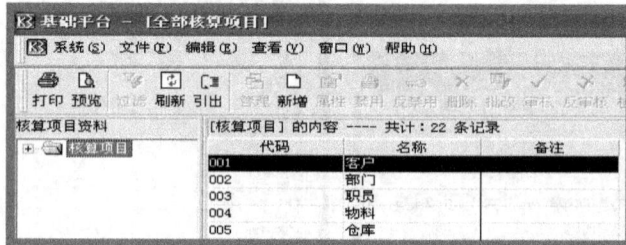

图 3-27　基础平台-全部核算项目

(2) 单击工具栏中的"新增"按钮，打开"核算项目类别-新增"对话框，输入代码和名称，如图 3-28 所示。

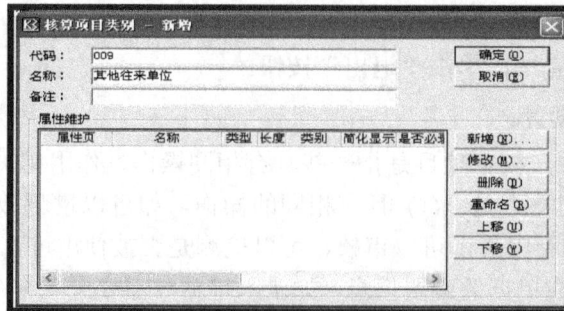

图 3-28　核算项目类别-新增

(3) 在"核算项目类别-新增"对话框,单击"新增"按钮,录入自定义属性,单击"确定"按钮,如图3-29、图3-30所示。

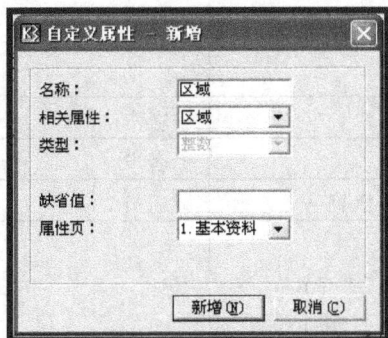

图3-29 自定义属性-新增

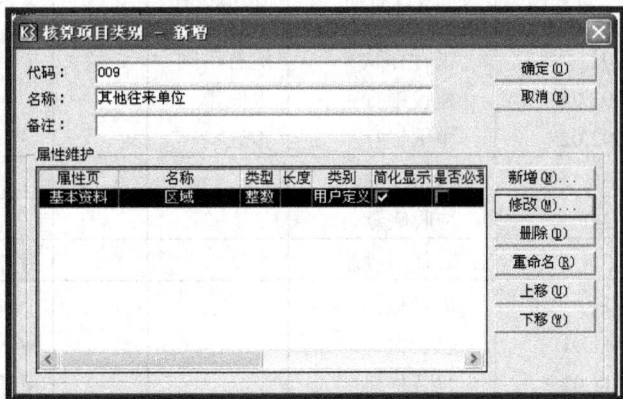

图3-30 核算项目类别-新增

(4) 选择左边新增的"其他往来单位",单击窗口右边空白处,然后单击工具栏中的"新增"按钮,打开"其他往来单位-新增"对话框,输入单位代码和名称,选择所属单位区域等信息。如图3-31所示。

图3-31 其他往来单位-新增

(5) 单击"保存"按钮,进行保存。

9. 会计科目设置

在金蝶K/3系统中,可以引入会计科目,但引入的只是会计科目只是一级会计科目和少数体系有规定的二级会计科目,因此,根据自身的需要新增二级科目或者其他明细科目,并对所有的会计科目属性进行维护。

【任务3-1-10】

对上海华商有限公司的会计科目进行设置,如表3-11所示。

表 3-11　会　计　科　目

科目代码	科目名称	外币核算	期末调汇	数量金额/往来/受控	核算项目
1002	银行存款	所有币别	√		
1002.01	建设银行	人民币			
1002.02	中国银行	美元	√		
1121	应收票据				客户
1122	应收账款				客户
1221	其他应收款			往来业务核算	职员
1411	周转材料				
1411.01	包装盒			√(数量组 2：个)	
1411.02	包装材料			√(数量组 1：套)	
2201	应付票据				供应商
2202	应付账款				供应商
2203	预收账款				客户
2221	应交税费				
2221.01	应交增值税				
2221.01.01	销项税				
2221.01.02	进项税				
2241	其他应付款				其他往来单位
5001	生产成本				
5001.01	基本生产成本				
5001.01.01	直接材料				
5001.01.02	直接人工				
5001.01.03	制造费用				
5101	制造费用				
5101.01	折旧费				
5101.02	工资及福利费				
5101.03	修理费				
6001	主营业务收入				客户、物料
6401	主营业务成本				客户、物料
6602	管理费用				
6602.01	工资及福利费				
6602.02	折旧费				
6602.03	通讯费				部门、职员
6602.04	坏账损失				
6603	财务费用				
6603.01	利息				
6603.02	汇兑损益				

【操作向导】

1) 新增会计科目

(1) 在"基础平台-［主界面］"窗口，选择"系统设置"→"基础资料"→"公共资料"→"科目"命令，进入"基础平台-［科目］"窗口，如图3-32所示。

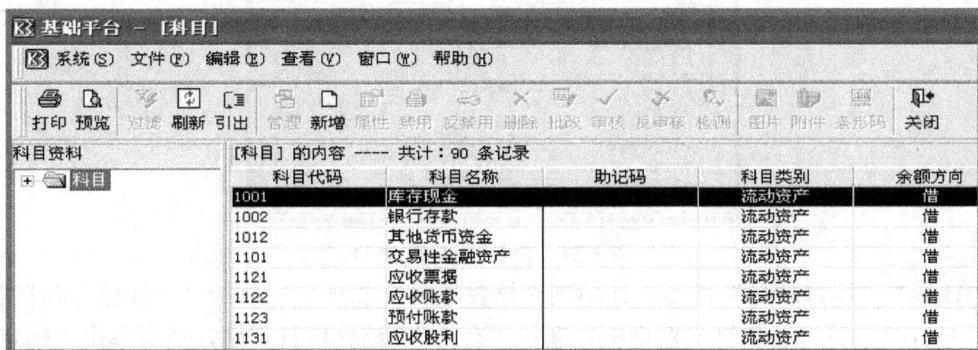

图3-32 基础平台-科目

(2) 单击工具栏中的"新增"按钮，打开"会计科目-新增"对话框，输入"1002.01"科目代码和"建设银行"科目名称，单击"保存"按钮，进行保存，然后单击"退出"按钮，如图3-33所示。

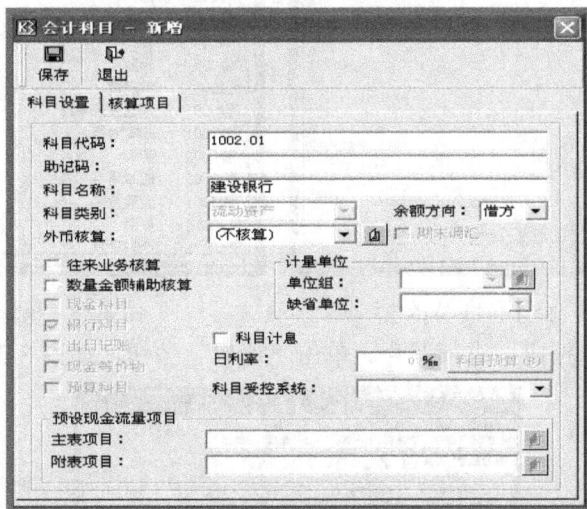

图3-33 会计科目-新增

按照上述方法依次录入其他会计科目。

2) 修改会计科目

(1) 在"基础平台-主界面"窗口，选择"系统设置"→"基础资料"→"公共资料"→"科目"命令，进入"基础平台-［科目］"窗口。

(2) 双击"应收票据"会计科目，可以打开"会计科目-修改"对话框，可以对会计科目的属性进行修改，在"科目受控系统"中选择"应收应付"，如图3-34所示。

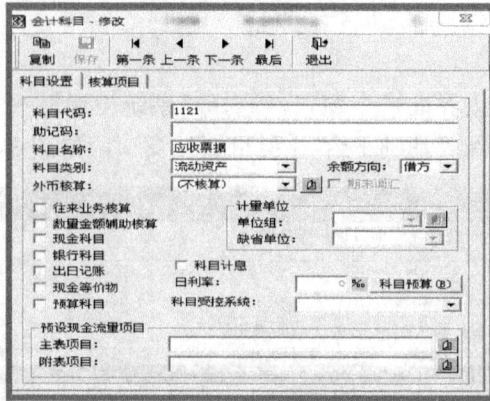

图 3-34　会计科目-修改(1)

(3) 单击"核算项目"标签，切换到"核算项目"选项卡，单击"增加核算项目类别"按钮，打开"核算项目类别"对话框，选择"客户"核算项目类别，然后单击"确定"按钮，如图 3-35、图 3-36 所示。

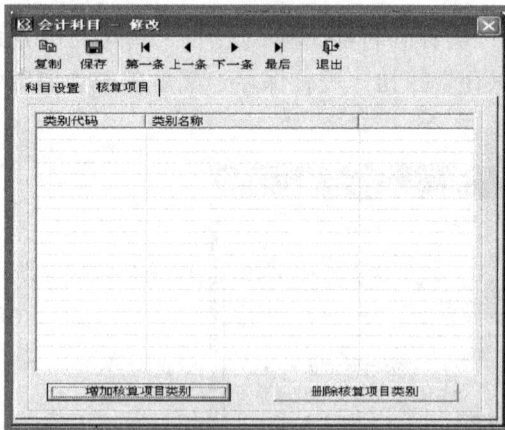

图 3-35　会计科目-修改(2)

图 3-36　核算项目类别

(4) 单击"保存"按钮，进行保存。单击"退出"按钮，如图 3-37 所示。

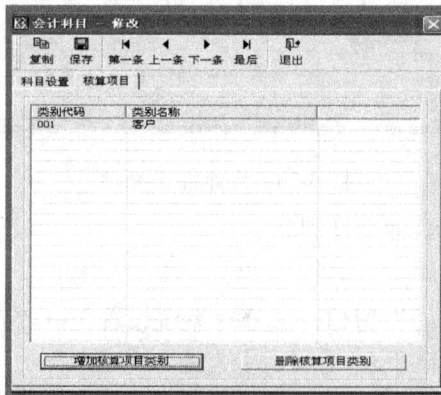

图 3-37　会计科目-修改

按照上述方法依次修改其他会计科目。

3) 删除会计科目

(1) 在"基础平台-[主界面]"窗口，选择"系统设置"→"基础资料"→"公共资料"命令，双击"科目"选项，即可进入"基础平台-[科目]"窗口。

(2) 选择所要删除的会计科目，单击工具栏中的"删除"按钮，单击"是"对话框，即可删除。

【说明与分析】

"会计科目-修改"对话框中每个科目字段属性的参数说明，如表 3-12 所示。

表 3-12 "会计科目-修改"参数说明

数据项	说 明	必填项
科目代码	科目的代码。在系统中必须唯一。科目代码必须由上级至下级逐级增加：即必须首先增加上级科目代码，只有上级科目代码存在后才能增加下级科目代码。科目代码由"上级科目代码＋本级科目代码"组成，中间用小数点进行分隔	是
助记码	帮助记忆科目的编码。在录入凭证时，为了提高科目录入的速度可以用助记码进行科目录入。例如：将"现金"科目的助记码输为"xj"，则在输入现金科目时输入"xj"，系统将会自动找到"现金"科目	否
科目名称	科目名称是该科目的文字标识。在命名科目名称时只需命名本级科目名称，不必带上级科目名称。输入的科目名称一般为汉字和字符	是
科目类别	科目类别用于对科目的属性进行定义。科目的属性系统都已作了设定，共分六大类：资产类、负债类、共同类、所有者权益类、成本类和损益类。系统中损益类科目的特殊处理主要体现在二个方面：第一、在执行"结转本期损益"功能时，所有定义为"损益类"的科目的本期实际发生额都将全部自动结转；第二、在自定义报表中设置取数公式时，设定为"损益类"科目便可取出其实际发生额	是
余额方向	余额方向是指该科目的余额默认的余额方向。一般资产类科目的余额方向在借方，负债类科目的余额方向在贷方。科目的这项属性对于账簿或报表输出的数据有直接影响，系统将根据科目的默认余额方向来反映输出的数值。例如：如果将"现金"科目的余额方向改为"贷方"，则其借方余额在自定义报表中就会反映为负数	是
外币核算	指定该科目外币核算的类型。具体核算方式分三种：1、不核算外币，不进行外币核算，只核算本位币。2、核算所有外币，对本账套中设定的所有货币进行核算。3、核算单一外币，只对本账套中某一种外币进行核算。若选择核算单一外币，要求选择一种进行核算的外币的名称。系统在处理核算外币时，会自动默认在"币别"功能中输入汇率	是
期末调汇	确定是否在期末进行汇率调整。只有科目进行了外币核算，此选项才可用。如选择期末调汇则在期末执行"期末调汇"功能时对此科目进行调汇	否
往来业务核算	选择该选项，科目核算往来业务中，凭证录入时要求录入往来业务编号，适用于往来核销模块。此项选择将影响到"往来对账单"和"账龄分析表"的输出	否
数量金额核算	确定是否进行数量金额辅助核算。若进行数量金额辅助核算，要求选择核算的计量单位	否
计量单位	选择科目的计量单位组及缺省的计量单位。只有科目进行了数量金额核算，此项目才可使用	否
现金科目	选中此选项，则将科目指定为现金类科目，现金日记账和现金流量使用	否
银行科目	选中此选项，则将科目指定为银行科目，银行日记账和现金流量使用	否

数据项	说　　　明	必填项
日记账	选中此选项，则在明细分类账中按日统计金额	否
现金等价物	该选项供现金流量表取数使用	否
科目计息	选择此选项，则该科目参与利息的计算	否
日利率	输入科目的日利率。只有选择了科目计息，日利率才可用	否
科目受控系统	用户可以给明细的科目指定对应的受控系统。提供针对应收应付系统的控制。在用户录入应收应付模块中的收付款等单据时，系统将只允许使用那些被指定为受控于应收应付系统的科目	否
核算项目	多项目核算，可全方位、多角度地反映企业的财务信息，并且科目设置多项目核算比设置明细科目更直观、更简洁、处理速度更快。例如，企业的往来客户单位有 1000 个以上，如果将往来客户设置成明细科目，那么，应收账款的二级明细科目至少达到 1000 多条，如果将往来客户设置成应收账款的核算项目，只要应收账款一个一级科目就可以了。每一科目可实现 1024 个核算项目的处理	否

10. 物料设置

物料是原材料、半成品、产成品等企业生产经营资料的总称，是企业经营运作、生存获利的物质保障。物料资料的设置是设置系统基本业务资料中最基本、也是最重要的内容。

物料设置提供了物料资料的增加、修改、删除、复制、自定义属性、查询、引入引出和打印等功能，对企业所使用的物料进行集中、分级管理，其作用是标识和描述每个物料及其详细信息。同其他核算项目一样，物料可以分级设置，可以从第一级到最明细级逐级设置。

物料包括：基本资料、物流资料、计划资料、设计资料、标准数据、质量资料和进出口资料。每一个标签页分别保存与某一个主题相关的信息。比如说，物流资料标签页用于保存物流管理各系统需要使用到的物料资料，计划资料标签页用于保存生产管理各系统需要使用到的物料资料。

【任务 3-1-11】

对上海华商有限公司的物料进行设置，如表 3-13 所示。

表 3-13　物　　料

科目代码	名称	物料属性	计量单位组	计价方法	存货科目代码	销售收入科目代码	销售成本科目代码
01	原材料						
01.01	主板	外购	数量组 2	加权平均法	1403	6051	6402
01.02	硬盘	外购	数量组 2	加权平均法	1403	6051	6402
01.03	显示器	外购	数量组 3	加权平均法	1403	6051	6402
01.04	鼠标	外购	数量组 2	加权平均法	1403	6051	6402
02	半成品						
02.01	机箱	自制	数量组 2	加权平均法	1405	6001	6401
02.02	面板	自制	数量组 2	加权平均法	1405	6001	6401
03	库存商品						
03.01	笔记本电脑	自制	数量组 3	加权平均法	1405	6001	6401
03.02	台式电脑	自制	数量组 3	加权平均法	1405	6001	6401

【操作向导】

(1) 在"基础平台-[主界面]"窗口，选择"系统设置"→"基础资料"→"公共资料"→"物料"命令，进入"基础平台-［物料］"窗口，如图3-38所示。

(2) 单击窗口右边空白处，然后单击工具栏中的"新增"按钮，打开"物料-新增"对话框，单击"上级组"按钮，输入"01"物料代码和"原材料"物料名称，单击"保存"按钮，如图3-39所示。

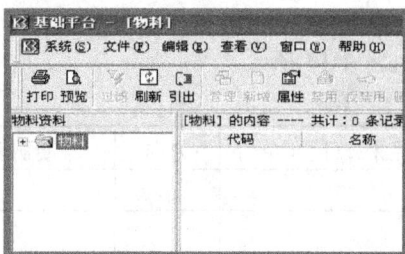

图 3-38　基础平台-物料　　　　　图 3-39　物料-新增(1)

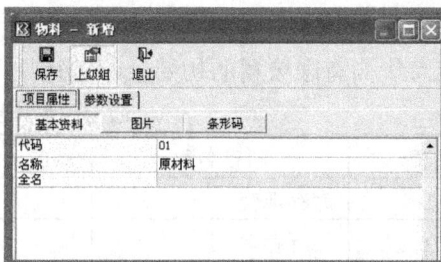

(3) 再单击"上级组"按钮，在"基本资料"选项卡，输入"01.01"物料代码和"主板"物料名称，在"物料属性"和"计量单位组"分别选择"外购"和"数量组2"，如图3-40所示。

(4) 单击"物流资料"标签，切换到"物流资料"选项卡，在"计价方法"、"存货科目代码"、"销售收入科目代码"和"销售成本科目代码"分别选择"加权平均法"、"1403"、"6051"和"6402"，如图3-41所示。

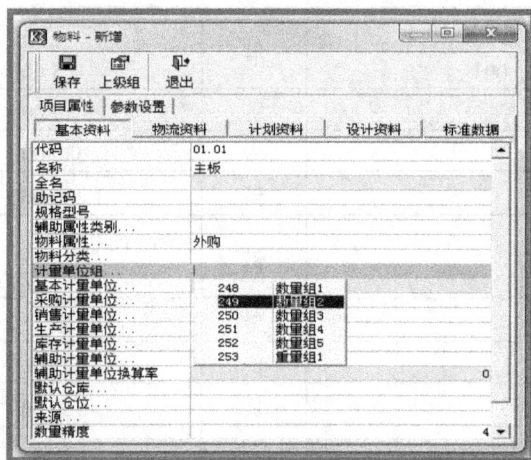

图 3-40　物料-新增(2)　　　　　图 3-41　物料-新增(3)

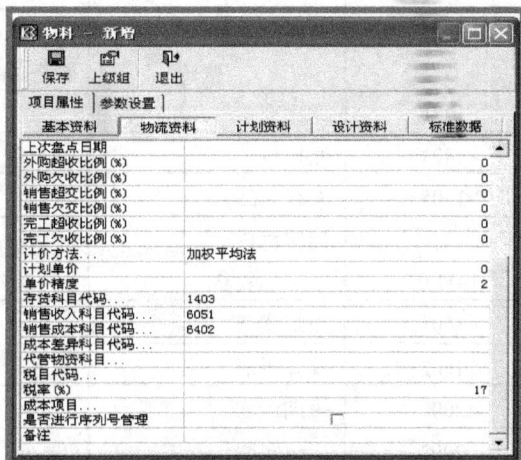

(5) 单击"保存"按钮，然后单击"退出"按钮。

按照上述方法依次录入其他物料。

子任务三　初始数据录入

当各项资料输入完毕后，接下来就可以开始初始数据的录入工作了。除非是无初始余额及累计发生额，否则所有用户都要进行初始余额设置。初始余额的录入分两种情况进行处理：一种情况是账套的启用时间是会计年度的第一个会计期间，只需录入各个会计科目的初始余额；另一种情况是账套的启用时间是非会计年度的第一个会计期间，此时需录入截止到账套启用期间的各个会计科目的本年累计借、贷方发生额、损益的实际发生额、各科目的初始余额。根据以上情况，在初始数据录入中要输入全部本位币、外币、数量金额账及辅助账、各核算项目的本年累计发生额及期初余额。

1. 初始余额录入

【任务 3-1-12】

对上海华商有限公司的初始余额进行录入，如表 3-14 所示。

表 3-14　初 始 余 额

科目代码	科目名称	原币×汇率/往来/数量×单价	方向	期初余额
1001	库存现金		借	50 000
1002	银行存款			
1002.01	—建设银行		借	950 000
1002.02	—中国银行	40 000×6.68		267 200
1121	应收票据			
	—北京长城		借	
				250 000
1122	应收账款			
	—北京长城			260 000
	应收账款		借	
	—上海华润			310 000
1221	其他应收款	业务日期：2014-10-3		
	—张涛	业务编号：001	借	3 000
1231	坏账准备		贷	7 000
1403	原材料		借	380 000
1405	库存商品		借	1 200 000
1411	周转材料			
1411.01	—包装盒	10×2=20	借	20
1601	固定资产		借	1 493 150
1602	累计折旧		贷	617 000
2001	短期借款		贷	500 000
2002	应付账款			
	—苏州天堂		贷	13 300
2211	应付职工薪酬		贷	15 000
2221	应交税费			
2221.01	—应交增值税		贷	
2221.01.01	—销项税			5 000
4001	实收资本		贷	3 000 000
4103	利润分配		贷	1 006 070

【操作向导】

1) 总账期初余额的录入

(1) 在"基础平台-[主界面]"窗口，选择"系统设置"→"初始化"→"总账"→"科目初始数据录入"命令，进入"总账系统-[科目初始余额录入]"窗口，如图 3-42 所示。

(2) 在此直接录入各种总账的期初余额。如在"库存现金"的"期初余额"录入"50 000"，单击"保存"按钮，如图 3-43 所示。

图 3-42 总账系统-科目初始余额录入(1)

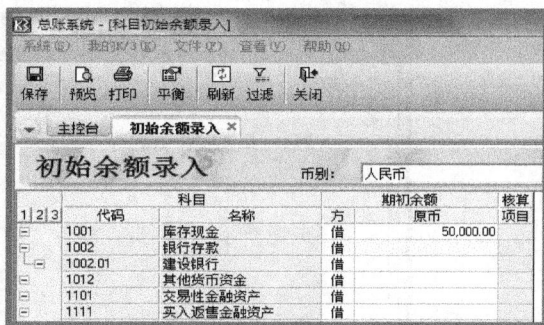

图 3-43 总账系统-科目初始余额录入(2)

2) 外币核算科目期初余额的录入

在"总账系统-［科目初始余额录入］"窗口的<币别>下拉列表框中，可选择不同的货币币种进行录入。选择非本位币的其他币种时，所有的数据项目都会分为原币和折合本位币两项，在输入完原币数额后，系统会根据预设的汇率自动将原币折算为本位币，系统会将输入的各个币种的折合本位币汇总为综合本位币进行试算平衡。

(1) 在"总账系统-［科目初始余额录入］"窗口的<币别>下拉列表框中，选择"美元"币种，如图 3-44 所示。

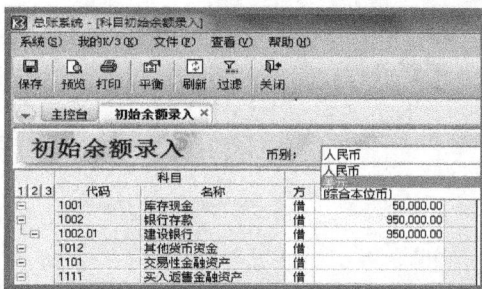

图 3-44 总账系统-科目初始余额录入(3)

(2) 在"原币"中录入"40 000"，单击"保存"按钮，如图 3-45 所示。

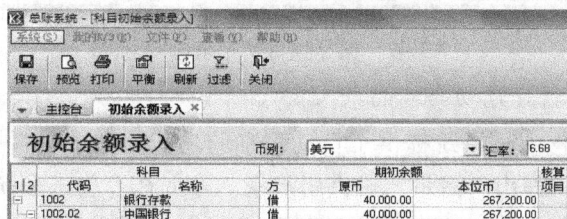

图 3-45 总账系统-科目初始余额录入(4)

3) 辅助核算科目期初余额的录入

如果科目设置了核算项目，系统在初始数据录入的时候，会在科目的核算项目栏中做一标记"√"，单击"√"，系统自动切换到核算的初始余额录入窗口，每录完一笔，系统会自动新增一行，当然，也可以单击鼠标右键增加新的一行来录入数据。

(1) 在"总账系统-[科目初始余额录入]"窗口，单击"应收票据"中的"√"，即可进入"核算项目初始余额录入(科目：1121 应收票据)"窗口，如图 3-46 所示。

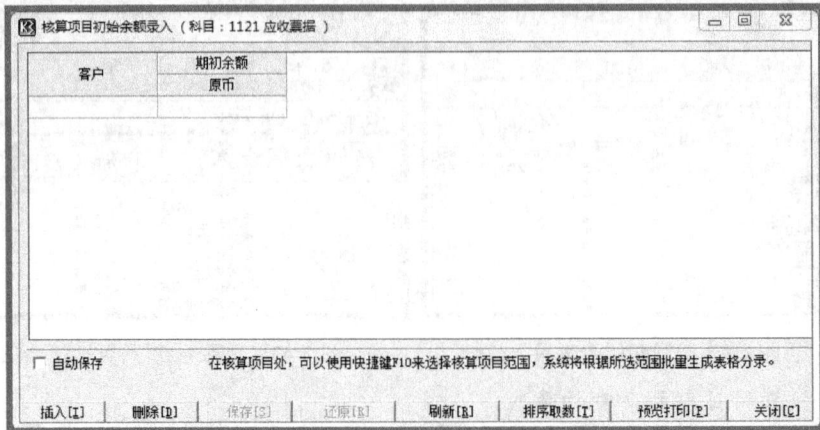

图 3-46　核算项目初始余额录入(1)

(2) 在"客户"中选择"北京长城公司"，在"期初余额"中录入"250 000"，如图 3-47 所示。

(3) 单击"保存"按钮进行保存，单击"关闭"按钮。

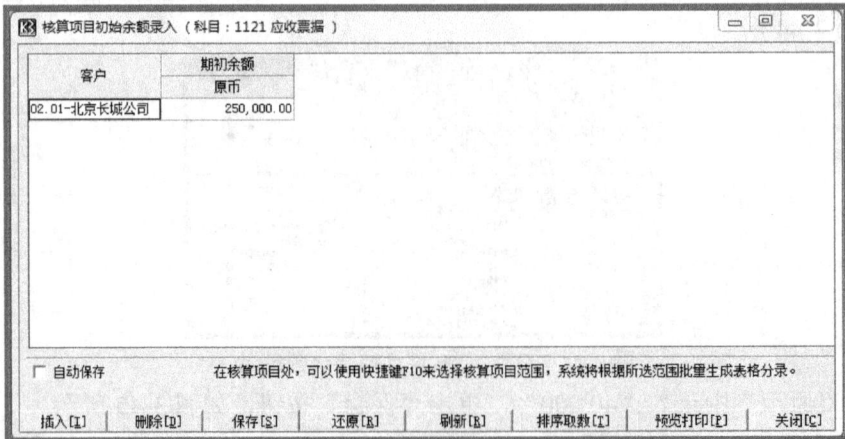

图 3-47　核算项目初始余额录入(2)

4) 数量金额核算科目期初余额的录入

在数据的录入过程中，系统提供了自动识别的功能：如果科目是数量金额核算，当单击该科目时，系统自动弹出"数量"栏供用户录入。如在"总账系统-[科目初始余额录入]"窗口，单击"包装盒"科目，在此录入数量为"10"，期初余额为"20"，单击"保存"按钮，如图 3-48 所示。

图 3-48 总账系统-科目初始余额录入(5)

5) 试算平衡

系统进行试算平衡时是将所有的账务数据合计在一起进行的,因此只有将所有的本位币、外币、核算项目账、数量金额账等全部数据录入完毕之后才能够进行总账数据的试算平衡。试算平衡表中会显示出所有一级科目的年初借方、年初贷方、累计借方、累计贷方、期初借方、期初贷方各项数值。只有在综合本位币状态下试算平衡,系统才允许结束初始化,否则就不能结束初始化。

如果账套数据是平衡的,系统在窗口的左下方以蓝字显示"试算结果平衡"的字样,借、贷方的差额为零;如果账套数据不平衡,系统会在窗口的左下方以红字显示"试算结果不平衡"的字样,并显示借、贷方的差额数据,提示您账务数据不正确,需要检查修改。可以在试算平衡表中仔细核对账务数据,以确保账套初始数据准确无误。

在"总账系统-[科目初始余额录入]"窗口,选择"币别"为"综合本位币",单击"平衡"按钮或选择菜单"查看"→"试算平衡"命令,即可进入"试算借贷平衡"对话框,如图 3-49、图 3-50 所示。

图 3-49 总账系统-科目初始余额录入(6)

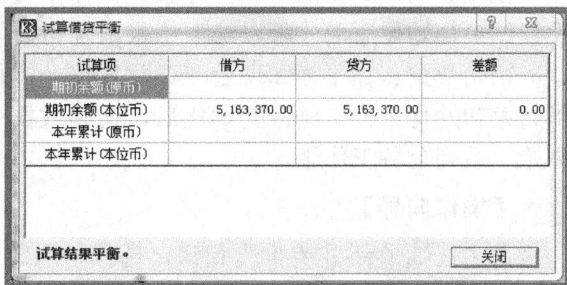

图 3-50 试算借贷平衡

【温馨提示】

初始数据录入工作可以和日常单据录入工作同时进行，只要在期末处理前关闭初始化即可。本业务系统提供了反初始化的功能，如果系统已经进行了期末处理，必须先反期末处理到账套启用期间后才能进行反初始化操作。这种操作，只有系统管理员才有权限。

2. 现金流量初始数据录入

目前在系统中可以对启用期后的账套数据进行现金流量表的指定。但如果账套为年中启用的账套，需要对启用前的现金流量的数据进行录入，系统才能计算全年的现金流量表。

【操作向导】

(1) 在"基础平台-[主界面]"窗口，选择"系统设置"→"初始化"→"总账"→"现金流量初始数据录入"命令，进入"总账系统-[现金流量初始余额录入]"窗口，在"币别"下拉列表框中，选择不同的货币币种进行录入。

(2) 选择"币别"为"综合本位币"，单击"检查"按钮或选择菜单"查看"→"检查"命令，如正确，给出提示："检查结果正确"；如不正确给出提示："检查结果不正确，请重新录入"，同时不允许结束初始化，如图 3-51 所示。

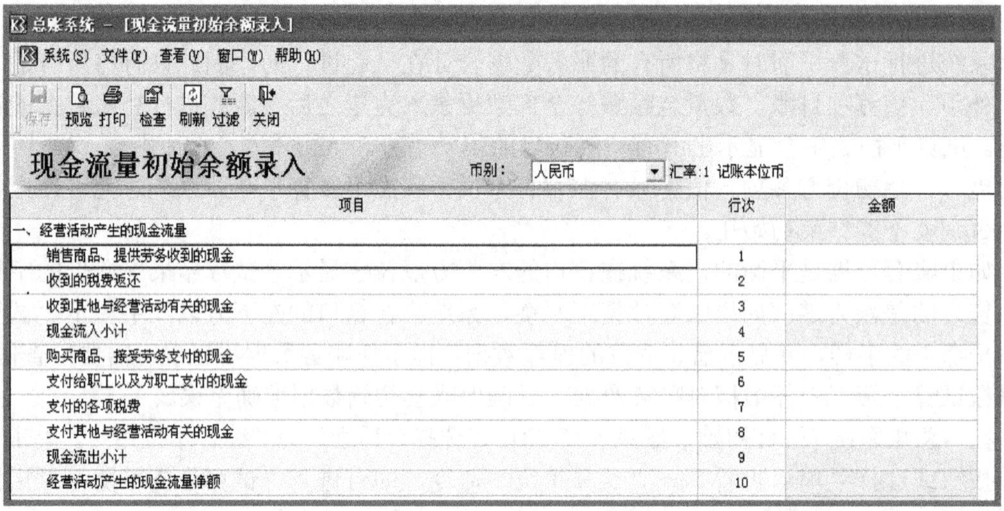

图 3-51　总账系统-现金流量初始余额录入

3. 结束初始化

在完成初始数据的录入，并且在试算平衡的基础上，除总账系统以外的其他系统初始设置结束初始化后，才可以结束总账系统初始化。

初始数据试算平衡和现金流量数据符合钩稽关系之后，在"结束初始化"对话框就可以结束初始化工作。结束初始化后，初始数据录入窗口将变为不可编辑状态，此时，可以开始一系列财务工作了。

【操作向导】

在"基础平台-主界面"窗口，选择"系统设置"→"初始化"→"总账"→"结束初始化"命令，即可进入"初始化"对话框，单击"开始"按钮，如图 3-52、图 3-53 所示。

图 3-52 初始化

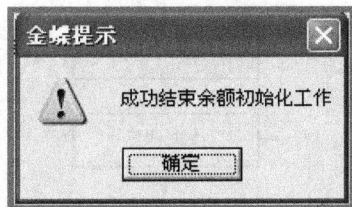

图 3-53 金蝶提示

【温馨提示】

只有在账套启用期间才可以结束初始化。科目初始余额满足平衡条件、现金流量初始化检查结果正确，并且除总账系统以外的其他系统初始设置结束初始化后，才可以结束总账系统初始化。

任务二 现金管理系统初始设置

现金管理系统是金蝶 K/3 系统的重要组成部分之一，它既能同总账系统联合使用，又可以单独提供给出纳使用，还能与其他系统集成使用。现金管理系统和其他各系统的数据关系如图 3-54 所示。

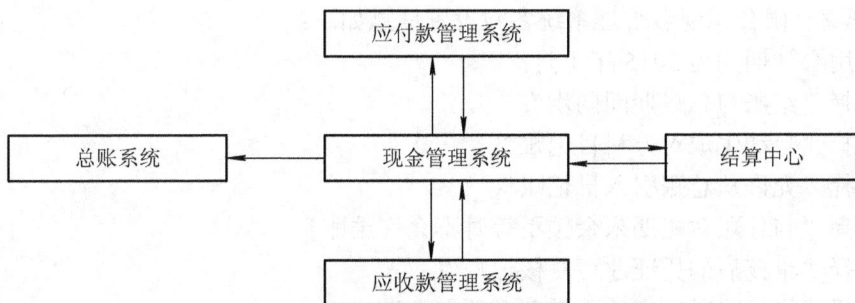

图 3-54 现金管理系统和其他系统数据关系图

现金管理系统能处理企业中的出纳业务，包括现金业务、银行业务、票据管理及其相关报表、系统维护等内容，同时会计人员能在该系统中根据出纳录入的收付款信息生成凭证并传递到总账系统。

值得注意的是，这里的现金不同于会计理论教材上"现金"的含义和范畴，它是广义的，包括"库存现金"、"银行存款"。

现金管理系统的业务流程大体分为初始化、日常业务处理、期末处理 3 个阶段，具体流程如图 3-55 所示。

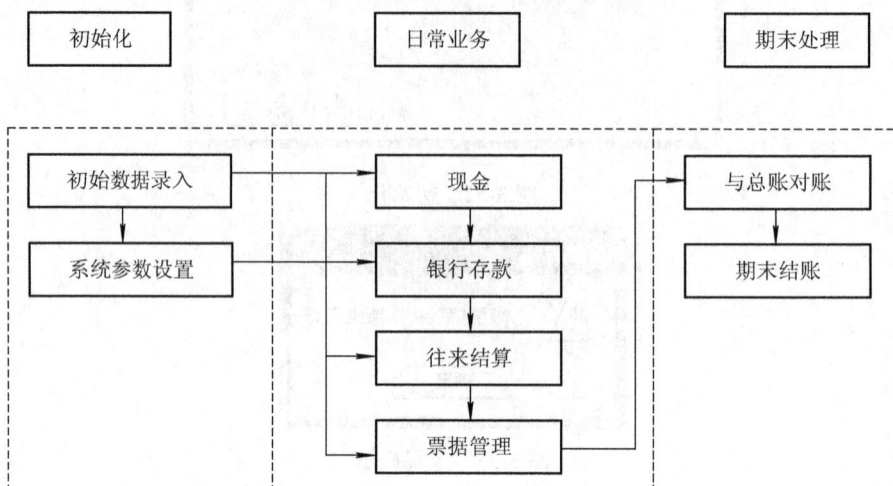

图 3-55　现金管理统流程图

子任务一　系统参数设置

现金管理系统初始化是根据单位的实际情况，把一个通用的现金管理系统转变为一个适合本单位专用的现金管理系统的过程。现金管理系统初始化设置包括初始数据录入和系统参数设置，其中，初始数据录入是指现金、银行存款日记账初始余额的引入，银行对账单初始数据的录入，银行未达账、企业未达账初始数据的录入。

在运行现金管理系统前，应先进行相关系统参数的设置。在此我们介绍现金管理系统参数的含义和设置的具体操作。

【任务 3-2-1】

上海华商有限公司现金管理系统参数设置信息如下：

(1) 启用会计期间为 2015 年 1 月；

(2) 选择"结账与总账期间同步"；

(3) 选择"自动生成对方科目记账"；

(4) 选择"允许从总账引入日记账"；

(5) 选择"与总账对账期末余额不等时不允许结账"；

(6) 选择"审核后的凭证才可复核记账"；

(7) 选择"日记账所对应总账凭证必须存在"；

(8) 现金日记账汇率设置：公司汇率；

(9) 银行存款日记账汇率设置：公司汇率。

【操作步骤】

用户"李霞"以现金管理系统操作员身份进入现金管理系统。

(1) 在金蝶 K/3 主界面中，选择"系统设置"→"现金管理"→"系统参数"命令，双击"系统参数"命令，进入现金"系统参数"设置界面。

(2) 该界面包括"系统"、"总账"、"现金管理"、"数据传输设置"四个选项卡。如图3-56所示，用户应根据实际需要分别进行设置。

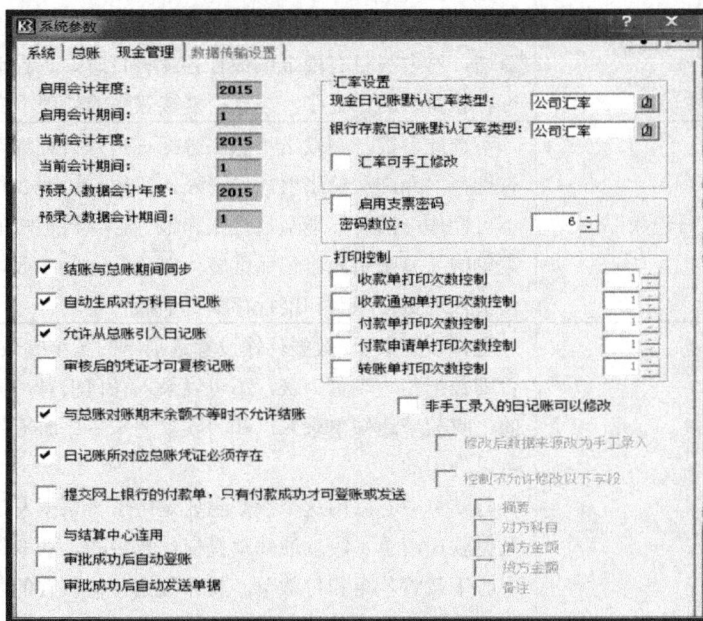

图3-56 现金系统参数设置

在"现金管理"选项卡中，提供了现金管理系统各种控制的参数，各个参数的具体含义如表3-15所示。

表3-15 "现金管理"参数说明

参 数	说 明
启用会计年度	指您启用现金管理系统的会计年度
启用会计期间	指您是在上面指定的会计年度中的哪一个会计期间启用现金管理系统的
当前会计年度	指现金管理系统目前的会计年度是哪一个年度
当前会计期间	指现金管理系统目前所在的会计期间是哪一个期间
预录入数据会计年度	指现金管理系统预录入数据的会计年度是哪一个年度
现金日记账默认汇率类型设置	(1)公司汇率(2)预存汇率
银行存款日记账默认汇率类型设置	(1)公司汇率(2)预存汇率
启用支票密码	启用支票密码后，在支票管理模块中，购置支票后进行领用时，系统会自动产生一个随机数密码，在进行支票核销时，会弹出密码输入界面，密码正确(指和领用时产生的密码一致)才允许核销。如果不启用支票密码，则可以直接进行核销
结账与总账期间同步	是指总账必须在现金管理系统结账后方可结账

续表

参　数	说　明
自动生成对方科目日记账	在现金日记账中新增，对方科目有现金、银行存款科目时，自动生成该现金、银行存款科目的日记账；同样，在银行存款日记账中新增，对方科目有现金或银行存款科目时，也自动生成现金或银行存款科目的日记账。注意：复核登账的处理不变，不考虑此功能
允许从总账引入日记账	不选此参数，则双击"总账数据－引入日记账"，则提示："没有选择'允许从总账引入日记账'参数，禁止从总账引入日记账"，不可操作；同时，现金日记账和银行存款日记账的引入按钮和文件菜单中从总账引入日记账都应为灰色。选此参数，则表示可以从总账引入现金日记账和银行存款日记账
与结算中心联用	选择该参数后，数据传输设置选项卡的各个参数才可以进行设置，否则数据传输表页为灰，不可以录入任何信息。同时主控台界面上的"收款单通知单录入"和"收款通知单序时簿"这两个功能是不可以使用的。 与结算中心联用这个参数主要是用于将票据发送到结算中心，以及付款申请单、收款通知单提交结算中心，获取结算信息；从结算中心下载收款单和付款单。具体数据传输设置的各个参数意义见数据传输选项卡的各个参数描述
与总账对账期末余额不等时不允许结账	现金管理系统在结账时，系统判断银行日记账与现金日记账的所有科目以及科目的所有币别与总账的对应科目和币别的余额是否相等，只有相等的情况下才允许结账
审核后的凭证才可复核记账	选中该选项，总账凭证经审核后才可复核记账；否则不能复核记账
从总账引入的日记账可以修改	选中该选项，从总账引入的日记账可以修改；否则，不可修改
日记账所对应总账凭证必须存在	选中该选项，录入日记账所对应凭证字号在总账中必须存在；否则，系统不判断录入日记账对应凭证字号在总账是否存在
提交网上银行的付款单，只有付款成功才可登账或发送	选中该选项，提交网上银行的付款单，只有提交银行付款成功后才可登账或发送；否则系统不判断银行处理状态就可以登账或发送

【温馨提示】

①　如果现金管理系统需要与结算中心联用，则需要对参数"与结算中心联用"进行设置。如果不与结算中心联用，则无须对"与结算中心联用"选项卡的各个参数进行设置。

②　"与总账对账期末余额不等时不允许结账"这个参数中的对账期间是现金管理当前期间。

子任务二　初始数据录入

1. 录入初始数据

【任务 3-2-2】

上海华商有限公司 2015 年 1 月份启用现金管理系统，日记账数据与总账方面一致，并需要设置银行账号。现金、银行存款日记账设置和数据情况如表 3-16 所示。

表 3-16　现金、银行存款日记账数据

科目名称	银行账号	对账单期初余额	方向	本位币期初余额	日记账期初余额
现金			借	50 000	
银行存款					
(建设银行)	12345678	940 000	借	950 000	950 000
(中国银行)	23456789		借		267200

1) 从总账引入

由于现金管理系统没有自己的一套科目，所以必须从总账中引入现金、银行科目。

【操作步骤】

(1) 在金蝶 K/3 主界面中，选择"系统设置"→"初始化"→"现金管理"→"初始数据录入"，双击"初始数据录入"命令，进入"现金管理系统-[初始数据录入]"界面，如图 3-57 所示。

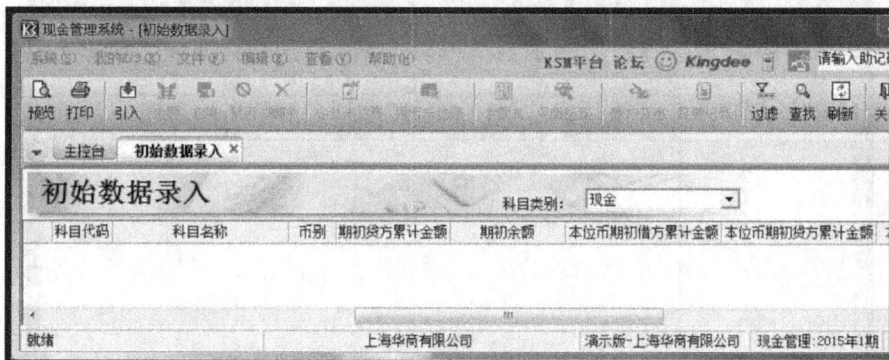

图 3-57　初始数据录入界面

(2) 在"现金管理系统-[初始数据录入]"界面，单击"引入"或选择"编辑"→"从总账引入科目"命令，打开"从总账引入科目"对话框，如图 3-58 所示。

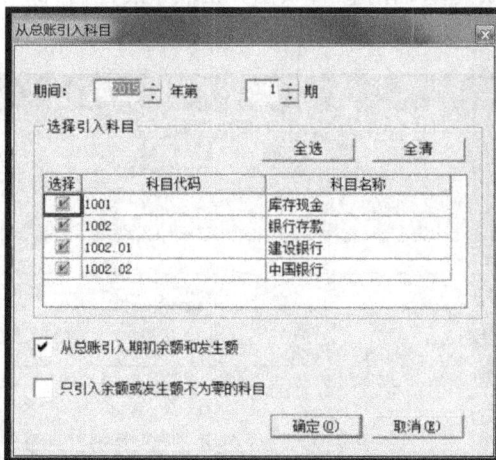

图 3-58　从引入科目期间设置

(3) 选择需要引入的会计期间及科目余额，然后单击"确定"按钮，系统将从总账系统中导入设置好的现金、银行科目及相应的余额，如图 3-59 所示。

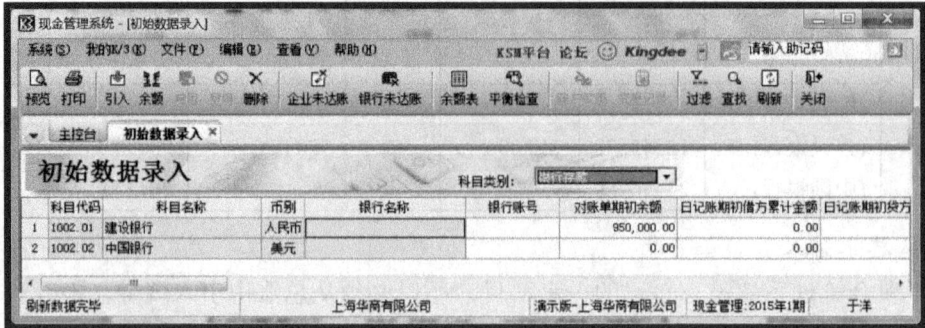

图 3-59　现金、银行科目引入界面

(4) 在银行存款科目的"银行账号"栏处双击或按 F7 键，出现"核算项目-银行账号"窗口，如图 3-60 所示。

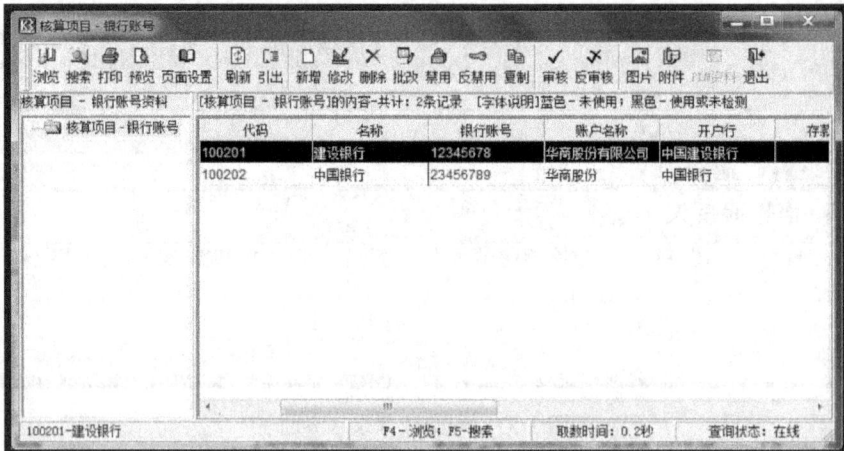

图 3-60　核算项目-银行账号界面

(5) 选择相应银行存款的基础信息后双击，获取"银行名称"和"银行账号"，如图 3-61 所示。

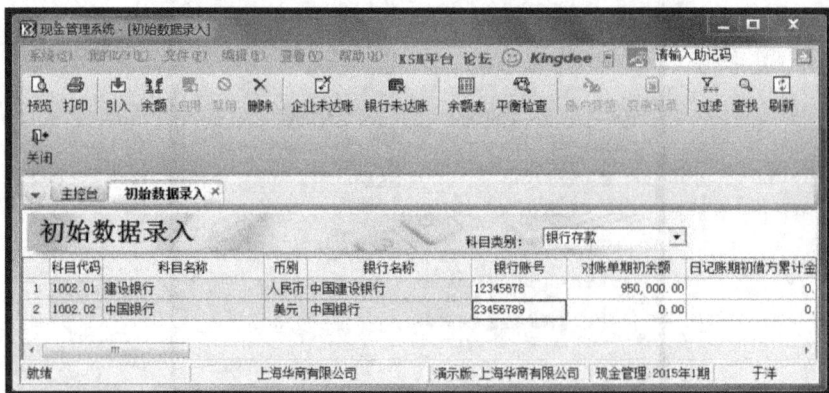

图 3-61　现金管理初始数据录入界面

如果没有选择银行账号，结束新科目初始化时系统会提示："没有输入银行名称"。

(6) 将【任务 3-2-2】中银行对账单初始数据录入，如图 3-62 所示。

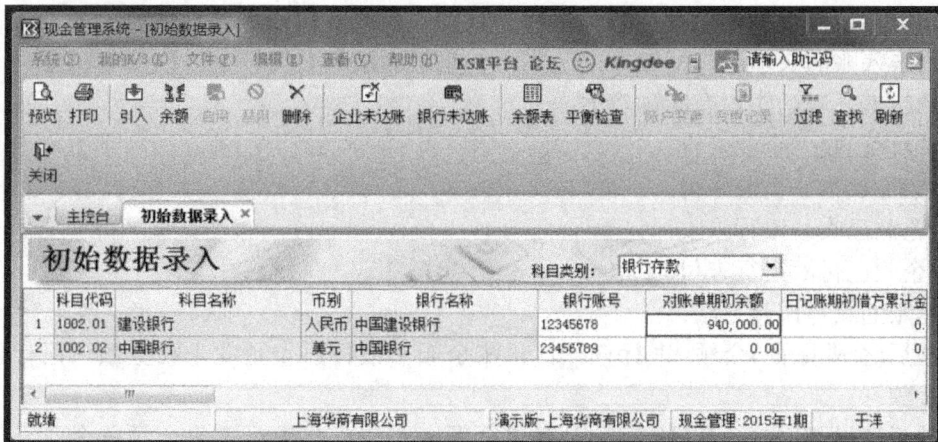

图 3-62　银行对账单期初余额录入界面

【温馨提示】

从总账引入的科目属性必须是"科目设置"中的现金科目或银行科目，否则科目将不被引入，并且只引入总账中的明细科目。在执行"从总账引入科目"后，初始数据中的"银行对账单"默认为企业日记账期初余额，用户需要根据实际的对账单金额进行修改。

【注意事项】

(1) 设置所有币别的科目自动分币别引入多个账户。

(2) 现金管理系统中不能将总账系统中银行存款科目下挂的核算项目作为明细科目引入，只能将核算项目设为银行科目的下级明细科目，然后再引入。

(3) 现金管理系统启用期间为年初时，只引入期初余额；启用期间为年中时，系统引入总账科目余额时会将本年借方发生额、本年贷方发生额一同引入。

2) 启用、禁用、删除科目

在结束初始化后，系统会自动将所有引入的科目默认为启用状态。如果暂时不需要使用，可以对其进行禁用。

也可启用已被禁用的科目。将光标放置于已被禁用的科目上，单击"启用"按钮即可。

对启用的科目也可以进行禁用处理。将光标放置于已启用的科目上，单击"禁用"按钮即可。

对不需要且没使用过的科目可以删除。将光标放置于想删除的科目上，单击"删除"按钮即可。

【温馨提示】

启用科目和禁用科目均要在该科目结束初始化之后才可进行操作，删除科目则不受此限制。删除科目仅限于现金管理系统中没有使用过的科目，就是说此科目在删除的本期、前期、后期的会计期间内均没有使用过。对于已有业务发生的科目不允许删除，只能禁用。

2. 录入未达账项

未达账项，就是结算凭证在企业与银行之间(包括收付双方的企业及双方的开户银行)流转时，一方已经收到结算凭证作为银行存款的收入或支出账务处理，而另一方未收到结算凭证尚未入账的账项。包括银行未达账和企业未达账两大类。

归纳起来，未达账项有四种类型：

① 银行已收，企业未收；

② 银行已付，企业未付；

③ 企业已收，银行未收；

④ 企业已付，银行未付。

未达账的具体调整方法：

调整后(企业账面)余额=银行存款日记账余额＋银行已收企业未收金额－银行已付企业未付金额

调整后(银行对账单)余额=银行对账单余额＋企业已收银行未收金额－企业已付银行未付金额

若调整后两者的余额相等，表明企业银行存款账相符。

【任务 3-2-3】

上海华商有限公司的建设银行对账单和企业实际账务有一定的差异，如表 3-17 所示。

表 3-17　建设银行对账单和企业账务金额

项　　目	金额	备　　注
企业银行存款日记账余额	950 000	
银行对账单余额	940 000	
银行未达账项： 　企业已收，银行未收	借：10000	日期 / 业务日期：2014 年 12 月 20 日 结算方式：建行转账 结算号：210 摘要：销售收入

【操作步骤】

(1) 在"现金管理系统-[初始数据录入]"界面，选择"编辑"→"银行未达"或在工具栏上单击"银行未达"命令，进入"现金管理系统-[银行未达账]"界面，如图 3-63 所示。

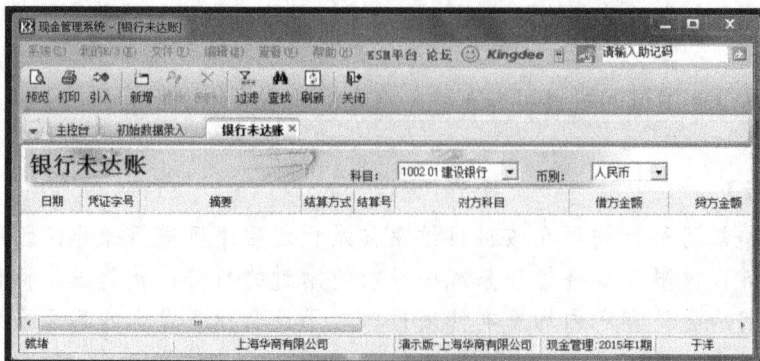

图 3-63　银行未达账界面

(2) 在此界面选择"编辑"→"新增"命令或在工具栏点击"新增"命令，即可录入银行未达账，如图 3-64 所示。

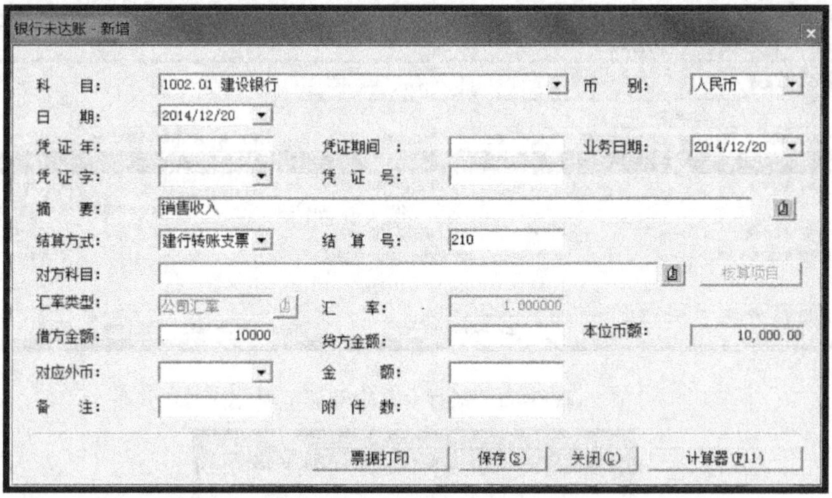

图 3-64 现金管理初始未达账项新增界面

录入完毕，单击"保存"按钮即可保存。同理，可录入企业未达账。

【温馨提示】

"银行未达账"需要根据企业日记账的记录填写，主要包括"日期"、"金额"、"摘要"，最好录入"结算方式"、"结算号"等内容，方便今后开展银行对账工作。"企业未达账"需要根据银行对账单填写。

用户在录入时要特别关注："企业已收银行未收"录入的是"借方金额"；"企业已付银行未付"录入的是"贷方金额"；"银行已收银行未收"录入的是"贷方金额"；"银行已付银行未付"录入的是"借方金额"。

3. 余额平衡

检查余额平衡的工作实际上就是制作正确的"余额调节表"。

存在未达账的情况下，企业单位银行存款日记账的余额和银行对账单的余额往往是不相等的。这时需要分别站在企业和银行的立场，将未达账项分别对银行存款日记账的余额和银行对账单的余额进行调整。

【操作向导】

(1) 在"现金管理系统-[初始数据录入]"界面，选择"编辑"→"余额表"命令或单击工具栏"余额表"命令，进入"现金管理系统-[余额调节表]"界面。

(2) 选择银行存款明细科目，系统将根据初始数据及输入的银行未达账、企业未达账的有关资料，生成期初的银行存款余额调节表，如图 3-65 所示。

(3) 在"现金管理系统-[初始数据录入]"界面，选择"编辑"→"余额平衡检查"命令或单击工具栏上"余额平衡检查"命令，系统将检查所有银行存款科目的余额调节表是否平衡，如果银行存款科目的余额已经平衡，系统会给予提示，如图 3-66 所示。否则系统就会给予另外的相应提示。

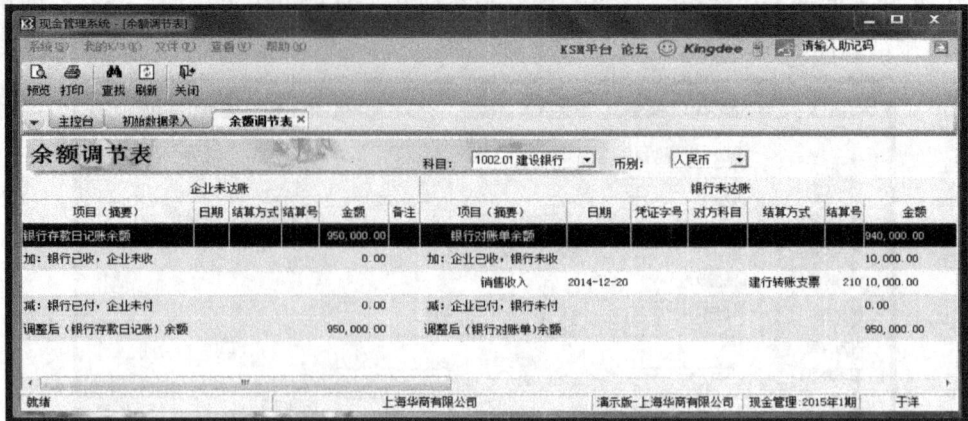

图 3-65　银行存款余额调节表

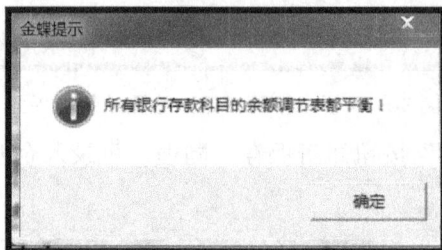

图 3-66　余额调节表平衡系统提示

【温馨提示】

新增未达账时，单击 F7 键，系统自动调用总账的摘要库。结算号可以单独录入，但如果录入结算方式时，必须录入结算号。借贷方金额只允许录入一方。

4. 结束初始化

当所有的初始数据都已录入，且确认正确后，即可结束初始化，启用系统。

在"现金管理系统-[初始数据录入]"界面，选择"编辑"→"结束新科目初始化"命令，系统将结束初始化设置，启用系统即可进入日常业务阶段，注意初始化账套的启用时间和引入的总账科目及其余额的时间应一致，如图 3-67 所示。

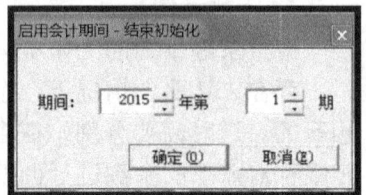

图 3-67　现金管理启用期间确认

【温馨提示】

① 结束初始化后，若发现初始化数据有错误，在启用当期，在"现金管理系统-[初始数据录入]"界面，选择"编辑"→"反初始化"命令，即可回到初始化状态，修改初始数据。

② 结束初始化后，后续可以引入新的科目，但新科目也需要结束初始化。在"现金管理系统-[初始数据录入]"界面，选择"编辑"→"结束新科目初始化"命令，完成新科目初始化工作。

③ 只有系统管理组的成员才能进行反初始化的操作。

任务三 固定资产系统初始设置

子任务一 系统参数设置

由于企业的类型多种多样，不同的企业对固定资产的核算和管理有不同的要求，因此为了全面满足各种企业对固定资产核算管理的需要，金蝶财务软件为用户提供了灵活的基础设置功能，用户可以根据自己的核算和管理特点进行固定资产系统的初始设置。

【任务 3-3-1】

上海华商有限公司根据本公司固定资产和工作流程的需要，选择如下系统选项：

(1) "账套启用会计期间"为 2015 年；

(2) 与总账系统相连；

(3) 允许改变基础资料编码；

(4) 期末结账前先进行自动对账；

(5) 变动使用部门时当期折旧按原部门进行归集；

(6) 折旧率小数位 4 位；

(7) 数量小数位为 2 位。

【操作向导】

在金蝶 K/3 主界面中，选择"系统设置"→"固定资产管理"→"系统参数"，弹出"系统选项"对话框。

在"系统选项"对话框中的"基本设置"选项中，可查看和修改"公司名称"、"地址"、"电话"；在"固定资产"选项中，选择"账套启用会计期间"、"与总账系统相连"、"期末结账前先进行自动对账"等参数，然后单击"确定"按钮即可，如图 3-68 所示。

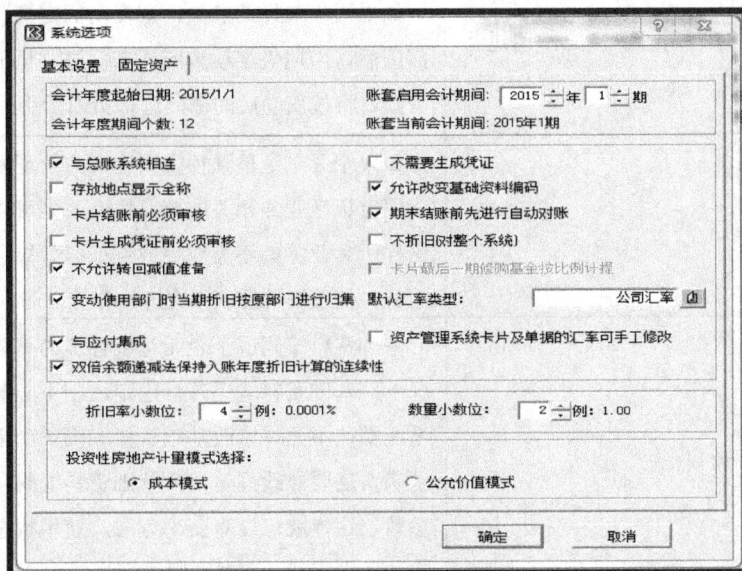

图 3-68 系统参数基本信息设置

"系统参数"说明如表 3-18 所示。

表 3-18　　"系统参数"说明

参　　　数	说　　　明
与总账系统相连	如果企业将固定资产管理系统与总账系统集成应用，则应该选择此参数，这样系统会保证固定资产管理系统结账后与总账系统在会计期间上的有效性，即总账系统必须在固定资产管理系统结账后方可进行结账工作；否则，两系统结账的先后顺序互不影响
存放地点显示全称	选择此参数，则在查看固定资产卡片资料时，存放地点将显示包括上级存放地点在内的全部存放地点的名称。例如，某单位的存放地点设置为"001 车库"、"001.01 运输车库"、"001.01.01 运输 1 队车库"，则位于运输 1 队车库的某辆卡车在以全称显示时，显示为"车库－运输车库－运输 1 队车库"
卡片结账前必须审核、卡片生成凭证前必须审核	如果需要加强对固定资产管理业务的审核监督，则可以选择这两个要求对卡片进行审核的参数，由固定资产主管对固定资产卡片的新增、变动、清理业务进行审核后，再进行后续的业务处理。这两个参数的区别在于控制点不同："卡片结账前必须审核"控制的是期末结账，期末结账时如存在没有审核的固定资产业务，则不允许结账；"卡片生成凭证前必须审核"控制的是凭证生成时，如果该业务没有审核，则不能生成相关凭证
变动使用部门时当期折旧按原部门进行归集	如果用户选择此参数，则变动固定资产卡片上的使用部门后，当期仍继续按照原部门进行折旧费用的归集；否则，将按变动后的部门进行折旧费用的归集
不需要生成凭证	如果企业只是单独使用固定资产管理系统，不需要生成固定资产业务相关的核算凭证，则可以选择此选项，这样所有业务都不需要生成凭证；如果存在生成凭证的业务，则系统将控制不允许结账
允许改变基础 资料编码	基础资料编码属于企业基础管理的重要内容，一般情况下，基础资料编码一旦确定，则不应随意修改，因此系统默认不允许修改基础资料编码。如果企业因管理需求确实需要修改固定资产基础资料编码，则可以选择此参数，这样就可以对变动方式、使用状态、卡片类别、存放地点等基础资料编码进行修改

续表

参　　数	说　　明
期末结账前先进行自动对账	为了保证固定资产系统的业务数据与总账系统的财务数据一致性，应该在期末结账前进行自动对账。为了加强这方面的管理和控制，可以选择此参数，这样在期末结账时，系统会检查是否进行了自动对账、对账时两系统数据是否一致。如果没有设置对账方案或对账不平，则系统会提示不允许结账
不折旧(对整个系统)	如果对固定资产仅进行登记管理，不需要计提折旧(例如行政事业单位对固定资产只计提修购基金，不需要计提折旧)，则可以选择此项
折旧率小数位	用户可以根据企业固定资产管理的需要自定义折旧率的小数位精度，系统默认为 3 位小数位
数量小数位	用户可以根据企业固定资产管理的需要自定义资产数量的小数位精度，系统默认为 0 位小数位
投资性房地产计量模式选择	提供两种模式选择：成本模式和公允价值模式，系统默认选择成本模式。 当选择成本模式时，对于投资性房地产的业务处理与其他类别的固定资产一致，并且允许计量模式转为公允价值模式； 当选择公允价值模式时，不允许对投资性房地产计提折旧和减值准备，并且不允许计量模式转为成本模式

【温馨提示】

① 启用会计期间的设置：在使用固定资产管理系统时，可以与账务同时启用，也可以根据企业的实际情况，自己设定固定资产管理系统起始年度和年度期间个数。因此，在使用该系统时，必须首先确定系统的启用期间，才能初始化卡片。

② 是否与总账连用：用户可以选择"与总账系统相连"，当选择此选项时，总账必须在固定资产管理系统结账后方可进行结账工作；否则，不检测两系统结账的先后顺序。

③ 不需要生成凭证：当固定资产管理系统专门用做设备管理时，选择"不需要生成凭证"，可以避免一些较专业和繁琐的凭证处理操作。

④ 系统不提折旧：有些设备管理部门可能只对固定资产数量、存放地点、使用状况等进行必要管理，不需要每期计提折旧，则可选择"不折旧"。

⑤ 允许改变基础资料编码：在基础资料中，卡片类别、使用状态、变动方式、存放地点等项目可能随着使用的进行有些类别的组织结构不能满足企业管理的需要，此时可以通过修改编码的方式，调整相关的项目结构。

子任务二　基础资料设置

基础资料是系统运行的数据基础。在固定资产卡片上，既有固定资产的价值信息，如原值、净残值等信息，又有大量的静态信息，如供应商、变动方式、存放地点等。对于这些静态 基本信息，不仅仅是一个简单的记录，与之相关的还会有很多属性。这些静态信息决定了系统中相关业务的处理。例如，不同变动方式将决定系统对卡片变动业务不同的处理。因此，需要在正式的固定资产卡片数据输入前，先进行基础资料的设置。

在金蝶 K/3 系统中，基础资料根据系统归属，分为公共基础资料和系统特有基础资料两类。公共基础资料是由金蝶 K/3 系统多个业务系统所共用，即部门资料、科目资料、币别资料等；固定资产管理系统特有基础资料则包括固定资产的变动方式、使用状态、折旧方法、卡片类别、存放地点等，这些特有的基础资料反映了企业根据会计制度与自身具体情况，确定固定资产管理的划分标准和管理要求。

1. 公共基础资料

为进行固定资产的管理和核算，先要进行与账务系统相关的一些基础设置。金蝶财务软件的最大特点之一就是在不同的系统和模块之间可以实现无缝联接。固定资产管理系统的账务基础资料设置可以直接调用总账系统的基础设置资料。进入账务基础资料窗口可以对公共资料进行新增、修改和删除等设置，具体操作见本项目任务一总账系统中的基础资料设置。

2. 变动方式类别

固定资产的变动方式指固定资产发生增加或减少的方式，是固定资产卡片上的属性资料，不同的企业可能不同，用户可以自行定义本企业所需用的固定资产变动方式。

系统已设置了增加、减少、投资性房地产转换和其他等四大默认类别。增加类包括固定资产购入、融资租入、自建、盘盈、其他增加等方式；减少类包括报废、盘亏、其他减少等方式；投资性房地产转换类包括固定资产转投资性房地产和投资性房地产转固定资产两类方式；其他类是与固定资产要素增、减无关的变动，如部门、地点、类别、使用状态、附属设备等的变动。各类别中的子类可以通过修改代码的方式，改变其所属类别(投资性房地产转换不允许修改代码)。另外，系统支持变动方式的多级管理(投资性房地产转换除外)，并可以在生成报表的时候分级汇总，为固定资产的投资决策提供更丰富的数据。

【任务 3-3-2】

上海华商有限公司固定资产新增一种变动方式，如表 3-19 所示。

表 3-19　固定资产变动方式

代码	名称	凭证字	摘要	对方科目
002.004	报废	记	报废固定资产	固定资产清理

【操作向导】

(1) 在金蝶 K/3 主界面中，选择"财务会计"→"固定资产管理"→"变动类别方式"，弹出"变动方式类别"对话框，如图 3-69 所示。

(2) 在"变动方式类别"对话框中，单击"新增"按钮，弹出"变动方式类别-新增"对话框。

(3) 在此对话框中，输入"代码"、"名称"、"凭证字"、"摘要"、"对方科目代码"等信息，如图 3-70 所示。然后，单击"新增"按钮，系统将保存当前资料并恢复到新增前的状态，便于用户连续新增变动方式，新增完成后，单击"关闭"按钮即可。

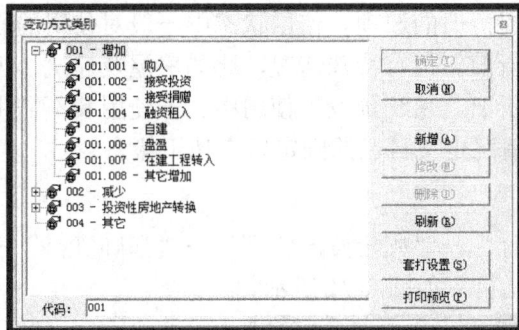

图 3-69 变动方式类别界面

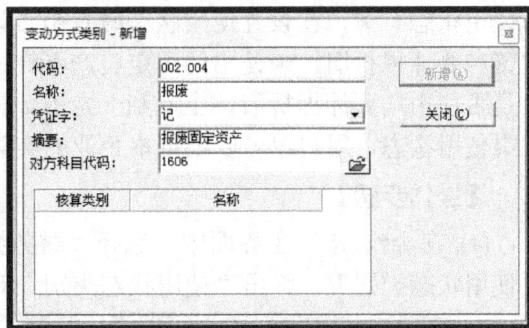

图 3-70 新增变动方式类别

"变动方式类别-新增"对话框中的参数说明如表 3-20 所示。

表 3-20 "变动方式类别-新增"对话框中的参数说明

参 数	说 明
代码	在此输入变动方式代码，上下级类别间以"."分开，从而实现变动方式的多级管理。变动方式的代码必须唯一，不允许重复
名称	在此输入变动方式的名称，如"报废"等
凭证字	此下拉列表显示所有在基础资料中设置的凭证字,用户可从下拉列表中选择该变动方式进行核算、生成凭证时应使用的凭证字
摘要	该变动方式进行核算、生成凭证时，应填写凭证摘要处的内容，用以简单描述业务
对方科目代码	单击该处右侧的 📂 按钮，选取该变动方式进行核算、生成凭证时的对方科目代码
核算类别	如果前面所选择的对方科目正好携带有核算项目，系统会与卡片上的供应商信息进行比较，在生成凭证时进行判断，如果对应科目下指定了具体的供应商，则无论卡片上的供应商信息如何，均以变动方式中指定的对方科目携带的供应商信息为准，自动回填到凭证中；如果对方科目下没有指定具体的核算项目，则判断卡片中的供应商信息是否同基础资料中的供应商信息相对应，如果能对应，则生成凭证时自动回填供应商信息，反之，则凭证上供应商信息为空，由用户自行填写

【温馨提示】

① 在"变动方式类别"对话框中，用户可以执行"新增、修改和删除"等操作，但已使用的固定资产变动方式不能被删除。

② 如果要求系统对固定资产变动业务自动生成相应的记账凭证，就必须在"变动方式类别-新增"对话框中"对方科目代码"处输入对方科目代码，同时也应输入该类业务所产生的记账凭证的凭证字(如：收，付，转)、摘要内容和核算类别。

3. 使用状态类别

固定资产的使用状态有：使用中、未使用、不需用、出租等。固定资产是否计提折旧与使用状态有关，在设置使用状态时有是否计提折旧的选项。使用状态中一般对使用的固定资产要计提折旧，未使用的固定资产不计提折旧。也有特殊情况，比如房屋及建筑，无论是否使用均要计提折旧，土地则一定不计提折旧。系统预设了使用中、未使用和不需用三类使用状态，用户也可以根据本企业的实际情况定义自己的固定资产使用状态。

【操作步骤】

(1) 在金蝶 K/3 主界面中，选择"财务会计"→"固定资产管理"→"基础资料"→"使用状态类别"，弹出"使用状态类别"对话框，如图 3-71 所示。

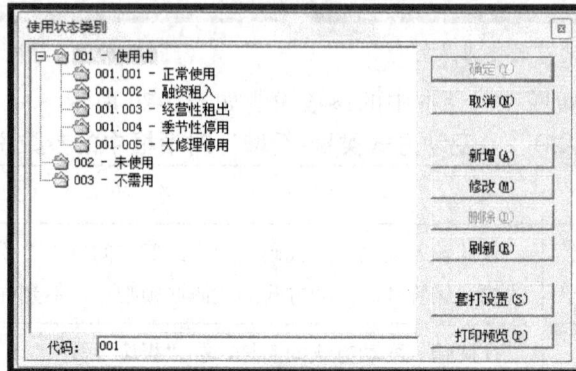

图 3-71　固定资产使用状态类别设置

(2) 在"使用状态类别"对话框中，单击"新增"按钮，弹出"使用状态类别-新增"对话框，然后输入新增的使用状态代码、名称等信息，选择是否折旧后如图 3-72 所示。然后单击"新增"按钮，系统将保存当前资料并恢复到新增前的状态，便于用户连续新增使用状态，新增完成后，单击"关闭"按钮即可。

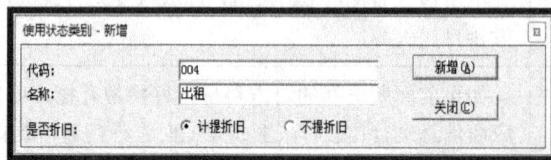

图 3-72　固定资产使用状态类别—新增

(3) 在"使用状态类别"对话框中，单击要修改的使用状态类别后，单击"修改"按钮，弹出"使用状态类别-修改"对话框，然后修改相关信息，如图 3-73 所示，在此主要是对"是否折旧"项进行选择，修改完毕后，单击"修改"按钮即可。

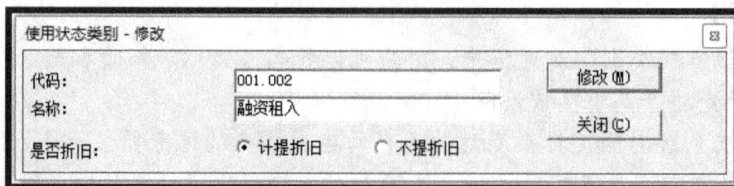

图 3-73　固定资产使用状态类别修改

【温馨提示】

① 根据"企业会计准则—固定资产"的规定,企业对未使用、不需要使用的固定资产也应计提折旧,计提的折旧计入当期管理费用;因进行大修理而停用的固定资产计提的折旧计入当期费用。

② 如果要删除某一使用状态类别,则在"使用状态类别"对话框中选择要删除的项目,单击"删除"按钮即可。但已使用的固定资产使用状态项目不能被删除。

4. 折旧方法定义

金蝶财务软件固定资产管理系统为用户提供了自动计提折旧和分摊折旧费用的功能。为了实现自动计提固定资产折旧费用,必须预先设置好要用的固定资产折旧方法。系统根据会计准则和会计学原理,共预设了九种折旧方法,包括直线法和加速法折旧的静态方法与动态方法,能分别针对无变动的固定资产和变动折旧要素后的固定资产计提折旧。同时,为了满足企业特殊的折旧处理要求,软件提供了自定义折旧方法的功能,用户可根据企业需要自定义公式或每期折旧率,系统同样根据这些折旧方法实现自动计提折旧和费用分摊。

1) 预设折旧方法

若选择的折旧方法在系统中已预设,用户可在"折旧方法定义"对话框的"显示"选项卡中先选择折旧方法,然后单击"确定"按钮。针对每个预设的折旧方法,用户还可以设定不同的选项,如果系统预设折旧方法的默认公式选项不是所需要的选项,并且该公式还未被使用,则可以进行修改。

【操作步骤】

(1) 在金蝶 K/3 主界面中,选择"财务会计"→"固定资产管理"→"基础资料"→"折旧方法定义",弹出"折旧方法定义"对话框,在该对话框中可以进行折旧方法的查看和编辑,如图 3-74 所示。

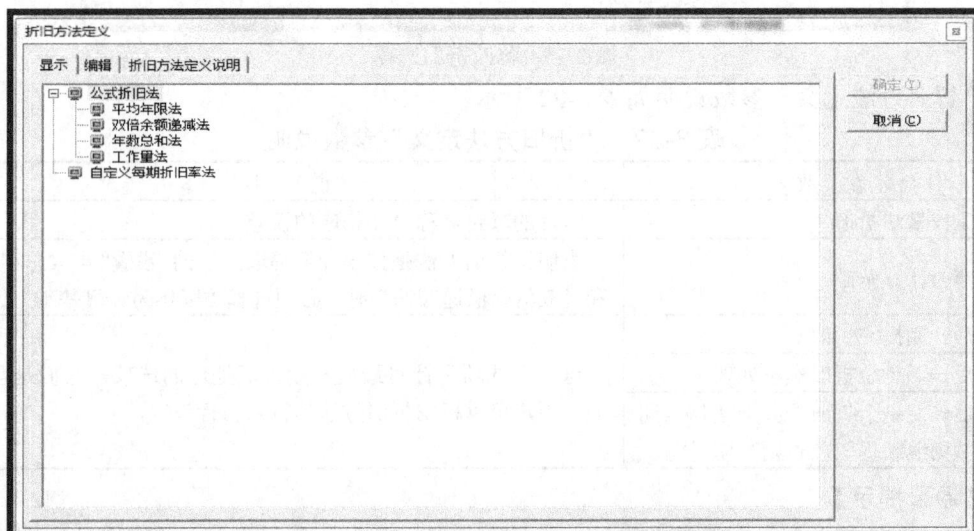

图 3-74 固定资产折旧方法定义

"折旧方法定义"对话框中各选项卡的说明如表 3-21 所示。

表 3-21 　"折旧方法定义"对话框中选项卡的说明

选项卡	说明
显示	在此选项卡中，显示系统预设和用户自定义的所有折旧方法，双击其中的某一种折旧方法，可以进入该折旧方法的"编辑"选项卡
编辑	在此选项卡中，对折旧方法进行编辑和新增，只有单击"新增"或"编辑"按钮后，此选项卡中的内容才可以进行编辑操作，对于预设折旧方法，只有折旧选项是可以改动的
折旧方法定义说明	在此选项卡中，有对系统预设折旧方法和自定义的所有折旧方法的说明，供用户查询

(2) 在"折旧方法定义"对话框的"显示"选项卡中，选定要修改的折旧方法，双击即可切换到"编辑"选项卡。

(3) 单击"编辑"按钮，进入修改状态，可修改其中的折旧选项，如图 3-75 所示，修改完毕后，单击保存按钮即可。

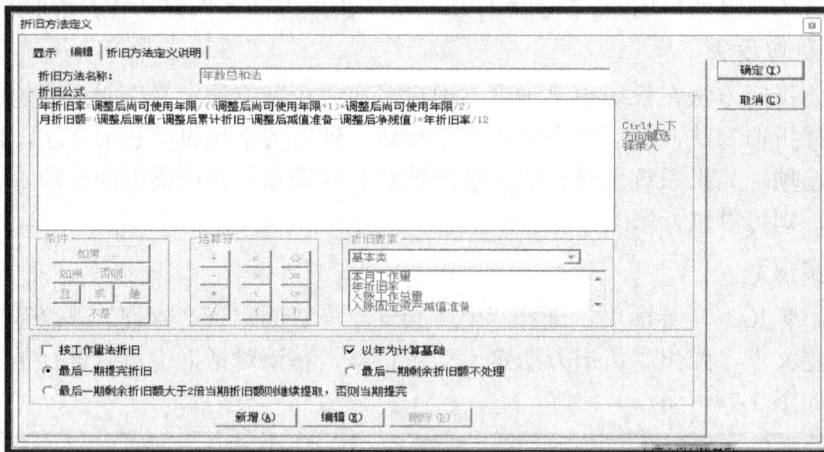

图 3-75　修改折旧选项

"折旧方法定义"参数说明如表 3-22 所示。

表 3-22 　"折旧方法定义"参数说明

参　　数	说　　明
按工作量法折旧	卡片的项目名称会作相应的调整
以年为计算基础	表明该折旧方法是按年计算提取折旧的。设置"年数总和法"和"双倍余额递减法"时，必须选择"以年为计算基础"选项
最后一期提完折旧	这三个选项是针对最后一期折旧处理的选项，它们是互斥的，用户可以根据折旧方法的特点自行设定
最后一期剩余折旧额不处理	
最后一期剩余折旧额大于 2 倍当期折旧额则继续提取，否则当期提完	

【温馨提示】

① 系统预设的九种折旧方法基本满足了设置的需要，用户无法修改公式，只有折旧选项可以改动。

② 一旦折旧方法应用于固定资产卡片后，以上的折旧选项都不能修改，故应慎重选择。

③ 用户在选择固定资产折旧方法时，如果不能预见以后该固定资产是否会进行原值、使用期限或累计折旧的调整，则建议选择动态的折旧方法，以保证固定资产始终按照调整后的折旧要素计提折旧。

④ 几种折旧方法的计算原理简要说明如下。

A. 平均年限法。

公式一：基于原值和预计使用期间

$$每期折旧额 = \frac{入账原值 - 入账预计净残值}{入账预计使用期间}$$

该公式是静态折旧法，折旧要素的变动不会影响月折旧金额。

公式二：基于净值和剩余使用期间

$$每期折旧额 = \frac{入账原值 - 入账累计折旧 - 入账预计净残值}{入账预计使用期间}$$

该公式与公式一相同，区别是该公式计算折旧时是基于入账净值和剩余使用期间考虑的。如果在使用过程中发生了原值折旧要素的调整，并且希望相应地调整各月折旧额，则应在变动的同时选择动态平均法。

B. 年数总和法。该方法的折旧计算是要先计算各年折旧率，再计算年内各个会计期间的折旧额。其折旧计算公式：

$$折旧率(年) = \frac{预计使用年限 - 已使用年限}{\dfrac{预计使用年限 \times (预计使用年限 + 1)}{2}} \times 100\%$$

$$折旧率(月) = \frac{折旧率(年)}{12}$$

$$某年折旧额 = 该年折旧率 \times (固定资产入账原值 - 入账净残值)$$

$$月折旧额 = \frac{该年折旧额}{12}$$

C. 双倍余额递减法。这是一种典型的快速折旧方法。它在计算各期固定资产折旧的时候不考虑固定资产的净残值，而是根据每期期初固定资产账面余额和双倍直线法折旧率来计算固定资产的折旧金额。其计算方法如下：

a. 在该固定资产预计使用年限到期的两年前：

$$年折旧率 = \frac{2}{固定资产预计使用年限}$$

$$期折旧率 = \frac{年折旧率}{一年中的会计期间数}$$

$$各年折旧额 = 年折旧率 \times 该固定资产账面净值$$

$$各年年期折旧额 = \frac{各年折旧额}{一年中的会计期间数}$$

b. 在该固定资产预计使用年限到期的两年内(含两年)改用直线法：

$$各年折旧额 = \frac{到期两年的年初净值 - 预计净残值}{2}$$

$$各年每期折旧额 = \frac{各年折旧额}{一年中的会计期间数}$$

④ 工作量法。该方法是根据固定资产实际完成的工作量来计算各期折旧额的,其基本计算公式如下:

$$月折旧额 = \frac{入账原值 - 入账净残值}{入账工作总量 \times 本月工作量}$$

⑤ 动态平均法。该方法是以最近一次折旧要素变动后的期末余额作为折旧公式计算的依据,计算以后期间的各期折旧额。其计算公式如下:

$$月折旧额 = \frac{调整后原值 - 调整后累计折旧 - 调整后净残值}{调整后剩余使用期间}$$

该折旧法的目的是当折旧要素变动后,折旧金额会自动按调整后的要素计算。例如,有一台设备原值调整增加 10 000 元,则以后各期折旧金额会相应调整,以保证在折旧期间内把增加的金额提完。这种折旧法符合会计制度,推荐用户选用。

2) 自定义公式折旧方法

在无法使用系统预设折旧方法时,可以利用系统提供的自定义的功能,来自行设置折旧公式。

【操作步骤】

(1) 在金蝶 K/3 主界面中,选择"财务会计"→"固定资产管理"→"基础资料"→"折旧方法定义",弹出"折旧方法定义"对话框,切换到"编辑"选项卡,单击"新增"按钮,可进行自定义公式折旧方法的新增设置。

(2) 折旧公式设置完毕后,单击"折旧公式"栏右边的"公式检查"按钮,系统将对公式进行语法检查。

(3) 语法检查通过后,输入折旧方法的名称,单击"保存"按钮即可完成折旧公式的设置如图 3-76 所示。

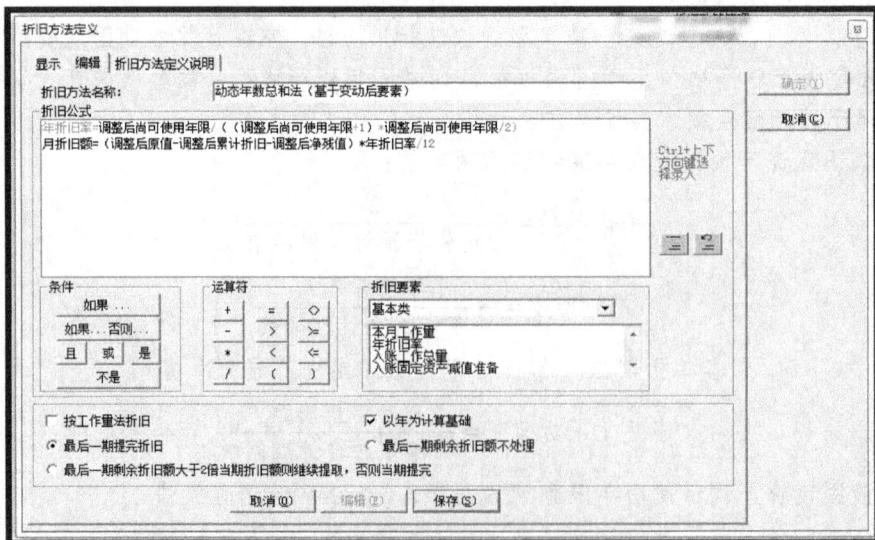

图 3-76　新增自定义公式折旧法

【温馨提示】

设置自定义折旧公式时，如果要使用"条件"、"运算符"、"折旧要素"等功能，无需使用键盘。

5. 卡片类别设置

卡片类别管理主要是企业根据自身的特点，设计本企业的固定资产类别结构、编码原则等内容，以加强企业固定资产的管理。由于每个企业对卡片类别的划分原则不同，因此系统只提供了投资性房地产的预设类别，代码为"investment property"，名称为"投资性房地产"，不允许删除该类别、代码和名称，也不允许增加下级组，其他的需要用户可以自行设置。

为了满足企业对固定资产管理的个性化需要，系统还提供了自定义项目的功能，结合实际情况，企业可以根据需要自行增加固定资产卡片上的属性项目，这些属性项目能够参与报表的统计及汇总。

【任务 3-3-3】

上海华商有限公司固定资产管理系统初始资料如下：

(1) 该公司的固定资产类别设置，如表 3-23 所示。

表 3-23 固定资产类别

代码	名称	使用年限	净残值率	计量单位	预计折旧方法	固定资产科目	累计折旧科目	减值准备科目	卡片编码规则	计提折旧规则
001	房屋及建筑物	50	5%	栋	平均年限法(基于入账原值和入账预计使用期间)	1601	1602	1603	FW-	不管使用状态如何一定计提折旧
002	交通工具	10	3%	辆	工作量法	1601	1602	1603	JT-	有使用状态决定是否计提折旧
003	生产设备	10	3%	台	平均年限法	1601	1602	1603	SC-	有使用状态决定是否计提折旧
004	办公设备	5	3%	台	平均年限法	1601	1602	1603	BG-	有使用状态决定是否计提折旧

(2) 在房屋及建筑物类别中自定义项目，如表 3-24 所示。

表 3-24 房屋及建筑物类别中自定义项目

字段显示名称	字段类型	长度	小数点位数	必录项
面积	数字	8	2	否
单位	字符	8	0	否

1) 新增固定资产类别

【操作步骤】

(1) 在金蝶 K/3 主界面中，选择"财务会计"→"固定资产管理"→"基础资料"→"卡片类别管理"，弹出"固定资产类别"对话框。

(2) 在"固定资产类别"对话框中，单击"新增"按钮，弹出"固定资产类别-新增"对话框，依次输入固定资产类别的代码、名称、使用年限、净残值率、卡片编码规则，选择计量单位、预设折旧方法、固定资产科目、累计折旧科目及减值准备科目等信息，如图 3-77 所示。然后单击"新增"按钮，系统将保存当前资料并恢复到新增前的状态，便于用户连续新增卡片类别。

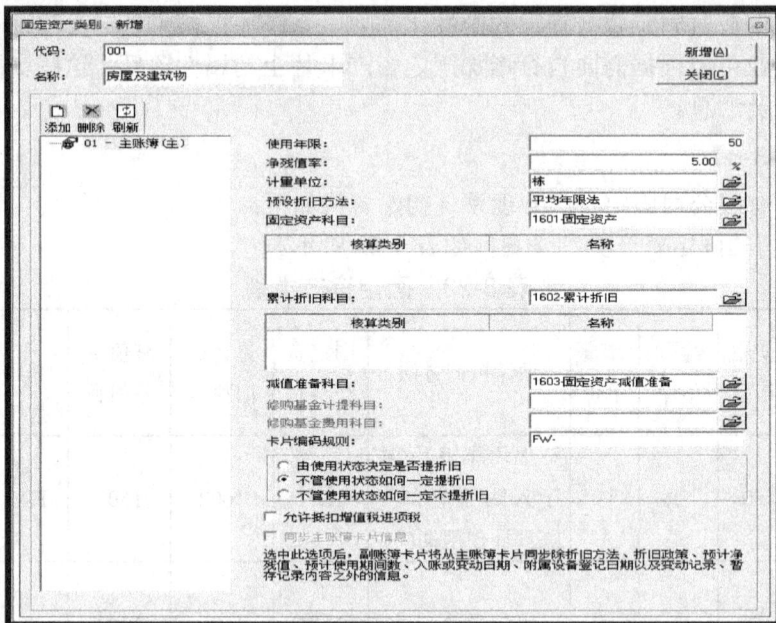

图 3-77　固定资产类别-新增

(3) 新增完成后，单击"确定"按钮即可。

"固定资产类别-新增"对话框中的参数说明如表 3-25 所示。

表 3-25　"固定资产类别-新增"对话框中的参数说明

参　数	说　明
代码	在此录入固定资产类别的代码，上下级类别间以"."分隔，从而实现固定资产类别的多级管理，可以在生成报表时分级汇总，为固定资产的决策提供丰富的数据。固定资产类别的代码必须唯一，不允许重复
名称	在此录入固定资产类别的名称，例如按固定资产的形态和用途，可以设置"房屋建筑"、"机器设备"等类别
使用年限	若该类固定资产使用年限基本相同，则可以在此录入固定资产的使用年限。例如，土地的使用年限一般是 70 年，则可在此录入"70"。这样在卡片录入时可以自动携带出来，避免大量重复工作。如果该类固定资产的使用年限不大相同，或事先无法确知，也可以不录入

续表

参　数	说　明
净残值率	与"使用年限"一样，如果该类固定资产的净残值率基本相同，则可在此录入，也可以不录入
计量单位	与"使用年限"一样，如果该类固定资产的计量单位基本相同，则可在此录入该类固定资产的"计量单位"，也可以不录入。此处手工录入数据，也可单击空格后的按钮或按"F7"键，从已有的计量单位基础资料中选择
预设折旧方法	与"使用年限"一样，如果该类固定资产的折旧方法基本相同，则可在此选择该类固定资产的折旧方法，也可以不选择。此处手工录入数据，也可单击空格后的按钮或按"F7"键，从已有的折旧方法中选择，手工录入后系统会进行判断，看是否存在这样的折旧方法，如不存在会给出提示
固定资产科目	设置固定资产对应的核算科目。此处一定要与固定资产科目逐一对应。在新增资产及计提折旧时，会按该科目设置生成凭证，例如，机器设备类别应该选择对应的固定资产明细科目"机器设备"，而不应选择"房屋建筑"，否则，固定资产的核算将不准确
累计折旧科目	设置该类固定资产计提折旧时，累计折旧对应的核算科目。此处也一定要与累计折旧科目下设的明细科目逐一对应
减值准备科目	设置该类固定资产计提减值准备时，减值准备对应的核算科目。此处也一定要与减值准备科目下设的明细科目逐一对应
修购基金费用科目	如果对固定资产不需要计提折旧(在设置系统参数时，选择了"不折旧-对整个系统")，而是计提修购基金费用对应的核算科目。此处也一定要与修购基金费用科目下设的明细科目逐一对应
修购基金计提科目	与"修购基金费用科目"一样，此处设置固定资产计提修购基金时，修购基金计提对应的核算科目。此处也一定要与修购基金计提科目下设的明细科目逐一对应
卡片编码规则	可为不同的固定资产类别设置卡片的编码前缀，例如"房屋建筑"类的固定资产卡片以"B"字母开头，"机器设备"类的固定资产以"M"字母开头，针对不同的固定资产类别分别录入"B"和"M"即可，这样在卡片录入时，一旦确认了该固定资产的类别，在卡片编码处就会自动填入这些字母作为编码的前缀
折旧规则	在固定资产类别中，关于折旧有三个互斥的选项：选择"由使用状态决定是否提折旧"时，卡片上的固定资产完全由使用状态类别的属性决定是否提取折旧；当固定资产类别是房屋及建筑物时，按会计制度规定不管使用状态如何，必须计提折旧，可以选择"不管使用状态如何一定提折旧"，此时，使用状态类别中关于折旧的设置是不起作用的；选项"不管使用状态如何一定不提折旧"主要用于土地以及固定资产，又视同固定资产管理的器具等。当然，使用状态类别中关于折旧的设置同样不起作用

【温馨提示】

① 如果计量单位、折旧方法没有预设，则可以在"计量单位"、"折旧方法定义"对话框中新增。

② 在"固定资产类别"对话框中，可以修改、删除已有的固定资产类别项目，但已使用的固定资产类别项目不能被删除。

2) 自定义项目管理

为了满足企业对固定资产管理的个性化需要，系统提供了自定义项目管理的功能，用户可根据需要自行增加固定资产卡片上的属性项目。系统提供的卡片自定义项目可按卡片类别进行管理，不同的固定资产类别，可以定义不同的自定义项目，如房屋及建筑类可能会定义"面积"。固定资产管理系统的自定义项目，不仅可以由用户自行确定自定义项目的类型，而且可以从公共基础资料的核算项目中取值，方便用户的使用。

【操作步骤】

完成固定资产类别的设置后，在"固定资产类别"对话框中，还可以进行自定义项目的设置，如图 3-78 所示。

(1) 在"固定资产类别"对话框中，选择"房屋及建筑物"，单击"自定义项目"按钮，弹出"卡片项目定义-房屋及建筑物"对话框，如图 3-79 所示。

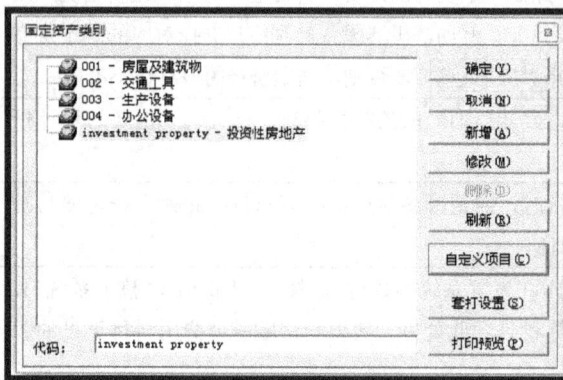

图 3-78　设置自定义项目　　　　　　图 3-79　卡片项目设置-房屋及建筑物

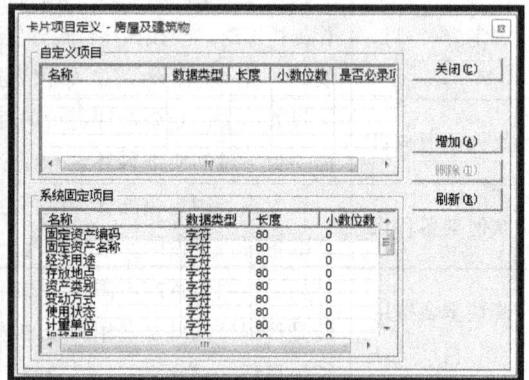

(2) 在此对话框中，单击"增加"按钮，弹出"卡片项目"对话框。

(3) 在"卡片项目"对话框中，单击"新增"按钮，依次输入字段名、字段显示名称、字段类型、长度、小数点位数等项目属性，如图 3-80 所示。然后单击"保存"按钮即可添加此卡片项目到"显示"选项卡中。

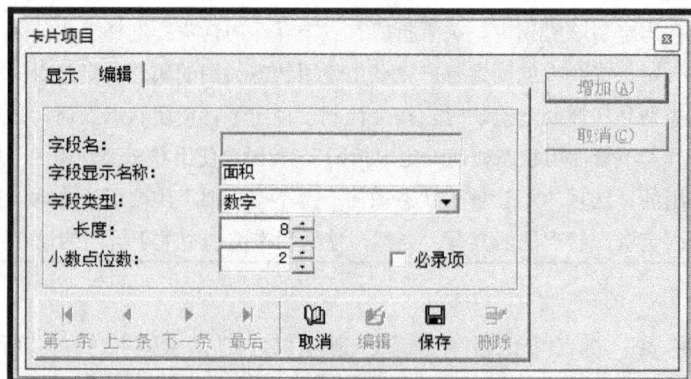

图 3-80　卡片项目编辑(1)

(4) 在"显示"选项卡中，选中新增的自定义卡片项目，单击"增加"按钮，则将自定义项目添加到类别中的卡片属性中，如图 3-81、图 3-82 所示。同理，录入其他自定义项目。

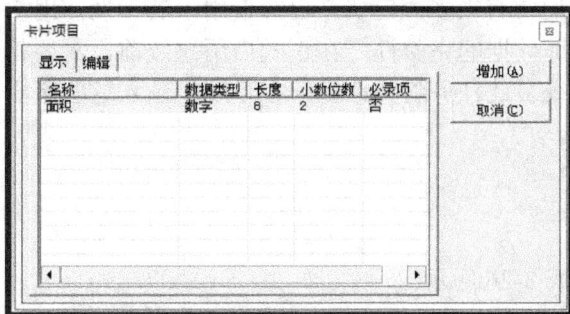

图 3-81 卡片项目编辑(2)

图 3-82 卡片项目增加自定义项

6. 存放地点维护

固定资产实物都有存放的地点，系统对存放地点进行了一系列的管理，辅助企业加强固定资产管理。

【任务 3-3-4】

上海华商有限公司固定资产存放地点设置：车库、车间。

【操作步骤】

(1) 在金蝶 K/3 主界面中，选择"财务会计"→"固定资产管理"→"基础资料"→"存放地点维护"，弹出"存放地点"对话框，如图 3-83 所示。

(2) 在"存放地点"对话框中，单击"新增"按钮，弹出"存放地点-新增"对话框，分别输入存放地点的代码和名称信息，如图 3-84 所示。然后单击"新增"按钮，系统将保存当前资料并恢复到新增前的状态，便于用户连续新增存放地点，增加完成后单击"关闭"按钮即可。

图 3-83 存放地点

图 3-84 存放地点-新增

【温馨提示】

① 固定资产存放地点可以修改、删除，但已使用的存放地点不能被删除。

② 系统支持存放地点多级管理，同时在设置系统参数时提供了"存放地点显示全称"的选项，选择了这个选项，在查看固定资产卡片资料时，存放地点将显示包括上级存放地点在内的全部存放地点名称，并可以在生成报表时分级汇总，为用户提供丰富的数据。

子任务三　初始数据录入

在启用金蝶 K/3 固定资产管理系统前,通常有很多固定资产已经使用了若干期,用户已经有了手工的固定资产台账,因此为了保证数据的完整性,在正式启用系统前,需要将这些固定资产的历史数据在初始化时录入系统。此任务将介绍如何在系统中录入这些历史数据。

1. 历史卡片录入

【任务 3-3-5】

上海华商有限公司年初固定资产情况如表 3-26 所示。

表 3-26　年初固定资产情况

资产编码	FW-1	JT-1	SC-1	BG-1
名称	办公楼	小汽车	一车间生产线	长城电脑
类别	房屋及建筑物	交通工具	生产设备	办公设备
计量单位	栋	辆	台	台
数量	1	1	1	1
入账日期	2014-12-31	2014-12-31	2014-12-31	2014-12-31
存放地点		车库	车间	
经济用途	经营用	经营用	经营用	经营用
使用状态	正常使用	正常使用	正常使用	正常使用
变动方式	自建	购入	购入	购入
使用部门	办公室	供销部	一车间	财务部
折旧费用科目	管理费用-折旧费	销售费用	制造费用-折旧费	管理费用-折旧费
币别	人民币	人民币	人民币	人民币
原币金额	1 000 000	200 000	223 000	70 150
购进累计折旧	无	无	无	无
开始使用期间	1989-12-20	2008-5-8	2013-6-10	2014-12-20
已使用期间	300	工作总量 300 000 千米 已使用 170 103.1 千米	18	
累计折旧	475 000	110 000	32 000	
折旧方法	平均年限法(基于入账原值和入账预计使用期间)	工作量法	平均年限法(基于入账原值和入账预计使用期间)	平均年限法(基于入账原值和入账预计使用期间)

【操作步骤】

① 在金蝶 K/3 主界面中,选择"财务会计"→"固定资产管理"→"业务处理"→"新

增卡片"，首次进入时，会出现提示，以提醒用户确定初始化期间，如图 3-85 所示。

② 如果初始化期间需要调整，可以在系统设置的"系统参数"中进行设置；如果确定初始化期间无误，单击"是"按钮，可直接弹出"卡片及变动-新增"对话框。

③ 根据企业已有的固定资产台账数据，开始固定资产卡片数据的录入和编辑。由于卡片上的这些信息将影响以后各期固定资产的折旧计提和折旧费的分配，因此在选择时务必慎重仔细。

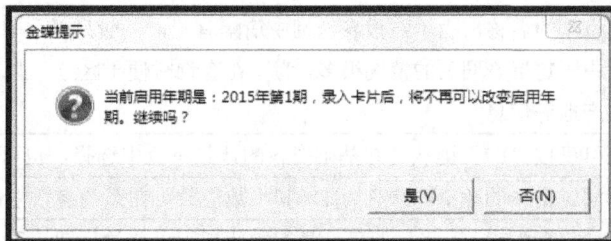

图 3-85　启用期间设置

【温馨提示】

① 如果有固定资产的电子文档，则可以在 Excel 中编辑固定资产卡片资料，再导入到账套中；如果是结转新账套，则可以从旧账套中导出标准卡片，再导入到新账套中。

② 在正常计提折旧情况下，新增固定资产需要录入基本信息、部门及其他、原值与折旧方面的数据。

1) 基本信息

"卡片及变动-新增"对话框中的"基本信息"选项卡主要包括：资产类别、资产编码、资产名称、计量单位、数量、入账日期、存放地点、经济用途、使用状况、变动方式、规格型号、产地、供应商、制造商、备注、附属设备等信息。其中资产类别、存放地点、使用状况等已经在基础资料中完成了设置，用户可根据固定资产的实际情况和企业管理需要，有选择地录入其他信息，如图 3-86 所示。

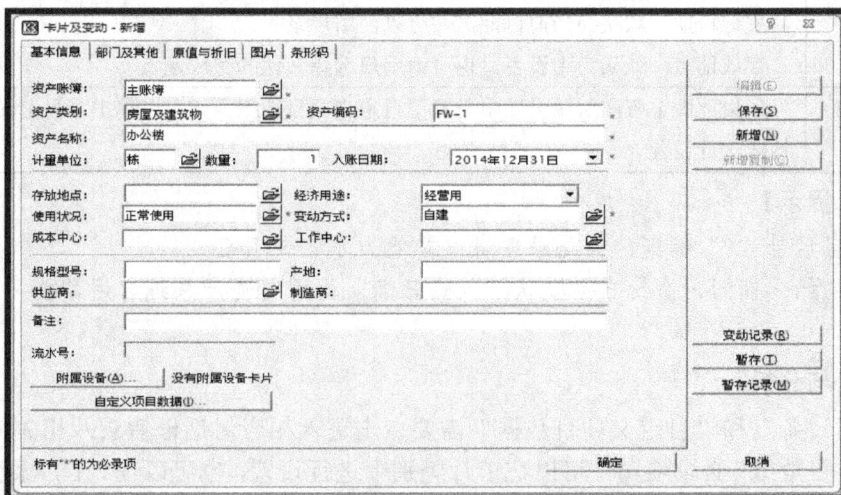

图 3-86　固定资产卡片界面

"基本信息"选项卡中的参数说明如表 3-27 所示。

表 3-27　"基本信息"选项卡中的参数说明

参　数	说　明
资产类别	固定资产类别在基础数据中维护管理，此处可以按"F7"键选择。一旦选定类别后，该类别的相关属性将自动输入到卡片的对应参数中，例如使用期间等信息
资产编码	对固定资产进行编码，编码必须唯一，如果对固定资产类别设置了编码规则，此处可根据选定的资产类别的编码规则，显示编码前缀，用户直接录入后续代码即可
资产名称	固定资产的名称。由于在报表查询中篇幅有限，一般只显示固定资产的编码和名称，而企业中固定资产同名的情况很多，为了在查询时便于区分，建议在名称中增加如规格型号、产地等信息
计量单位	此处可以按"F7"键从公共基础资料的计量单位中选择，也可手工录入
数量	设置固定资产的数量，默认为 1，其小数位数可在系统参数中设置
入账日期	在初始化录入时，入账日期只能是初始化期间以前的日期，系统默认为初始化期间前一期的最后一天
存放地点	存放地点在基础数据中维护，此处可以按"F7"键选择
使用状况	使用状况在基础数据中维护，此处可以按"F7"键选择。此时选择的卡片的使用状况，将影响以后卡片的每期折旧
变动方式	变动方式在基础数据中维护，此处可以按"F7"键选择
供应商	供应商在系统公用的基础数据中维护，此处可以按"F7"键选择，也可手工录入
附属设备	固定资产如果有附属设备，录入时单击"附属设备"按钮，弹出"附属设备清单-编辑"对话框，可以进行附属设备的"增加"、"编辑"、"删除"等操作。附属设备涉及的主要属性说明如下： 设备编号：由系统按资产编号加"01、02、03…"自动生成，如资产编号为 JZW0501033，附属设备编号为 JZW050103301，JZW050103302，JZW050103303…该编号也可由用户自己确定，并直接录入即可； 登记日期：默认为当前日期，并可以由用户录入； 存放地点：默认为主设备，也可由用户选择其他的存放地点
自定义项目数据	如果此固定资产所属类别中设置了自定义项目数据，则可以单击"自定义项目数据"按钮进行设置

【温馨提示】

① 项目后带"*"标记的为必录项目，其他为非必录项目。

② 在初始化期间，系统自动默认"入账日期"为固定资产系统启用期前一天的日期，无需修改。

【说明与分析】

"附属设备"和"自定义项目数据"需要点击进入相应对话框后录入相关信息，其中"自定义项目数据"必录项属性可以在卡片类别中进行设置，也可以在"卡片及变动-新增"对话框的"基本信息"选项卡中设置，其基本操作是：单击"自定义项目数据"按钮，弹出"卡片自定义项目"对话框，单击"项目"按钮，弹出"卡片项目定义-房屋及建筑物"对话框，在此对话框中单击"增加"按钮，弹出"卡片项目"对话框，选择要编辑的项目，在"编辑"选项卡中单击"编辑"按钮,选中"必录项"后,单击"保存"按钮即可,如图 3-87 所示。

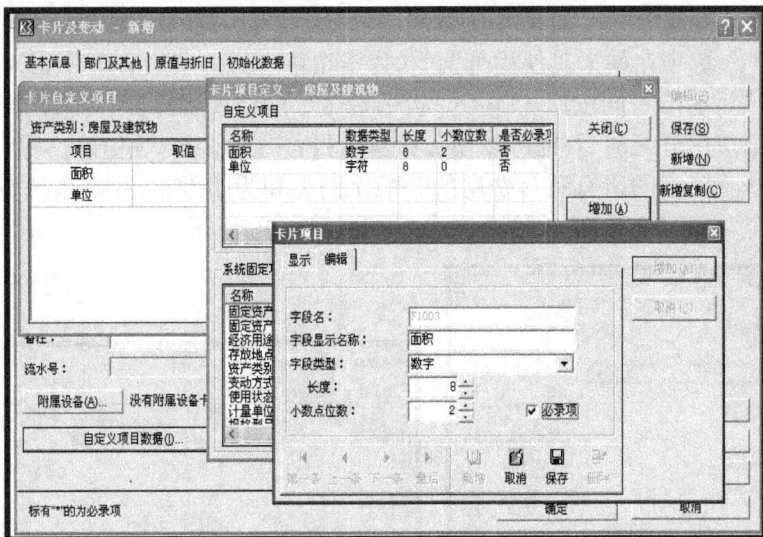

图 3-87 固定资产卡片

2) 部门及其他

"部门及其他"选项卡中的信息主要为固定资产计提折旧和进行费用分摊提供依据,因此需要设置使用部门、固定资产及累计折旧科目、折旧费用分配等信息,这些信息都可以按"F7"键进行选择录入,如图 3-88 所示。

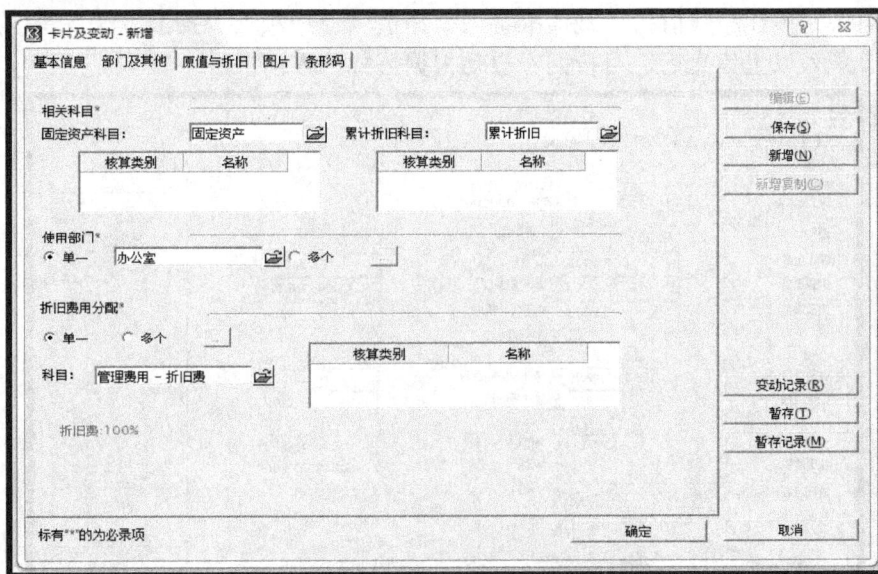

图 3-88 设置部门及其他

【说明与分析】

(1) "使用部门":当固定资产归单一部门使用时,折旧费用全部分摊到该部门的费用下,此时选择"单一"选项,并选择或输入部门名称;如果同时为多个部门服务,其"使用部门"也对应多个，此时选择"多个"选项，然后单击右侧按钮，弹出"部门分配情况-编辑"对话框，可设置各部门的分配比例，各部门的分配比例之和为 100%，如图 3-89 所示。

(2) "折旧费用分配"：如果"使用部门"为一个，"折旧费用分配"也只有一个，则应选择"单一"选项；如果"使用部门"为多个，"折旧费用分配"也为多个，则应选择"多个"选项后单击右侧按钮，弹出"折旧费用分配情况-编辑"对话框，单击"增加"按钮，录入折旧费用分配科目(也可以增加核算项目)、分配比例等信息，保存后继续增加。一定要保证同一个部门的所有科目费用的分配比例之和为 100%，否则系统不允许关闭"折旧费用分配情况-编辑"对话框。设置完成后，如图 3-90 所示。

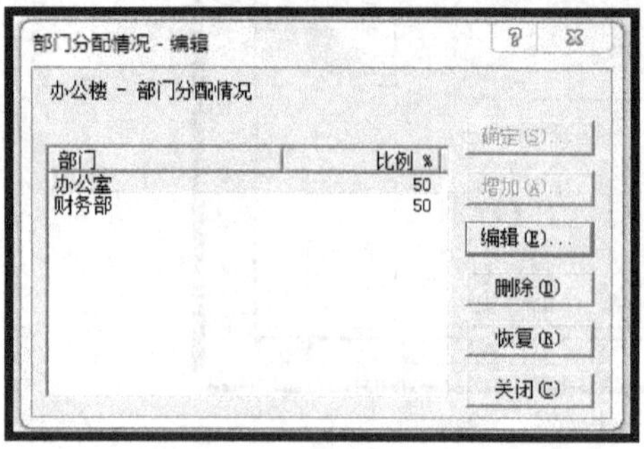

图 3-89　设置部门分配 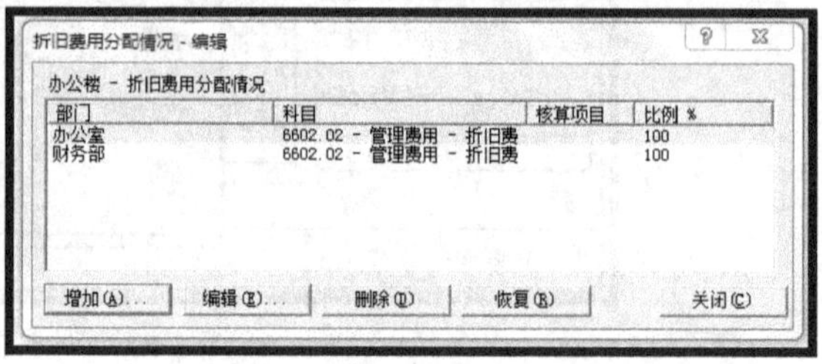　　　　　　图 3-90　折旧费用分配设置

3) 原值与折旧

"原值与折旧"选项卡中的各项内容都是与折旧要素相关的项目，主要包括"原币金额"、"购进原值"、"开始使用日期"、"已使用期间数"、"累计折旧"、"币别"、"汇率"、"购进累计折旧"、"预计净残值"、"减值准备"、"净值"、"净额"、"折旧方法"等信息，如图 3-91 所示。录入以上信息后，月折旧额自动根据公式计算出来。

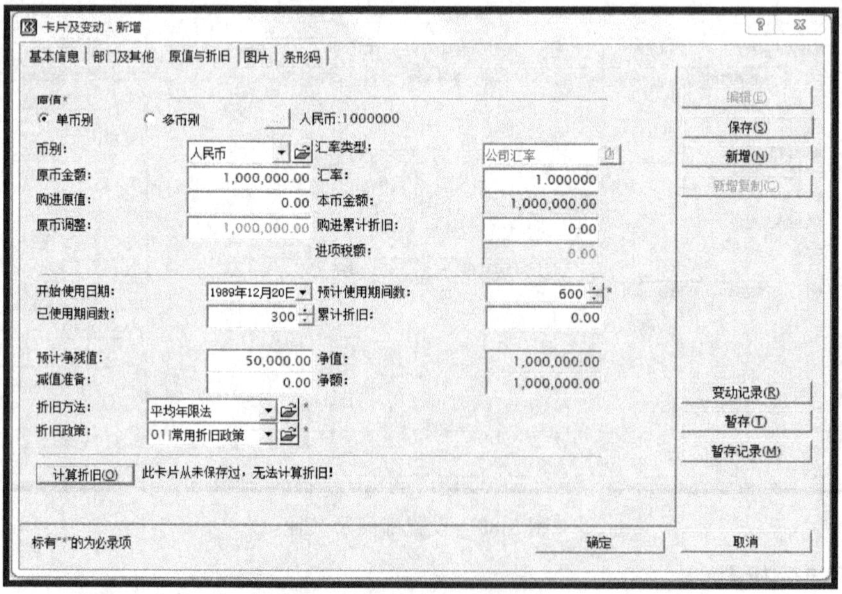

图 3-91　原值与折旧设置

"原值与折旧"选项卡中的参数说明如表 3-28 所示。

表 3-28 "原值与折旧"选项卡中的参数说明

参 数	说 明
购进原值	系统默认与"原币金额"一致,可以根据实际情况更改。比如,购进的是已经使用过的旧设备,则其购进时原值可能比入账价值要高。此选项属于备注信息,不参与技术
购进累计折旧	系统默认为零。如果固定资产购入的是新设备,此选项则无需填写。如果购入的是旧设备,购入时必定有折旧额。此选项只是备注信息,不参与折旧计算
开始使用日期	固定资产开始计提折旧的日期
预计使用期间数	固定资产的预计使用时间,这里是用月作为计量单位的
已使用期间数	由"开始使用期间数"与"入账日期"自动计算出来
累计折旧	截止启用期间期初共提取的折旧额
预计净残值	系统会根据固定资产类别中设置的残值率进行计算并自动显示,用户可以根据实际情况进行更改
净值	等于"原币金额"减去"累计折旧"。系统自动计算并显示
折旧方法	系统会根据固定资产类别中的设置自动显示,可以更改

【温馨提示】

① 如果年中启用固定资产管理系统,而初始数据为当年新增固定资产,即启用期间与固定资产入账日期为一个会计年度,则应在"本年原值调增"中录入原始数据。

② 建议最好在一张卡片中录入一项固定资产,以方便以后进行清理和变动管理。相同的固定资产可以使用"新增复制"功能,增加多张卡片。

2. 将初始数据传送到总账系统

在固定资产管理系统初始化时,选择固定资产对应的"固定资产科目"、"累计折旧科目"、"减值准备科目",在结束初始化之前,可以将固定资产科目、累计折旧科目、减值准备科目的数据传送到总账系统,可以重复传送,数据以最后一次传送为准。

【操作步骤】

在"固定资产系统-[卡片管理]"窗口中,选择"工具"菜单→"将初始数据传送总账"命令,即可完成传递,如图 3-92 所示。

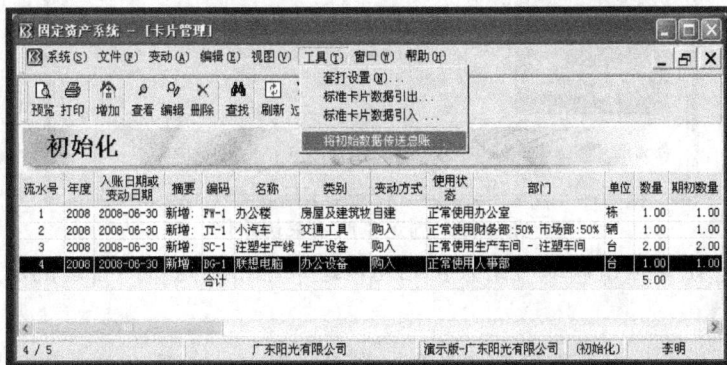

图 3-92 将初始数据传送到总账系统

【温馨提示】

① "将初始数据传送总账"功能只有在固定资产管理系统与总账系统同时进行初始化时才可以使用。

② 本位币金额只能传送到对应总账科目的本位币币别中。如固定资产卡片原值有多重币别，传送到总账系统时只能折算为本位币(如人民币)传送到固定资产人民币金额中。

③ 如果总账系统中固定资产、累计折旧、减值准备等三个科目中有任何一个下设了核算项目，系统将不予传送数据。

④ 如果总账系统结束了初始化，则系统不予传送数据。

3. 固定资产管理系统的修购基金信息

在对整个系统不计提折旧的情况下(系统参数中选择了"不折旧[对整个系统]"选项)，在录入固定资产卡片资料时，不需要录入与折旧相关的信息，只需录入修购基金计提和费用分配的信息。修购基金的相关信息在"卡片及变动-新增"对话框的"修购基金"选项卡中进行设置。

【说明与分析】

"修购基金费用科目"和"修购基金计提科目"必须全部填写，系统才会对这张卡片计提修购基金。如果只填写了费用科目或者计提科目，系统将会给出提示"修购基金费用科目(或者修购基金计提科目)为空，是否继续？"如果选择"是"，系统将不计提修购基金。

4. 结束初始化

核对原值，累计折旧、减值准备的余额与账务相符后，即可结束初始化。

【操作步骤】

(1) 在金蝶 K/3 主界面中，选择"系统设置"→"初始化"→"固定资产"→"初始化"，弹出"结束初始化"对话框，如图 3-93 所示。

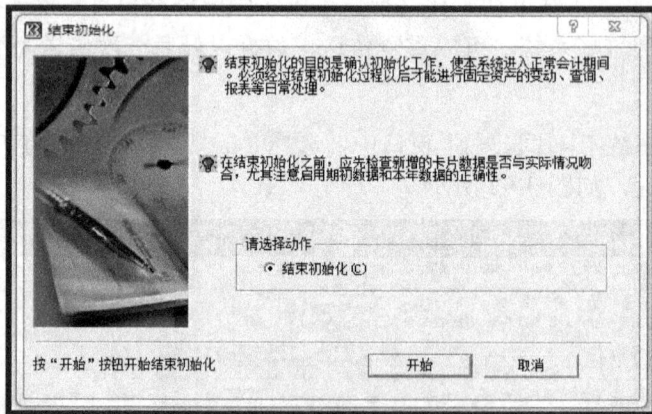

图 3-93　固定资产结束初始化

(2) 单击"开始"按钮，即可结束初始化，进入正常固定资产管理的业务处理中。

【温馨提示】

① 初始化结束后，如果需要反初始化，则在金蝶 K/3 主界面中，选择"系统设置"→"初始化"→"固定资产"→"初始化"，弹出"结束初始化"对话框，如图 3-94 所示，

单击"开始"按钮即可反初始化。

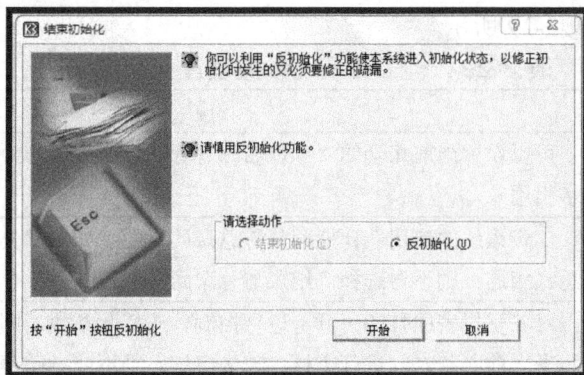

图 3-94 反初始化

② 只有系统管理员组的用户才能进行此操作。

任务四 工资系统初始设置

初始化是指企业在使用工资管理系统时，首先需要进行与工资核算及业务发放相关的公司基本信息的录入以及工资核算的基础数据的设置工作。本章主要讲述了金蝶 K/3 工资管理系统在日常使用前的初始化工作。系统的初始化设置是系统实施的关键步骤，是进行业务操作的第一步。

子任务一 系统参数设置

【操作向导】

由账套主管选择"系统设置"→"工资管理"→"系统参数"命令，选择工资类别后，即可打开工资系统参数设置对话框对该工资类别参数进行设置，如图 3-95 所示。

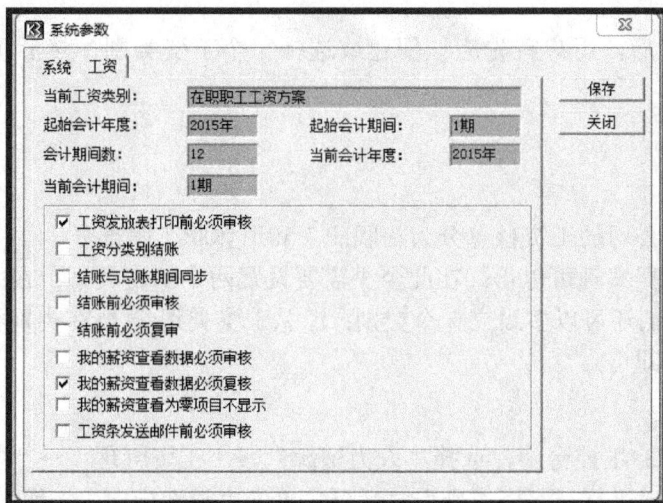

图 3-95 工资系统参数设置

【分析与说明】

主要参数说明如表 3-29 所示。

表 3-29　"工资系统参数设置"参数说明

参　　　数	说　　　明
系统	可以设置当前账套的"单位名称"等信息，可以作为后面报表查询中的关键字引用
会计年度期间等	工资系统的启用会计期间是与总账同步的；如果工资系统是单独使用而不和总账相连，则不要选择"结账与总账同步"
工资发放表打印前必须审核	对工资报表的打印、预览进行控制。选择此参数，则在打印预览及打印工资报表之前必须对其进行审核。若未审核，则不能打印预览或打印工资报表，系统会提示：工资未全部审核，请先审核工资。未选择该参数，则对工资报表的打印、预览不作任何控制
结账与总账期间同步	由于工资管理系统既可以单独使用，也可与总账系统联用，所以是否需要与总账系统同步可以在此选择，如果选择了同步，当工资系统未进行结账，总账系统在结账时会提示：还有子系统未结账
结账前必须先审核	对工资系统结账进行控制。选择该参数，则在工资系统结帐前必须对工资进行审核，若未审核，则不能结账，系统会提示：还有工资数据未审核，请先进行工资数据审核后再结账。未选择该参数，则对工资管理系统的结账不作审核控制
我的薪资查看数据必须审核	对于员工通过人力资源系统的"我的工作台"查看个人薪资时，显示的薪资数据必须是审核过的方能查看
我的薪资查看数据必须复核	对于员工通过人力资源系统的"我的工作台"查看个人薪资时，显示的薪资数据必须是复审过的方能查看

子任务二　工资类别管理

进入工资系统后，用户首先应该新建或选择一个工资类别，然后再进行相关的功能操作。

1. 新建类别

【任务 3-4-1】

上海华商有限公司的工资核算分为在职职工和退休职工两部分。

案例分析：根据案例可以得知在此至少需要设置两个工资类别：在职职工工资和退休职工工资。不过我们还可以多设立一个类别：汇总工资类别(只要在类别相关参数设置时选择"是否多类别"即可)。

【操作向导】

(1) 在金蝶 K/3 主控台中，选择"人力资源"→"工资管理"→"类别管理"→"新建类别"命令，弹出"打开工资类别"对话框，单击"类别导向"按钮，弹出"新建工资类别"对话框。

(2) 在"新建工资类别"对话框中，输入"类别名称"，如图 3-96 所示。

(3) 单击"下一步"按钮，选择"币别"，如图 3-97 所示；单击"下一步"按钮，再单击"完成"按钮，即可完成工资类别的新建。

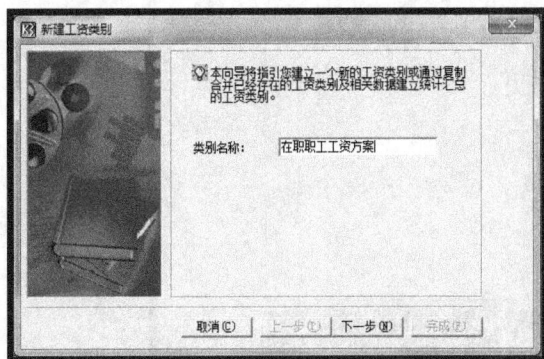

图 3-96 新建工资类别(1)

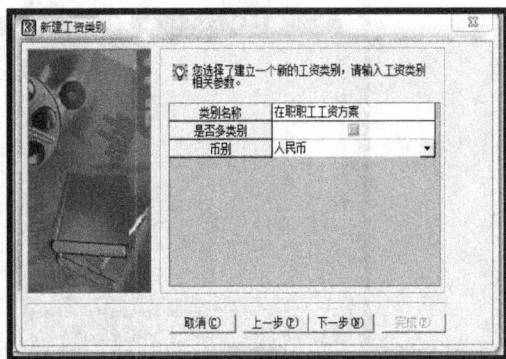

图 3-97 新建工资类别(2)

(4) 使用相同的方法新建其他两个工资类别，其中新建汇总工资类别需选择"是否多类别"选项。

【分析与说明】

主要参数说明如表 3-30 所示。

表 3-30 "新建工资类别"参数说明

参 数	说 明
是否多类别	系统默认为非多类别，如果选取的类别为汇总类别，汇总类别的工资等于其它的各个类别的工资相加，进入系统后的数据模块和变动模块将变为灰色不可使用，在核算模块不可以设置工资核算的公式
币别	工资发放的币别类型，系统提供了"人民币"，如需要增加其他币别，请在金蝶 K/3 主控台的"系统设置"→"基础设置"→"公共资料"→"币别"中进行新增币别的设置；同时也可在"人力资源"→"工资管理"→"设置"→"币别"中进行维护，关于这些内容我们会在后面的"币别管理"进行详细介绍

【温馨提示】

首次进入工资系统或者没有打开任何工资类别而尝试使用工资系统的任何功能模块时，系统自动弹出"打开工资类别"对话框，在选择相应类别后才能进行相关的业务操作。如果选取的类别为汇总类别，此时不可以设置工资核算的公式(因为汇总工资类别的工资等于其他各个类别的相加，无须另外设置公式)。

新建工资系统的类别后，如果发生了业务数据，可以在类别管理中删除，但建议在金蝶 K/3 主控台的"人力资源"→"工资系统"→"设置"→"初始数据删除"中进行删除，如图 3-98 所示。

【分析与说明】

主要参数说明如表 3-31 所示。

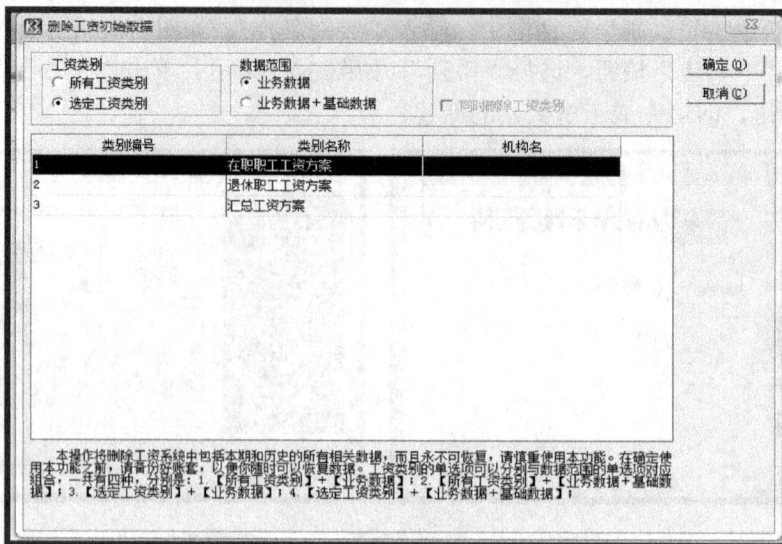

图 3-98　工资数据删除窗口

表 3-31　"删除工资初始数据"参数说明

参　　数	说　　　　明
工资类别	即当前操作的类别范围,在哪些类别生效
数据范围	分为"业务数据"和"基础数据"。其中"基础数据"主要指"部门"、"职员"及"币别"等数据;"业务数据"是指日常发生所录入的具体工资数据

2. 选择工资类别

在工资管理系统中,工资类别主要用于对工资核算数据进行分类处理,以便企业对不同公司、不同部门或不同类别人员进行工资的核算和发放。

【操作向导】

(1) 在金蝶 K/3 主控台中,选择"人力资源"→"工资管理"→"类别管理"命令,然后选中"选择类别"项,即可打开"打开工资类别"对话框,如图 3-99 所示。

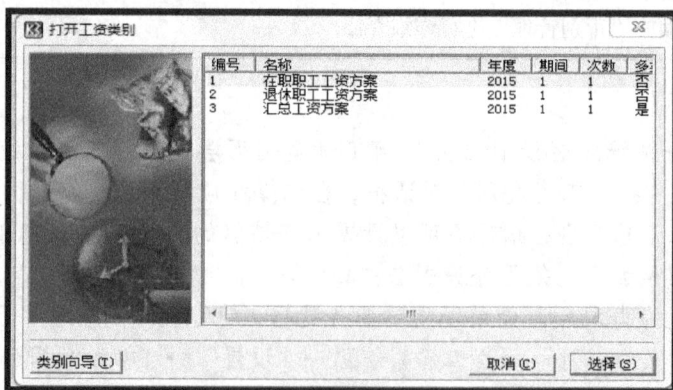

图 3-99　选择工资类别

(2) 可以任意选择一个工资(不可以是汇总工资类别)类别,单击"选择"按钮即可打开工资类别。

3. 工资类别管理

【操作向导】

(1) 在金蝶 K/3 主控台中，选择"人力资源"→"工资管理"→"类别管理"命令，然后选中"类别管理"项，即可打开"工资类别管理"对话框，如图 3-100 所示。

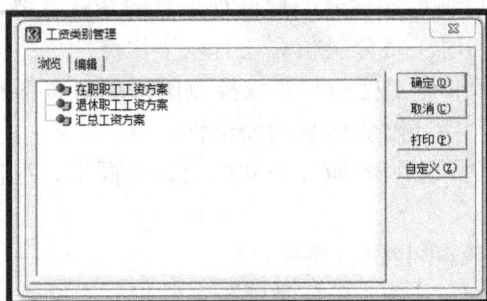

图 3-100　类别管理

(2) 在"浏览"选项卡中选择工资类别，切换到"编辑"选项卡，进入类别编辑状态。

(3) 单击"编辑"按钮，对类别进行修改，单击 "保存"按钮即可保存。

(4) 单击"删除"按钮，即可删除工资类别；已有工资数据的类别不能直接在此处删除。

(5) 单击"新增"按钮，即可新增工资类别。

(6) 单击"确定"按钮，选择本次编辑的工资类别并退出编辑状态。

如果需要对某些工资类别增加自定义属性，则可以按以下步骤进行操作：

① 在金蝶 K/3 主控台中，选择"人力资源"→"工资管理"→"类别管理"命令，然后选中"类别管理"项，即可打开"工资类别管理"对话框。

② 选择某一工资类别，单击"自定义"按钮，即可打开"自定义附加信息-修改"对话框，如图 3-101 所示。

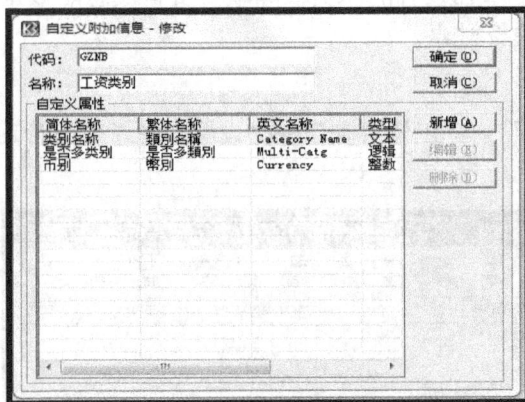

图 3-101　工资类别自定义附加信息

③ 单击 "新增"按钮，打开"自定义属性-新增"对话框，填写自定义属性名称，选择自定义属性的数据类型，然后再选择此自定义属性所归属的人力资源信息类项，并定义自定义属性的数据长度，完成输入后单击"新增"按钮，返回"自定义附加信息-修改"对话框，单击"确定"按钮保存新增属性。

4. 工资类别维护

在薪资核算时，企业会按照部门、人员的类别、人员等进行分类，设置不同的核算方案进行工资发放，例如企业退休职工和在职职工的核算方法是不同的，或者可以将职员定义为两个人员类别，然后两个工资类别分别设置核算公式来计算。在金蝶 K/3 工资系统中，工资系统可以通过工资类别满足这种分类别进行核算的企业需要，方便了用多套工资方案进行核算的企业和集团，同时工资分类核算还有以下优点：

(1) 满足企业按不同标准分工处理与集权控制的需要，资料相对独立于其他系统，根据不同权限操作不同类别，保证财务信息的安全性。

(2) 可分不同时期对工资进行处理(如正式职员、合同工、退休人员分不同时期处理，计算标准可不同)。

(3) 可对临时立项的工资项目进行核算。

(4) 为了满足企业分工的需要，可分类别录入数据，总账会计选择所有类别就可以查看所有数据进行总控，达到集权与分权的目的。

(5) 可对一个人归入多类处理，如在开发部有工资，又在某一开发项目有工资。

工资系统中工资类别是必须设置的，即使用户只有一套工资核算方案，也要进行工资类别的设置，当然这种情况只需设置一个类别即可。

子任务三　基础资料设置

基础资料设置是工资系统核算的基础，其设置关系到工资类别的分类、费用的分配。主要有"部门"、"币别"、"职员"和"银行"的管理。

1. 部门管理

【任务 3-4-2】

从金蝶 K/3 系统中导入已设置的职员核算项目资料及总账数据，关于新建核算项目资料的操作方法请参考相关教材。

【操作向导】

(1) 选择"人力资源"→"工资管理"→"设置"→"部门管理"命令，弹出"部门"对话框，如图 3-102 所示。

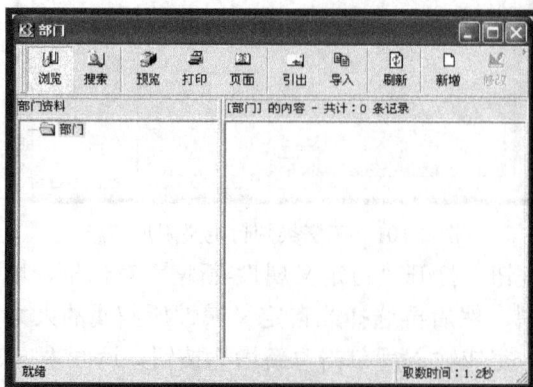

图 3-102　部门浏览设置

(2) 单击"导入"按钮,选择"工资数据",如图 3-103 所示。在"选择需导入的数据"列表中,可以使用键盘"Ctrl"或"Shift"键进行多选,批量选择需要导入的数据,再单击"导入"按钮,则被选择的部门将会导入到工资系统中,导入后可以单击"浏览"按钮查看所导入的数据。

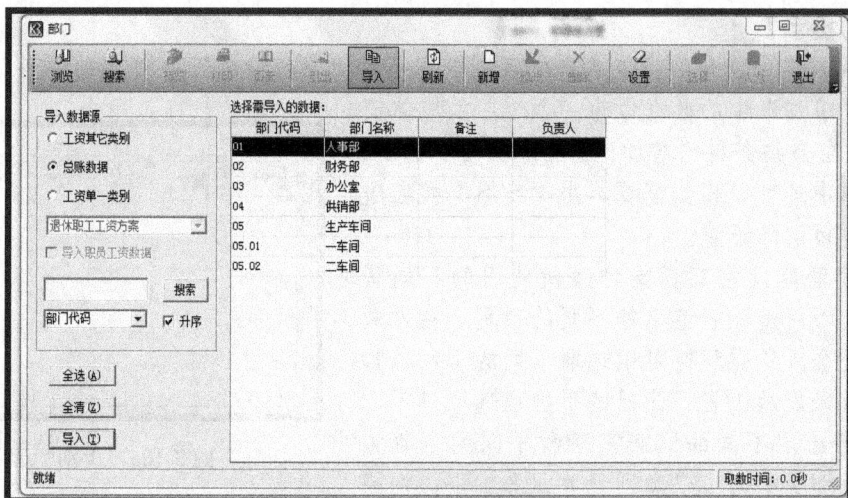

图 3-103 导入总账部门数据

【温馨提示】

部门管理主要用来建立企业下属部门的相关信息,同时可以作为以后工资费用分配的依据之一,可以根据企业情况设置不同的部门。在"部门管理"的浏览窗口中,可以单击"导入"按钮将总账系统或其他工资类别中的"部门"资料引入进来。如果工资系统是单独使用的,没有和总账模块联系,则也可直接单击图 3-103 中的"新增"按钮,直接新增部门资料,如图 3-104 所示。

在新增部门时,"代码"及"名称"是必录项,其他是可选项,同时组织单元类型可以在"明细功能"的"辅助属性"中进行维护、新增或者修改操作,也可通过"F7"键,在弹出的窗口中进行维护。如果除系统预设的字段外,还需要自定义其他部门属性字段,则可以通过部门管理的浏览窗口的"设置"按钮进入维护窗口,自定义部门属性字段。

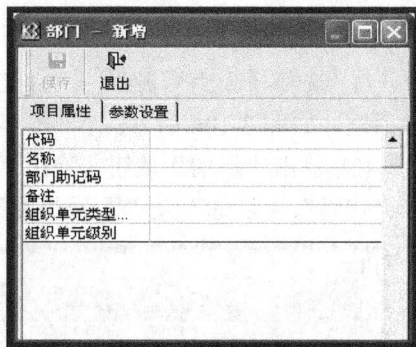

图 3-104 新增部门

部门管理是分类别设置的,即在一个类别设置好后,进入另一类别则需要重新录入或者重新导入。但是在"汇总工资"类别中则不需要设置,系统会自动将两个工资类别中的部门累加。

在部门管理的浏览窗口中,我们可以看到"人力资源"按钮,此功能是将工资基础资料数据,如当前部门数据同步到人力资源基础资料数据的第一步,将部门基础资料数据导出成为人力资源导入的标准 excel 文件。在管理的浏览下窗口中,可以看到"修改"、"删除"等功能按钮,是针对已新增或者已导入部门的操作。

2. 币别管理

【操作向导】

选择"人力资源"→"工资管理"→"设置"→"币别管理"命令，弹出"币别"对话框，如图 3-105 所示。

【温馨提示】

在图 3-105 中，我们可以看到的币别数据已和"系统设置"→"基础资料"→"公共资料"→"币别"中的数据作为一个统一的整体而使用。如果在公共资料已增加，这里可以同步显示，在图 3-105 中还可以根据需要单击"新增"按钮进行新增其他币别的设置。

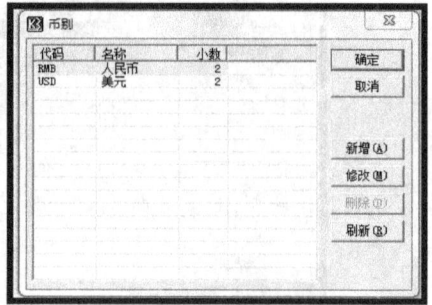

图 3-105　币别管理

币别管理即设定工资支付时所使用的不同货币，如人民币、美元、港币等不同的币别。在发放工资和计提个人所得税时可以选取不同的币种，如外企以港币来发放工资，此时的币别应选取港币。币别管理可选取不同的记账汇率和不同的折算方式。同时币别数据与工资类别无关，各工资类别可以共享此币别数据，关于币别的详细操作请参考总账中币别设置。

3. 银行管理

【任务 3-4-3】

上海华商有限公司在以下两个银行中发放工资：中国银行(在职职工发放工资)和建设银行(退休职工发放工资)。

【操作向导】

(1) 选择"人力资源"→"工资管理"→"设置"→"银行管理"命令，弹出"银行"对话框，如图 3-106 所示。

(2) 单击"新增"按钮，弹出"银行新增"对话框，如图 3-107 所示，根据实际情况录入"代码"、"名称"及"账号长度"。

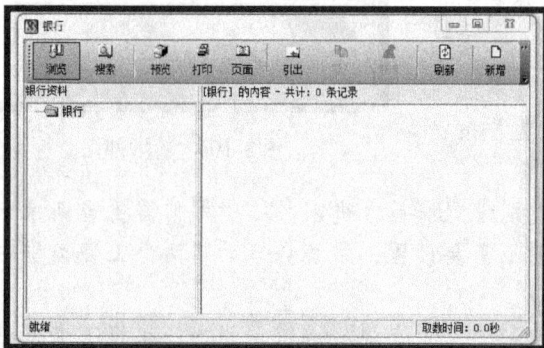

图 3-106　银行管理

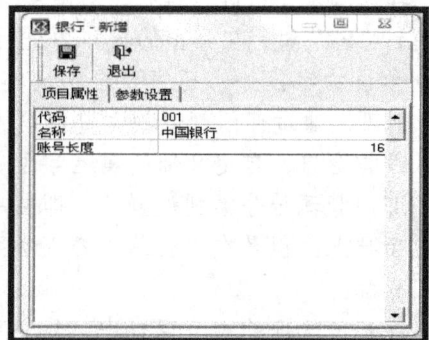

图 3-107　新增银行

【温馨提示】

① 银行新增对话框与部门、职员新增对话框类似，"代码"和"名称"是必录项，其

他是可选项，如果需要银行自定义属性等的操作，则可以通过币别管理浏览窗口的"设置"按钮进入管理维护窗口。

② 与币别数据一样，此功能与工资类别无关，各工资类别信息共享此银行数据。账号长度表示个人账号最多能够录入的位数，在此设置了账号长度，则在职员管理中录入职员账号时只能录入这个长度的账号，否则系统将不能保存账号的信息。

4. 职员管理

【任务 3-4-4】

从金蝶 K/3 系统中导入已设置的职员核算项目资料及总账数据，关于核算项目资料的新建方法请参考相关教材。

【操作向导】

(1) 选择"人力资源"→"工资管理"→"设置"→"银行职员管理"命令，弹出"职员"对话框。

(2) 单击"导入"按钮，选择"工资数据"，如图 3-108 所示。在"选择需导入的数据"列表中，可以使用键盘"Ctrl"或"Shift"键进行多选，批量选择需要导入的数据，再单击"导入"按钮，则选择的职员将会导入工资系统中，导入后可以单击"浏览"按钮查看所导入的数据。

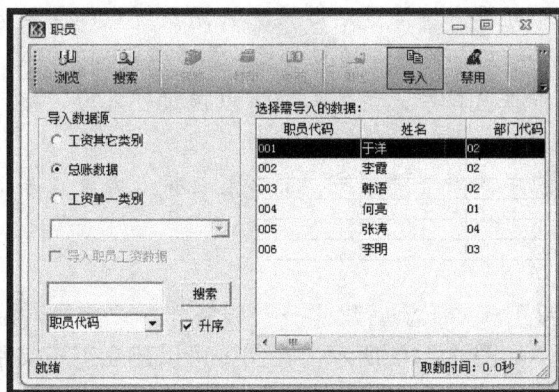

图 3-108 职员管理

【温馨提示】

职员管理主要用来建立企业下属部门职员的相关信息，同时作为以后工资录入时最明细的载体，可以根据企业情况设置具体的职员。在"职员管理"的浏览窗口中，可以单击"导入"将总账系统或其他工资类别中的"职员"资料引入进来。如果工资系统是单独使用，没有和总账模块联系，则也可直接单击图中的"新增"按钮，直接新增职员资料，如图 3-109 所示。

在新增职员时，"代码"、"名称"、"职员类别"及"部门"是必录项，其他是可选项，同时"职员类别"、"职务"等可以在"明细功能"的"辅助属性"中进行维护、

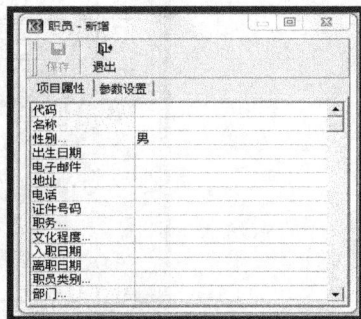

图 3-109 新增职员

新增或者修改，也可通过"F7"键，在弹出的窗口中进行维护。如果除系统预设的字段外，还需要自定义其他的职员属性字段，则可以通过职员管理窗口的浏览窗口的"设置"按钮进入维护窗口，自定义职员属性字段。

如果职员数据是通过导入的方式从总账系统中导入数据，则可能需要对导入的数据进行编辑，录入职员的相应信息，如职员的出生日期、入职日期、身份证号码等，这些信息是为了方便人事部门进行认识管理。在这些信息中有一些尤为重要，如果没有录入则会关系到工资系统后面的分类和核算以及费用分配。例如"职员类别"，它是职员新增录入时必录项目，在以后的操作过程中可以按职员类别区别不同的费用分配；又如"个人账号"，如果使用银行代发，则必须录入银行个人账号，否则无法打印"银行代发"。

职员管理是分类别设置的，即在一个类别设置好后，进入另一类别则需要重新录入或者重新导入。但是在"汇总工资"类别中则不需要设置，系统会自动将两个工资类别中的职员累加。

在职员管理的浏览窗口中，我们可以看到"人力资源"按钮，此功能是将工资基础资料数据，如当前职员数据同步到人力资源基础资料数据的第一步，将职员基础资料数据导出成为人力资源导入的标准 excel 文件。在管理的浏览下窗口中，可以看到"修改"、"删除"等功能按钮，是针对已新增或者已导入职员的操作。

自金蝶 K/3 10.0 版本开始，工资系统和人力资源系统已经实现集成，可以实现"部门"和"职员"基础数据的相互导入，除此之外人力资源系统中的绩效考核数据及考勤数据也可以导入工资系统中，作为工资系统的核算数据，实现数据同步及业务一致。在前面的"部门"和"职员"的管理维护窗口中，我们知道可以通过"人力"按钮这个功能实现工资数据导出到 excel 文件中以供人力资源系统导入。

如果公司之前已经使用人力资源系统，那么怎么将人力资源系统的数据导入到工资系统呢？

【操作向导】

(1) 选择"人力资源"→"工资管理"→"设置"→"类别对应设置"命令，在弹出工资系统中已建立列表，如图 3-110 所示，在图中可以建立工资类别和人力资源组织机构的对应关系。

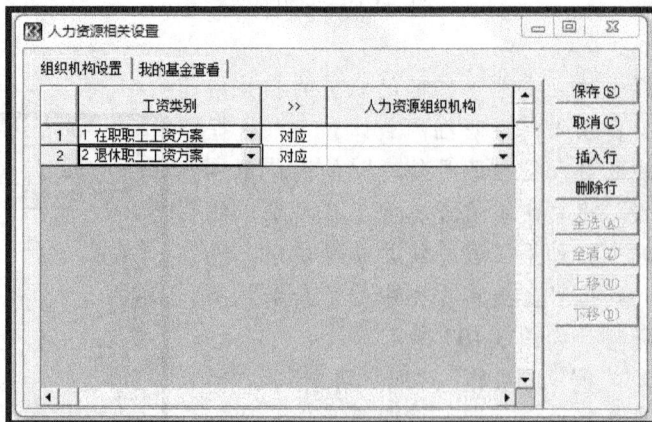

图 3-110　工资类别对应设置

【分析与说明】

主要参数说明如表 3-32 所示。

表 3-32   "工资类别对应设置"参数说明

参　数	说　　明
组织机构类别	即建立工资类别和人力资源组织机构的联系。可以通过单击下拉箭头选择具体的人力资源组织机构。只有这种关联建立后，才可以把当前建立关联的人力资源组织机构下的"部门"和"职员"数据导入到工资系统中
我的薪资查看	设置在人力资源系统中可以查看哪些薪资字段项目
我的基金查看	设置在人力资源系统中可以查看哪些基金字段项目

(2) 在金蝶 K/3 主控台选择"人力资源"→"工资管理"→"设置"→"应用基础人事数据"命令，如图 3-111 所示。选择需要导入的数据，设置数据关系对应表，也可以选择相应的过滤条件，作为方案设置保存后，便可单击"执行引入"按钮将人力资源的数据导入到工资系统中。

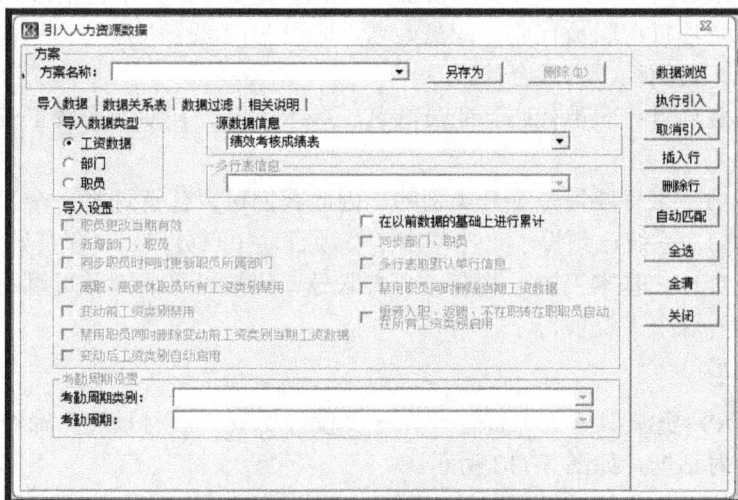

图 3-111　工资数据导入设置

【分析与说明】

主要参数说明如表 3-33 所示。

表 3-33   "工资素具导入设置"参数设置

参　数	说　　明
导入数据类型	可以导入来自于人力资源系统的"工资数据"、"部门"及"职员"
源数据信息	当选择具体的导入数据后，还需进一步确定是来自于人力资源系统的哪一部分数据
导入设置	当选择不同的数据类型，系统会提供不同的导入设置
数据关系表	在选择了导入数据的类型后，需要进一步确定工资系统中字段与人力资源系统中字段的对应关系，则后面的执行过程是按这种指定关系进行匹配导入
数据过滤	如果指向导入所需部分的数据，则可以再次设置相应的过滤条件

企业在工资核算时，可能会启用两个账套，即在中间层重新建立一个新的账套，新账套的基础资料与现在的基础资料是相同或相近的，可以通过"人力资源→工资管理→设置"

的明细功能下的"基础资料引入"和"基础资料引出"命令来实现。先在原账套通过"基础资料引出",在引出的过程中选择需要引出的数据,生成相应的 Access 格式文件;然后在新建的账套上,通过"基础资料引入",选择之前生成的 Access 文件,再选择需要引入的数据,则之前引出的数据可以引入到新建的账套中,这样可以提升企业使用工资系统的基础资料录入速度。

子任务四　工资项目设置

有了部门及职员等这些基础数据,工资系统定义的核算方法是企业进行工资核算的基础。核算方法包括设置工资项目和定义工资计算方法,系统已预设了一些基本工资项目,如应发合计、扣款合计等,还可以增加一些系统中未预设而又需要的工资项目。工资项目不是分类别设置的,在一个工资类别设置好后,其他的工资类别也可以看到的。

【任务 3-4-5】

上海华商有限公司不同的工资类别设置不同的工资项目,其中包括:

在职职工工资项目:职员代码、职员姓名、职员部门、个人账号、基本工资、奖金、补贴、应发合计、代扣税、实发合计。

退休职工工资项目:职员代码、职员姓名、基本工资、补贴、应发工资、代扣税、实发工资。

案例分析:由于工资项目是不分类别的,因此我们可以任意选择一个工资类别进入工资项目设置的窗口。系统已预设了一些基本工资项目,如职员代码、职员姓名、职员部门、应发合计、实发合计、基本工资、奖金、个人账号、代扣税等,因此可以不用设置。我们需要新增"补贴"这个工资项目。

【操作向导】

(1) 选择"人力资源"→"工资管理"→"设置"→"项目设置"命令,打开"工资核算项目设置"对话框,如图 3-112 所示。

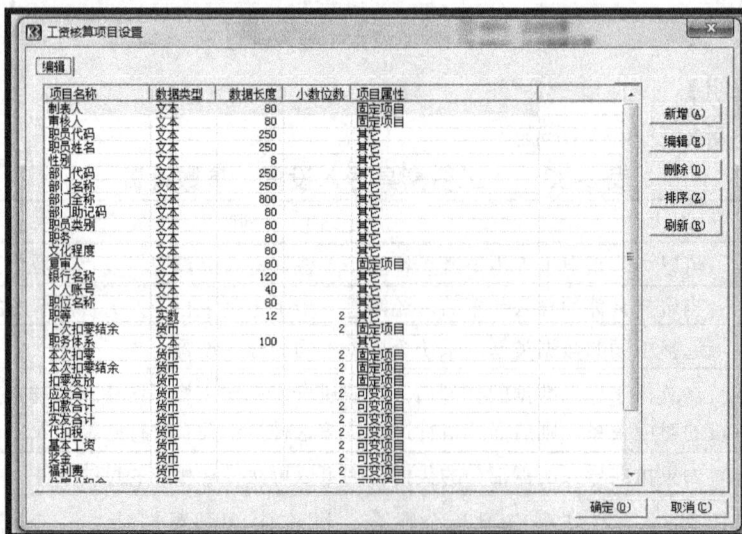

图 3-112　工资项目管理

（2）单击"新增"按钮，在弹出的对话框中录入工资项目名称"补贴"，同时确定数据类型的值为"货币"，另外还可以设置相应的小数点长度等信息，如图 3-113 所示，再单击"新增"按钮进行保存。

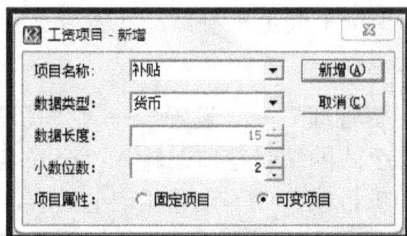

図 3-113 新增工资项目

【温馨提示】

在录入"项目名称"时还可下拉引用选择职员的属性字段进行新增，如果这样设置，则我们在工资录入时会自动引用职员已有项目的属性值，这种方式一般会用在自定义职员项目属性，然后再新增到工资项目。职员属性的自定义在前面章节"职员"中已经讲述，关于"工资录入"内容我们会在后面的章节谈到。

【分析与说明】

主要参数说明如表 3-34 所示。

表 3-34 "工资项目-新增"参数说明

参 数	说 明
项目名称	工资项目的名称
数据类型	设定工资项目的数据类型，有多种类型供选择：逻辑型、日期型、整数型、实数型、货币型和文本型。其中数值型的工资项目只能输入数字，并可以参加计算；文字型的工资项目不能参加运算，它可以输入字符和数字；实数型、货币型与整数型数据也可参加计算，只是运算数据范围与结果有所区别；日期型数据主要以日期数字格式反映不同日期；逻辑型数据反映数据结果为真或假可以作为条件判断；如果增加的是逻辑型字段，则此字段的名称不要含有"是"这个字，否则在公式检查中会提示公式错误
数据长度	定义工资项目的数据长度，仅有两种类型的工资项目需要定义数据长度：实数型和文本型。当项目为实数型时，在数据长度中输入的数字表示此实数型工资项目所允许输入的最大数据位数，包括小数位数
小数位数	设定实数型与货币型工资项目所允许输入数据的最大小数位数。货币型的小数位数是 4 位(数据库决定)，实数型的小数位到 8 位，数据总长度为 18 位(包括小数点)，在 8 位小数范围内，由用户自己定义工资项目具体的小数位数

子任务五 工资公式设置

核算方法中另一项是公式的设置，公式设置即建立工资计算公式。计算公式是建立在工资项目的基础上，可以通过判断条件或简单的加、减、乘、除运算方法来计算某工资项目的值来实现工资计算自动化。

【任务 3-4-6】

上海华商有限公司的在职职工工资计算公式定义如下：如果基本工资小于等于 2900，补贴为 100；如果基本工资大于 2900 小于等于 3000，补贴为 150；如果基本工资大于 3000，补贴为 200。应发合计 = 基本工资 + 奖金 + 补贴；实发合计 = 应发合计 − 代扣税。

【操作向导】

选择"人力资源"→"工资管理"→"设置"→"公式设置"命令，在打开的对话框中单击"编辑"按钮激活计算公式的编辑窗口，输入"公式名称"，在"计算方法"栏中，可以手工输入或者通过右侧的项目或条件等设置相应的内容，如图 3-114 所示。

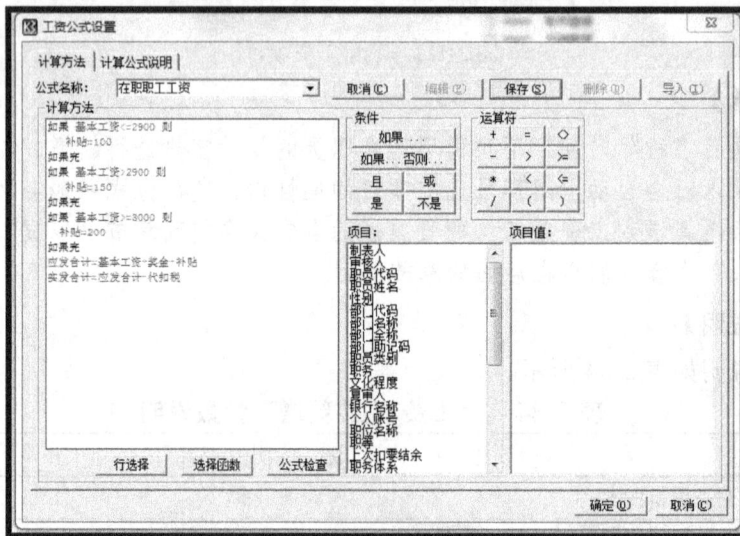

图 3-114　工资公式设置

通过右侧的项目或条件设置公式时，只需先在"计算方法"编辑栏内确定光标位置，再单击相应的功能按钮，如本案例中的"如果…"；同时可以双击"项目"栏下的具体内容，如"基本工资"、"补贴"及"应发合计"等；其中"项目值"是对应所选定的"项目"而自动显示的属性值，选择的内容会在"计算方法"栏光标确定位置上显示，同时公式内容栏也支持按格式手动输入，最后单击"公式检查"按钮检查公式正确性，并且需要检查是否有格式或者语法上的错误。

计算公式是分类别的，在本案例有两个非汇总方案，上面的方案介绍了"在职职工工资类别"的计算公式，在另一个"退休职工工资类别"中的计算公式必须再根据实际情况进行设置。如本案例中"退休职工工资"的计算公式为：应发工资 = 基本工资 + 补贴；实发工资 = 应发工资 − 代扣税。可以参照上述方法进行设置。

在实际设置公式时，可以利用复制、粘贴组合键来快速定位公式内容栏中的文字；同时可以使用"//"格式对公式进行备注，方便快速阅读公式。

【温馨提示】

① 除了数值外，其他所有的公式语句(项目、条件和运算符号)建议都从右面的公式选项中选取，不要手工录入，以避免错误。

② "如果"条件语句,在"如果"和"则"之间的语句前后各空一格,其他条件语句一样。

③ 可以利用"如果"条件语句设置所得税计算公式,也可不设置公式,直接通过所得税计算来计算所得税。

④ 编辑公式状态,按"Ctrl + 上下箭头"可显示所有工资项目及可用函数。

任务五 应收款系统初始设置

应收款是企业在销售产品、提供劳务,以及临时提供内部员工借款、罚款和对外支付押金等时形成的债权。应收款项的回收是企业现金流入的重要组成部分,应该引起企业的高度重视。应收款管理主要包括应收账款的管理、其他应收款的管理及应收票据的管理等。

应收账款是在商业信用条件下由于赊销业务而产生的卖方对买方所作的口头付款承诺,这种口头承诺具有不确定性,这就使得应收款的确认尤为重要。应收款的核算主要包括应收账款时间的确认、入账金额的确认、应收账款回收的确认以及坏账准备的计提与核算等。

1. 确认应收账款的入账时间

当商品销售成立确认销售收入时,便可以确认应收账款。按照我国 2006 年《企业会计准则》规定,销售商品同时满足以下条件时可以确认应收账款:

(1) 销货方已经把商品所有权的主要风险与报酬转移给购货方;

(2) 销货方既没有保留与所有权相联系的继续管理权,也没有有效控制已售商品;

(3) 销售收入的金额能够可靠地计量;

(4) 与此收入相关的经济利益很可能流入企业;

(5) 已发生或将发生的成本能够可靠地计量。

2. 确认应收账款的入账金额

销货方一般按照实际发生的交易价格确认应收账款的入账金额,它包括发票金额和代购货单位垫付的运杂费两部分,但在商业信用中存在的商业折扣、现金折扣、销售折让、销售退回等情况,也会影响应收账款的入账金额。

(1) 商业折扣。商业折扣是指企业为了促进商品销售而在商品标价上给予的价格折扣。企业会计准则规定,在销售商品时,涉及商业折扣的,应当按照扣除商业折扣后的金额确定销售商品收入金额。因此,由于商业折扣对于应收账款的影响,要求企业对应收账款按照实际收入入账。

(2) 现金折扣。现金折扣是指债权人为了鼓励债务人在规定的期限内付款而向债务人提供的债务扣除。销售商品凡涉及到现金折扣的,应当按照扣除现金折扣前的金额确认销售收入以及应收账款的入账金额。

(3) 销售折让。销售折让是指企业因售出的商品质量不合格等原因而在售价上给予的折让。企业已经确认售出的商品发生销售折让的,应当在发生时冲减当期的应收账款和销售收入。

(4) 销售退回。销售退回是指企业售出的商品由于质量、品种不符合要求等原因而发生的退货。企业已经确认售出的商品发生退回时，应当在发生时冲减当期的销售收入和应收账款的入账金额。

3. 企业应收账款的回收

可以分以下几种情况进行处理：

(1) 收到客户归还欠款，由出纳人员填写收款单确认收回款项；

(2) 预收款冲销应收款，出纳人员根据销售单填写收款单，记录企业所收到的客户款项；

(3) 应收款项冲销应付款项。

4. 坏账准备的计提和核算

企业无法收回的应收账款称为坏账，由于发生坏账而造成的损失称为坏账损失。企业坏账损失的处理有直接转销法和备抵法两种。直接转销法在日常核算时对应收账款可能发生的坏账不予考虑，直到某一特定应收账款确实无法收回时才注销该笔应收账款，同时将相应的坏账损失计入当期损益。备抵法是按照一定的方法估计坏账损失，一方面把这些估计的损失列为费用，另一方面形成一笔坏账准备，在资产负债表上列示，实际发生坏账时，再冲销已形成的坏账准备及应收账款。直接转销法比较简便，但它不符合收入与费用的配比原则和权责发生制。

在会计核算时，其他应收款项目一般按照对应的单位或者个人进行明细核算，在支出款项时填写应收单确认应收款项，回收款项时填写收款单确认收回款项。

企业因销售商品、提供劳务等而收到的商业汇票称为应收票据。企业在急需资金时可以持商业汇票到银行取现，同时也可以将持有的商业汇票背书转让以取得所需的物资。企业应当设置"应收票据备查簿"逐笔登记商业汇票的种类、号数和出票日、票面金额、交易合同号和付款人、承兑人、背书人、到期日、背书转让日以及贴现日等相关资料。

应收款管理系统是金蝶 K/3 财务系统的重要组成部分之一，它既能同总账系统联合使用，又可单独用于企业对应收款的管理。应收款管理系统与其他系统的数据关系如图 3-115 所示。

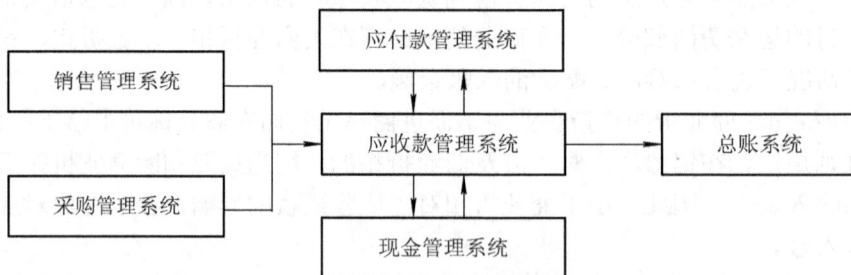

图 3-115　应收款管理系统与其他系统的数据关系

通过对销售发票、其他应收单、收款单等单据的管理，从而达到对企业的往来账款进行综合管理的目的。应收款管理系统可以及时、准确地给客户提供往来账款余额资料和各种分析报表，帮助用户合理地进行资金的调配，提高资金的利用效率；同时系统还提供了各种预警、控制功能和信用额度控制功能，以尽可能防止坏账的发生；此外还提供了应收票据的跟踪管理功能。这里应收款的含义和范畴不同于会计理论教材上的"应收账款"，它是广义的，指企业的一切债权，包括"应收账款"、"应收票据"、"其他应收款"等。

应收款管理系统的业务流程大体分为初始化、日常业务处理、期末处理 3 个阶段，具体流程如图 3-116 所示。

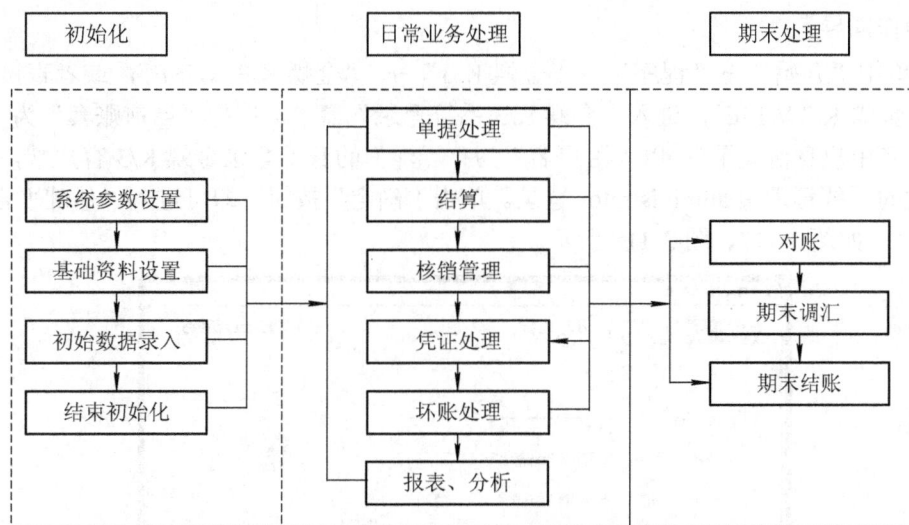

图 3-116 应收款管理系统的业务流程

子任务一 系统参数设置

在使用应收款管理系统前，应先进行相关系统参数的设置。系统参数主要包括基本信息、坏账计提方法、科目设置、单据控制等内容。

【任务 3-5-1】

以于洋的身份对上海华商有限公司应收款的系统参数进行设置：

(1) 启用期间为 2015 年 1 月；

(2) 坏账计提方法为备抵法，应收账款为百分比法；

(3) 坏账损失科目代码：6602.04 管理费用-坏账损失；

(4) 坏账准备科目代码：1222 坏账准备；

计提坏账科目代码：1122 应收账款；

计提方向：借方；

比率：0.5%；

(5) 其他应收单、销售发票、收款单、退款单的科目代码均设置为：1221 其他应收款；

(6) 应收票据业务会计科目代码设置为：1121 应收票据；

(7) 核算项目类别为"客户"；

(8) 选择"只允许修改和删除本人录入的单据"；

(9) 税率来源"取产品属性中的税率"；

(10) 选择"审核后自动核销"；

(11) 选择"预收冲应收生成凭证"；

(12) 选择"结转与总账期间同步"；

(13) 选择"期末处理前凭证处理应该完成";

(14) 选择"期末处理前单据全部完成审核";

(15) 选择"启用期末调汇"。

【操作向导】

(1) 单击"开始"→"程序"→"金蝶 K/3"→ "金蝶 K/3 WISE",或者直接双击桌面上的"金蝶 K/3 WISE",进入"金蝶 K/3 系统登录"窗口,选择"当前账套"为"888";选择"命名用户身份登录";以"用户名"为"于洋"的身份登录金蝶 K/3 客户端,也可以使用预设的系统管理员 administrator 登录。单击"确定"按钮,即可进入"基础平台-[主界面]"窗口,如图 3-117、图 3-118 所示。

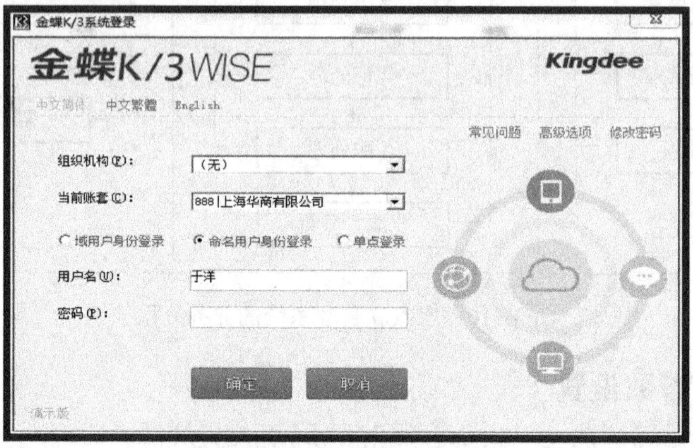

图 3-117　系统登录

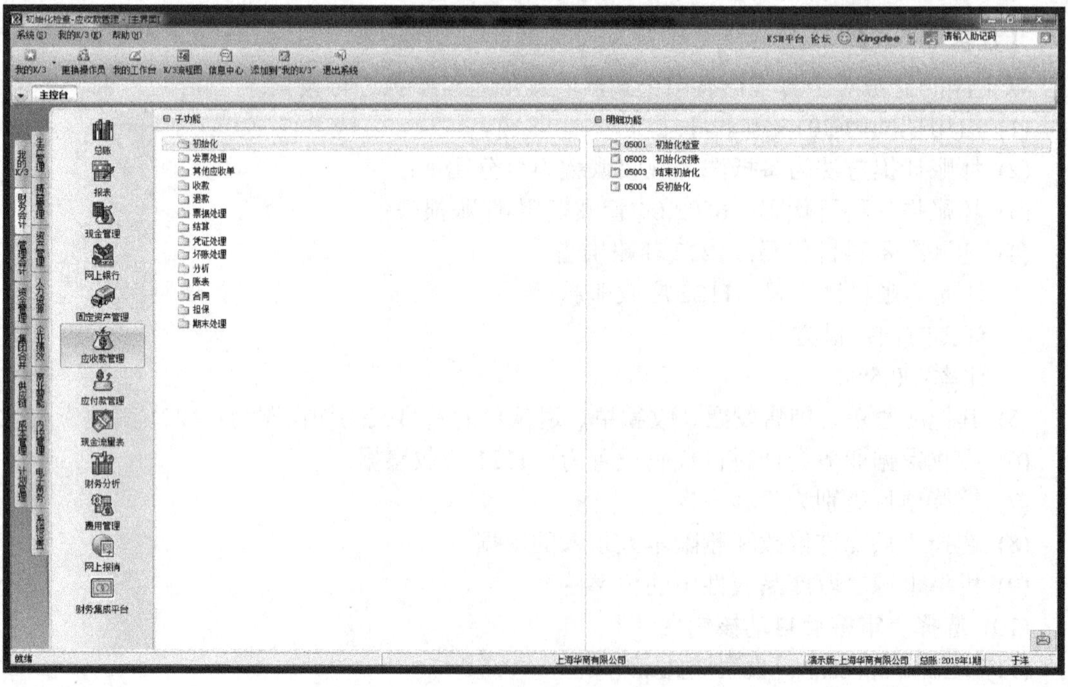

图 3-118　基础平台-主界面

(2) 在金蝶 K/3 主界面中，选择"系统设置"→"应收款管理"→"系统参数"命令，进入应收款系统参数设置界面。该界面包括 10 个选项，用户应根据实际需要分别进行设置。

① 基本信息。系统参数的基本信息设置如图 3-119 所示。

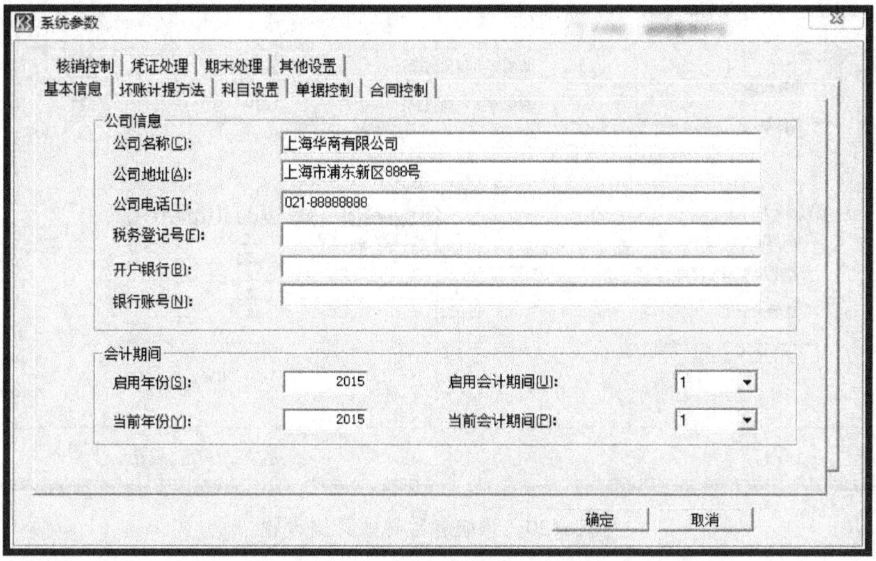

图 3-119　系统参数基本信息设置

"基本信息"选项卡的参数说明如表 3-35 所示。

表 3-35　"基本信息"参数说明

参　数	说　明
公司名称、公司地址和公司电话	默认取账套设置中对应的内容，允许修改，但是修改后不回填账套设置中对应的内容
开户银行、银行账号、税务登记号	默认取"系统设置→销售管理→系统参数→账套选项"中对应的内容，允许修改，并且修改后同步更新销售系统、采购系统、应收款管理系统以及应付系统对应的内容，也就是说应付系统、应收款管理系统、采购系统以及销售系统的系统参数关于开户银行、账号、税务登记号内容是一致的。如果没有启用物流系统则为空，需要手工录入。在此处录入后，对发票进行套打设置时，开户银行、账号、税务登记号均是取此处内容，如果为空则不显示
启用年份、启用会计期间	指初次启用应收款管理系统的时间。它决定了初始化数据录入时应录入哪一个会计期间的期初余额。如启用年份为 2000 年，启用会计期间为 5 期，则初始化数据录入时录入 2000 年第 5 期的期初余额。启用年份、启用会计期间在初始化结束后不能修改
当前年份、当前会计期间	指当前应收款管理系统所在的年度与期间。初次使用，启用年份=当前年份，启用会计期间＝当前会计期间，初始化结束后，每进行一次期末处理，当前会计期间自动加 1，如果经历一个会计年度，则当前年份自动加 1。当前年份、当前会计期间由系统自动更新，用户不能修改

② 坏账计提方法。设置完公司基本信息后，单击"坏账计提方法"标签，切换到"坏账计提方法"选项卡，如图 3-120 所示。

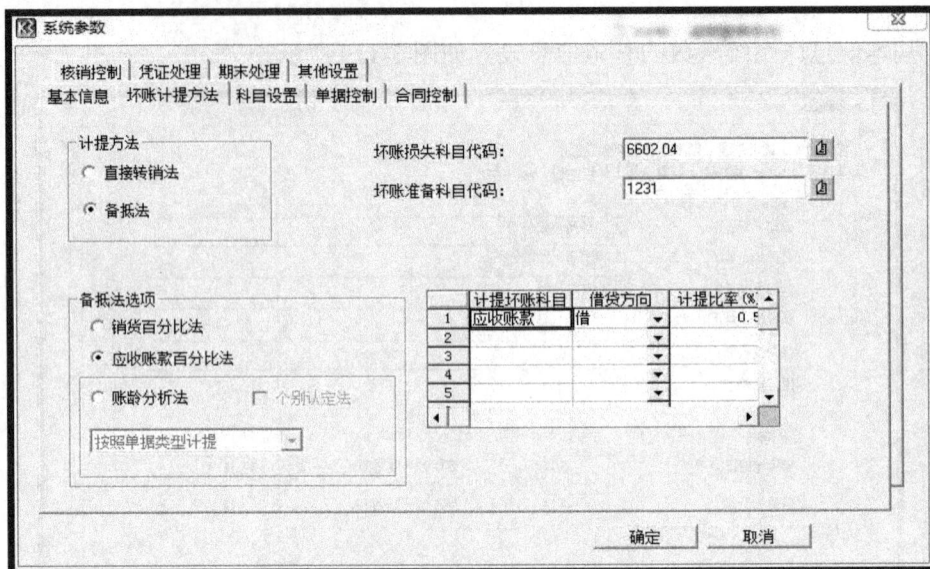

图 3-120 系统参数坏账计提设置

坏账计提方法包括直接转销法、备抵法两种。若选择直接转销法，则坏账计提模块不能使用；若选择备抵法，则有三种方法可以选择，分别是销货百分比法、应收账款百分比法、账龄分析法。坏账计提可以一年一次，也可以随时计提，坏账计提方法也可以随时更改。系统根据设置的方法计提坏账准备，并产生相应的凭证。"坏账计提方法"选项卡的参数说明如表 3-36 所示。

表 3-36 "坏账计提方法"参数说明

参 数	说 明
销货百分比法	录入销售收入科目代码和坏账损失百分比(%)，计提坏账时，系统按计提时的已过账销售收入科目余额×账损失百分比(%)计算坏账准备
账龄分析法	输入相应的账龄分组，不用输入计提比例，在计提坏账准备时再录入相应的计提比例计算坏账准备
应收账款百分比法	录入计提坏账科目，科目的借贷方向和计提比率(%)，科目方向有两个选项，借、贷，允许不选，如果不选，则表示取计提坏账科目的余额数，如果选择借，则表示取该科目所有余额方向为借方的明细汇总数，如果选择贷，则表示取该科目所有余额方向为贷方的明细汇总数。如果计提坏账的科目存在明细科目，并且余额存在借方和贷方余额时，将贷方余额的明细科目剔除，只对借方余额的明细科目计提坏账

③ 科目设置。设置完坏账计提方法后，单击"科目设置"标签，切换到"科目设置"选项卡，如图 3-121 所示。

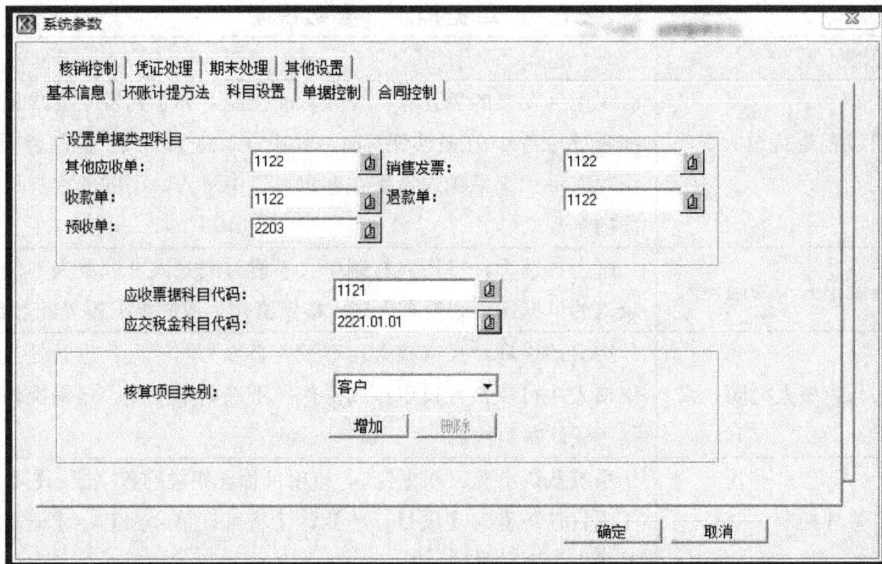

图 3-121　系统参数科目设置

【温馨提示】

如果系统选择"不使用凭证模板"生成凭证，则各项业务执行凭证处理时系统根据此处所设置的科目自动填充。

"科目设置"标签页中的"设置单据类型科目"和"应收票据科目代码"必须是"应收应付"科目受控系统。

④ 单据控制。"科目设置"完成后，单击"单据控制"标签，切换到"单据控制"选项卡，如图 3-122 所示。

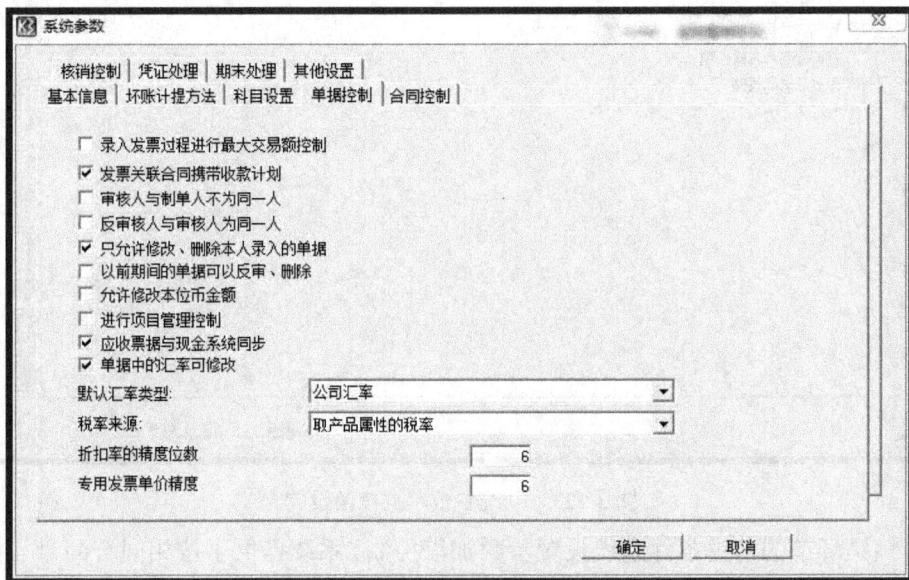

图 3-122　系统参数单据控制设置

"单据控制"选项卡的参数说明如表 3-37 所示。

表 3-37　　"单据控制"参数说明

参　　数	说　　明
录入发票过程进行最大交易额控制	考虑到发票的填开有一个金额的控制,如千元发票要求最大金额不能超过 9999,在发票保存时,如果发票总金额大于控制金额则不允许保存。最大交易额的设置在客户属性中录入,不同的客户可以设置不同的金额
审核人与制单人不为同一人	选上该选项,审核人与制单人不能为同一人,制单人不能审核自己录入的单据;否则没有限制。核销操作生成的单据不受此参数控制
反审核人与审核人为同一人	选上该选项,反审核人与审核人必须为同一人,也就是当前单据的审核人才可以执行反审核的操作;不选则不控制。核销操作生成的单据不受此参数控制
进行项目管理控制	系统默认不选。如果不选,与项目管理相关的各字段:【项目资源】、【项目任务】、【项目订单】、【项目订单金额】、【概算金额】在单据上为不可见
应收票据与现金系统同步	初始化结束后,应收款管理系统的应收票据与现金系统的应收票据可以互相传递、同步更新。否则两系统的应收票据不能互相传递

⑤ 核销控制。"单据控制"完成后,单击"核销控制"标签,切换到"核销控制"选项卡,如图 3-123 所示。

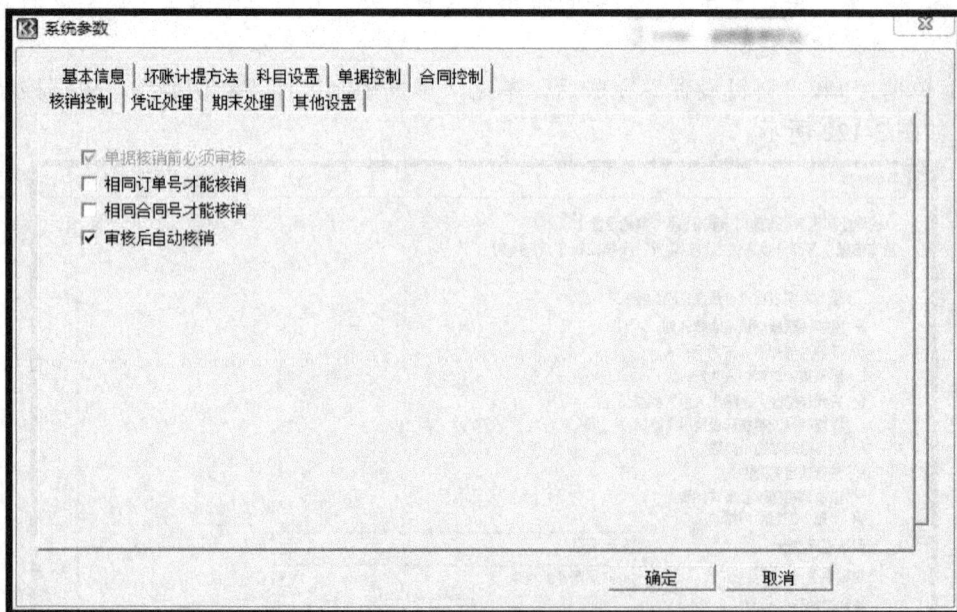

图 3-123　系统参数单据核销设置

对于核销环节的前提条件系统设置参数加以控制,系统提供了按相同合同号才能核销、相同订单号才能核销和审核后自动核销三种方式。

"核销控制"选项卡的参数说明如表 3-38 所示。

表 3-38 "核销控制"参数说明

参　数	说　明
相同订单号才能核销	系统默认不勾选。选上时，系统提示"注意：选中本参数时，收退款单与发票核销时必须有相同的订单号，请慎用！"，并且控制核销时发票与收退款单必须有相同的订单号，否则不允许核销；其他应收单不需要考虑此控制；如果发票与收退款单均没有订单号视同相同订单号进行处理
相同合同号才能核销	系统默认不勾选。如果选上，则控制核销双方单据的合同号必须相同才允许核销；如果核销双方均没有合同号，视同相同合同号进行处理，该控制只适用于到款结算、预收冲应收的核销类型
审核后自动核销	默认勾选。收款单关联发票或其他应收单、退款单关联收款单或预收单时，在单据审核的同时，系统自动按照关联关系完成核销操作

【温馨提示】

"相同合同号、相同订单号才能核销"，加强了核销工作的严谨度和准确性。"审核后自动核销"减少了工资环节，将"审核"和"核销"两项工作合并，单据审核时核销工作自动完成。

⑥ 凭证处理。"核销控制"完成后，单击"凭证处理"标签，切换到"凭证处理"选项卡，如图 3-124 所示。

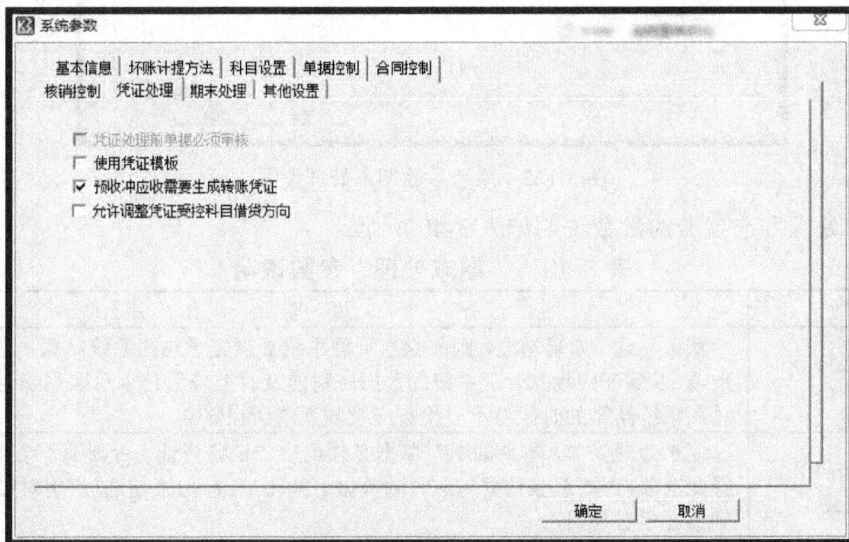

图 3-124 系统参数凭证处理设置

在应收款管理系统中对各项业务生成凭证的方法有两种：一是在系统中设置凭证模板，使用凭证模板对业务生成凭证；二是不使用模板，系统根据"科目设置"选项卡中的科目设置自动生成凭证。

"凭证处理"选项卡的参数说明如表 3-39 所示。

⑦ 期末处理。"凭证处理"完成后，单击"期末处理"标签，切换到"期末处理"选项卡，如图 3-125 所示。

表 3-39　　"凭证处理"参数说明

参　　数	说　　明
凭证处理前单据必须审核	凭证处理时,只显示所有已审核的单据,没有审核的单据不能进行凭证处理。此选项必选且不能修改
使用凭证模板	如果选择此选项,则采用凭证模板方法生成凭证,在单据序时簿和单据上生成凭证也是采用凭证模板;否则按应收款管理系统设置的方式生成凭证。此选项可以随时修改。采用凭证模板方式生成凭证,必须首先定义凭证模板,由于模板类型较多,初次使用时工作量可能较大,但模板设置好后则可以按定义的模板来生成凭证
预收冲应收需要生成转账凭证	如果预收与应收采用同一个会计科目,则不需选择此项;如果预收和应收不采用同一会计科目则须选择此项;该选项建议不要随意改变。 在期末科目对账的时候,如果勾选该选项,将会把预收冲应收的核销记录予以显示;如果没有勾选则不予显示

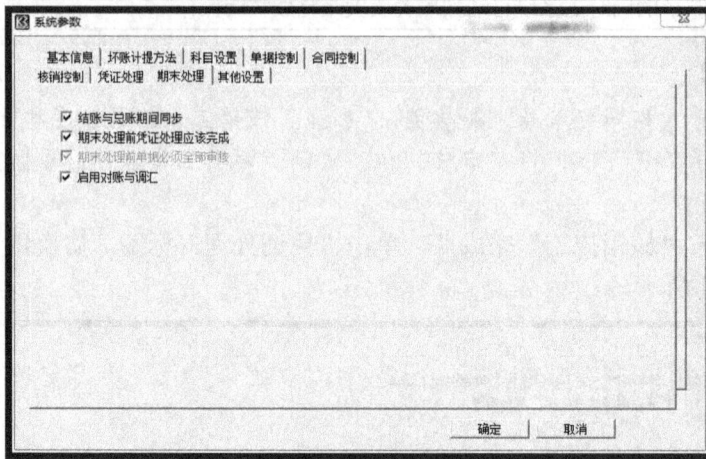

图 3-125　系统参数期末处理设置

"期末处理"选项卡的参数说明如表 3-40 所示。

表 3-40　　"期末处理"参数说明

参　　数	说　　明
结账与总账期间同步	默认勾选。如果勾选,则应收款管理系统必须先于总账系统结账。建议选择此选项,以保证应收款管理系统的数据资料能及时准确地传入总账系统。如果不选,总账系统结账的时候将不会检查应收系统所在账期
期末处理前凭证处理应该完成	期末处理以前,本期的所有单据必须已生成记账凭证,否则不予结账。建议选择此选项,否则总账数据与应收款数据可能不一致。如果勾选"启用对账与调汇",则该选项必须勾选
期末处理前单据必须全部审核	期末结账时检查本期的单据必须已经审核,否则不予结账。此选项系统置为必须勾选却不能修改
启用对账与调汇	新建账套默认勾选。如果勾选,系统将会控制并实现; 单据审核时将校验:录入的往来科目必须受控于应收应付系统; 生成凭证时必须使用科目来源"单据上的往来科目"; 生成凭证后,"往来科目"行次除凭证摘要外均不得修改,以保证单证相符; 明细表、汇总表、账龄分析表可以按科目查询; 期末可以按科目对账; 该选项取消后将不能重新启用

子任务二 基础资料设置

基础资料是系统运行的数据基础，应收款管理系统需要两类基础资料：一种是公共基础资料，包括科目、币别、凭证字、计量单位、核算项目等；一种是该系统特有的基础资料，包括类型维护、信用管理等。

1. 类型维护

该模块主要对应收款管理系统的一些特殊项目进行维护。包括：票据类型维护、合同类型维护、偿债等级维护、现金折扣维护、担保类型维护、应收单类型维护、收款类型维护。系统预设了期末调汇、转账、退票回冲单、销售回款、抵债收款等五种类型，系统预设类型及已使用类型不能删除。

【操作向导】

单击"系统设置"→"基础资料"→"应收款管理"→"类型维护"命令，打开"类型维护"对话框，如图3-126所示。

2. 信用管理

目前，赊销已经成为各行业市场中主要的交易方式。作为一种有效的竞争手段和促销手段，赊销能够为企业带来巨大利润。同时，赊销会伴随着产生商业信用风险，因此对这种风险的管理就变得越来越重要。

要进行信用管理，首先必须在设置客户、职员时选中"是否进行信用管理"选项，如图3-127所示。只有选择了进行信用管理的客户、职员才能在信用管理中被使用。

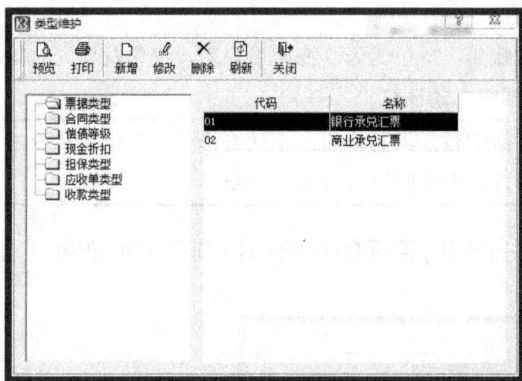

图 3-126 票据类型设置　　　　　　　　图 3-127 客户属性设置

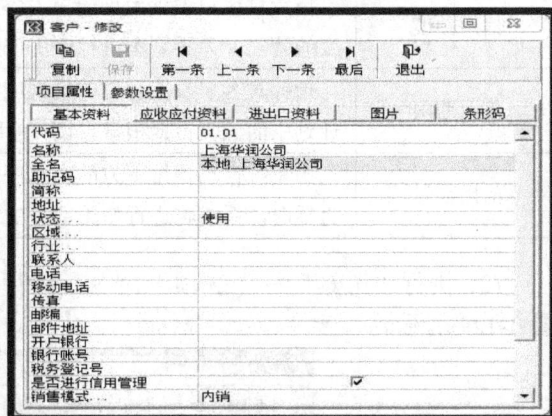

【任务 3-5-2】

北京长城公司客户的信用资料：信用级次1；需补信用额度100 000；信用控制天数30；系统预警提示信用额度。

【操作向导】

(1) 单击"系统设置"→"基础资料"→"应收款管理"→"信用管理"命令，进入"信用管理"窗口。在左窗格中选择客户为"北京长城公司"，单击工具栏上的"管理"按钮，录入信用管理的具体内容，如图3-128所示。

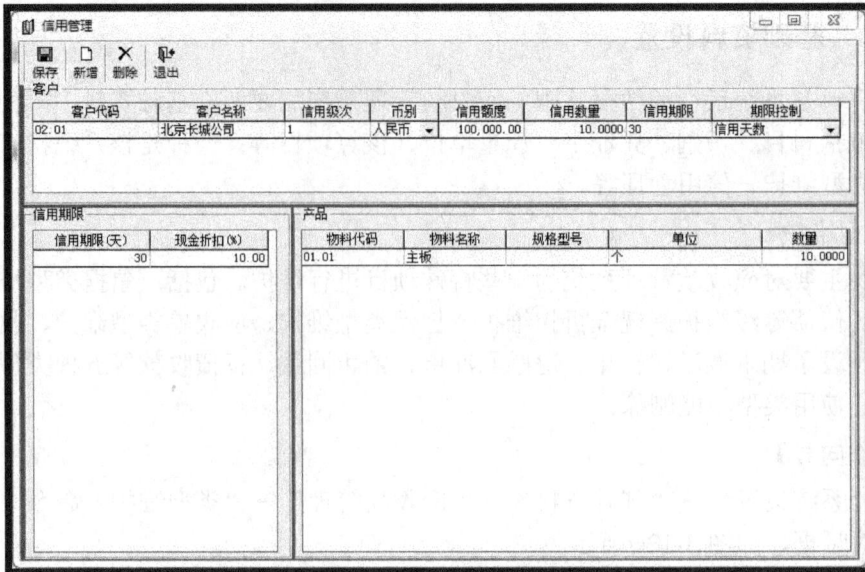

图 3-128　信用管理设置

"信用管理"的参数说明如表 3-41 所示。

表 3-41　"信用管理"参数说明

参　数	说　明
信用级次	由用户自定义的级次录入
信用额度	指针对客户设置允许的最大信用金额，当信用额度不为零时，系统将进行信用额度的管理，为零则不进行信用控制
信用期限	指针对客户设置允许的最大应收账龄，单位为天。在此设置后，销售发票的收款计划中的应收日期根据日期+信用期限自动计算
信用数量	由系统自动根据下方的商品序时簿的数量汇总得出，不允许修改。当信用数量不为零时，系统将进行信用数量的管理，为零则不进行数量控制

(2) 执行"工具"→"选项"命令，进行关于信用管理的对象和控制强度的选择。如图 3-129 所示。

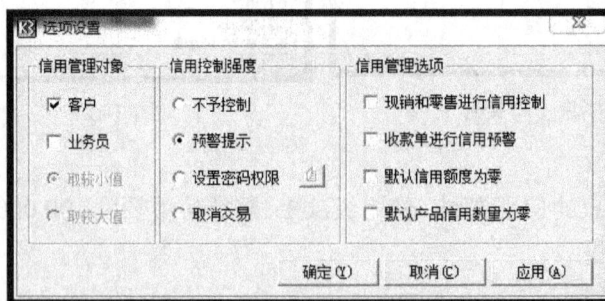

图 3-129　信用管理选项设置

(3) 执行"工具"→"公式"命令，进行关于信用管理的各种单据的公式设置，如图 3-130 所示。

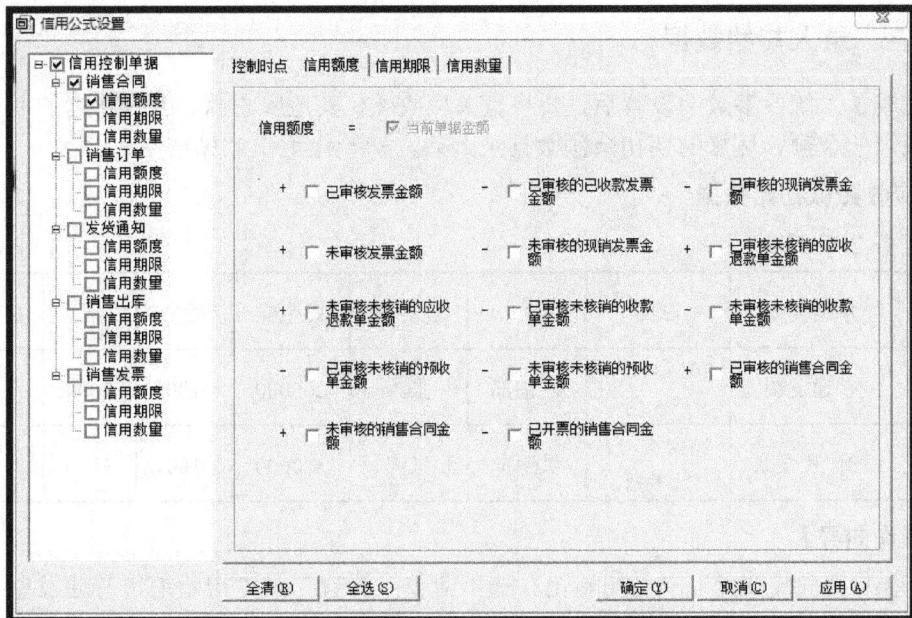

图 3-130 信用管理公式设置

【温馨提示】

只有设置了信用管理属性的客户、职员才能在信用管理窗口中出现。

3. 凭证模板的设置

在系统设置中如果选择了"使用凭证模板"之后，就可以对业务按照此处设置好的模板生成记账凭证。在本章节"凭证处理"中详细阐述。

4. 编码规则

应收款管理系统可以自定义各种单据的编码规则，另外可以设置为某单据保存时自动审核，如图 3-131、图 3-132 所示。

图 3-131 编码设置

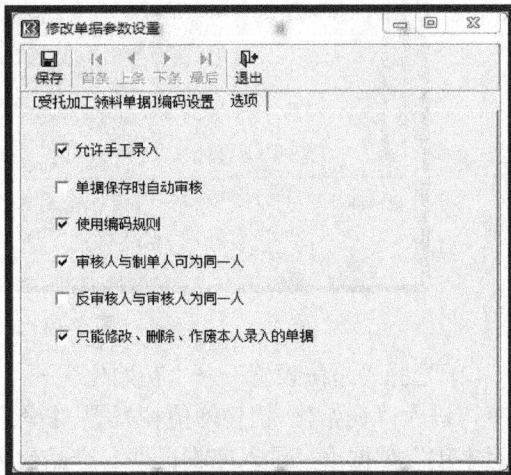

图 3-132 选项设置

子任务三　录入初始数据

在完成了系统各参数的设置后，要将有关应收款、其他应收款、应收票据的期初余额、期初未核销的金额、坏账的期初余额数据录入后，初始化工作才算结束。

1. 应收账款初始数据

【任务 3-5-3】

客户职员	单据类型	日期	部门	业务员	发生额	数量	含税单价	应收日期
西安阿狸	普通发票	2014 年 10 月 5 日	供销部	张涛	260000	100	2600	2014 年 11 月 5 日
上海华润公司	增值税发票	2014 年 12 月 1 日	供销部	张涛	310000	100	3100	2015 年 1 月 1 日

【操作向导】

(1) 单击"系统设置"→"初始化"→"应收款管理"→"初始销售普通发票-[新增]"命令，进入"初始化-销售普通发票-新增"窗口，根据资料选择"录入产品明细"，不选择"本年"数据项，录入应收日期、产品代码、数量、单价(含税)、部门及业务员并保存，如图 3-133 所示。

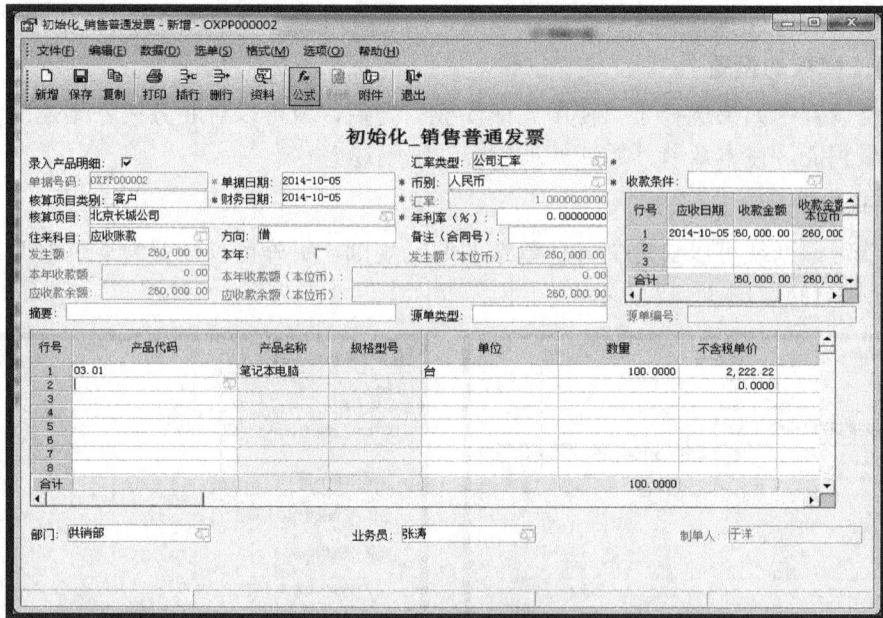

图 3-133　销售发票录入

(2) 选择"系统设置"→"初始化"→"应收款管理"→"初始销售增值税发票-[新增]"命令，进入"初始化-销售增值税发票-新增"窗口，根据资料选择"录入产品明细"，不选择"本年"数据项，录入应收日期、产品代码、数量、含税单价并保存，如图 3-134 所示。

选择"录入产品明细"后，可以录入存货的详细资料。如果想按存货来进行往来账款的管理，则此处必须录入存货资料，否则，按商品明细输出往来账款时，单据余额可能不正确。如果不选择按存货进行往来账款的管理，则可以不录入商品明细资料。

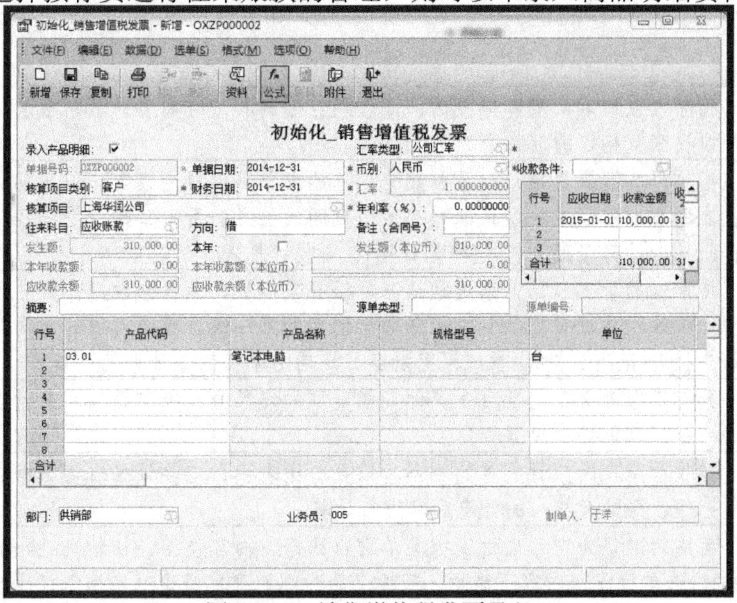

图 3-134 销售增值税发票录入

【温馨提示】

① 初始化销售普通发票的录入类似于销售增值税发票，不同之处在于销售普通发票中的单价为含税单价，而销售增值税发票的单价为不含税单价。

② 初始化时，当选择"本年"选项后，发生额=本年收款额+应收款余额；如不选择"本年"选项，则发生额≥本年收款额+应收款余额。

以"销售增值税发票"为例进行参数说明，如表 3-42 所示。

表 3-42 "销售增值税发票"参数说明

数据项	说 明	必填项(是/否)
部门	如果录入部门的信息，则查询账表时，可以按部门进行统计，查询某个部门的销售收入，已收回货款等	否
业务员	如果录入业务员的信息，则查询账表时，可以按业务员进行统计，查询某个业务员的赊销收入，已收回货款等，从而对可对业务员进行业绩考核	否
币别	业务发生时的原币	是
汇率	系统自动显示出其默认汇率，能根据实际情况对汇率进行修改	是
发生额	指单据的发生数，即应收款金额。可以按客户汇总输入所有销售发票的汇总金额，也可以按单据进行明细录入。如果是本年发生额，则选择本年。如果同一个单位的往来款既有去年发生额又有今年发生额，则汇总录入时，去年与今年的数据应分开录入。一般反映的是应收账款科目的借方发生数	是
本年收款额	指当前会计年度的收款金额，以前会计年度的收款金额不包括在内。包括实际收款额(如现金，银行存款)及应收票据金额，如 2009 年销货给 A 公司 10000 元，2009 年收现金 2000 元，2010 年收现金 1000 元，收银行承兑汇票 500 元，则发生额应为 10000 元，本年收款额为 1500 元(1000+500)，应收款余额为 6500 元(10000-2000-1000-500)。一般反映的是应收账款科目的本年累计贷方发生数	否

数据项	说　　明	必填项(是/否)
应收款余额	扣除收款额后的实际应收数，即收款计划的收款金额合计。一般反映的是应收账款科目的期初余额	是
单据日期	指单据的开票日期，对于初始化汇总的发票可以自由设定，但日期必须在启用日期前，系统默认取账套启用期间的上月的月末日期。系统可以根据此日期计算账龄分析表(单据日期)、应收计息表	是
财务日期	指单据的录入日期，系统默认与单据日期一致，允许修改，但是必须控制大于等于单据日期并且小于账套启用期的第一天。系统可以据此计算账龄分析表(记账日期)。系统根据财务日期确定单据的会计期间	是
单据号码	具有双重含义，它既可是具体某张发票的发票号，也可是用户自行设置的一张汇总单据的单据号	是
年利率(%)	应收款到期时应计利息的利率，以百分比表示，应收计息表将根据应收款余额、账龄及相应的计息利率进行计算	否
源单类型(单据头)	新增时默认为空，通过下拉菜单进行选择，内容包括：初始化−合同(应收)；选单后此处内容不显示，回填产品明细的源单类型；单据保存后该字段不显示；未选上"录入产品明细"选项时，此字段灰显不可用	否
源单编号(单据头)	新增时默认为空，支持手工录入和 F7 键查询；如果手工录入必须要求录入完整的单据号，录入后系统自动回填该单据的所有存在余额的条目；如果按 F7 键查询，则回填选中的条目；选单后此处内容不显示，回填产品明细的源单单号	否
往来科目	如果不需要将初始化数据传入总账，则此处不用录入，建议填入往来科目；否则必须录入对应的往来会计科目，如应收款，必须是最明细科目，如果该科目下挂核算项目，则不用录入相应核算项目代码，系统会根据该发票的核算项目名称、部门、职员等自动填充。如果核算项目属性中指定了应收账款科目代码，则填入核算项目后，自动带出应收账款科目代码中指定的科目，如果勾选了"启动调汇与对账"，则往来科目只能选择受控科目。系统通过该"科目＋科目方向"把相应的应收款初始资料传递至总账系统，避免了总账系统初始化往来科目的重复录入	否
金额(本位币)	销售普通发票中对"金额"、"税额"、"不含税金额"等列提供本位币金额信息的显示，分别列示在该列的后面，以不同颜色区分；销售增值税发票中对"金额"、"税额"、"价税合计"等列提供本位币金额信息的显示，分别列示在该列的后面，以不同颜色区分；如果选上"允许修改本位币金额"的选项，则本位币金额可以修改(单据币别为本位币时除外)，但是不重算汇率。否则本位币金额一律由系统自动计算和填列，用户不得修改和操作	是
源单类型	系统根据选单类型回填，不允许修改	是
源单单号	系统根据选单时选中的单据号回填，不允许修改	是
方向	指往来科目的借贷方向，系统自动默认为会计科目属性中的余额方向	否

③ 在"初始化数据_应收账款"中可以查询所有的期初应收账款的汇总数据，可以单击"明细"按钮展开全部客户的明细数据，也可以双击光标所在行显示该客户的明细数据，如图 3-135 所示。

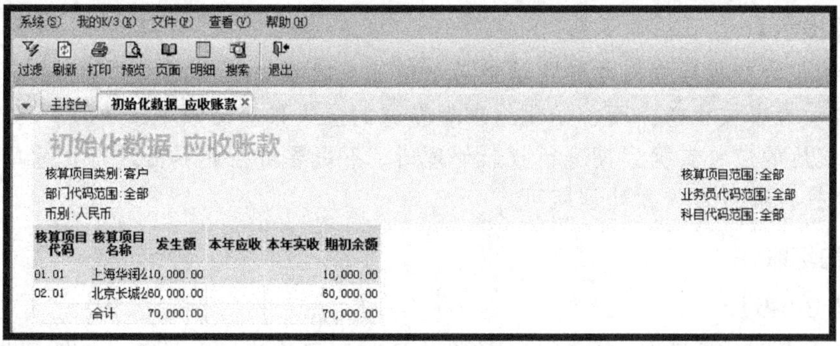

图 3-135 应收账款初始查询

④ 在"初始应收单据-维护"中可以对录入的初始单据进行修改、删除，并且可以将初始余额结转到总账。总账结束初始化的情况下则无法"转余额"，应收系统未结束初始化也可以从总账引入初始化余额。

⑤ 在初始化中还可以录入客户的预收数据，录入预收单即可。

2. 应收票据初始数据

【任务 3-5-4】

北京长城公司在 2014 年 10 月 10 日在购买商品时支付了一张 3 个月(90)天到期的银行承兑票据，金额为 250 000 元，签发日期 2014 年 10 月 10 日。承兑人、出票人：北京长城公司。

【操作向导】

单击"系统设置"→"初始化"→"应收款管理"→"初始应收票据_新增"命令，进入"初始化_应收票据-新增"窗口，录入相应信息保存即可，如图 3-136 所示。

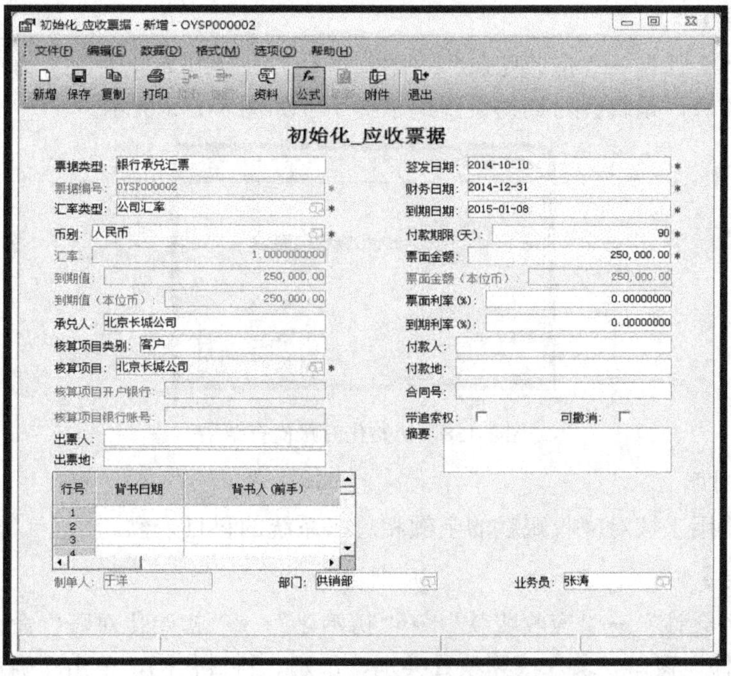

图 3-136 应收票据录入

【温馨提示】

① 初始化的应收票据与初始化结束后新增的应收票据不同之处在于, 初始化的应收票据保存后自动为审核状态, 而初始化结束后新增的应收票据必须手工审核。

② 审核后的应收票据到期进行收款处理时, 不需要再在此界面进行收款单的录入。只需在应收票据模块进行收款处理即可。

3. 期初坏账

【任务 3-5-5】

西安亚太公司应收账款 7000 元, 逾期未还, 已经作为坏账处理, 坏账日期: 2014 年 12 月 31 日。在此录入进行备查, 如图 3-137 所示。

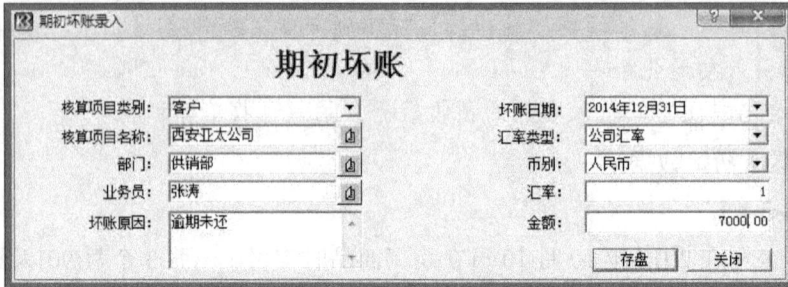

图 3-137　期初坏账录入

4. 结束初始化

1) 初始化检查

【操作向导】

单击"财务会计"→"应收账款"→"初始化"→"初始化对账"命令, 进入"初始化对账检查"窗口, 系统会对期初设置给予提示, 如图 3-138 所示。

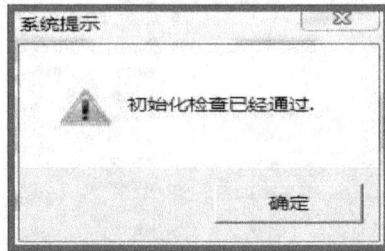

图 3-138　初始化对账检查结果

2) 初始化对账

初始化对账用于核对应收账款的余额和总账系统的科目余额。

【操作向导】

单击"财务会计"→"应收账款"→"初始化"→"初始化对账"命令, 进入"初始化对账-过滤条件"窗口。录入核算项目类别、币别、科目代码, 单击"确定", 如图 3-139 所示。

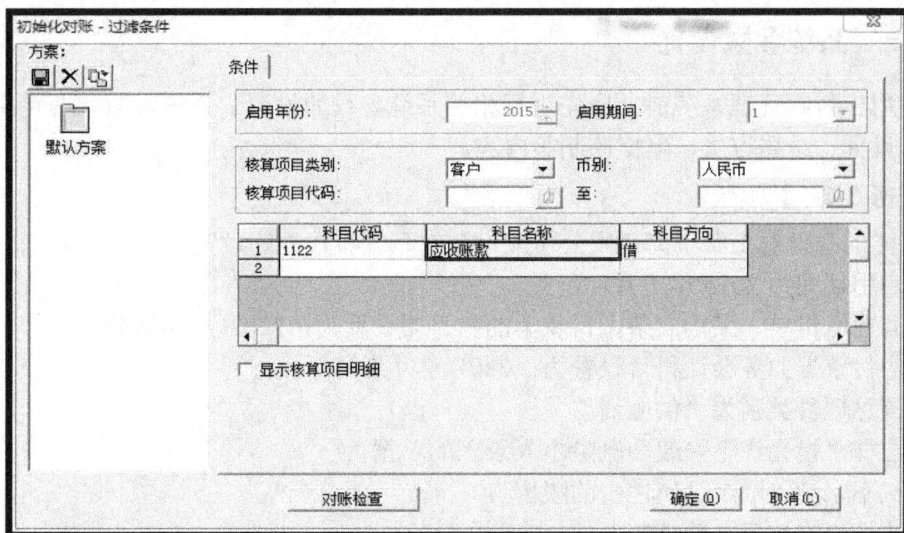

图 3-139 对账设置

3) 结束初始化

【操作向导】

单击"财务会计"→"应收账款"→"初始化"→"结束初始化"命令，显示系统启用成功，初始化工作结束。

【温馨提示】

① 初始化结束后，如果发现初始化资料有错误，可以进行反初始化处理。方式是单击"财务会计"→"应收账款"→"初始化"→"反初始化"命令，回到初始化前状态，可以重新录入、修改初始数据。

② 反初始化时系统将自动取消单据(应收款管理系统)的审核，期限核销及坏账的处理，所有生成的凭证(未过账)都将删除，票据的背书等处理都将取消。

③ 如果对初始化结束后销售系统的发票进行审核操作，则必须先在销售系统手工取消审核处理。如果生成的凭证已经过账，则必须先在总账系统手工进行反过账处理，否则系统不予反初始化操作。

任务六 应付款系统初始设置

通过发票、其他应付单、付款单等单据的录入，应付款管理系统对企业的往来账款进行综合管理，及时、准确地提供供应商的往来账款余额资料，提供各种分析报表，如账龄分析表，付款分析、合同付款情况等。通过各种分析报表，系统可以帮助企业合理地进行资金的调配，提高资金的利用效率。同时系统还提供了各种预警、控制功能，如到期债务列表的列示以及合同到期款项列表，帮助企业及时支付到期账款，以保证良好的信誉。

该系统既可独立运行，又可与采购系统、总账系统、现金管理等其他系统结合运用，提供完整的业务处理和财务管理信息。

子任务一　系统参数设置

在使用应付款管理系统前，应先进行相关系统参数的设置。系统参数主要包括基本信息、科目设置、结算方式、单据控制等内容。

【任务 3-6-1】

以于洋的身份对上海华商有限公司应付款的系统参数进行设置：

(1) 启用期间为 2015 年 1 月；

(2) 其他应付单、采购发票、付款单的科目均设置为：2202 应付账款；

(3) 应付票据业务会计科目设置为：2201 应付票据；

(4) 核算项目类别为"供应商"；

(5) 选择"指允许下修改和删除本人录入的单据"；

(6) 税率来源"取产品属性中的税率"；

(7) 选择"审核后自动核销"；

(8) 选择"预收冲应收生成凭证"；

(9) 选择"结转与总账期间同步"；

(10) 选择"期末处理前凭证处理应该完成"；

(11) 选择"期末处理前单据全部完成审核"；

(12) 选择"启用期末调汇"。

【操作向导】

(1) 单击"开始"→"程序"→"金蝶 K/3"→"金蝶 K/3 WISE"命令，或者直接双击"桌面"上的"金蝶 K/3 WISE"，进入"金蝶 K/3 系统登录"窗口，选择"当前账套"为"888"；选择"命名用户身份登录"；以"用户名"为"于洋"的身份登录金蝶 K/3 客户端，也可以使用预设的系统管理员 administrator 登录。单击"确定"按钮，即可进入"基础平台-[主界面]"窗口，如图 3-140、图 3-141 所示。

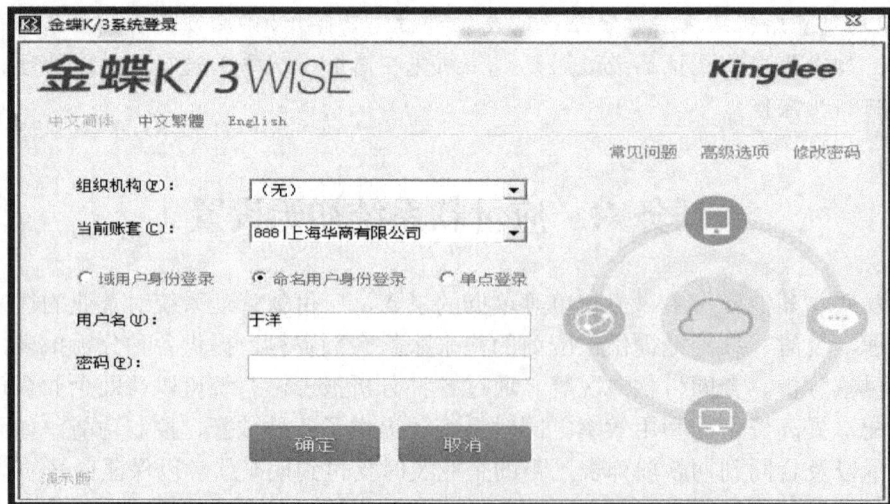

图 3-140　系统登录

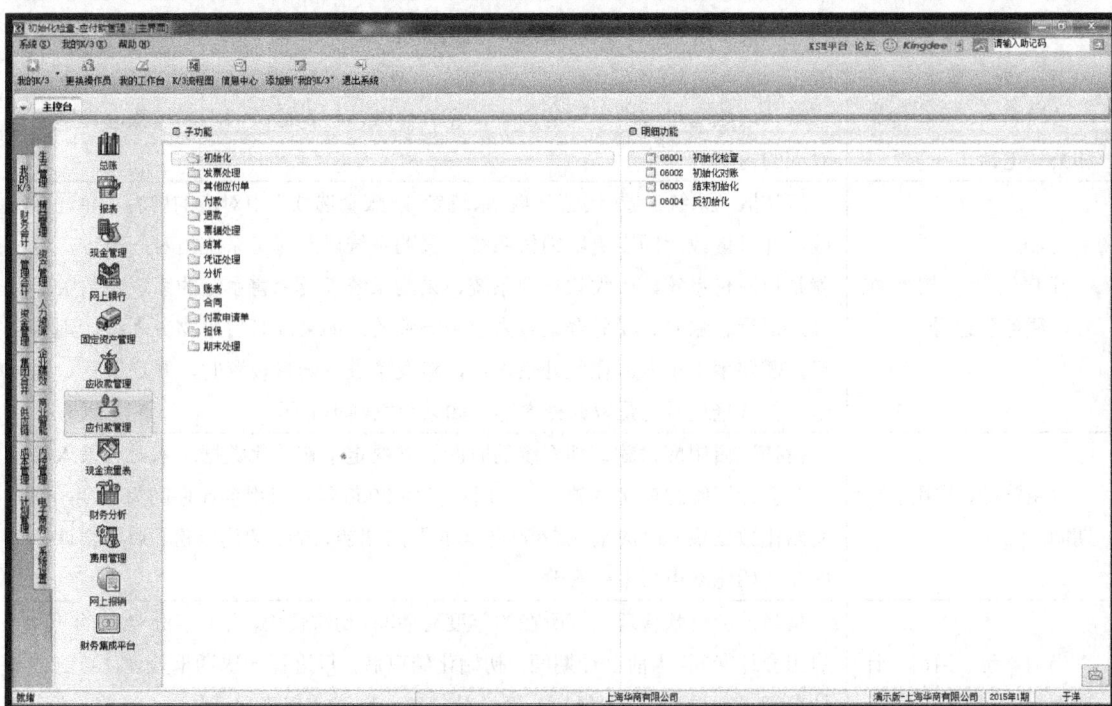

图 3-141 基础平台-［主界面］

(2) 在金蝶 K/3 主界面中，选择"系统设置"→"应付款管理"→"系统参数"命令，进入应付款系统参数设置界面。该界面包括八个选项卡，用户应根据实际需要分别进行设置。

① 基本信息。系统参数设置的基本信息如图 3-142 所示。

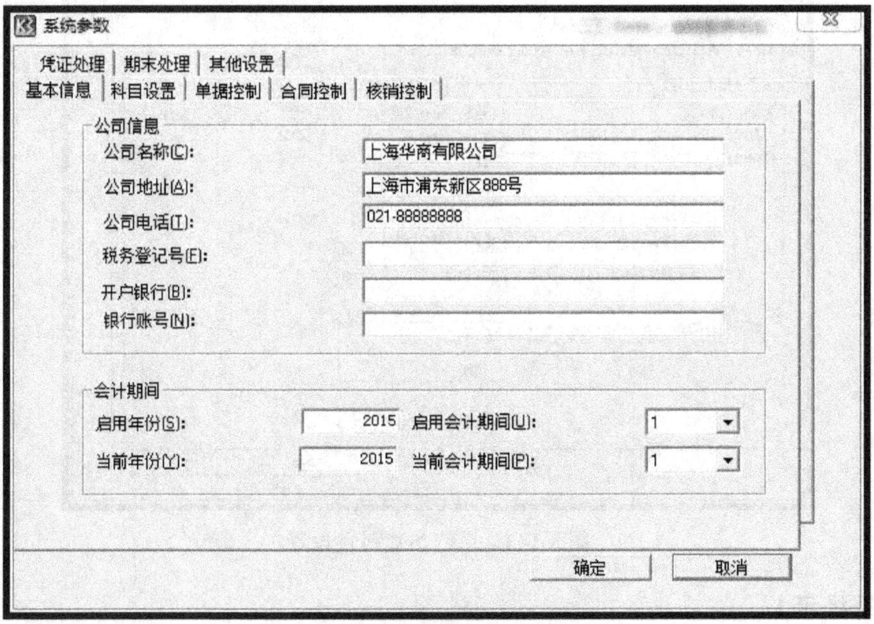

图 3-142 系统参数基本信息设置

"基本信息"选项卡的参数说明如表 3-43 所示。

表 3-43　　"基本信息"参数说明

参　　数	说　　明
公司名称、公司地址和公司电话	默认取账套设置中对应的内容，允许修改，但是修改后不回填账套设置中对应的内容
开户银行、银行账号、税务登记号	默认取"系统设置-销售管理-系统参数-账套选项"中对应的内容，允许修改，并且修改后同步更新销售系统、采购系统以及应付系统的对应内容，也就是说应付系统、应收款管理系统、采购系统以及销售系统的系统参数关于开户银行、账号、税务登记号内容是一致的。如果没有启用物流系统，则为空，需要手工录入。在此处录入后，对发票进行套打设置时，开户银行、账号、税务登记号均是取此处内容，如果为空则不显示
启用年份、启用会计期间	指初次启用应付款管理系统的时间。它决定了初始化数据录入时应录入哪一个会计期间的期初余额。如启用年份为 2000 年，启用会计期间为 5 期，则初始化数据录入时应录入 2000 年第 5 期的期初余额。启用年份、启用会计期间在初始化结束后不能修改
当前年份、当前会计期间	指当前应付款管理系统所在的年度与期间。初次使用，启用年份=当前年份，启用会计期间=当前会计期间，初始化结束后，每进行一次期末处理，当前会计期间自动加 1，如果经历一个会计年度，则当前年份自动加 1。当前年份、当前会计期间由系统自动更新，用户不能修改

② 科目设置。设置基本信息后，单击"科目设置"标签，切换到"科目设置"选项卡，如图 3-143 所示。

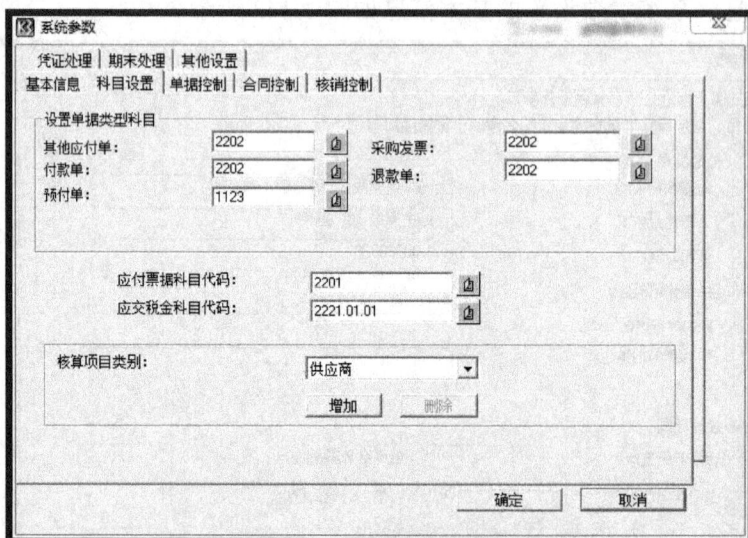

图 3-143　系统参数科目设置

【温馨提示】

如果系统选择"不使用凭证模板"生成凭证，则各项业务执行凭证处理时系统根据此处所设置的科目自动填充。

"科目设置"标签页中的"设置单据类型科目"和"应付票据科目"必须是"应收应付"科目受控系统。

③ 单据控制。"科目设置"完成后，单击"单据控制"标签，切换到"单据控制"选项卡，如图 3-144 所示。

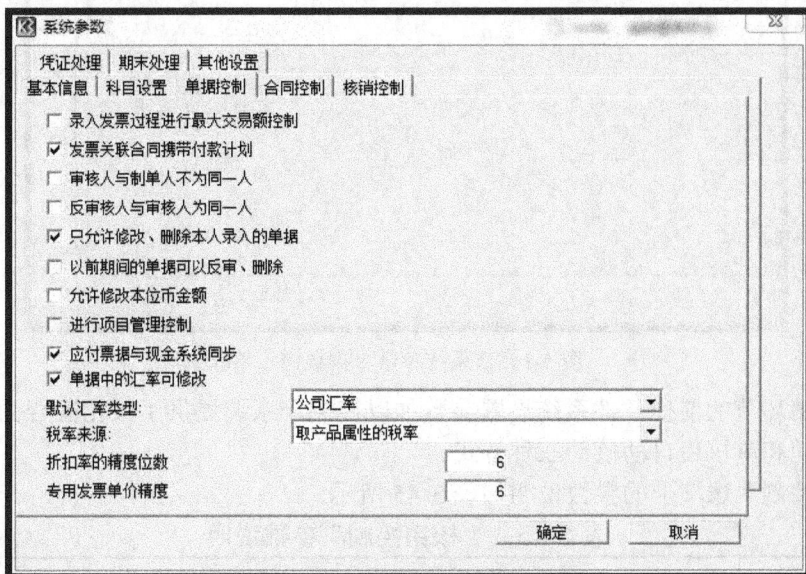

图 3-144 系统参数单据控制设置

"单据控制"选项卡的参数说明如表 3-44 所示。

表 3-44 "单据控制"参数说明

参 数	说 明
录入发票过程进行最大交易额控制	考虑到发票的填开有一个金额的控制，如千元发票要求最大金额不能超过 9999，在发票保存时，如果发票总金额大于控制金额则不允许保存。最大交易额的设置在客户属性中录入，不同的客户可以设置不同的金额
审核人与制单人不为同一人	选中该选项，审核人与制单人不能为同一人，制单人不能审核自己录入的单据，否则没有限制。核销操作生成的单据不受此参数控制
反审核人与审核人为同一人	选中该选项，反审核人与审核人必须为同一人，也就是当前单据的审核人才可以执行反审核的操作；不选则不控制。核销操作生成的单据不受此参数控制
进行项目管理控制	系统默认不选。如果不选，则与项目管理相关的各字段即【项目资源】、【项目任务】、【项目订单】、【项目订单金额】、【概算金额】在单据上为不可见
应付票据与现金系统同步	初始化结束后，应付款管理系统的应付票据与现金系统的应付票据可以互相传递、同步更新，否则两系统的应付票据不能互相传递

④ 核销控制。"单据控制"完成后，单击"核销控制"标签，切换到"核销控制"选项卡，如图 3-145 所示。

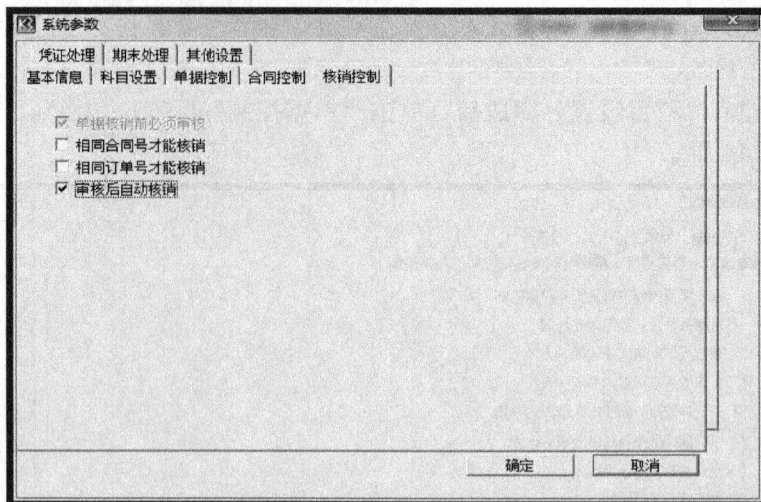

图 3-145　系统参数单据核销设置

对于核销环节的前提条件系统设置参数加以控制，系统提供了按相同合同号、相同订单号才能核销和审核后自动核销三种方式。

"核销控制"选项卡的参数说明如表 3-45 所示。

表 3-45　"核销控制"参数说明

参　　数	说　　　　　明
相同订单号才能核销	系统默认不勾选。选中时，系统提示"注意：选中本参数时，收退款单与发票核销时必须有相同的订单号，请慎用！"，并且控制核销时发票与收退款单必须有相同的订单号，否则不允许核销；其他应收单不需要考虑此控制；如果发票与收退款单均没有订单号视同相同订单号进行处理
相同合同号才能核销	系统默认不勾选。如果选中，则控制核销双方单据的合同号必须相同才允许核销；如果核销双方均没有合同号，视同相同合同号进行处理，该控制只适用于到款结算、预收冲应收的核销类型
审核后自动核销	默认勾选。收款单关联发票或其他应收单、退款单关联收款单或预收单时，在单据审核的同时，系统自动按照关联关系完成核销操作

【温馨提示】

"相同合同号、相同订单号才能核销"加强了核销工作的严谨度和准确性。

"审核后自动核销"减少了工资环节，将"审核"和"核销"两项工作合并，单据审核时核销工作自动完成。

⑤ 凭证处理。"核销控制"完成后，单击"凭证处理"标签，切换到"凭证处理"选项卡，如图 3-146 所示。

在应付款管理系统中对各项业务生成凭证的方法有两种：一是在系统中设置凭证模板，使用凭证模板对业务生成凭证；二是不使用模板，系统根据"科目设置"选项卡中的科目设置自动生成凭证。

"凭证处理"选项卡的参数说明如表 3-46 所示。

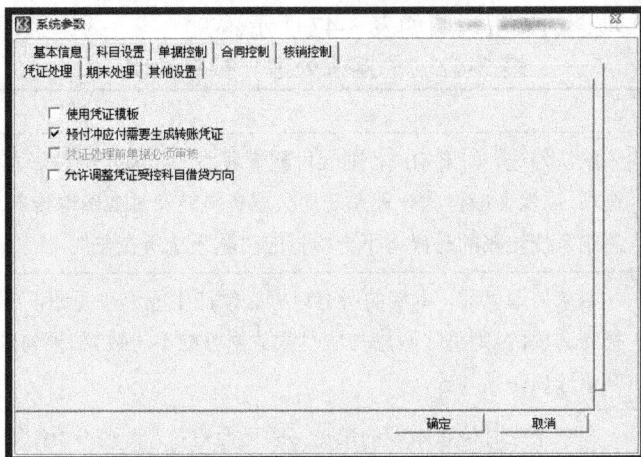

图 3-146 系统参数凭证处理设置

表 3-46 "凭证处理"参数说明

参 数	说 明
凭证处理前单据必须审核	凭证处理时，只显示所有已审核的单据，没有审核的单据不能进行凭证处理。此选项必选且不能修改
使用凭证模板	如果选择此选项，则采用凭证模板方法生成凭证，在单据序时簿和单据上生成凭证也是采用凭证模板；否则按应付款管理系统设置的方式生成凭证。此选项可以随时修改。采用凭证模板方式生成凭证，必须首先定义凭证模板，由于模板类型较多，初次使用时工作量可能较大，但模板设置好后则可以按定义的模板来生成凭证
预收冲应付需要生成账凭证	如果预收与应付采用同一个会计科目，则不需选择此项；如果预付和应付不采用同一会计科目则须选择此项；该选项建议不要随意改变。 在期末科目对账的时候，如果勾选该选项，将会把预付冲应付的核销记录予以显示；如果没有勾选则不予显示

⑥ 期末处理。"凭证处理"完成后，单击"期末处理"标签，切换到"期末处理"选项卡，如图 3-147 所示。

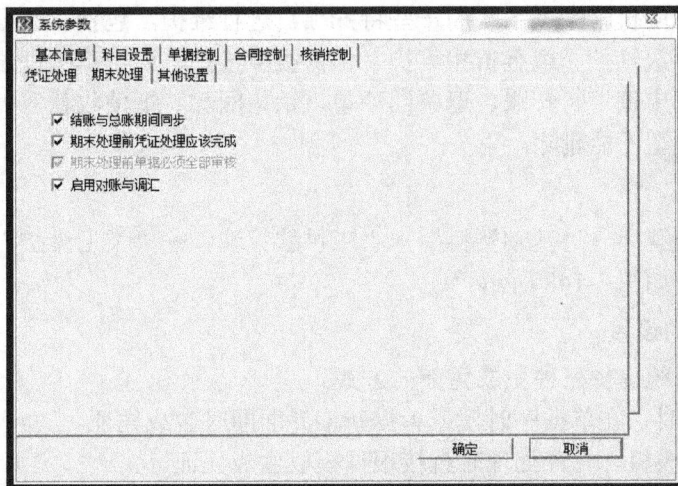

图 3-147 系统参数期末处理设置

"期末处理"选项卡的参数说明如表 3-47 所示。

表 3-47　　"期末处理"参数说明

参　　数	说　　明
结账与总账期间同步	默认勾选。如果勾选，则应付款管理系统必须先于总账系统结账。建议选择此选项，以保证应付款管理系统的数据资料能及时准确地传入总账系统。如果不选，总账系统结账的时候将不会检查应付款系统所在账期
期末处理前凭证处理应该完成	期末处理以前，本期的所有单据必须已生成记账凭证，否则不予结账。建议选择此选项，否则总账数据与应付款数据可能不一致。如果勾选"启用对账与调汇"，则该选项必须勾选
期末处理前单据必须全部审核	期末结账时检查本期的单据必须已经审核，否则不予结账。此选项系统置为必须勾选却不能修改
启用对账与调汇	新建账套默认勾选。如果勾选，系统将会控制并实现： 单据审核时将校验：录入的往来科目必须受控于应收应付系统； 生成凭证时必须使用科目来源"单据上的往来科目"； 生成凭证后，"往来科目"行次除凭证摘要外均不得修改，以保证单证相符； 明细表、汇总表、账龄分析表可以按科目查询； 期末可以按科目对账； 该选项取消后将不能重新启用

子任务二　基础资料设置

基础资料是系统运行的数据基础，应付款管理系统需要两类基础资料：一种是公共基础资料，包括科目、币别、凭证字、计量单位、核算项目等；一种是该系统特有的基础资料，包括类型维护、信用管理等。

1. 类型维护

该模块主要对应付款管理系统的一些特殊项目进行维护，包括：票据类型维护、合同类型维护、偿债等级维护、现金折扣维护、担保类型维护、应付单类型维护和付款类型维护。系统预设了期末调汇、转账、退票回冲单、销售回款、抵债收款等五种类型，系统预设类型及已使用类型不能删除。

【操作向导】

单击"系统设置"→"基础资料"→"应付款管理"→"类型维护"命令，打开"类型维护"对话框，如图 3-148 所示。

2. 凭证模板的设置

应付款管理系统提供三种生成凭证的方式。

(1) 新增单据时，在单据序时簿或单据新增界面即时生成凭证。

(2) 采用凭证模板，凭证处理时直接根据模板生成凭证。

(3) 凭证处理时采用不使用凭证模板的方式生成凭证。

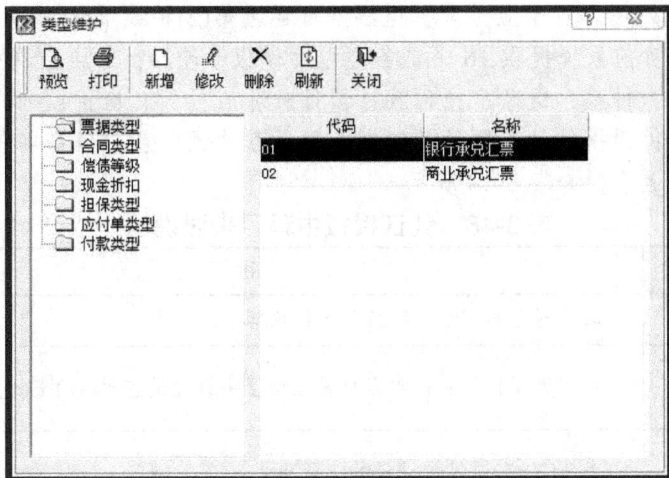

图 3-148 票据类型设置

【操作向导】

单击"系统设置"→"基础资料"→"应付款管理"→"凭证模板"命令，打开"凭证模板"对话框，如图 3-149 所示。

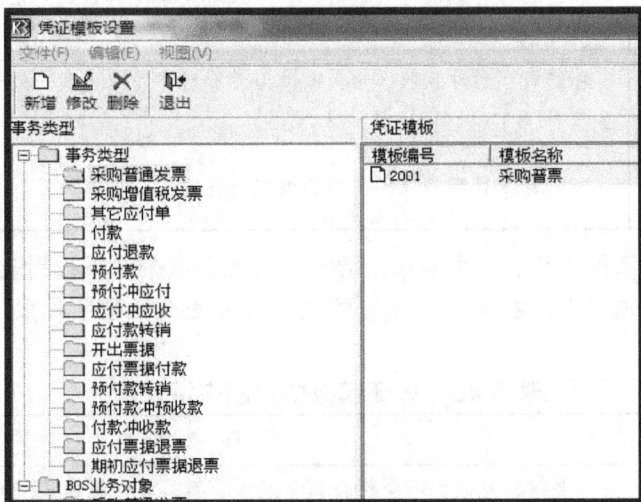

图 3-149 凭证模板设置

选择某一事务类型的单据，单击"新增"，弹出凭证模板新增界面，在该界面进行借贷方科目、金额的定义，以及凭证字、摘要的设置等，设置完成后单击"保存"按钮，保存该凭证模板。

【温馨提示】

① 在应付款管理系统提供的三种生成凭证的方式中，第(2)种方式与第(3)种方式不能同时并存。对于所有的单据都可以在保存单据的同时单击"凭证"，采用第一种方式即时生成凭证，如发票、其他应付单等。但对于一些特殊的事务类型，如预付款冲应付款，应付款冲应收款、应付款转销、预付款转销、开出票据、应付票据付款则必须通过第(2)种或第

(3)种方式进行凭证处理。对于应付票据退票则可通过第(2)种或第(3)种方式处理。

对于凭证模板目前系统提供 16 个事务类型的模板，包括：采购普通发票、采购增值税发票、其他应付单、付款、退款、预付款、预付款冲应付款、应付款冲应收款、应付款转销、开出票据、应付票据付款、预付款转销、预付款冲预收款、付款冲收款、应付票据退票和期初应付票据退票，如表 3-48 所示。

表 3-48　凭证模板中科目来源说明

科目来源	用　　法
单据上的往来科目	取单据上的"往来科目"字段内容
单据上单位的应付(收)账款科目	指核算项目供应商或客户属性设置中设置的应付(收)账款会计科目
单据上物料的存货科目	商品(物料)属性中设置的存货科目
单据上结算方式对应的会计科目	主要针对付款单、预付单、应付退款单，指基础资料设置中结算方式所对应的会计科目
付款时的结算科目	用于应付票据付款是付款时指定的结算科目
冲销单位的应付(收)账款科目	指进行预付款冲应付款时应付单或者发票上客户或者供应商属性中设置的应付(收)账款科目
冲销单位的预付(收)账款科目	指进行预付冲预收、预付款冲应付款时预付单上客户或者供应商属性中设置的预付(收)账款科目
单据上单位的应交税金科目	指核算项目客户或供应商属性中设置的应交税金科目

② 在凭证模板新增界面，单击金额来源栏，出现金额来源下拉列表，列出对应单据上所有的金额型字段(包括用户在单据上任何位置自定义的金额型字段)，由用户选择，如表 3-49 所示。

表 3-49　凭证模板中金额来源说明

类　型	金　额　来　源
采购普通发票	分为金额、税额、不含税金额、附加费用，其中税额+不含税金额=金额。也可取自定义金额字段的内容。启用整单折扣时，金额来源还包括整单折前金额、整单折前不含税金额和整单折扣分配额
付款单	付款金额指付出的现金或银行存款的金额。折扣金额指现金折扣的金额，应付金额指核销的应付款金额，在不涉及多币别换算时，应付金额=付款金额+折扣金额，如果涉及多币别换算时，应付金额指要核销的应付款金额，与付款金额币别不一致。也可以取自定义金额字段的内容

3. 编码规则

应付款管理系统可以自定义各种单据的编码规则，另外可以设置某单据保存时自动审核，如图 3-150、图 3-151 所示。

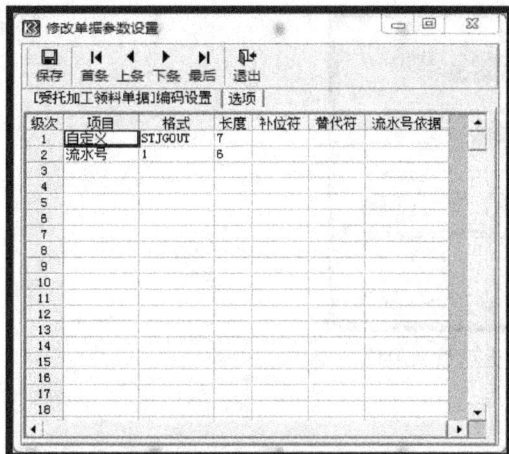

图 3-150 编码规则

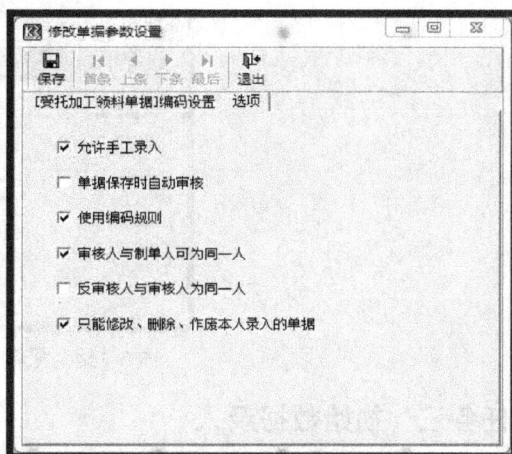

图 3-151 编码规则选项设置

4. 设置账龄区间

设置账龄区间是指对应付账款账龄进行分析，根据欠款时间，将应付账款划分为若干区间进行登记，以便掌握供应商欠款时间的长短。

5. 应付系统采购价格管理

【任务 3-5-3】

上海中景公司："主板"订货数量 100 个以内，报价为 300 元；100 个以上，报价为 280元；为控制采购成本，最高采购限价为 320 元。

【操作向导】

(1) 单击"系统设置"→"基础资料"→"应付款管理"→"采购价格管理"命令，进入"采购价格管理"界面。在左窗格中选择客户为"上海中景公司"，单击工具栏上的"新增"按钮，录入价格管理的具体内容，如图 3-152、图 3-153 所示。

图 3-152 采购价格设置(1)

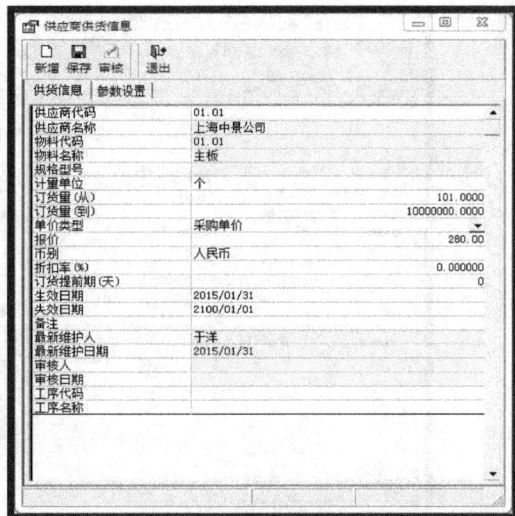

图 3-153 采购价格设置(2)

(2) 单击工具栏上的"限价"按钮，对单据上的物料价格进行最高价格的控制，如图3-154 所示。

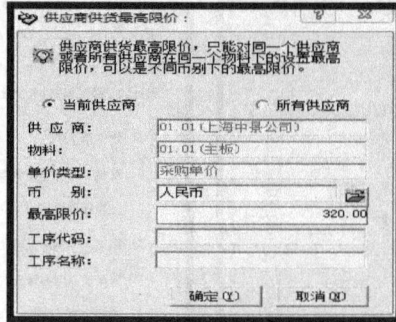

图 3-154　采购供货量最高限价

子任务三　初始数据录入

初次使用应付管理模块时，要将系统启用前未处理完的所有供应商的应付账款、预付账款、应付票据等数据录入系统中，以便以后进行核销处理。

当第二年度处理时，系统会自动将上年未处理完的单据转为下一年的期初余额。

1. 初始采购增值税发票

【任务 3-6-3】

供应商	单据类型	日期	部门	业务员	发生额	数量	含税单价	应付日期
苏州天堂公司	增值税发票	2014 年 12 月 31 日	供销部	张涛	13300	100	133	2015 年 6 月 30 日

【操作步骤】

(1) 单击"系统设置"→"初始化"→"应付款管理"→"初始采购增值税发票-新增"命令，进入"发票新增"窗口，如图 3-155 所示。

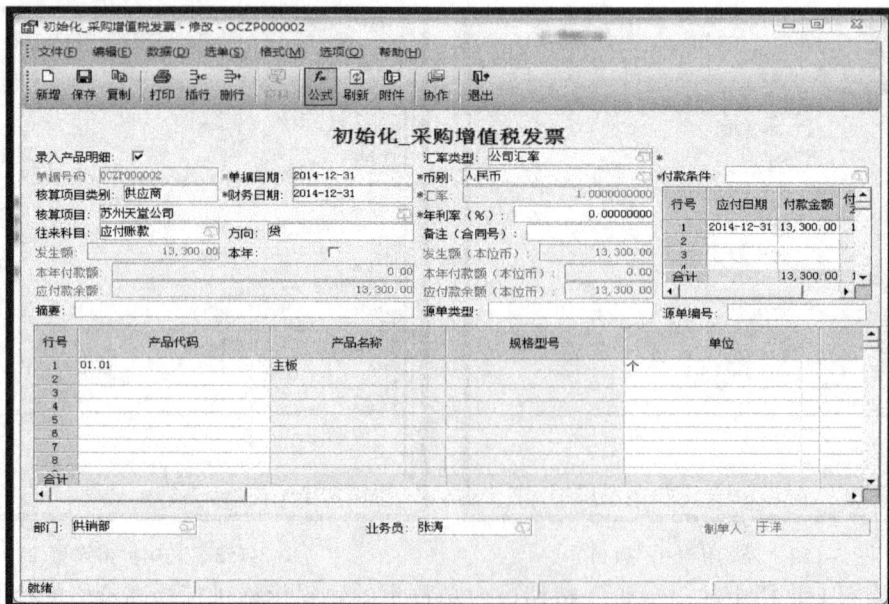

图 3-155　采购增值税发票-新增

"采购增值税发票"具体字段说明如表 3-50 所示。

表 3-50 "采购增值税发票"具体字段说明

数据项	说 明	必填项(是/否)
部门	录入相应的部门。可以直接录入部门代码,也可单击【资料】或按"F7"键查询获取,同时支持"F8"和"F9"键的模糊查询。 　　如果供应商属性指定了分管部门,在录入供应商名称后系统可以自动带出供应商属性中的部门,如该部门已禁用则不携带。 　　当部门为空时,录入业务员能自动在此带出基础资料中设置好的职员所属部门(携带后可修改)。 　　当单据的核算项目为部门时,此字段自动取核算项目内容,不可修改。 　　如果部门为空,在关联单据时可以将被关联单据上的部门回填	否
业务员	录入相应的业务员。可以直接录入职员代码,也可单击【资料】或按"F7"键查询获取,同时支持"F8"和"F9"键的模糊查询。 　　如果供应商属性指定了分管职员,在录入供应商名称后系统可以自动带出供应商属性中的业务员,如该职员已禁用则不携带。 　　当部门为空时,录入业务员能携带基础资料中设置的职员所属部门到部门字段。 　　当单据的核算项目为职员时,此字段自动取核算项目内容,不可修改,同时无论部门是否为空,都自动携带职员对应的部门到部门字段。 　　如果业务员为空,在关联单据时可以将被关联单据上的业务员回填	否
币别	业务发生时的原币。新增时系统默认携带本位币,录入核算项目后,则回填核算项目属性中的结算币别	是
汇率	系统自动根据币别显示出其默认汇率,能根据实际情况对汇率进行修改	是
发生额	指单据的发生额,即应付金额。可以按供应商汇总输入所有采购发票的汇总数,也可以按单据进行明细录入。如果是本年发生额,则选择本年,否则不选。如果同一个单位的往来款既有去年发生额又有今年发生额,则汇总录入时去年与今年的数据应分开录入。一般反映的是应付账款科目的贷方发生额。如果初始化发票与合同进行关联,合同金额执行明细表、汇总表,对于初始化单据,开票金额指此处的发生额。因此必须正确填列	是
本年 付款额	指当前会计年度的付款金额,以前会计年度的付款金额不包括在内。主要应包括实际付款额(如现金,银行存款)及应付票据金额,如 2000 年销货给 A 公司 10000 元,1999 年付现金 2000 元,2000 年付现金 1000 元,付银行承兑汇票 500 元,则发生额应为 10000 元,本年付款额为 1500 元(1000+500),应付款余额为 6500 元(10000-2000-1000-500)。一般反映的是应付账款科目的本年累计借方发生额	否
应付款 余额	扣除付款额后的实际应付数,即付款计划的付款金额合计。一般反映的是应付账款科目的期初余额	是
单据日期	指单据的开票日期,对于初始化汇总的发票可以自由设定但日期必须在启用日期前,系统默认取账套启用期间的上月的月末日期。系统可以根据此日期计算账龄分析表(单据日期)、应付计息表	是

数据项	说　　　明	必填项(是/否)
财务日期	指单据的录入日期，系统默认与单据日期一致，允许修改，但是必须控制大于等于单据日期并且小于账套日期。系统可以据此计算账龄分析表(记账日期)。系统根据财务日期确定单据的会计期间	是
单据号码	具有双重含义，它既可是具体某张发票的发票号，也可是用户自行设置的一张汇总单据的单据号。根据用户定义的编码规则自动填充，用户也可以修改。如果编码规则选上允许修改则可修改，否则灰显；如果编码规则没有选上"使用编码规则"，则新增时发票号码为空，允许手工录入；在系统中发票号是唯一的，控制最大是 255 位	是
年利率(%)	应付款到期时应计利息的利率，以百分比表示，应付计息表将根据应付款余额、账龄及相应的计息利率进行计算	是
源单类型(单据头)	新增时默认为空，通过下拉菜单进行选择，内容包括：初始化-合同(应付)；选单后此处内容不显示，回填产品明细的源单类型；单据保存后该字段不显示；未选上"录入产品明细"选项时，此字段灰显不可用	否
源单编号(单据头)	新增时默认为空，支持手工录入和按"F7"键查询；如果手工录入必须要求录入完整的单据号，录入后系统自动回填该单据的所有存在余额的条目；如果按"F7"键查询，则回填选中的条目；选单后此处内容不显示，回填产品明细的源单单号	否
备注(合同号)	10.1 之前的账套升级到 10.2 之后的版本，系统将单据上合同号内容直接升级到此处；支持手工修改	否
往来科目	如果不需要将初始化数据传入总账，则此处不用录入，建议填入，否则必须录入对应的往来会计科目，如应付款，必须是最明细科目，如果该科目下挂核算项目，则不用录入相应核算项目代码，系统会根据该发票的核算项目名称、部门、职员等自动填充。如果核算项目属性中指定了应付科目代码，则填入核算项目后，自动带出应付账款科目代码中指定的科目，如果勾选了"启动调汇与对账"，则往来科目只能选择受控科目。通过该科目系统把相应的应付款初始资料传递至总账系统，避免了总账系统初始化往来资料的重复录入	否
金额(本位币)	采购普通发票中对"金额"、"税额"、"不含税金额"等列提供本位币金额信息的显示，分别列示在该列的后面，以不同颜色区分；采购增值税发票中对"金额"、"税额"、"价税合计"等列提供本位币金额信息的显示，分别列示在该列的后面，以不同颜色区分；如果选上"允许修改本位币金额"的选项，则本位币金额均可以修改(单据币别为本位币时除外)，但是不重算汇率。否则本位币金额一律由系统自动计算和填列，用户不得修改和操作	是
源单类型	系统根据选单类型回填，不允许修改	是
源单单号	系统根据选单时选中的单据号回填，不允许修改	是
方向	指往来科目的借贷方向，系统自动默认为会计科目属性中的余额方向	否

选择"录入产品明细"选项后,可以录入存货的详细资料。如果想按存货来进行往来款的核销,则此处必须录入存货资料,否则,按产品明细输出往来对账单时,单据余额可能不正确。如果不选择按存货进行往来款的管理,则不需要录入产品明细资料。

初始化时,当选择"本年"选项后,系统控制发生额 = 本年付款额 + 应付款余额;如不选择"本年"选项则发生额大于等于本年付款额 + 应付款余额。

2. 初始采购普通发票

初始化采购普通发票的录入类似于采购增值税发票,不同之处在于采购普通发票中的单价为含税单价,而采购增值税发票中的单价为不含税单价。

【操作向导】

单击"系统设置"→"初始化"→"应付款管理"→"初始采购普通发票-新增"命令,进入"发票新增"窗口,根据需要进行设置,如图3-156所示。

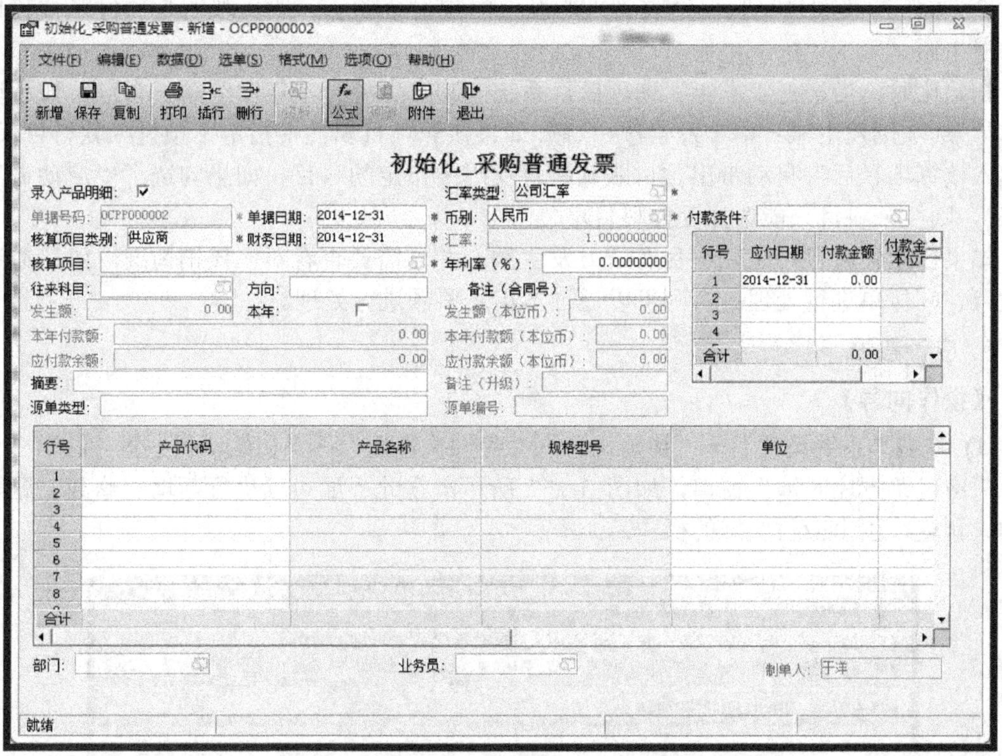

图3-156 采购普通发票-新增

3. 初始其他应付单

初始化应付单的录入也类似于采购增值税发票,区别处在于:应付单的核算项目类别可以选择供应商、客户、部门、职员等多种核算项目类别。

如果选择供应商或客户,则下面的部门、业务员表示该业务经手的部门与职员,如果类别选择为部门,则表示部门应付款,下面的部门不可选。如果选择职员,则表示职员应付款,下面的业务员不可选。其次,应付单不包括存货的信息资料,如要录入存货的信息,则可以采用发票的形式。如果核算项目属性中指定了其他应付账款科目代码,则填入核算项目后，自动带出其他应付账款科目代码中指定的科目；如果勾选了"启动调汇与对账"，则往来科目只能选择受控科目。

初始化时，当选择"本年"选项后，系统控制发生额 = 本年付款额 + 应付款余额；如不选择"本年"选项则发生额≥本年付款额 + 应付款余额。允许付款计划中的应付日期在单据日期之前。

4. 初始预付单

初始化预付单的内容类似于前述几类单据，下面重点说明其不同之处。

(1) 发生额：指预付单金额。可以按往来单位汇总输入所有预付款单的汇总数，也可以按单据进行明细录入。如果是本年发生额，则选择本年，否则不选。一般反映的是预付账款科目的借方发生额。

(2) 余额：反映未核销的预付款余额。一般反映的是预付账款科目的期初余额数。

(3) 本年发票额：反映已经收到采购发票的预付金额。一般反映的是预付账款科目的贷方发生额。

初始化时，当选择"本年"选项后，系统控制发生额 = 本年发票额 + 余额；如不选择"本年"选项则发生额≥本年发票额+余额。如果核算项目属性中指定了预付账款科目代码，则填入核算项目后，自动带出预付账款科目代码中指定的科目；如果勾选了"启动调汇与对账"，则往来科目只能选择受控科目。

如果初始化时预付账款科目有贷方发生额，并且需要查看对应核销情况，建议通过采购发票、应付单进行处理；否则可以通过本年发票额进行处理。

5. 应付票据

【操作向导】

(1) 单击"系统设置"→"初始化"→"应付款管理"→"初始应付票据-维护"命令，进入"应付票据序时簿"窗口，如图 3-157 所示。在此界面可以进行新增、修改、删除、打印、预览、引出应付票据的操作。

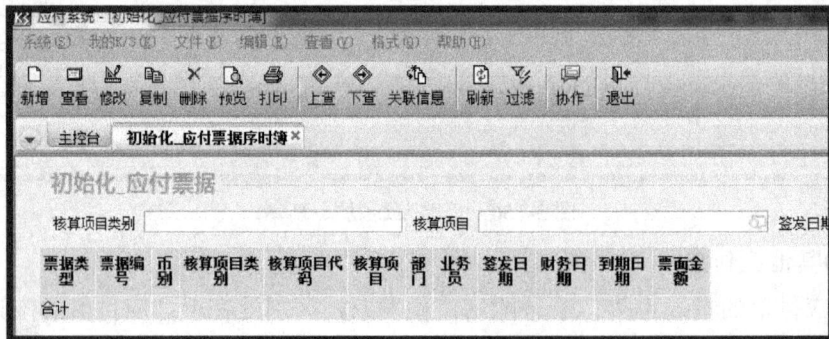

图 3-157　应付票据序时簿

(2) 单击"系统设置"→"初始化"→"应付款管理"→"初始应付票据-新增"命令，系统调出应付票据新增界面，如图 3-158 所示。

"应付票据新增"具体字段描述如表 3-51 所示。

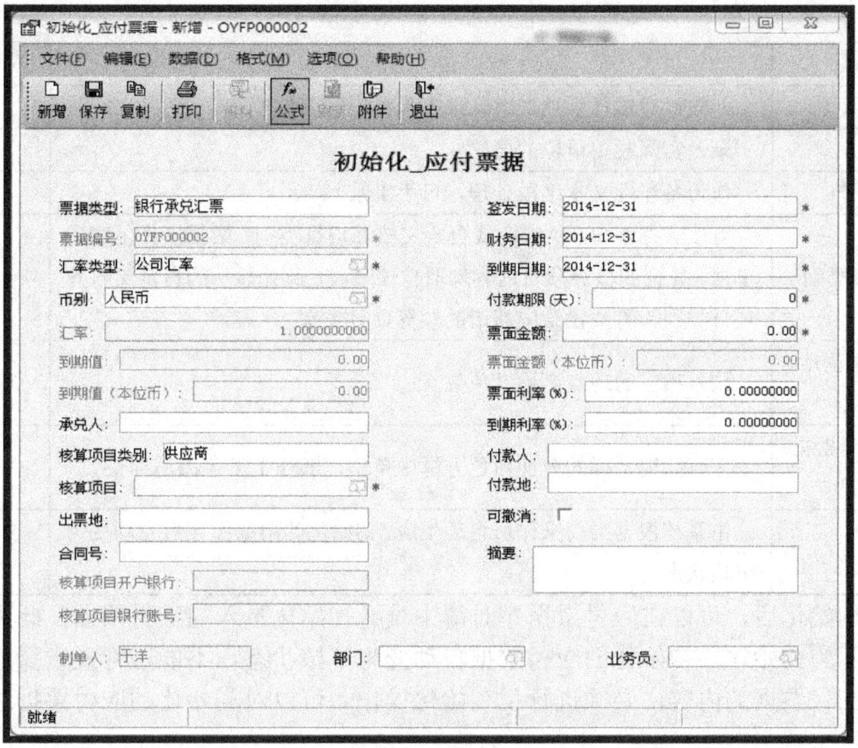

图 3-158 应付票据新增

表 3-51 "应付票据新增"字段说明

数据项	说 明	必填项(是/否)
票据类型	单击票据类型后的箭头,选取票据的类型,票据类型在类型维护中进行设置,票据新增界面中,系统默认类型为银行承兑汇票	是
票据编号	指票据的号码,系统根据设置的单据编码规则自动编号,可以手工修改,但票据编号在系统必须是唯一。如果在系统设置中选择"应付票据与现金系统同步",则系统根据该号码与现金管理系统的票据进行一一对应。初始化时,应付款管理系统的票据与现金管理系统的票据分别录入,初始化结束后,可以互相传递,同步更新	是
币别	单击币别对话框后的向下箭头,即可进行币别的选取	是
汇率	系统根据相应币别带出默认的汇率,可以根据实际情况进行修改	是
票面金额	录入应付票据的票据金额	是
票面利率	录入应付票据的票据利率	否
到期面值、到期利率	应付票据到期时的票据面值、票据利率	否
签发日期、到期日期、付款期限	录入票据签发日期、到期日期后,系统能自动计算出付款期限,付款期限以天表示	是
财务日期	是开出票据的日期,要求大于等于签发日期小于等于到期日期。据此确认票据的入账期间	是

数据项	说　　明	必填项(是/否)
承兑人	一般针对银行承兑汇票，录入承兑银行名称	否
收款人	录入实际收款单位的名称	是
合同号	作为备注性文本字段处理，可手工录入	否
核算项目类别	可以选择客户、供应商或自定义核算项目类别。票据操作生成的单据、凭证的核算项目内容均取自该字段。此处显示的自定义核算项目类别为参数设置中新增的核算项目类别	是
出票地、付款地、付款人	录入相应的地点名称及单位	否
可撤销应付票据的标记	在可撤销字样的前面白色方框中单击，即作上了可撤消标记	否
制单人	由系统根据当前操作员自动生成。初始化的票据保存后自动变为审核状态	否

结束初始化后，可以在应付票据序时簿中查看初始化录入的应付票据，此类应付票据的期间显示为初始化，初始化的应付票据自动变为审核状态，不能进行反审操作，如要修改初始化应付票据的内容，必须进行反初始化操作。可以对初始化的应付票据进行付款的操作。

如果启用了现金管理系统，则必须注意，初始化的应付票据不能互相传递。

在上述过程完成后，选择"财务会计"→"应付款管理"→"初始化"→"结束初始化"命令，初始化工作即告完成。

初始化结束之后，如果发现要修改初始化数据资料，可以选择"财务会计"→"应付款管理"→"初始化"→"反初始化"命令，回到初始化状态重新录入、修改初始数据。如果已进行了结账处理，则必须反结账至启用期间，再进行反初始化处理。反初始化时系统将自动取消单据(应付款管理系统)的审核，所有生成的凭证(未过账)都将删除，票据的付款等处理都将取消。如果初始化结束后采购系统的发票进行了审核操作，则必须先在采购系统手工取消审核处理。如果生成的凭证已经过账，则必须先在总账系统手工进行反过账处理，否则系统不予反初始化操作。

项目四 日常业务处理

能力目标	熟练掌握总账系统日常处理的操作技能
	熟练掌握现金系统日常处理的操作技能
	熟练掌握固定资产日常处理的操作技能
	熟练掌握工资系统日常处理的操作技能
	熟练掌握应收款系统日常处理的操作技能
	熟练掌握应付款系统日常处理的操作技能

任务一 总账系统日常处理

子任务一 凭证处理

在完成账务处理系统初始化设置后，即可进行日常业务处理工作。日常业务处理工作主要包括凭证录入、凭证审核、凭证汇总、记账等内容。总账系统日常业务流程如图 4-1 所示。

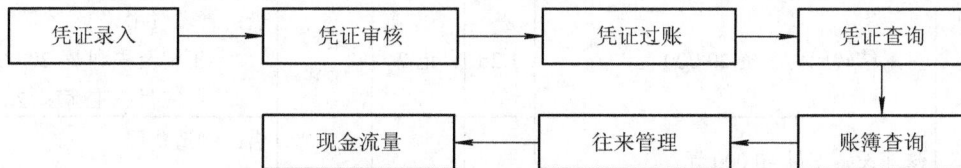

图 4-1 总账系统日常业务流程图

会计凭证是整个会计核算系统的主要数据来源，是整个核算系统的基础，会计凭证的正确性将直接影响到整个会计信息系统的真实性、可靠性，因此系统必须要确保会计凭证录入数据的正确性。K/3 总账系统提供了十分安全、可靠、准确、快捷的会计凭证处理功能。

1. 凭证录入

凭证录入功能就是为用户提供一个仿真的凭证录入环境，在这里，用户可以将制作的记账凭证录入电脑，或者根据原始单据直接在这里制作记账凭证。在凭证录入功能中，系统提供了许多功能以便高效、快捷地录入记账凭证。

【任务 4-1-1】

上海华商有限公司财务人员要在总账系统完成公司 2015 年 1 月份的日常业务，人员工作安排李霞制单、复核，于洋审核、记账，其他业务二者皆可，如表 4-1 所示。

表 4-1　日 常 业 务

业务类	业 务 描 述	日期	凭证号	摘要	会 计 科 目
提现类	提取现金 10 000 元备用 结算方式：建行转账支票； 结算号：101	1.1	记 1	提现	借：库存现金　　　10 000 　贷：银行存款 　　—建设银行　10 000
核算项目类	孙健偿还欠款 3 000 往来业务编码：001	1.5	记 2	个人还款	借：库存现金　　　3 000 　贷：其他应收款 　　—张涛　　　3 000
数量金额类	新购入包装材料一批备用 4 元×50 套 结算方式：建行转账支票； 结算号：201	1.10	记 3	购物	借：周转材料 　—包装材料　200 　贷：银行存款 　　—建设银行　200
外币业务类	收到某外商投资款 20 000 美元，汇率 6.86 结算方式：电汇； 结算号：301	1.15	记 4	接受投资	借：银行存款 　—中国银行　66800 　贷：实收资本　66800
多核算项目类	报销本月 1 名管理人员通讯费 100 元	1.20	记 5	报销通讯费	借：管理费用—通讯费 　—人事部—何亮　100 　贷：库存现金　100
普通	为客户提高服务收入 100 000 元 结算方式：建行转账支票； 结算号：202	1.25	记 6	其他业务收入	借：银行存款 　—建设银行　100 000 　贷：其他业务收入 100 000
普通	月末结转应付工资 20 000 元	1.26	记 7	结转工资	借：管理费用 　—工资及福利费 20 000 　贷：应付职工薪酬 20 000
普通	修理设备支付 10 000 元 结算方式：建行转账支票； 结算号：203	1.26	记 8	修理设备	借：制造费用 　—修理费　10 000 　贷：银行存款 　　—建设银行　10 000

【说明与分析】

(1) 案例"记 1"：是与现金、银行存款科目有关的凭证，注意银行科目应录入结算方式和结算号，并且在余额出现负数时系统给予警告。此项由系统参数控制。

(2) 案例"记 2"：是与核算项目有关的凭证，当在"科目"栏中选择了下挂核算项目的科目时，凭证下方会自动出现与该科目相关的"核算项目"窗口，使用"F7"键可以查询到该核算项目资料，选择即可。

(3) 案例"记 3"：是进行数量金额辅助核算的业务凭证。注意录入单价和数量，计量单位也可以进行选择。

(4) 案例"记 4"：是外币类的业务凭证。系统自动更换凭证格式为外币格式，汇率自动携带过来，可以手工修改汇率为及时汇率，录入原币金额后系统自动计算本位币金额。

(5) 案例"记5"：需要录入科目下设的多个核算项目内容，各核算项目之间为平行关系。系统对于"部门""职员"之间设置为关联关系，例如：首先录入部门：市场部，然后录"职员"时使用"F7"键过滤出市场部的职员。该关联是通过"职员"属性录入所属部门信息。

【操作向导】

用户"李霞"以总账系统以制单员身份进入总账系统。

选择"财务会计"→"总账"→"凭证处理"→"凭证录入"命令，进入录入凭证窗口。单击"新增"按钮，录入案例中的业务：在凭证上单击旁边的下拉箭头，调出日历，单击某个日期即可选择财务日期；然后录入或选择摘要、科目、金额等内容，"保存"凭证即可。

凭证录入的基本信息如图 4-2～图 4-9 所示。

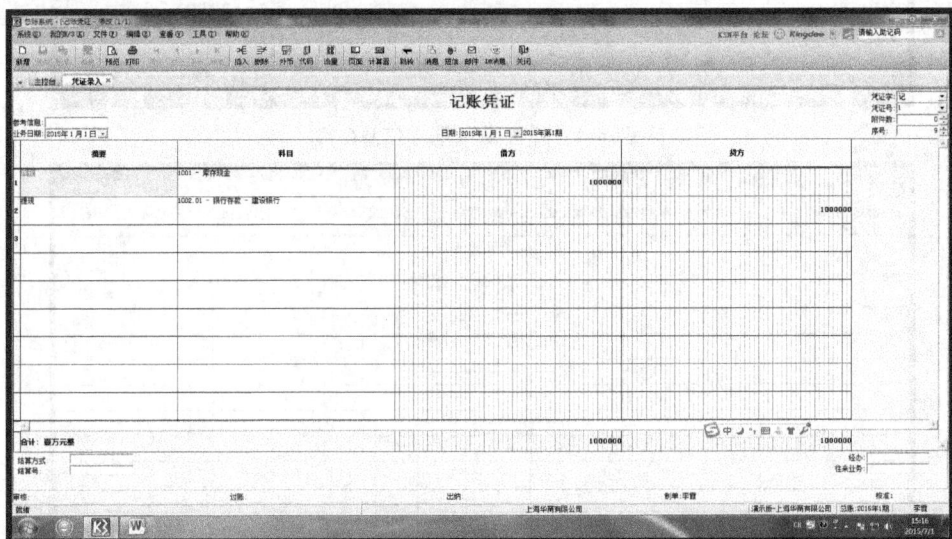

图 4-2　凭证录入基本信息(1)

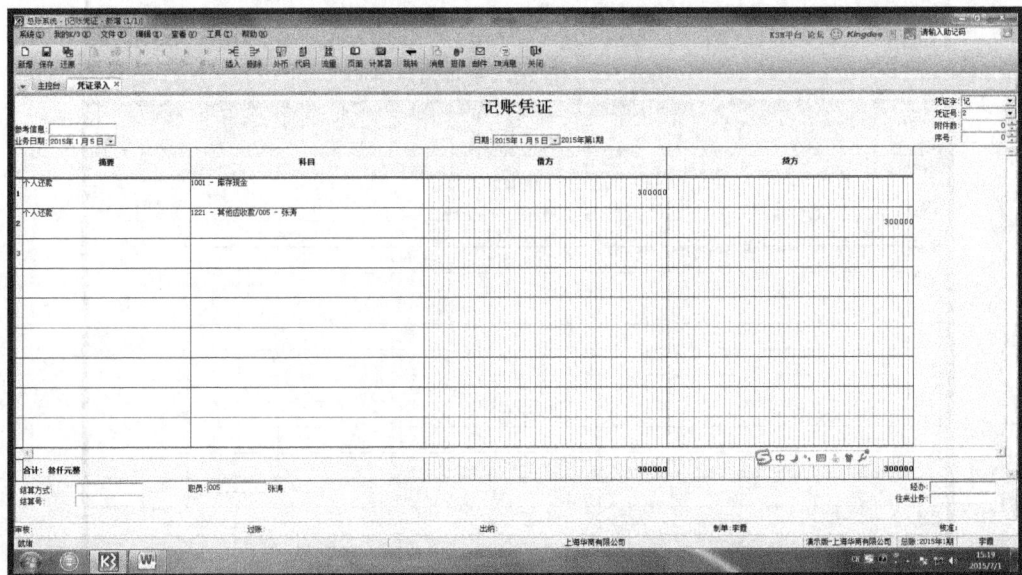

图 4-3　凭证录入基本信息(2)

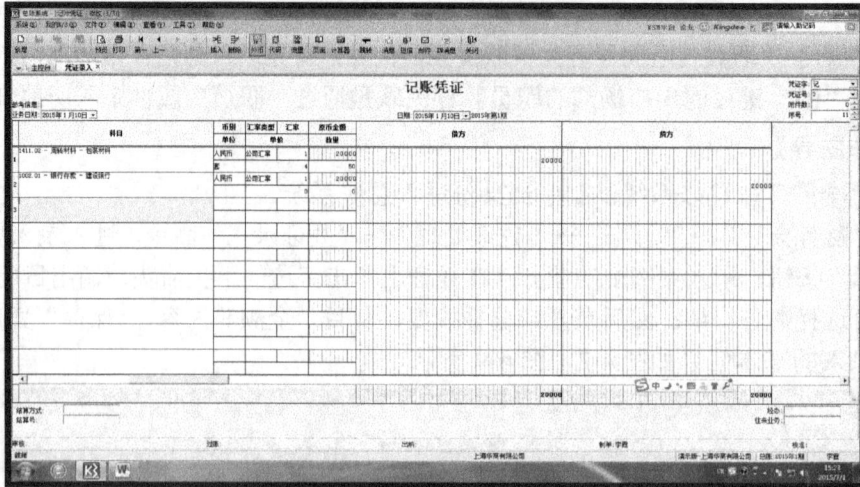

图 4-4　凭证录入基本信息(3)

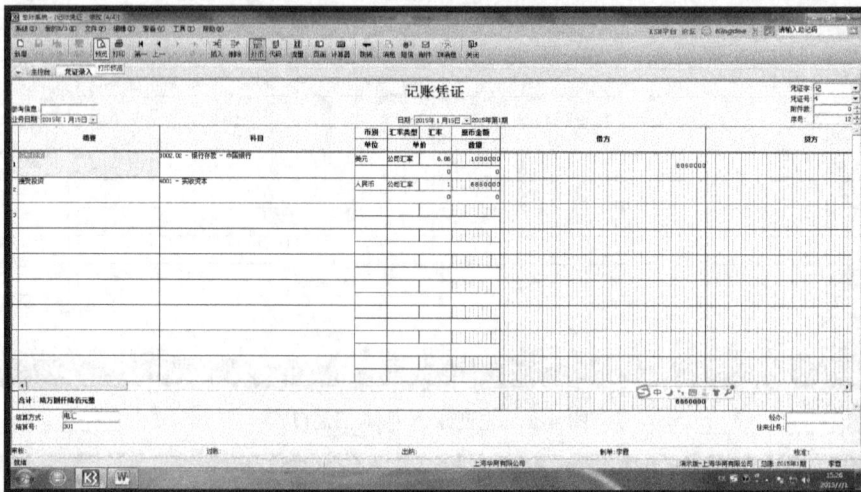

图 4-5　凭证录入基本信息(4)

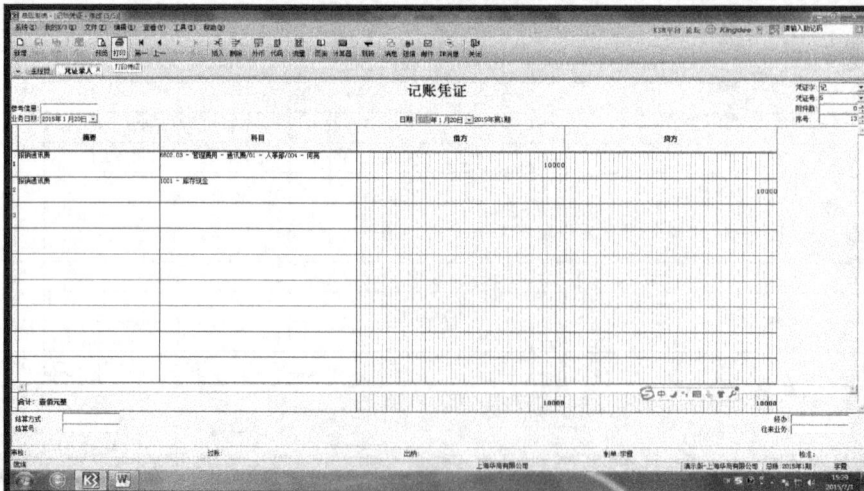

图 4-6　凭证录入基本信息(5)

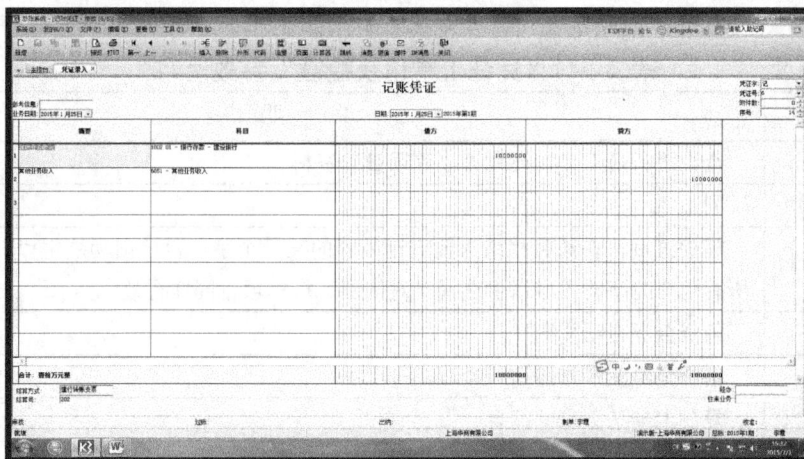

图 4-7　凭证录入基本信息(6)

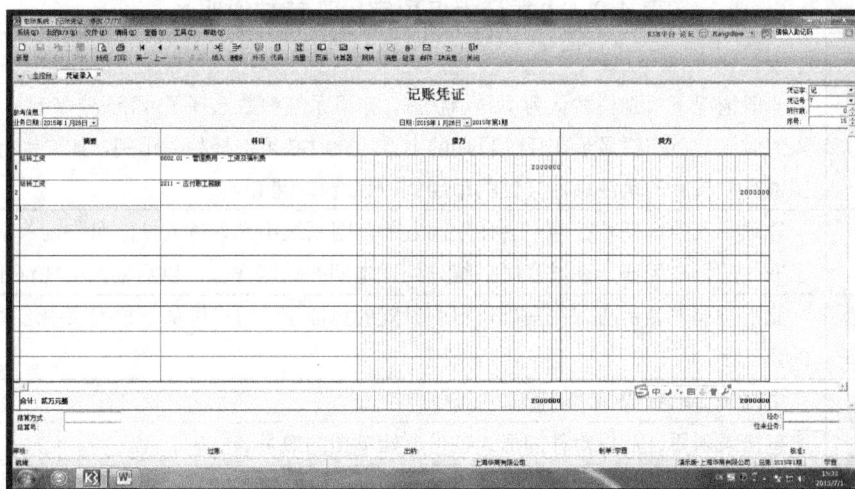

图 4-8　凭证录入基本信息(7)

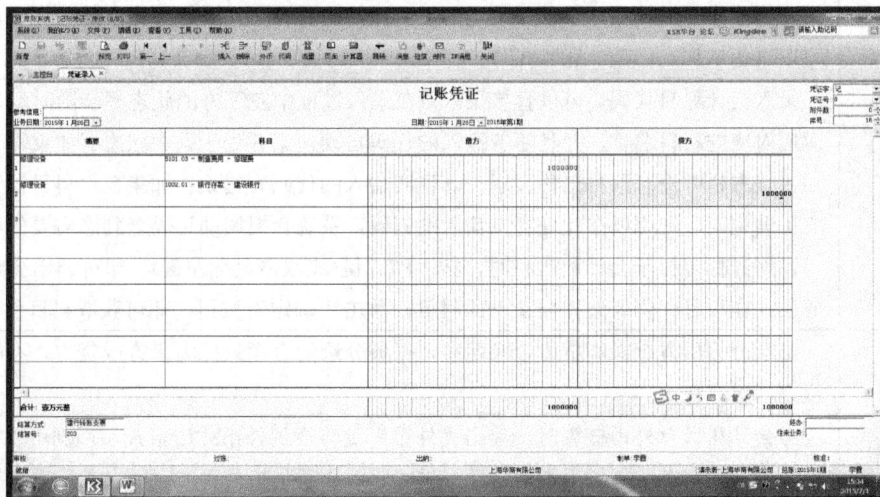

图 4-9　凭证录入基本信息(8)

"凭证录入"的参数说明如表 4-2～表 4-4 所示。

表 4-2　"凭证上常用快捷键"参数说明

功　能	说　明
F7	查询"科目"、"摘要"、"核算项目"资料
双击鼠标左键	同上
F9	模糊查询,在科目栏录入要查询内容的某一个字,再单击功能键"F9"系统显示所有包含此字的内容以供选择。对摘要、核算项目同样有效
Ctrl+F7	借贷金额自动平衡
空格键	借贷金额变换方向
··	复制上一条分录的摘要
//	复制此张凭证第一条分录的摘要

表 4-3　"凭证上各项字段"参数说明

字　段	说　明
币别	一般情况下币别栏默认为不显示状态。如果系统参数选择了<凭证分账制>,在凭证录入的时候,币别栏显示在凭证日期的上方,此时必须选择相关币别,如"银行存款—中国银行"核算的是港币,凭证的币别就应该选择<港币>
日期	凭证录入的日期若在当前会计期间之前,则系统不允许输入;但允许输入本期以后任意期间的记账凭证,在过账时系统只处理本期的记账凭证,以后期间的凭证不作处理
凭证字	此下拉列表显示所有在基础资料中设置的凭证字。用户可从下拉列表中选择用户需要的凭证字
凭证号	由系统自动生成
附件数	直接录入凭证后以附件的形式备份原始单据的数量
摘要	对凭证分录的文字解释,可以直接录入,也可以用"F7"键到摘要库中读取。系统提供了摘要库的功能,在凭证录入界面,将光标移动到摘要栏,按"F7"键,可以选择已录入摘要库中的摘要,单击"确定"按钮后,摘要会自动添入到当前的凭证中。摘要库可以进行增加、修改、删除操作
科目	录入会计科目代码。可以直接录入,在录入过程中左下方的状态栏会随时动态提示代码所对应的科目名称,并且随着输入的代码自动检索并处于选中状态。如果输入完代码后,状态栏中没有科目名称显示,则说明输入的代码有错误;如果在"科目设置"中定义了助记码,则可以在此处直接输入助记码,系统会根据助记码查到您需要的科目,也可以将光标定位于会计科目栏时,按"F7"键(或双击鼠标左键),即可调出会计科目代码表。在科目代码表选择要录入的科目,单击"确定"按钮,即可获取科目代码
金额	金额分为借方金额和贷方金额两栏,每条分录的金额只能为借方或贷方,不能在借贷双方同时存在
币别、汇率、原币金额	当会计科目有外币核算时,单击"外币"键转换到外币凭证格式。币别可以按"F7"键查询,汇率在选择了币别后自动提供。原币金额是指外币的金额,录入后系统根据外币汇率×原币金额得出本位币的金额

续表

字　段	说　明
单位、单价和数量	当会计科目要进行数量金额核算时。系统会自动弹出数量格式让用户录入。单位系统会根据会计科目属性中提供的内容自动出现，用户只要录入单价和金额即可。系统会检验数量与单价的乘积是否与原币金额相等，如不相等，系统会提示是否继续
往来业务	对选择了核算往来业务的会计科目，录入往来业务的编码可直接手工输入或按"F7"键调出往来信息供选择
结算方式、结算号	银行存款的结算方式和结算单据的号码，用户可以录入也可以不录入
经办	可以直接将经办人的姓名写在凭证上

表4-4　"凭证上的功能"参数说明

功　能	说　明
新增	用于新增凭证
保存	用于保存录入的凭证内容
还原	发现凭证录入错误，可以单击该按钮将凭证内容全部删除
插入	插入凭证中的某一条分录
删除	删除凭证中的某一条分录
外币	用于切换记账凭证的输入格式。系统提供了两种记账凭证输入查看格式：一种是一般格式，一种是外币格式，系统默认为一般输入格式，在一般格式中不显示录入凭证的外币原币及汇率数据，如果要查看全部凭证中的外币汇率及原币数据，可用此功能转换成外币格式查看，如果科目是数量金额核算科目，单击外币则显示计量单位及数量单价
代码	查询功能，按"F7"键也可。用于查询系统提供的各种资料和参数，在凭证录入时可以查询"摘要"、"会计科目"和各种"核算项目"
流量	针对科目属性中指定为现金类科目或现金等价物的会计科目，可以在此定义其现金流量内容，是做现金流量表的一种方法

【温馨提示】

金蝶 K/3 系统提供了摘要的快速复制功能，当录入完第一条摘要之后，将光标移到下一条摘要处，输入".."即可复制上一条摘要，输入"//"则可复制第一条摘要。

2. 凭证修改与删除

凭证查询提供了十分丰富的凭证处理功能，凭证的修改与删除必须在"凭证查询"中进行。

【操作向导】

选择"财务会计"→"总账"→"凭证处理"→"凭证查询"命令，进入"会计分录序时簿"窗口。将光标定位于要修改的凭证上，单击工具条中的"修改"按钮，系统会显示记账凭证修改界面，修改后重新保存即可，其操作方法与凭证录入相似。选中要删除的凭证，单击工具条中"删除"按钮可以删除此凭证，如图4-10所示。

图 4-10　会计分录序时簿

【温馨提示】

已审核的凭证不可修改和删除，只有取消审核后方可进行该凭证的修改或删除操作。

【说明与分析】

(1) 在编辑菜单中增加"凭证整理"功能，对未审核未过账的凭证可以重新填补断号，并按照时间顺序进行排序，已打印的凭证可能需要重新打印。此操作不可逆，需要慎重使用。

(2) 进入凭证序时簿时系统提供过滤窗口，提供"条件"、"排序"、"方式"等标签页，用户可以录入适当的过滤条件，过滤出需要查找的凭证，如图 4-11、图 4-12 所示。并且可以将某种常用的条件保存为"另存为"，设置为方案，方便今后的查找。例如：分别在"字段"、"比较"、"比较值"中选择"会计科目"、"="、"1001 现金"保存为"另存为"，名称为"现金类凭证"，确定之后即可以查询出凭证中包括现金类的凭证。

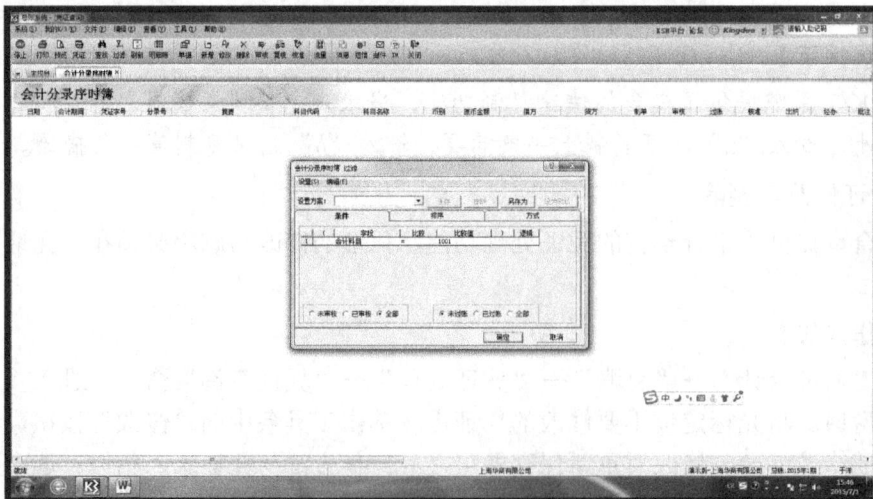

图 4-11　会计分录序时簿过滤条件

图 4-12　会计分录序时簿

3. 凭证审核

1) 审核凭证

凭证审核是对录入凭证正确性的审查。凭证审核分为"审核"、"成批审核"两种。

【任务 4-1-2】

使用"于洋"用户登录系统，审核所有凭证。

【操作向导】

(1) 在"会计分录序时簿"中将光标定位于需要审核的凭证上，然后单击工具条中的"审核"按钮，系统即进入记账凭证窗口，在此窗口审核人员可以对记账凭证进行检查，然后单击工具条中的"审核"按钮或按"F3"键即表示审核通过，系统会在审核人处签章。

(2) 选择"编辑"→"成批审核"命令，选择"审核未审核的凭证"，则会将会计序时簿中所有凭证成批审核(也可选择对已审核的凭证成批反审核)，如图 4-13、图 4-14 所示。

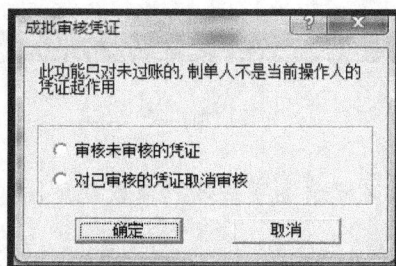

图 4-13　成批审核凭证

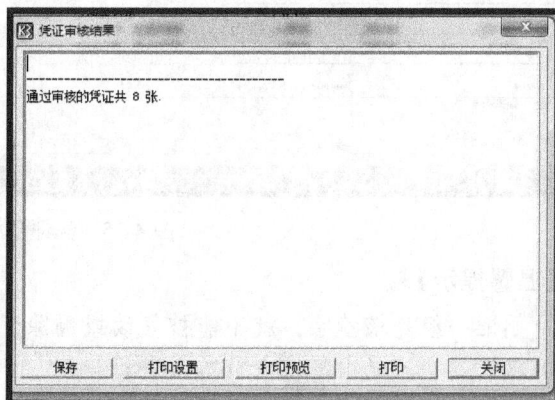

图 4-14　审核凭证结果

【温馨提示】

① 审核人与制单人不可为同一操作员，否则系统拒绝审核签章。

② 取消签字只能由审核人员本人进行。

③ 凭证一经签字，就不能被修改或删除，只有取消签字后方可修改或删除。

④ 如果记账凭证已经审核，执行同样步骤，在凭证审核界面下单击"审核"按钮后会消除原审核签章。

2) 出纳复核(出纳签字)

出纳人员可通过出纳签字功能对制单员填制的带有现金、银行存款科目的凭证进行检查核对，主要核对出纳凭证中出纳科目的金额是否正确，审查认为错误或有异议的凭证，应交由填制人员修改后再核对。

【任务 4-1-3】

使用"李霞"用户登录系统，对总账中带有现金、银行存款科目的凭证进行出纳复核。

【操作向导】

(1) 在"会计分录序时簿"中将光标定位于需要复核的凭证上，然后单击工具条中的"复核"按钮，系统即进入记账凭证窗口，如图 4-15 所示。

(2) 在此窗口复核人员可以对记账凭证进行检查，然后单击工具条中的"复核"按钮，即表示复核通过，系统会在复核人处签章。

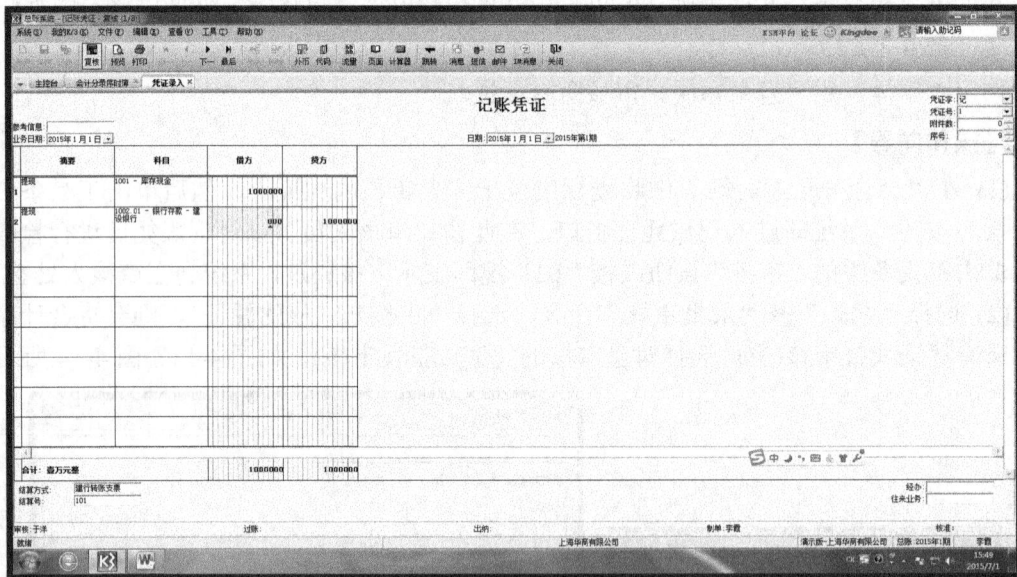

图 4-15　凭证复核

【温馨提示】

① 凭证一经复核签字，就不能被修改或删除，只有取消签字后才可修改或删除。

② 取消签字只能由复核人员本人进行。

③ 若想对已复核签字的凭证取消签字，单击工具条中的"复核"按钮即可。

④ 只需对总账中带有现金、银行存款科目的凭证进行出纳复核。

4. 凭证过账

凭证过账就是对系统中已录入的记账凭证根据其会计科目登记到相关账簿中的过程。经过记账的凭证以后将不再允许修改，只能采取补充凭证或红字冲销凭证的方式进行更正。因此，在过账前应该对记账凭证的内容仔细审核。

凭证过账是一项十分简单的操作，用户可以在过账向导的带领下，轻松地完成过账操作。用户可以在"凭证查询"的"编辑"菜单中选择"过账"、"全部过账"和"全部反过账"命令来操作，也可以用凭证过账向导完成。

【任务 4-1-4】

"于洋"用户对已审核的凭证进行过账。

【操作向导】

(1) 选择"财务会计"→"总账"→"凭证过账"命令，执行"开始过账"命令，如图 4-16 所示。

(2) 及时查看系统提供的关于过账信息的报告，关闭即可，如图 4-17 所示。

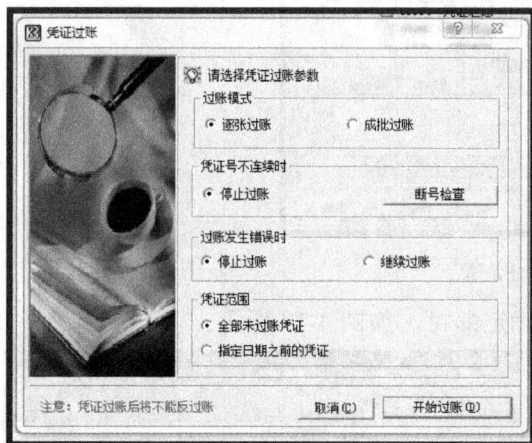

图 4-16　凭证过账

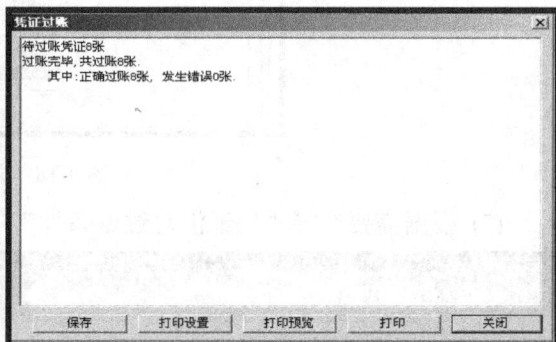

图 4-17　凭证过账报告

【说明与分析】

(1) 过账后的凭证如果有误，可通过"冲销"功能进行红冲，然后再录入一张正确的凭证。只有已过账的凭证才能应用"冲销"。

(2) 在凭证过账参数中，用户如果选择在凭证号不连续或过账发生错误时"停止过账"，则系统会对所有记账凭证的凭证号和错误进行检查，一旦发现断号和过账错误，系统会给出错误提示信息，并中止过账。如果用户选择"继续过账"，则系统发现断号和过账错误后并不停止，只是在"过账信息"对话框中提示错误信息。过账时用户也可以根据自身的需要指定过账范围。

【温馨提示】

第一次过账时，若期初余额试算不平衡不可过账；有不平衡凭证时不可过账；若上月未过账，则本月不可过账；若上月未结账，则本月不可过账。

5. 凭证汇总

凭证汇总就是将记账凭证按照指定的范围和条件汇总科目的借贷方发生额。按不同条件对会计凭证进行汇总，可以提供各种所需的科目汇总信息。

【任务 4-1-5】

"李霞"对已经制作的凭证作凭证汇总表。

【操作向导】

(1) 选择"财务会计"→"总账"→"凭证处理"→"凭证汇总"命令，如图 4-18 所示。

图 4-18　凭证汇总

(2) 根据需要选择"凭证汇总过滤条件"，确定即可，如图 4-19 所示。

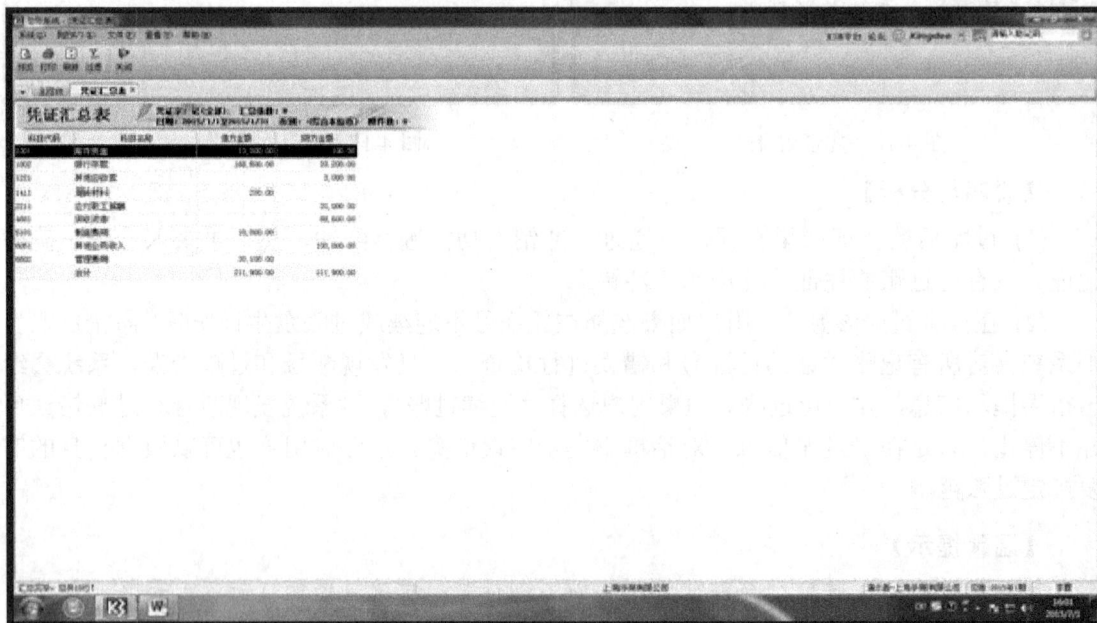

图 4-19　凭证汇总结果

【温馨提示】

① 凭证汇总可以选择"科目级别"、"凭证字范围"、"币别"等为过滤条件，并可以设置保存为一种过滤方案，方便今后使用。

② 有外币业务的用户在凭证汇总中注意选择"综合本位币"。

6. 模式凭证

为方便用户重复录入，系统提供模式凭证功能，将常用凭证保存为模式凭证，以后在录入凭证时调用。

【任务 4-1-6】

对"记 1"提现凭证制作模式凭证，并调用模式凭证制作新的记账凭证。

【操作向导】

(1) 选择"财务会计"→"总账"→"凭证查询"命令，以查询方式打开"记 1"凭证，然后执行"文件"→"保存模式凭证" 菜单命令，如图 4-20 所示。

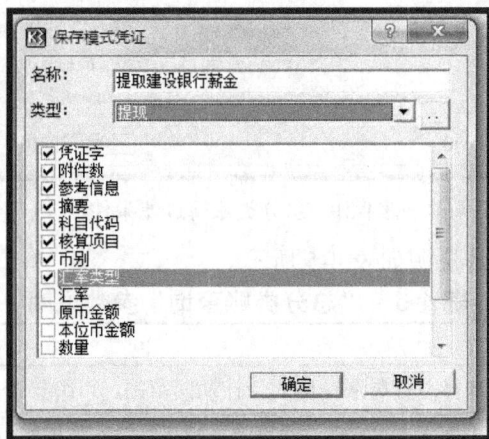

图 4-20　保存模式凭证

(2) 在保存模式凭证时注意设置模式凭证的类型。

(3) 新增空白凭证，选择"文件"→"调用模式凭证" 菜单命令，修改金额保存凭证即可。

子任务二　常用账簿

会计账簿是以会计凭证为依据，对全部的经济业务进行全面、系统、连续、分类地记录和核算，并按照专门的格式以一定的形式把账页联接在一起所组成的簿籍。

K/3 系统提供总分类账、明细分类账、多栏账、核算项目分类总账、数量金额总账、数量金额明细账中的有关数据资料及各类账簿的有关本位币、各种外币以及综合本位币的发生额和余额数据的查询。

1. 总分类账

总分类账查询功能可用于查询总分类账的账务数据，查询总账科目的本期借方发生额、本期贷方发生额、本年借方累计、本年贷方累计、期初余额和期末余额等项目总账数据。

下面主要讲述总分类账簿的设置和查看。

【任务 4-2-1】

查看上海华商有限公司 2015 年第 1 期所有科目总分类账簿。

【操作向导】

(1) 选择"财务会计"→"总账"→"账簿"→"总分类账"命令，进入总分类账簿过滤条件窗口。在窗口中选择需要查询的会计期间和其他过滤条件，如图 4-21 所示。

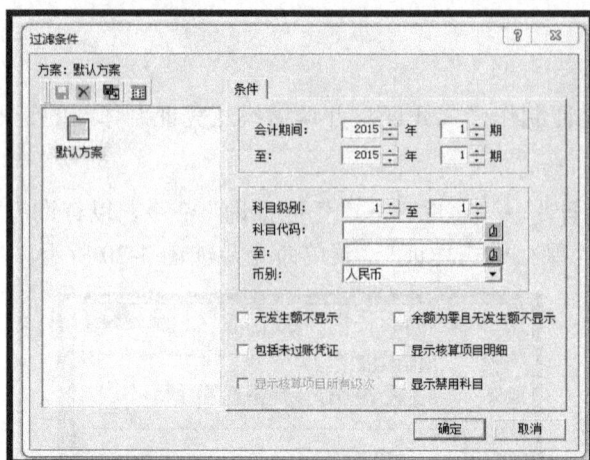

图 4-21　总分类账簿过滤条件

"总分类账查询"参数说明如表 4-5 所示。

表 4-5　"总分类账查询"参数说明

数据项	说　　明
会计期间	选择总分类账输出的会计期间范围，可跨年跨期查询
科目级别	选择要查询到哪一级别会计科目的总账数据，可选择明细科目和非明细科目
科目代码	查询总分类账时科目代码的起止范围
币别	在这个选项中可以选择不同的币别输出总账数据，系统提供了本位币、外币、综合本位币、所有币别多栏式选项。综合本位币是指所有币别都折合为本位币后的数据的合计值。所有币别多栏式是指各种币别分别显示
无发生额不显示	如果在选定的区间范围内，某科目无发生额，系统不予显示
余额为零且无发生额不显示	如果在选定的区间范围内，某科目无发生额并且余额为零，系统不予显示
包括未过账凭证	若选择此项，则在输出总账时，金额包括未过账的凭证
显示核算项目明细	在显示科目信息的同时，显示科目下设置的核算项目明细项目的总分类账的查询信息
显示核算项目所有级次	该选项需在选项<显示核算项目明细>选中的基础上才可使用，显示核算项目的所有级次，并进行各级次的汇总。仅支持单核算项目
显示禁用科目	显示禁用科目。单独查询禁用科目时，需手工录入禁用科目代码查询，按"F7"键不显示禁用科目

(2) 选择过滤条件，单击"确定"按钮，进入查看总分类账的界面，如图 4-22 所示。

图 4-22　总分类账簿

【说明与分析】

(1) "一体化查询"：在总分类账查看界面双击任意一条记录，将进入该科目的明细分类账查看界面，单击"工具栏"中的"关闭"按钮将返回到总分类账查看界面。或者单击"工具栏"中的"明细账"按钮也将进入明细分类账查看界面，在明细账的查看界面中双击任意一条记录，可以查询到该业务凭证。

(2) 在分类账查看界面，选择"文件"→"引出"命令，进入"引出'总分类账'"对话框，如图 4-23 所示。选择需要引出的文件格式，此案例中为"MS Excel 97-2002(*.xls)"，单击"确定"按钮。系统提示输入需要保存的文件位置和名称，并在随后弹出的对话框中单击"确定"按钮，系统提示："成功导出'总分类账'"。

(3) 系统不仅可以引出总账，其他的账表均有此项功能，并且可以引出多种数据类型，如图 4-24 所示。

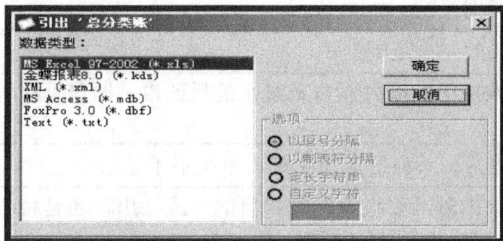

图 4-23　账簿引出

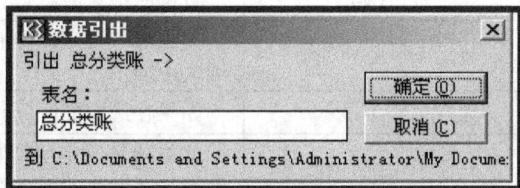

图 4-24　成功引出

2. 明细分类账

明细分类账查询功能用于查询各科目的明细分类账账务数据，在这里可以输出现金日记账、银行存款日记账和其他各科目的三栏式明细账的账务明细数据，还可以按照各种币别输出某一币别的明细账，同时还提供了按非明细科目输出明细分类账的功能。

【操作向导】

(1) 选择"财务会计"→"总账"→"账簿"→"明细分类账"命令，进入过滤条件对话框，选择需要查询的会计期间和其他条件，如图 4-25 所示。

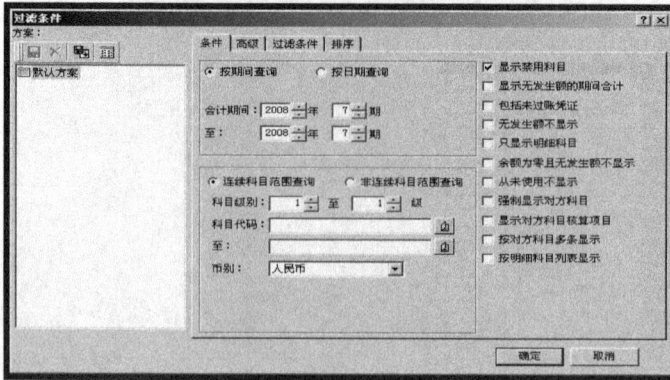

图 4-25　科目范围查询条件

(2) 输入条件范围之后，单击"确定"按钮，系统即按所选条件生成明细分类账。

"明细分类账"查询参数说明如表 4-6、表 4-7 所示。

表 4-6　"明细分类账"查询参数说明

数据项	说　　明
会计期间	选择明细分类账输出的会计期间范围，可跨年查询
日期	选择明细分类账的自然日期，可输入开始日期和结算日期，确定查询区间
币别	选择输出哪一种币别的明细分类账数据，在这里除可以选择已设定好的各种币别之外，系统还提供了"综合本位币"及"所有币别多栏账"选项。"综合本位币"输出的明细账是将该科目的外币换算成综合本位币的形式显示出来，"所有币别多栏账"输出的明细账是将该科目以所有币别多栏账的形式表现出来
连续科目范围查询	科目代码只能选择连续的会计科目范围
非连续科目范围查询	科目代码中可以选择非连续的科目范围，非连续的科目代码之间请用"，"隔开，连续的科目代码则用"—"连接
科目级别	显示的明细账包含的级别范围
科目代码	查询明细账时科目代码的起止范围
包括未过账凭证	如果选取此项，则在输出明细账时，将未过账的凭证也一同包含在明细账中输出
无发生额不显示	如果在选定的区间范围内，某科目无发生额，系统不予显示
只显示明细科目	此选项是确定明细账输出时，要按照明细科目的方式输出，还是将明细科目中发生的业务全部在一级科目下反映
余额为零且无发生额不显示	如果在选定的区间范围内，某科目余额为零且无发生额，系统不予显示
从未使用不显示	指该科目自启用后未发生任何业务，则系统不予显示
强制显示对方科目	在明细账中显示对方科目的信息
按对方科目多条显示	对方科目有多条记录，则多条显示
显示对方科目核算项目	如果显示了对方科目，且该对方科目下设了核算项目，则将对方科目的核算项目也显示出来
按明细科目列表显示	可以将科目下属的所有明细科目以列表的形式显示。该选项与"高级"标签页的"显示核算项目所有级次"选项互斥

表 4-7 "高级条件设置"参数说明

数据项	说 明
显示业务日期	选择该选项，则在明细分类账显示时，将各凭证的业务日期显示出来
显示凭证业务信息	选择该选项，则在明细分类账显示时，将各凭证的业务信息显示出来
显示核算项目明细	选择该选项，如果科目下挂核算项目，则将显示该科目和科目下核算项目的明细账
单核算项目过滤条件	在<项目类别>中选择某一项目类别，则将在基本设置中设置的科目范围中显示该核算项目的科目明细账，且将核算项目也显示出来。<项目类别>中显示的类别为基本设置中设置的科目范围中所挂核算项目的集合。如：应收账款下挂客户、部门、职员，应付账款下挂供应商，查询明细账时科目范围选择"应收账款或应付账款"，则在<项目类别>下拉框中显示：客户、部门、职员、供应商和所有类别多核算
显示核算项目所有级次	在"显示核算项目明细"选中的基础上才可使用显示核算项目的所有级次，并进行各级次的汇总，仅支持单核算项目。该选项与基本条件页签的"按明细科目列表显示"互斥
显示无发生额的期间合计	显示没有发生额期间的本期合计与本年累计数，提供完整的明细账
显示禁用科目	单独查询禁用科目时，需手工录入禁用科目代码，按"F7"键不显示禁用科目

【说明与分析】

(1) 在过滤条件中系统设置了"条件"、"高级"、"过滤条件"、"排序"等标签页，可以进行多种条件的设置，并且可以保存为常用方案。

(2) 在过滤条件设置中，系统可以按照"摘要"、"凭证字"、"凭证号"等字段实现对明细账的过滤，具体的操作方法和使用意义同凭证查询一样。

(3) 排序条件设置。在明细账中可以按各种排序字段来进行排序，排序方式中可以选择排序的方式，是升序还是降序。

(4) 在明细账查看界面可以单击工具栏中的"第一"、"上一"、"下一"和"最后"按钮实现记录的移动，也可以单击"跳转"按钮实现各会计科目之间的跳转。

(5) 在明细账中单击"总账"按钮查看总分类账，单击"凭证"按钮查看该明细账对应的会计凭证。

3. 数量金额总账和数量金额明细账

数量金额总账用于查询设置为数量金额核算科目的"期初结存"、"本期收入"、"本期发出"、"本年累计发出"以及"期末结存"的数量单价及金额数据。

数量金额明细账用于查询下设数量金额的辅助核算科目的明细账务数据，包括"收入"、"发出"、"结存"的"数量"、"单价"、"金额"各项数据。

【操作向导】

选择"财务会计"→"总账"→"账簿"→"数量金额总账/数量金额明细账"命令，进入"数量金额总账"对话框，进行查询条件的设置并进行相应的查询。

4. 多栏账

为满足财会日常工作的需要，便于对明细科目的综合查询，系统提供了多栏账功能，在界面上可以同时显示下设所有明细科目或核算科目的发生数据，由于每个用户使用的多栏账都不尽一致，系统无法预设多栏账的格式，因此，多栏账只能由用户自己生成。系统为用户提供了十分方便的多栏格式生成器。

【任务 4-2-2】

设置上海华商有限公司 2015 年 1 月"管理费用"多栏账。

【操作向导】

(1) 选择"财务会计"→"总账"→"账簿"→"多栏账"命令，在弹出的窗口中单击"设计"按钮，如图 4-26 所示。

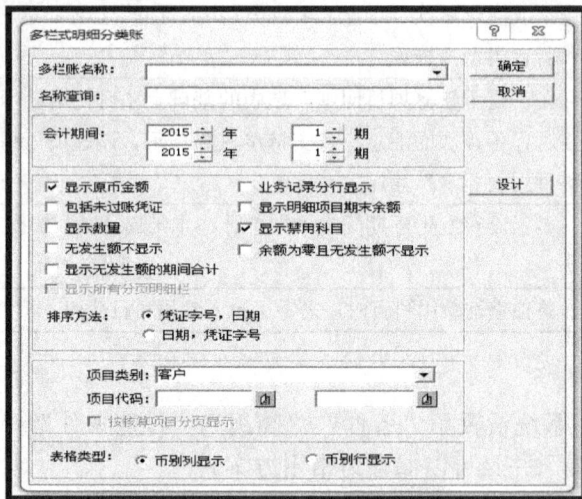

图 4-26　多栏账过滤条件

(2) 在弹出的"多栏式明细账定义"界面选择"编辑"标签页对多栏账进行设计。首先单击"新增"按钮，在"会计科目"栏中选择"管理费用"，单击"自动编排"按钮，"保存"并结束多栏账设置，如图 4-27 所示。

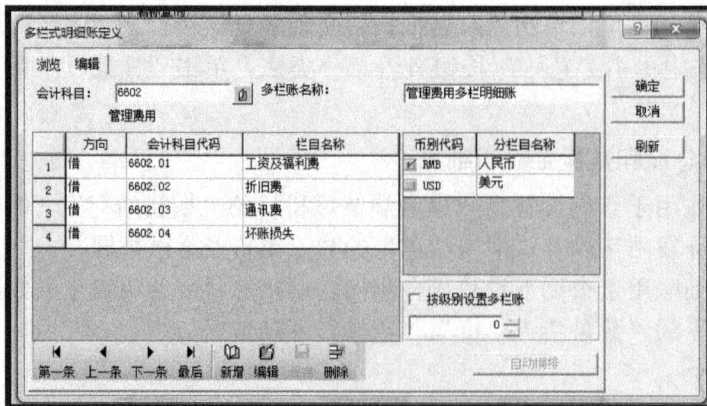

图 4-27　多栏账设计界面

(3) 在多栏账选择界面选择刚定义完毕的"管理费用多栏明细账"，单击"确定"按钮，进入多栏账查看界面，如图 4-28 所示。

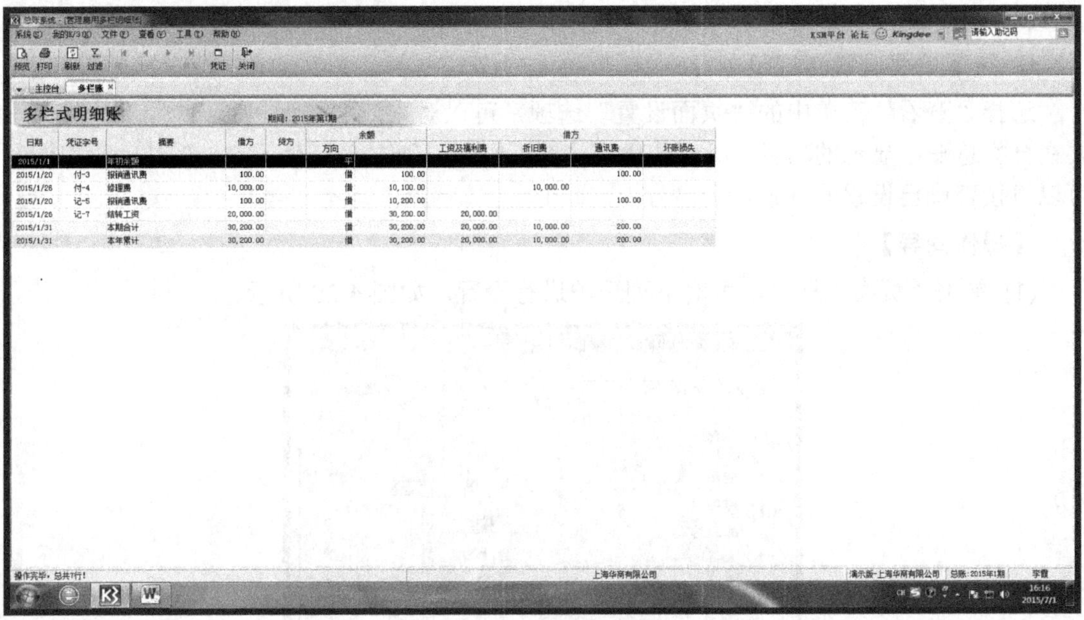

图 4-28　多栏账簿

【任务 4-2-3】

设置上海华商有限公司 2015 年 1 月的通讯费——职员多栏账(管理费用)。

【操作向导】

(1) 在"多栏式明细账定义"界面选择"编辑"标签页对多栏账进行设计。再单击该界面中的"新增"按钮，在"会计科目"栏中选择"管理费用"→"通讯费"，在核算项目类别栏选择"职员"，单击右下角的"自动编排"按钮。

(2) 单击"保存"按钮，结束多栏账设置。在多栏账选择界面选择刚定义完毕的"通讯费多栏明细账"，单击"确定"按钮，进入多栏账查看界面。

5. 核算项目分类总账和核算项目明细账

核算项目在总账系统中具有十分独特和灵活的作用，它可以作为明细科目进行管理，同时它可以在多个科目中存在。为了加强管理，提高对项目的利用率，系统提供了核算项目账务输出处理。核算项目分类总账以核算项目为依据，全面反映核算项目所涉及科目中的借、贷方发生额及余额数据。

核算项目明细账经常用于进行分类汇总后的明细查询，有利于企业了解核算项目的明细情况，有利于决策和业绩的考核。核算项目明细账支持同一核算项目对应的所有科目在同一账簿中显示，过滤条件中的科目范围可以多选，如果不选则表示全部。在过滤条件中选择了核算项目后，如果不选择科目范围，在核算项目明细账将显示此核算项目对应的所有明细科目所选查询期间的明细发生情况，并可以显示所有科目的合计数。科目范围选择时，多个科目之间用"，"隔开。

【操作向导】

(1) 选择"财务会计"→"总账"→"账簿"→"核算项目分类总账/核算项目明细账"。

(2) 该界面的操作与总分类账的操作非常相似，这里不再赘述。

6. 账簿页面设置和打印

选择"查看"菜单中的"页面设置"选项，可以对账簿的页面进行设置，设置每个需要在分类总账中显示的项目，所有的操作，都可作为一种方案保存下来，在以后的工作中，可以直接查询已设置的方案。

【操作向导】

(1) 单击"页面"标签，可对下列选项进行设置，如图 4-29 所示。

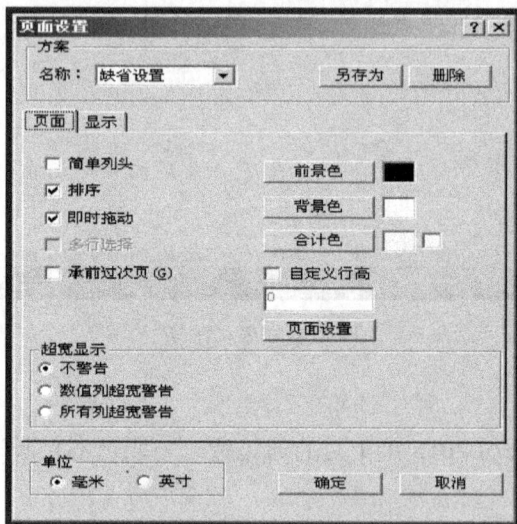

图 4-29　账簿页面调置

"账簿页面设置"和"打印"参数说明如表 4-8、表 4-9 所示。

表 4-8　"账簿页面设置"和"打印"参数说明 1

数据项	说　　明
名称	方案名称
简单列头	报表的列头同报表内容一样，否则以三维阴影显示
排序	可以对选定的列进行即时排序，目前账簿不支持此功能
即时拖动	将光标定位于列头，按住鼠标左键，可以将整列数据从当前位置拖动到其他位置
多行选择	打印或预览的时候，用户可以像使用 Excel 一样，选定几行进行打印，否则，全部打印
承前过次页	打印的账页显示"承前页"和"过次页"字样。
超宽显示	单元格内的数据超过规定的列宽，"不警告"则正常显示能够显示的数据和汉字，否则以"####"显示。
前景色	定义显示数据的前景色。
背景色	定义显示数据的背景色。
显示单位	系统提供两种显示单位，一是英寸，二是毫米。

(2) 选择"显示"标签，可对下列选项进行设置，如图 4-30 所示。

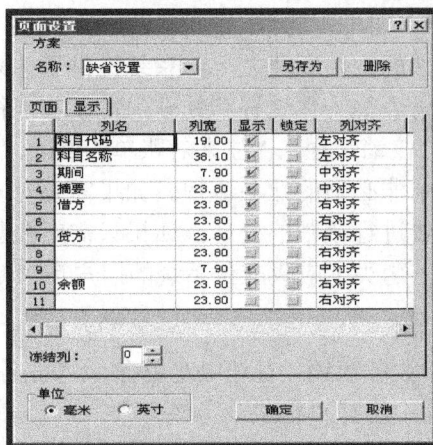

图 4-30 账簿显示内容设置

表 4-9 "账簿页面设置"和"打印"参数说明 2

数据项	说 明
列宽	显示指定字段列的宽度
显示	定义是否显示
锁定	锁定每列的位置，不允许更改宽度及相对位置
列对齐	定义列对齐方式，有左对齐、右对齐、居中三种方式可供选择
承前/过次页	显示承前页和过次页
负数红字	对于借、贷、余的金额数字为负数时，可以红字显示，否则，借、贷方以负数显示、余额根据科目的借贷方向的反方向显示，如资产类科目余额为负数，则显示为贷方正数
冻结列	为显示和打印之用，冻结列不随版面或纸张的改变而改变

(3) 在"页面"标签页单击"页面设置"按钮，可对下列打印选项进行设置，如图 4-31 所示。

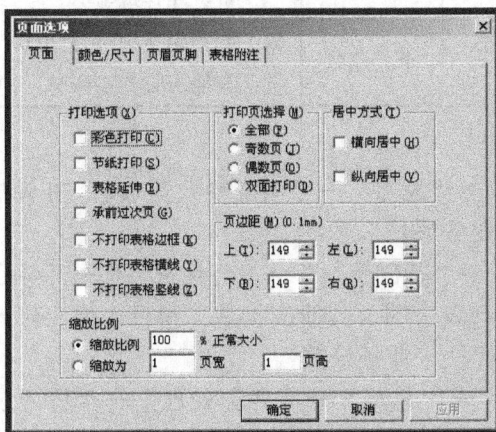

图 4-31 打印选项设置

子任务三　往来核算

往来业务管理是财务管理的重要职能之一，系统提供了往来业务管理的功能。通过设置、核销、对账单、账龄分析表等一体设置和处理，可以实现往来业务的管理。在往来业务管理这一个模块中，分为"核销管理"、"往来对账单"查询、"账龄分析表"这三大部分。其中，核销的业务处理是一个非必须的业务流程。如果需要对一些往来业务的账龄按每笔业务进行精确的计算，则需要进行核销的处理；如果只需对账龄进行一个粗略的计算，则可以不进行往来核销的处理。购买了应收应付系统的用户可以略过此节。

1. 与往来业务相关的设置

(1) 系统参数：启用往来业务核销，往来业务必须录入业务编号。

(2) 科目设置：科目属性中选择"往来业务核算"。

(3) 业务初始化：在总账初始化时可以录入每笔业务的发生额情况、发生时间和业务编号。

(4) 凭证中与核销处理相关的部分：在凭证中可以录入业务发生时间和业务编号。

2. 核销管理

【任务 4-3-1】

张涛曾经借款，已经归还。现再次借款用于备用，公司为规范和管理的必要，启用系统设置："往来业务必须输入业务编号"，今后对每一笔业务必须设置一个编号进行管理，编号原则暂定为"员工号+借款次数"，方便核销操作和准确出具账龄分析表。往来业务如表 4-10 所示。

表 4-10　往　来　业　务

业务描述	日期	凭证号	摘要	会 计 科 目		业务编号
张涛借款 5 000	1.27	9	个人借款	借：其他应收款—张涛 5 000		002
				贷：库存现金　　　　　5 000		
张涛借款 8 000	1.29	10	个人借款	借：其他应收款—张涛 8 000		003
				贷：库存现金　　　　　8 000		
张涛归还 借款 5 000	1.31	11	个人还款	借：库存现金　　　　5 000		002
				贷：其他应收款—张涛 5 000		

【操作向导】

(1) 选择"系统设置"→"总账"→"系统参数"命令，在弹出对话框中选择"总账"，勾选"往来科目必须录入业务编号"。

(2) 选择"系统设置"→"基础资料"→"公共资料"→"科目"命令，在弹出的"基础资料"窗口，选择科目列表中的"其他应收款"科目，弹出修改对话框。检查在科目设置选项页中，确认勾选了"往来业务核算"。

(3) 选择"财务会计"→"总账"→"凭证处理"→"凭证录入"命令，录入案例中的三笔业务，并参考第一节中的凭证业务的操作，将凭证进行审核过账处理。

(4) 选择"财务会计"→"总账"→"往来"→"核销管理"命令，在弹出的"过滤条件"窗口选择筛选条件，必须录入"会计科目"，单击"确定"按钮后，进入核销日志，如图4-32所示。

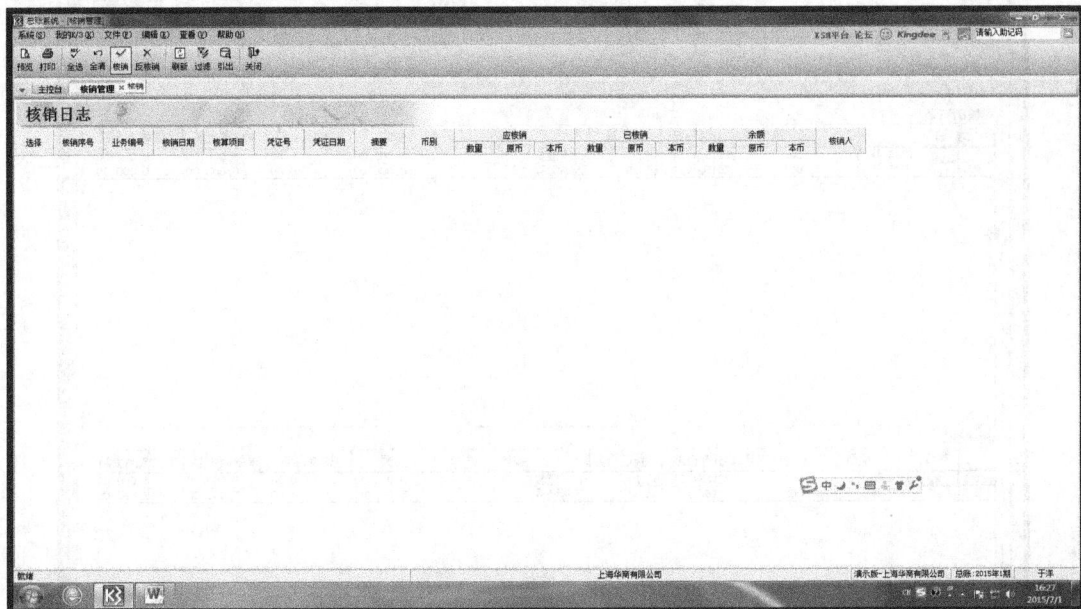

图4-32　核销日志

(5) 单击工具栏中的"核销"按钮进入核销操作界面。在弹出的过滤条件对话框中输入筛选条件，注意选择"业务日期"和"核算类别"，单击"确定"按钮，如图4-33所示。

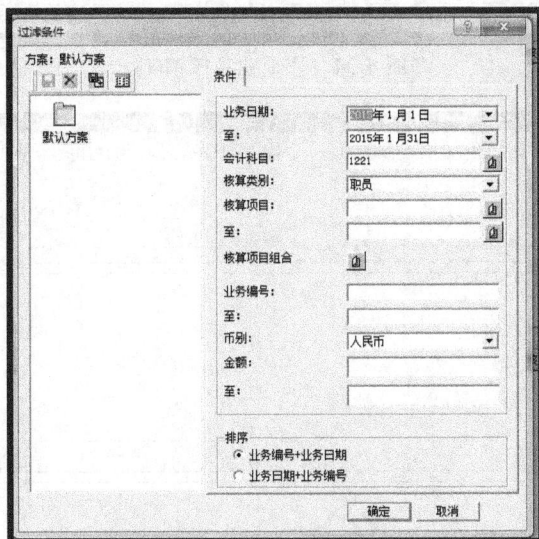

图4-33　核销过滤条件设置

【温馨提示】

这里的"币别"只能选择一种具体的币别，而不能是综合本位币。

(6) 选择待核销记录，单击"核销"按钮实现对业务记录的核销，或者单击"自动"按钮，由系统根据业务编号执行自动核销，如图4-34～图4-36所示。

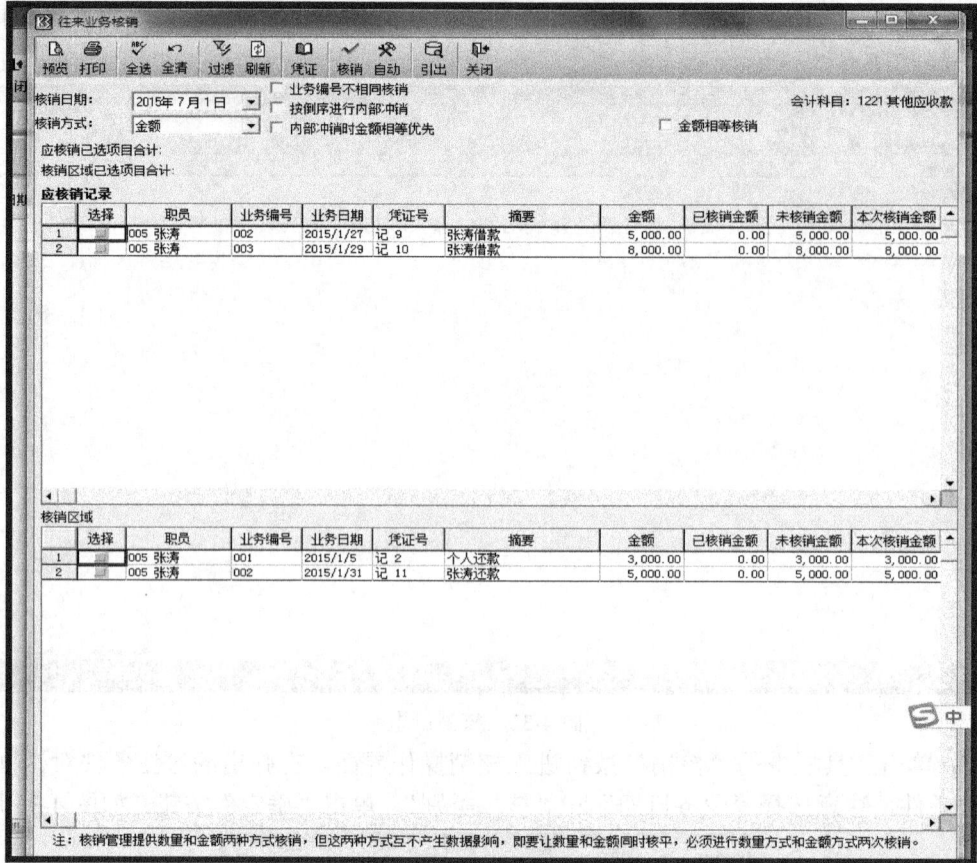

图 4-34 往来业务核销(1)

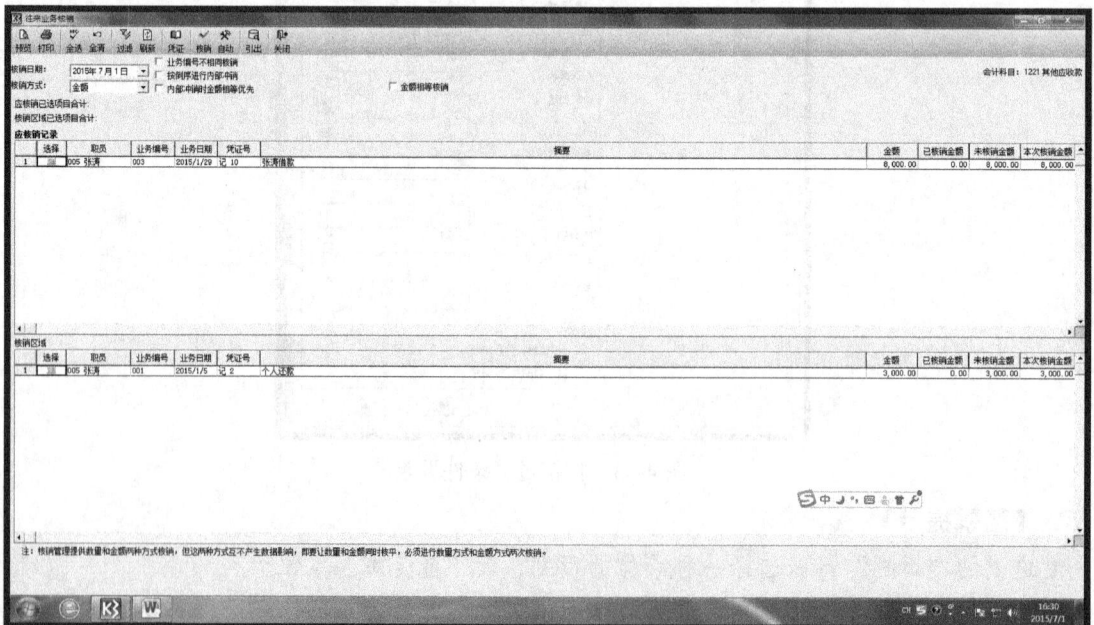

图 4-35 往来业务核销(2)

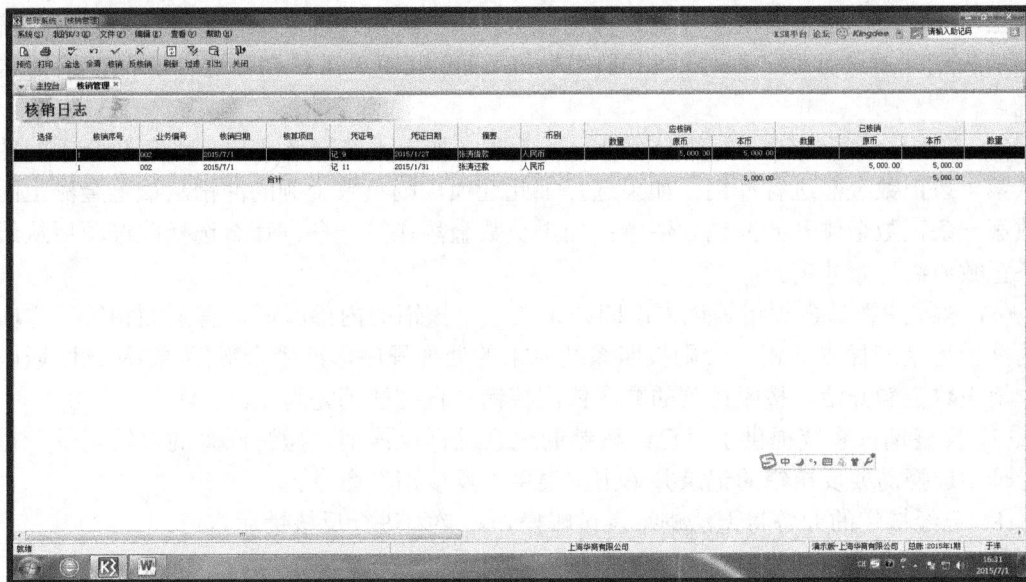

图 4-36 往来业务核销(3)

"核销管理"参数说明如表 4-11 所示。

表 4-11 "核销管理"参数说明

数据项	说 明
业务日期	指业务发生日期,可以选定一个范围,只让业务日期在所设置的范围内
会计科目	指进行往来核算的会计科目
核算类别	指进行往来核算的核算项目的类别,可以是部门、客户、供应商以及职员等,由用户自己确定
核算项目	指定具体的核算项目
业务编号	指定需要核销的业务编号,可以手工录入业务编号的范围,对指定业务编号范围的业务记录进行核销
币别	指定相应的币别,只能是某一个具体的币别,没有<综合币本位币>的选择
金额	指定对某一个金额范围发生的业务进行核销业务处理,需用户手工录入,如果不录入,则系统默认为全部
业务编号+业务日期	先按业务编号排序,再按业务日期排序
业务日期+业务编号	先按业务日期排序,再按业务编号排序

【说明与分析】

(1) 核销的执行分为"手工核销"和"自动核销"。

(2) 在核销时,系统提供同一个方向的发生额,但一正一负的情况,如其他应收款先录入一笔正的发生额 100,而后又录入了一笔负的发生额-50,这两笔发生额都在借方,可以进行核销,同理如果是同在贷方的一正一负的两笔业务也同样可以进行核销。

(3) 在核算项目是多个核算项目的组合时,要核销的两笔记录的核算项目组合,必须在一致的情况下才可以进行核销。

(4) 在核销界面可以选择"业务编号不相同核销",便于用户在确认两笔业务的核销关系。由于此种限制是按时间顺序进行核销，所以用户应慎用该功能，建议先进行业务编号相同的核销，再进行业务编号不相同核销，而且建议用手工核销，这样能保证核销结果精确。

(5) 按倒序进行冲销：内部金额进行冲销时，如果不选择此选项，则负数金额的冲销是从第一条正数金额进行冲销；如果选择了此选项，则负数金额的冲销从该笔金额上面的倒数第一条正数金额开始冲销。注意：如果负数金额在第一条，那么选择此选项后从最后一条正数金额开始冲销。

(6) 内部冲销时金额相等优先：即如果在一个核销的内部区域，有金额相等、方向相反的冲销记录应优先核销。否则按照系统原来的处理程序，冲销金额(负数)从该区域内的第一笔正数金额开始，按照排列的顺序依次核销，直到核销完为止。

(7) 反核销：系统提供了对已经核销的记录进行反核销，撤销原来的核销记录。在核销管理中选择需要反核销的记录并单击主菜单"反核销"命令。

(8) 已经核销的业务将无法进行反过账操作，必须进行反核销后方可。

3. 往来对账单

往来业务管理在企业的财务管理中占有重要的地位，往来业务资料的准确与否直接关系到企业财务工作的各个方面，及时进行往来业务的对账可有效地对往来业务进行管理，系统为用户提供了往来对账的功能，以便进行往来业务的管理。

【操作向导】

选择"财务会计"→"总账"→"往来"→"往来对账单"命令，进入"过滤条件"对话框，选择筛选条件，单击"确定"按钮，系统显示该客户往来情况，如图 4-37 所示。

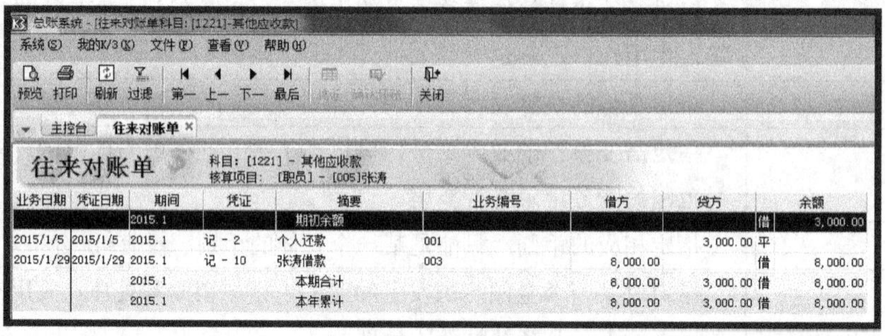

图 4-37　往来对账单

【说明与分析】

(1) 不进行往来业务核销的业务处理也可以查看往来对账单，此时往来对账单的查询同普通的核销项目明细账的查询一样，实际意义不大。

(2) 建议进行往来业务核销的业务处理之后，再查询往来对账单，对往来对账单的查询可以按业务编号进行汇总，以查询出未核销的资料。

4. 确认坏账

系统可以对某项坏账业务进行坏账处理。

【任务 4-3-2】

张涛借款中，编号为 003 的业务共 8000 元，其中 1000 元被确认为坏账。

坏账原因：丢失(1141)；批准人：刘经理；坏账科目代码：1231。

【操作向导】

(1) 选择"财务会计"→"总账"→"往来"→"往来对账单"命令，弹出"过滤条件"对话框，如图 4-38 所示。

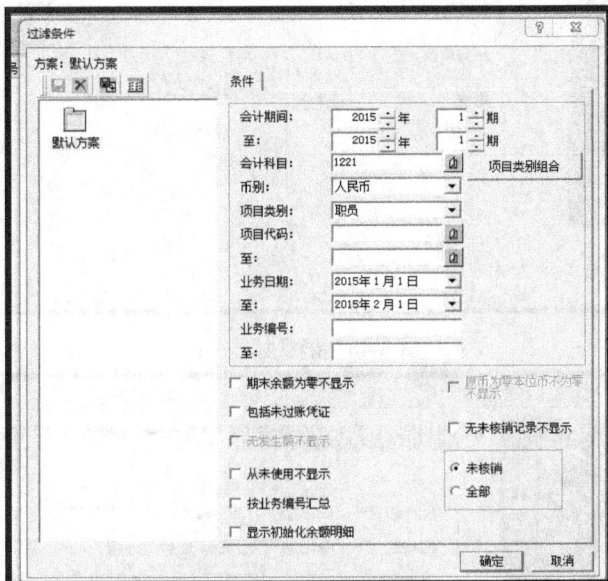

图 4-38　过滤条件

(2) 选择"过滤条件"后，单击"确定"按钮，进入"往来对账单"窗口。在此窗口中选中往来对账单的明细数据，单击"确认坏账"按钮，如图 4-39 所示。

(3) 系统弹出"确认坏账"界面，确认坏账金额、坏账原因、批准人、坏账准备科目等信息后，生成一张确认坏账的凭证，如图 4-40、图 4-41 所示。

图 4-39　往来对账单

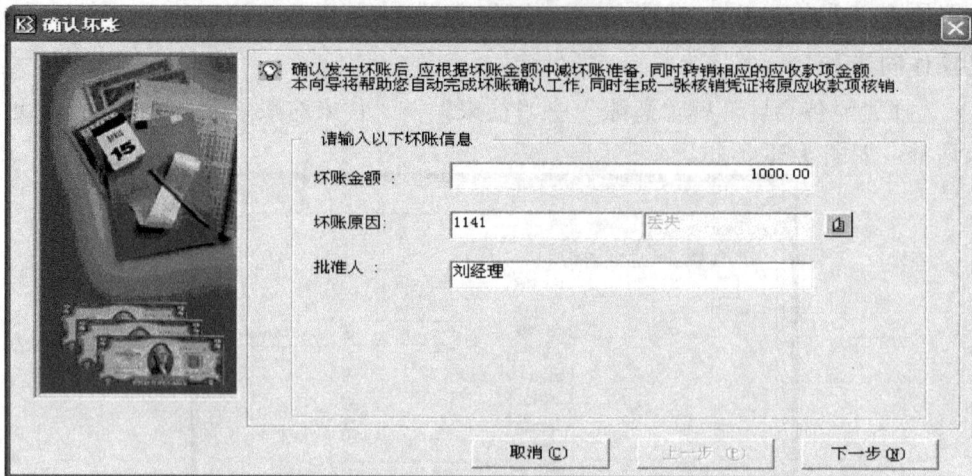

图 4-40　确认坏账(1)

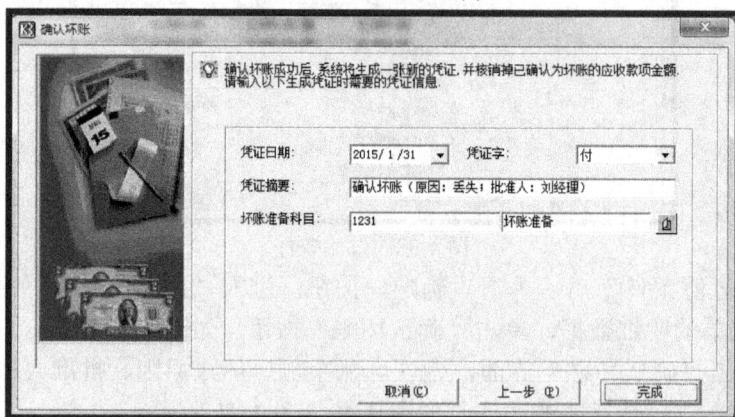

图 4-41　确认坏账(2)

【说明与分析】

可进行坏账确认的前提条件包括：

(1) 系统已经启用往来业务核销；

(2) 选择"未核销"的过滤方式进入往来对账单；

(3) 可进行坏账确认的凭证必须是已经过账的凭证；

(4) 另外，对初始化金额进行坏账确认时，还需在过滤条件中选择"显示初始化余额明细"命令。

系统生成坏账凭证后，在往来对账中自动减少坏账金额。

5. 账龄分析表

账龄分析表主要是用来对往来核算科目的往来款项余额的时间分布进行分析。进行了往来业务核销后，系统可以精确的计算账龄。

【操作向导】

(1) 选择"财务会计"→"总账"→"往来"→"账龄分析表"命令，弹出"过滤条件"对话框，如图 4-42 所示。

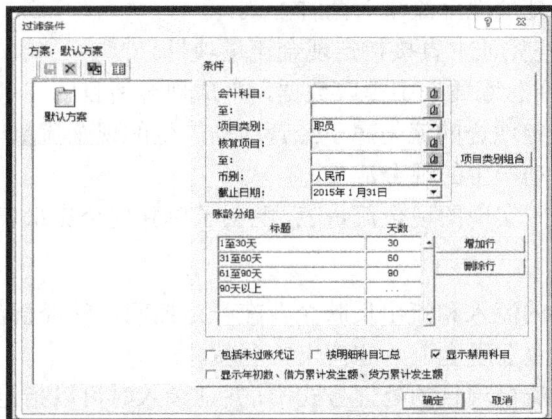

图 4-42 过滤条件

(2) 在过滤条件中选择项目类别,单击"确定"按钮,进入账龄分析表界面,图 4-43 所示。

图 4-43 账龄分析表

【说明与分析】

(1) 在过滤条件中用户可以修改账龄分组的天数。

(2) 双击联查"明细账":在查看菜单下选择"查看明细账",在工具栏上单击"明细账"功能键,可以直接联查到明细账。

(3) 双击联查"往来对账单":单击"对账单"按钮或选择"查看"→"查看往来对账单"菜单命令,可以直接联查到往来对账单。

6. 坏账明细表和坏账统计分析表

坏账明细表主要反映已记录的坏账明细数据,便于用户对坏账发生情况进行查询及统计分析。

坏账统计分析表提供了往来核算项目所有应收的总金额、已经确认的坏账、已经收回来的款项及应收款余额。同时也可以对已经计入的坏账按照坏账原因来进行分析。

子任务四 现金流量

本任务主要介绍如何在总账中进行现金流量表的处理以及进行现金流量处理时需要做哪些设置、附表补充资料的计算原理,帮助用户进行各种资金的处理和分析。

在金蝶 K/3 系统中处理现金流量有两种方式：

(1) 凭证式处理：在凭证中直接指定现金流量项目。

(2) 账户式处理：在总账凭证中提取数据，形成现金科目的 T 型账户，并在 T 型账目中指定现金的流向，确定现金的流是属于经营活动产生的现金流量，投资活动产生的现金流量，还是属于筹资活动产生的现金流量。

本章只讲述在总账中实现的现金流量表，购买了单独现金流量表的客户可以略过本节。

1. 凭证式处理

现金流量表以现金的流入和流出反映企业在一定期间内的经营活动、投资活动和筹资活动的动态情况，反映企业现金流入和流出的全貌。

在凭证中指定现金流量项目的处理方式中，凭证录入时可以指定具体的现金流量项目。凭证录入时，系统会通过现金流量科目的设置来进行判断，提示用户进行现金流量项目的指定。这对录入凭证人员的要求比较高，要求对现金流量的业务处理熟练，否则凭证的录入速度将大大降低，如图 4-44、图 4-45 所示。

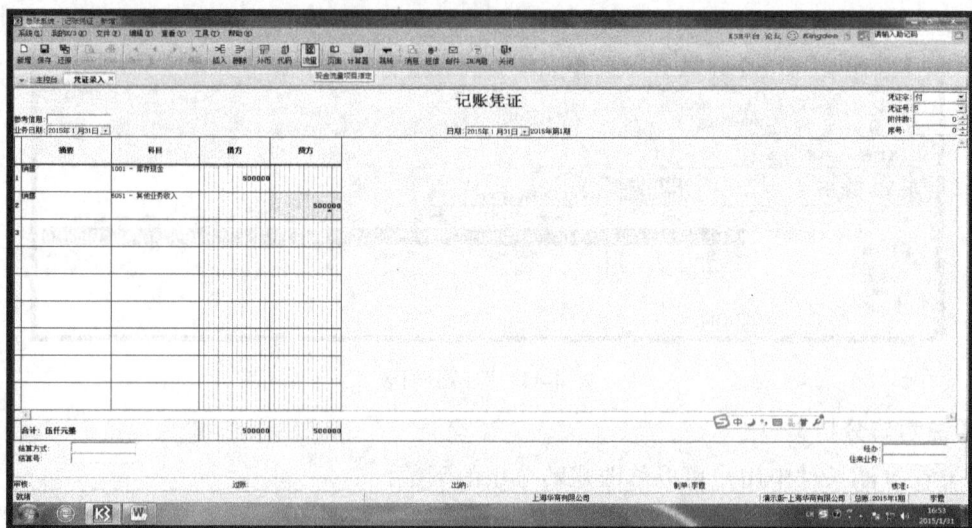

图 4-44　凭证上指定现金流量

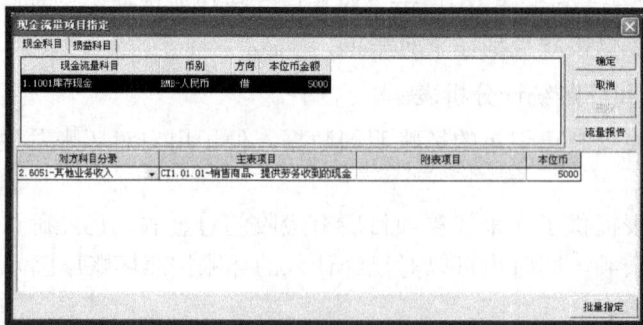

图 4-45　现金流量项目指定

【说明与分析】

(1) 指定或修改现金流量不受凭证状态的限制，即不论凭证是否经已审核，还是已经过账，甚至是否结账，只要有足够的权限都可以指定或修改现金流量。

(2) 在"系统参数"中提供了对现金流量科目必须指定现金流量项目和附表项目的控制，如果在凭证中对现金流量科目必须指定现金流量和附表项目，则必须选中这两个选项。此时，如果凭证中有现金流量科目而没有指定现金流量项目或附表项目，凭证将无法保存。

2. 账户式处理

用户可以直接在 T 型账户中指定现金流量主表项目，附表项目程序可以计算出来，在附表中对附表项目进行处理。这种处理方式在凭证录入时不做处理，通过 T 型账户和附表项目指定现金流量表。

【任务 4-4-1】

查看上海华商公司 2015 年 1 月现金流量 T 型账户，并制作现金流量表。

【操作向导】

(1) 选择"财务会计"→"总账"→"现金流量表"→"T 型账户"命令，进入"T 型账户"操作界面。首先弹出"过滤条件"界面，T 型账户可以按期间查询，也可按日期查询，如图 4-46 所示。

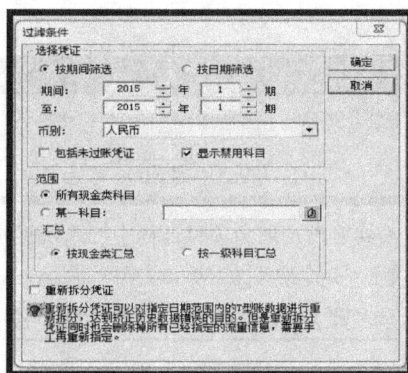

图 4-46　T 型账户过滤条件

"T 型账户"参数说明，如表 4-12 所示。

表 4-12　"T 型账户"参数说明

数据项	说　明
期间	如选择"按期间筛选"，可选择输出 T 型账户的会计年期，可跨年和跨期查询
日期	如选择"按日期筛选"，可选择输出 T 型账户的日期期间
币别	选择输出 T 型账户的币别，提供了"综合本位币"的选择
包括未过账凭证	T 型数据将未过账凭证包括在内
范围	可按"所有现金类科目"进行拆分，也可按某一科目进行拆分。需注意的只有选择"所有现金类科目"或某一科目选择的是现金类科目时才能进行现金流量的指定，否则不能指定现金流量，只能进行查看
汇总	有两种方式："按现金类汇总"和"按一级科目汇总"。"按现金类汇总"是将对方科目按现金类科目和非现金类科目分别汇总显示，这样对于对方科目是现金类的科目就不用指定其现金流量(因为不存在流量)。"按一级科目汇总"是将对方科目直接按一级科目进行汇总

(2) 确定过滤条件后，进人"T 型账户"界面。对"非现金类"双击打开，选择某一行科目记录，单击鼠标右键，执行"选择现金项目"命令，通过指定现金项目来编制现金流量表，如图 4-47 所示。

图 4-47　指定现金项目

(3) 对以下的系统提示，选择"是"即可继续，进入到现金流量项目的选择界面，如图 4-48 所示。

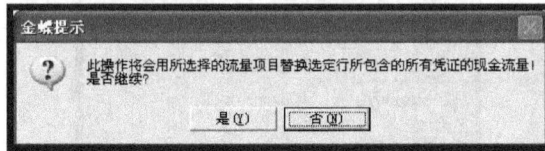

图 4-48　指定现金项目过程中的系统提示

"账户处理功能-右键项目"参数说明如表 4-13 所示。

表 4-13　"账户处理功能-右键项目"参数说明

数据项	说　明
按下级科目展开	单击"按下级科目展开"，将该科目的下级有金额科目的显示出来。当然用户也可以双击此科目，也可按该科目的下级科目展开
按核算项目展开	选择"按核算项目展开"，出现"核算项目"界面，选择核算项目，如果选择非明细级核算项目，系统将会自动显示该级核算项目下所有下级明细项目及非明细项目
按现金项目展开	按指定现金流量项目展开显示，如果没有指定现金流量，则显示为"未处理现金流量"
按币别展开	按不同的币别展开，只对过滤条件中币别选择为"综合本位币"的有用
收回展开的项目	收回已展开的项目
选择现金项目	选择该科目的现金流量项目。该指定为批量指定，会将以前已指定现金流量项目重新按该次指定的流量项目为准。单击该功能按钮后，系统会提示"此操作将会用所选择的流量项目替换选定行所包括的所有凭证的现金流量，是否继续?"确定后可进行流量项目的指定
取消所选项目	取消所选择的现金流量项目，该操作为批量取消。单击该功能按钮，系统会提示"此操作将会清除选定行所包括的所有凭证的现金流量。是否继续?"确定后取消所有现金流量的指定
显示凭证	显示包含该科目的有关流量的所有凭证，方便查看，也可进行个别修改

(4) 指定 T 型账户后，同样对现金流量表的附表项目进行处理，方法相同，指定"附表项目"。

(5) 选择"财务会计"→"现金流量表"命令，弹出"过滤条件"界面，现金流量表可以按期间查询，也可按日期查询。

【说明与分析】

(1) 在"现金流量查询"中可以查询到每张凭证所指定的现金流量项目。

(2) 建议用户尽量不制作借、贷方都包括现金类会计科目的凭证，这类凭证在系统里被称为"多借多贷"凭证。总账系统会对多借多贷的凭证进行现金流量的指向和分配，在"凭证录入指定现金流量"的界面进行指定即进行凭证式处理，使之可以对多个现金科目进行流量指向与分配。

任务二　现金系统日常业务处理

子任务一　现金管理

出纳是重要的会计工作岗位，负责核算与管理企事业单位最活跃的资金。现金模块的管理是企事业单位财务部门按照国家的政策和规定，对现金收入、付出和库存进行预算、监督和控制，是财务管理中资金管理的重要内容，也是出纳会计的一项重要工作。

现金系统的日常处理主要介绍现金日记账、库存现金盘点、现金对账、现金日报表等。

1. 现金日记账的登记

现金日记账，是用来逐日逐笔反映库存现金的收入、支出和结存情况，以便于对现金的保管、使用及现金管理制度的执行情况进行严格的日常监督及核算的账簿。现金日记账的登记依据是经复核无误的收、付款记账凭证。

现金日记账的登记方法有三种：引入现金日记账、录入现金日记账和复核现金日记账。

1) 引入现金日记账

引入现金日记账是指直接从总账引入现金类凭证记录，可按日或期间引入日记账；也可选择按对方科目或现金类科目引入。

【操作步骤】

(1) 在金蝶 K/3 主控台中，选择"财务会计"→"现金管理"→"现金"→"现金日记账"命令，出现"现金日记账"查询条件窗口，如图 4-49 所示。

(2) 在现金日记账查询条件中选择"科目"、"币别"、"期间"等信息后，单击"确定"按钮，进入"现金管理系统-现金日记账"界面。

(3) 在此界面选择"文件"→"从总账引入现金日记账"或在工具栏上单击"引入"命令，进入"引入日记账"窗口，设置引入条件，如会计期间、会计科目、引入方式、期间模式、日期和凭证范围等，执行"引入"命令，系统会自动引入现金类所有凭证，如图 4-50 所示。

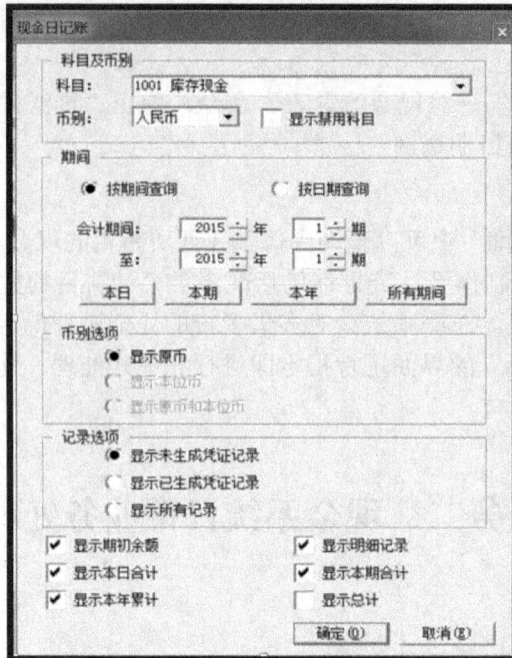

图 4-49　现金日记查询条件

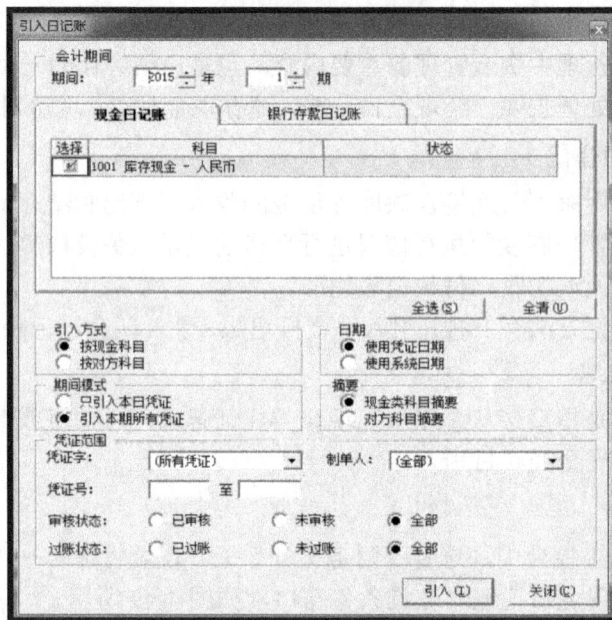

图 4-50　现金日记账引入

【注意事项】

(1) 凭证号为空时系统默认为全部，输凭证号时不能为 0。

(2) 引入下一期的现金日记账不参与期末结账，这样既达到了严格控制，又达到了灵活处理的原则。

(3) 引入方式：如果选择"按现金科目"，系统会根据凭证中的现金科目的第一个对应科目引入现金日记账；如果选择"按对方科目"，系统会根据凭证中的现金科目的所有的对应科目引入现金日记账，即将该笔凭证拆分成多笔登记日记账(凭证号相同)，这在一对多的情况尤为明显。

(4) 期间模式分为两种：只引入本日凭证和引入本期所有凭证。

(5) 日期也分为两种：使用凭证日期和使用系统日期。使用凭证日期引入日记账时，若总账系统中的凭证有业务日期，且业务日期属于本期，则引入日记账时业务日期优于凭证记账日期，引入的是总账的业务日期；否则引入的日记账是总账凭证的记账日期。

2) 录入现金日记账

录入现金日记账是指直接逐笔登记日记账，或录入日期、凭证字号后自动提取凭证摘要、金额等信息登记现金日记账。手工录入现金日记账又可分为单笔输入和多行输入。

(1) 多行输入。

【操作向导】

① 在金蝶 K/3 主控台中，选择"财务会计现金管理"→"现金"→"现金日记账"命令，出现"现金日记账"查询条件窗口，选择"科目"、"币别"、"期间"等信息后，单击"确定"按钮，进入"现金管理系统-现金日记账"界面。

② 在"现金管理系统-现金日记账"界面，选择"编辑"→"多行输入"→"新增"或单击鼠标右键选择"多行输入"→"新增"命令，进入"现金日记账录入"窗口，录入业务，如图 4-51 所示。

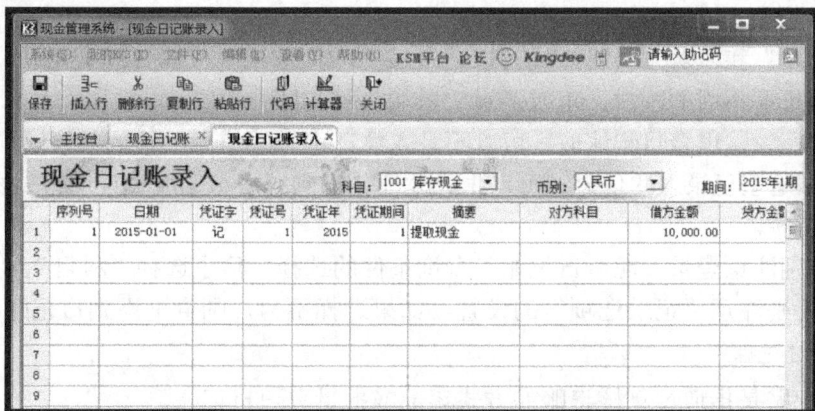

图 4-51　现金日记账录入界面

(2) 在此界面可以单击"插入行"、"删除行"、"复制行"、"粘贴行"等命令，进行插入行、删除行、复制行和粘贴行等操作，可以选择不同的科目、期间。

(3) 单笔输入。

【操作向导】

在"现金管理系统-现金日记账"界面，单击"编辑"菜单或单击鼠标右键，把"多行输入"命令左边的"√"去掉，再单击"新增"命令，出现"现金日记账-新增"窗口，即可单笔输入现金日记账，如图 4-52 所示。

与多行输入的区别在于单行输入只能一笔一笔地手工输入，并且在录入日记账时默认为上一张凭证的凭证字。

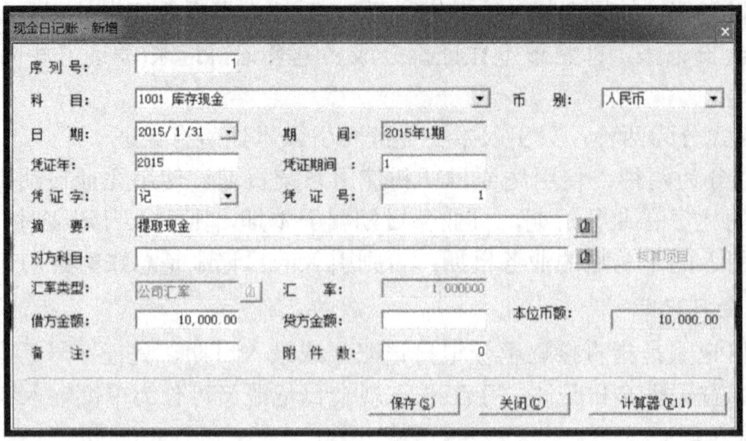

图 4-52　现金日记账单笔录入

【注意事项】

① 根据业务分笔记录发生的现金业务，如果是增加则将数据录入到"借方金额"中，反之则录入到"贷方金额"中，录入后注意保存。

② 在录入日记账时，可以只录入"日期"、"摘要"、"借方/贷方金额"等信息，其他各项如"凭证字"、"凭证号"、"凭证年"等信息，出纳人员在不清楚的情况下可以暂不录入。

③ 录入时还可以定义系统是否采用"固定汇率"，在"编辑"菜单下选择。

④ 可以预录入以后期间的业务内容。

⑤ "摘要"和"对方科目"均可以通过按"F7"键或"代码"键调用。

⑥ 有些长期不用的账户，可以通过"禁用"使该账户不显示。

⑦ 用户在录入现金日记账时，可以不录入凭证字号的信息，只录入日期、摘要、金额等信息。根据这些已录入的信息，可以生成凭证传递到总账，生成凭证的方式分为"按单"或"汇总"两种。

⑧ 请特别注意登录"现金日记账"查询条件的选择，除了选择"科目"、"币别"、"期间"之外，特别注意"记录选项"的设置，如果选择不当，则查询不到日记账的内容。

3) 复核日记账

复核日记账是指通过复核记账的方式逐笔或批量登记日记账。

复核日记账实际上是出纳人员对总账中的现金和银行存款凭证进行复核登账的过程，是将总账中的有关现金、银行存款数据在现金管理系统中体现，并在此处通过复核凭证的方式登记现金或银行存款日记账的操作。

【操作向导】

(1) 选择"财务会计"→"现金管理"→"总账数据"→"复核记账"命令，双击"复核记账"命令，进入"复核记账"窗口，如图 4-53 所示。

(2) 设置"期间"、"科目"、"币别"选项，单击"确定"按钮，进入"现金管理-现金日记账"界面。

(3) 在此界面，单击"文件"→"登账设置"命令，出现登账设置窗口，如图 4-54 所示。设置完毕，单击"确定"按钮，进入登账界面。

图 4-53　复核记账设置　　　　　　　　　　　　图 4-54　登账设置

(4) 选择待复核的记录，单击工具栏上的"登账"或选择"文件"→"登记日记账"命令，则将该数据登记到了现金管理系统的日记账中，如图 4-55 所示。

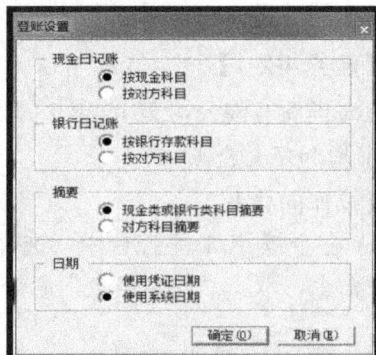

图 4-55　现金日记账复核记账

【注意事项】

(1) 为了确保出纳人员记账的连续性、每笔业务的清晰度、与总账的对账以及账务的准确性和可比性，建议用户采用方法 2(即直接逐笔录入每笔发生的业务)最好。直接从总账引入和复核记账方式登记日记账的方法虽然快捷，但失去了现金管理的意义。

(2) 通常情况下三种方法不要混合使用，因为这样会增加对账的难度。

(3) 如果需要修改(删除)现金日记账，可在"现金管理系统-现金日记账"界面，选择需要修改(删除)的内容，单击"修改"("删除")命令，修改相关信息后，单击"保存"按钮即可。修改现金日记账的操作与新增现金日记账的操作相似，请参照。

(4) 已生成凭证的日记账或收付款单登账生成的日记账，只能双击打开查看，不能修改。

(5) 删除凭证和修改凭证字号时，同步更新现金日记账和银行存款日记账。

2．现金盘点

现金盘点单是用来管理实际库存现金单据，即出纳人员在每天业务终了以后，对现金进行盘点的结果。

【任务 4-2-1】

上海华商有限公司 2015 年 1 月 31 日的库存盘点结果，"百元" 21 卡 9 个。

1) 增加现金盘点单

【操作向导】

(1) 在金蝶 K/3 主控台中，选择"财务会计"→"现金管理"→"现金"→"现金盘点单"命令，双击"现金盘点"命令，进入"现金管理系统-现金盘点单"界面，如图 4-56 所示。

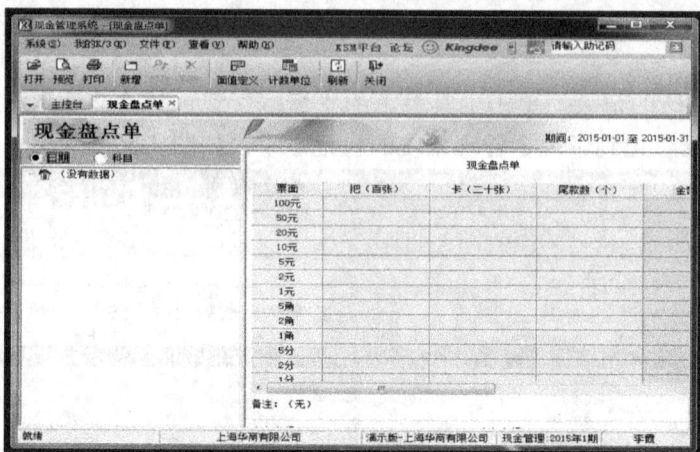

图 4-56　现金盘点单

(2) 在此界面，点击"文件"→"新增"或工具栏上的"新增"命令，出现"现金盘点单-新增"窗口，输入"科目"、"币别"、"日期"，将有关现金盘点结果录入后，单击"保存"按钮即可，如图 4-57 所示。

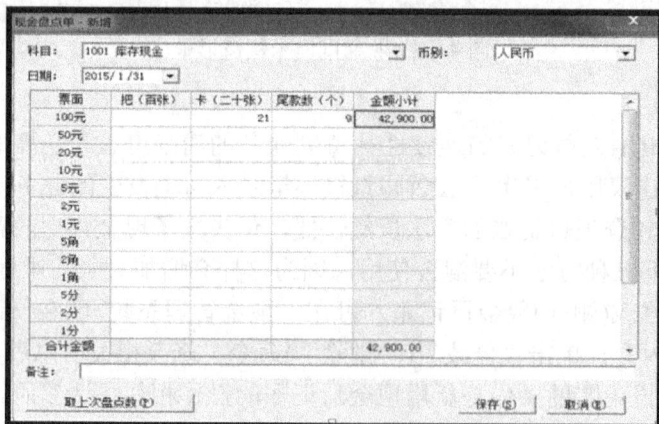

图 4-57　现金盘点表

【温馨提示】

① 输入盘点结果时按表上的设置输入。在该表上只需输入数量，小计金额将自动生成。如果结果与上次相同，也可单击"取上次盘点数"按钮，将上次现金盘点单调出，并在其

基础上加以修改，以简化工作量。

② 在"现金盘点单"中可以增加多张现金盘点单，并且可以随时删除。

2) 查询现金盘点单

【操作向导】

在"现金管理系统-现金盘点单"界面，设置"日期"、"科目"查询条件后，即可查看"实存金额"、"账存金额"、"盘盈/盘亏"等对账的结果，如图 4-58 所示。

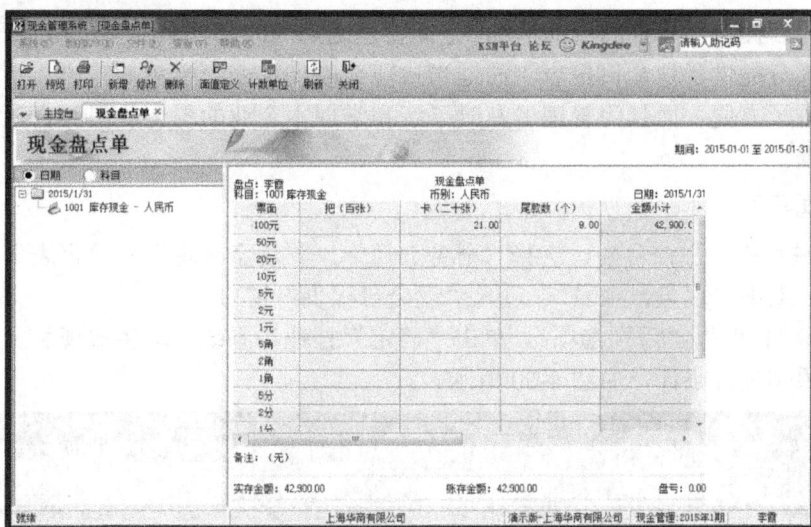

图 4-58　现金盘点单记录

3. 现金对账

现金盘点和对账体现出纳管理中的"账账核对"与"账实相对"。这里的账账核对是指现金管理系统中的现金日记账与总账系统中的现金分类账的核对，账实核对是指现金管理系统中的现金日记账和库存现金实际盘点数据的核对。

【操作向导】

(1) 选择"财务会计"→"现金管理"→"现金"→"现金对账"命令，双击"现金对账"命令，出现"现金对账"界面。

(2) 选择"科目"、"期间"，单击"确定"按钮，生成现金对账表，如图 4-59 所示。

图 4-59　现金对账界面

若现金管理系统与总账系统各项目的数据均完全一致，说明账账相符；若两者余额或发生额有差异，则需要核对明细账，查明差异的原因。

【温馨提示】

现金对账实际是现金管理系统中的出纳账与总账系统中的现金日记账的核对。用户可以根据借贷方发生额的核对，找到一些差异的线索。

4. 现金日报表

为了及时掌握货币资金的流动情况，企业管理当局一般都要求财务部门每日提供现金。系统的现金部分提供了现金日报表，通过当日现金收支及账面余额的输出，不仅为企业现金的管理提供了方便，而且为管理者及时了解和掌握本企业的资金状况和合理运用资金提供了参考数据。

【操作向导】

(1) 在金蝶 K/3 主控台中，选择"财务会计"→"现金管理"→"报表"→"现金日报表"命令，双击"现金日报表"，进入"现金日报表"窗口。

(2) 选择"日期"、"币别选项"，单击"确定"按钮，系统自动生成现金日报表，日报表对相同的币别进行小计，如图 4-60 所示。

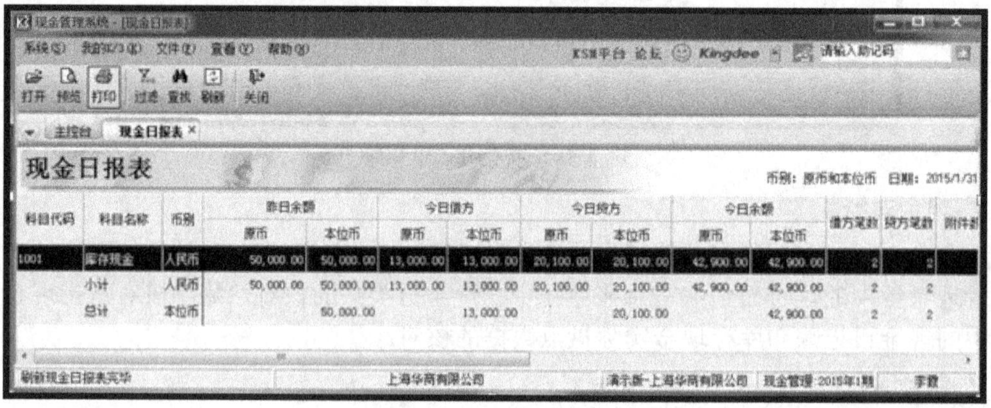

图 4-60　现金日报表

5. 与总账对账

【操作向导】

(1) 在金蝶 K/3 主控台中，选择"财务会计"→"现金管理"→"总账数据"→"与总账对账"命令，双击"与总账对账"命令，出现"与总账对账"设置窗口，如图 4-61 所示。

(2) 对账条件设置完毕，单击"确定"按钮，进入"与总账对账"界面，在此可实现现金日记账与总账中现金数据的核对，如图 4-62所示。

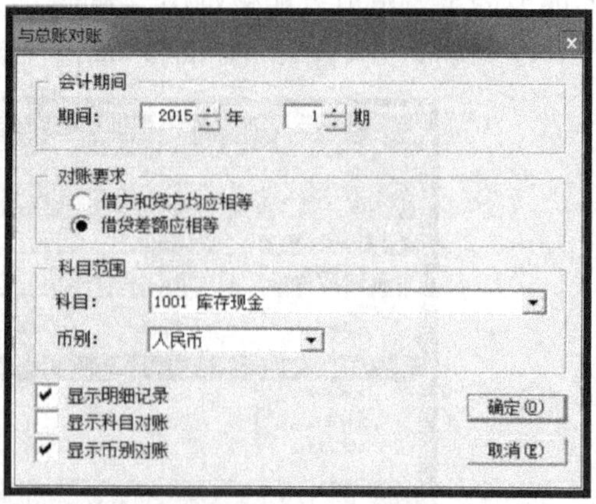

图 4-61　现金与总账对账设置窗口

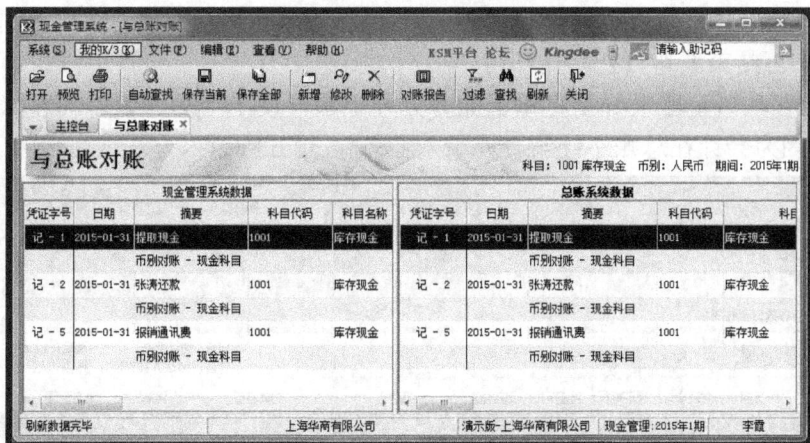

图 4-62　现金日记账与总账对账界面

子任务二　银行存款管理

银行存款管理主要介绍银行部分的各种业务管理，包括：银行存款日记账、银行对账单、银行存款对账、余额调节表和银行存款日报表等。

1. 银行存款日记账

银行存款日记账，是用来逐日逐笔反映银行存款增减变化和结余情况的账簿。通常，银行存款日记账由出纳人员进行登记。通过银行存款日记账，系统可以序时详尽提供每一笔银行存款收付的具体信息，全面反映银行存款的增减变化与结余情况。

银行存款日记账的登记依据是收款凭证和付款凭证。具体地讲，就是银行存款收款凭证、银行存款付款凭证和部分现金付款凭证。这里所说的部分现金付款凭证，是指将现金存入银行的业务，只填现金付款凭证，不填银行存款收款凭证。在这种情况下的银行存款增加只能依据其相关的现金付款凭证进行登记。

银行存款日记账的登记有三种方法，具体操作与"现金日记账"的操作类似，请参照。

【任务 4-2-2】

上海华商有限公司 2015 年 1 月 31 日应用引入的方法完成银行存款日记账的登记。

【操作向导】

(1) 在金蝶 K/3 主控台中，选择"财务会计"→"现金管理"→"银行存款"→"银行存款日记账"命令，双击"银行存款日记账"命令，设置银行存款日记账的查询条件后，单击"确定"按钮，进入"现金系统-银行存款日记账"界面。

(2) 单击"文件"→"从总账引入银行日记账"或工具栏上的"引入"命令，引入总账的凭证业务，如图 4-63 所示。

【注意事项】

(1) 现金管理系统启用后，总账还可能增加银行科目，如果总账增加了银行科目，在现金管理系统没有初始化，录入银行存款日记账时就找不到总账新增的银行科目，解决方法如下：

选择"系统设置"→"初始化"→"现金管理"→"初始数据录入"命令，双击"初始数据录入"命令,进入"现金管理系统-初始数据录入"界面,从总账引入科目,并录入银行账号后,再结束新科目初始化即可。

(2) 银行存款日记账最好是将每笔业务分开记录,便于今后和银行的对账工作能自动顺利地完成(因为会计在总账中经常合并录入业务),忌三种录入方法混淆使用。

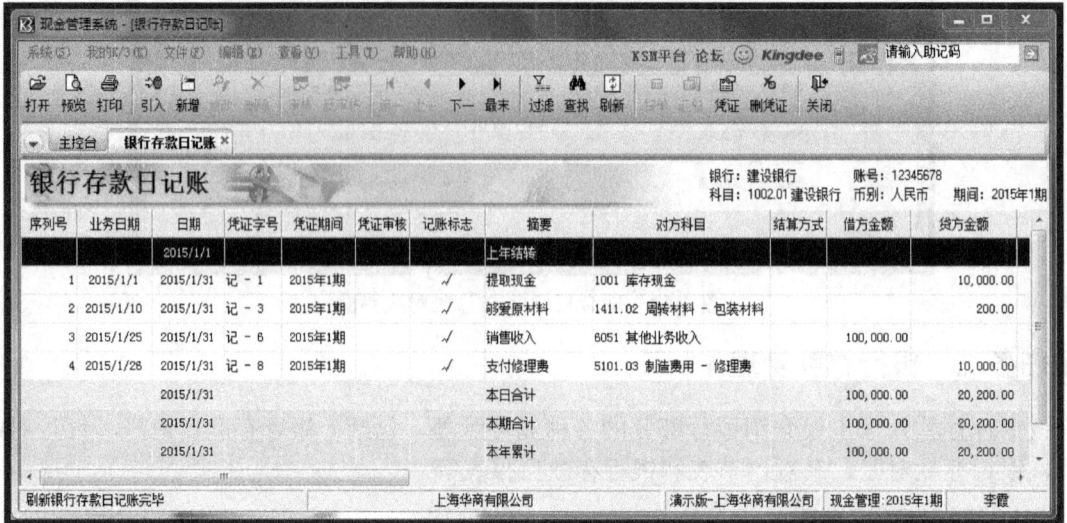

图 4-63　银行存款日记账

2. 银行对账单

银行对账单可以逐笔登记,也可以从外部直接进入文档,由银行出具的对账单均在此处进行管理。在此主要讲述银行对账单的手工录入方法。

【任务 4-2-3】

上海华商有限公司 2015 年 1 月 31 日收到建设银行的对账单,如表 4-14 所示。

表 4-14　建设银行对账单

日期	摘要	结算方式	支票号	借方	贷方
2015 年 1 月 1 日	提现	建行现金支票	4001	123456	
2015 年 1 月 10 日	购物	建行转账支票	5001	789123	

【操作向导】

(1)在金蝶 K/3 主控台中,选择"财务会计"→"现金管理"→"银行存款"→"银行对账单"命令,双击"银行对账单"命令,出现"银行对账单"窗口。

(2) 设置"科目"、"币别"、"期间"等项目后,单击"确定"按钮,进入"现金系统-银行对账单"界面。

(3) 单击"编辑"→"新增"或工具栏上的"新增"命令,出现"银行对账单-新增"窗口,在此手工录入业务后,单击"保存"按钮,则完成了该笔业务的录入操作,如图 4-64所示。

手工录入银行存款日记账又可分为单行输入和多行输入。具体操作同现金日记账的手工录入类似,请参照。

图 4-64 银行存款对账单

【温馨提示】

① 银行对账单中的借贷方向与账簿刚好相反，在银行对账单中银行存款增加时数据要录入到贷方金额中，减少时要录入到借方金额中。

② 银行对账单要根据银行给出的对账单一笔一笔地进行输入。

③ 如果银行可以提供电子对账单，则可以设置方案，直接引入对账单记录。

3. 银行存款对账

银行存款对账是指把企业银行存款日记账与银行出具的银行对账单进行核对。银行对账是企业银行出纳员的最基本工作之一，企业的结算业务大部分要通过银行进行结算，但由于企业与银行的账务处理和入账时间的不一致，往往会发生双方账面不一致的情况。为了防止记账发生差错，准确掌握银行存款的实际金额，企业必须定期将企业银行存款日记账与银行出具的对账单进行核对，为生成余额调节表做准备。

【操作向导】

(1) 在金蝶 K/3 主控台中，选择"财务会计"→"现金管理"→"银行存款"→"银行存款对账"命令，双击"银行存款对账"命令，打开"银行存款对账"对话框。

(2) 设置"科目"、"期间"等查询条件后，单击"确定"按钮，进入"现金管理系统-银行对账"界面。银行存款日记账同银行存款对账单的核对在此处理，如图 4-65 所示。

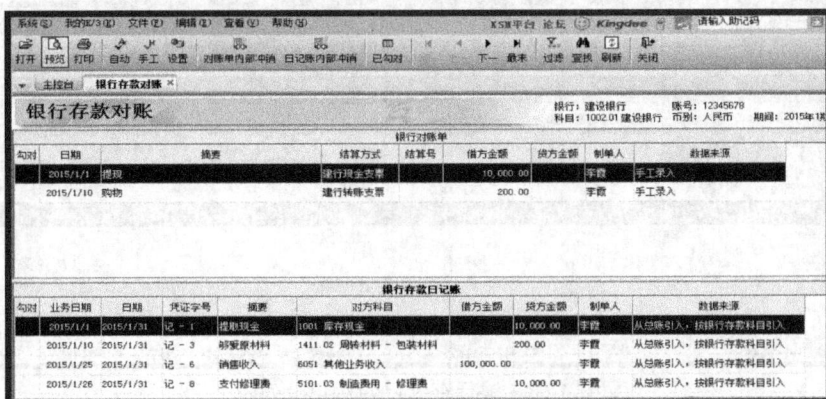

图 4-65 银行存款对账界面

(3) 在"现金管理系统-银行对账"界面，单击"设置"或选择"编辑"→"对账设置"命令，出现"银行存款对账设置"对话框，对账设置共分自动对账设置、手工对账设置和表格设置三种，用户可根据需要进行设置。

(4) 若进行自动对账，在"现金管理系统-银行对账"界面，单击"自动"或"编辑"→"自动对账"命令，完成自动对账的条件设置后，单击"确定"按钮，系统会根据设定条件进行勾对，如图 4-66 所示。

对账完成后系统自动提示对账的完成情况，如图 4-67 所示。

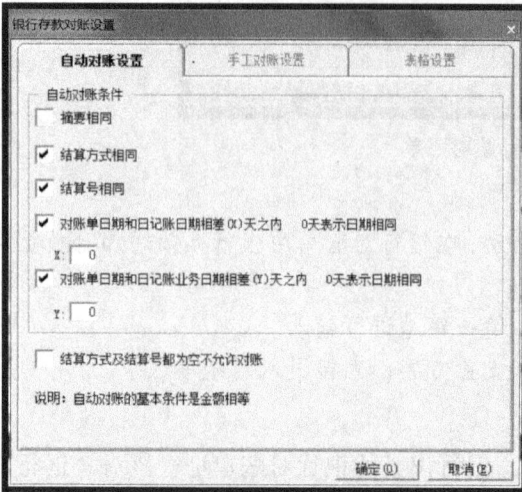

图 4-66　银行存款自动对账设置界面　　　　图 4-67　银行存款对账系统提示

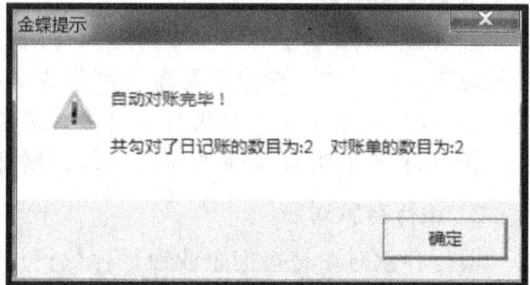

(5) 系统中的银行存款日记账与银行对账单之间还可能存在多笔与一笔对应或一笔与多笔对应等情况，而这些情况自动对账无法勾销，因此系统设置了手工对账功能。手工对账是对自动对账的补充，通过手工对账，可进一步将自动对账未核对的已达账项进行手工调整勾销，以保证对账的彻底正确。

进行手工对账时，在"现金管理系统-银行对账"界面，单击"手工"或"编辑"→"手工对账"命令，即可完成对账过程。

(6) 若查询已勾对记录，在"现金管理系统-银行对账"界面，单击"已勾对"或"编辑"→"已勾对记录列表"命令，就会进入到"已勾对记录列表"界面，如图 4-68 所示。

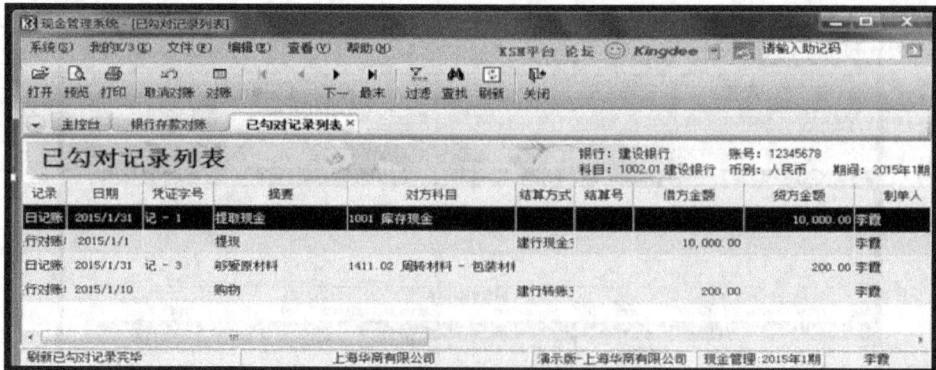

图 4-68　银行存款已勾对记录列表

此界面主要对已勾对记录进行查询、引出等；如果发现记录被错误的勾对，在此可以选择"取消对账"或右击选择"取消当前对账结果"、"取消全部对账结果"命令，然后重新进行"对账"。

【注意事项】

(1) 当银行对账单中存在调账或内部冲销记录时，比如：借贷方向相同，金额相同，一正一负或借贷方向相反，金额相同的记录等，可以单击"编辑"→"对账单内部冲销"，将对账单内部的记录核销。

(2) 账务中对以前的凭证进行更正的现象是比较常见的，日记账也同样会遇到这种情况，日记账内部冲销就是处理这类记录在日记账中的内部冲销业务。操作与对账单内部冲销相似。

4. 余额调节表

对账完毕，为检查对账结果是否正确、查询对账结果，应编制银行存款余额调节表。系统提供的编制银行存款余额调节表功能可以自动完成本工作。

【操作向导】

(1) 在金蝶 K/3 主控台中，选择"财务会计"→"现金管理"→"报表"→"余额调节表"命令，双击"余额调节表"命令，出现"余额调节表"对话框。

(2) 设置完毕，单击"确定"按钮，进入"现金管理系统-余额调节表"界面，在此可看到银行对账的结果。余额调节表是根据未勾对的银行存款日记账和银行对账单自动生成的，如图 4-69 所示。

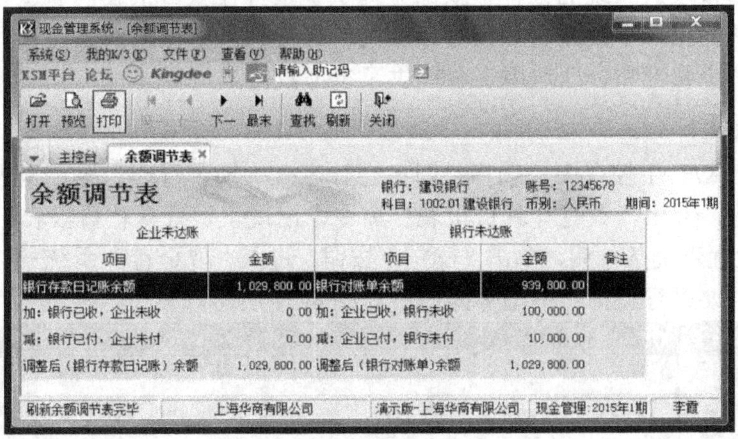

图 4-69　余额调节表

5. 长期未达账

由于主客观等方面的原因，企业有时会出现个别业务长期未达的情况，这说明企业记账或银行结算或银行对账等环节出现了差错。长期未达账的功能就是协助用户查询输出这类长期未达账项，以辅助财会人员分析查找造成长期未达账的原因，避免资金丢失。

长期未达账分为企业未达账和银行未达账，凡是上月末存在的未达账全部成为本月的长期未达账。企业未达账是根据未勾对的银行对账单自动生成；银行未达账是根据未勾对的银行存款日记账自动生成。

出纳人员对长期未达账应及时查明原因，通过作账或催款等形式，及早消除未达账项。

【操作向导】

(1) 在金蝶 K/3 主控台中,选择"财务会计"→"现金管理"→"报表"→"长期未达账"命令,双击"长期未达账"命令,出现"长期未达账"对话框。

(2) 设置"科目"、"币别"等查询条件后,单击"确定"按钮,进入"现金管理系统-长期未达账"界面,在此可进行长期未达账的查询、引出等操作,如图 4-70 所示。

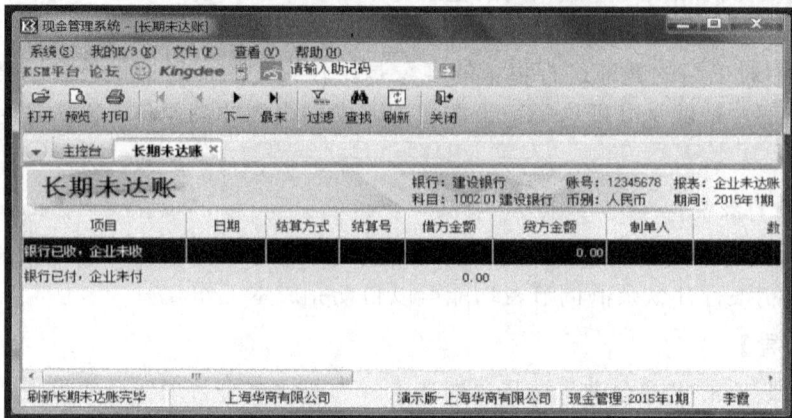

图 4-70　银行存款长期未达账界面

6. 银行存款日报表

为了及时掌握货币资金的流动情况,企业的管理当局一般都要求财务部门每日提供现金、银行存款日报表。系统的银行存款部分提供了银行存款日报表,通过当日银行存款收支及账面余额的输出,不仅为企业银行存款的管理提供了方便,而且为管理者及时了解和掌握本企业的资金状况和合理运用资金提供了参考数据。

【操作向导】

(1) 在金蝶 K/3 主控台中,选择"财务会计"→"现金管理"→"报表"→"银行存款日报表"命令,双击"银行存款日报表"命令,出现"银行存款日报表"查询窗口。

(2) 在此设置查询条件后,单击"确定"按钮,进入"现金管理系统-银行存款日报表"界面,可根据需要进行查询、引出等操作,如图 4-71 所示。

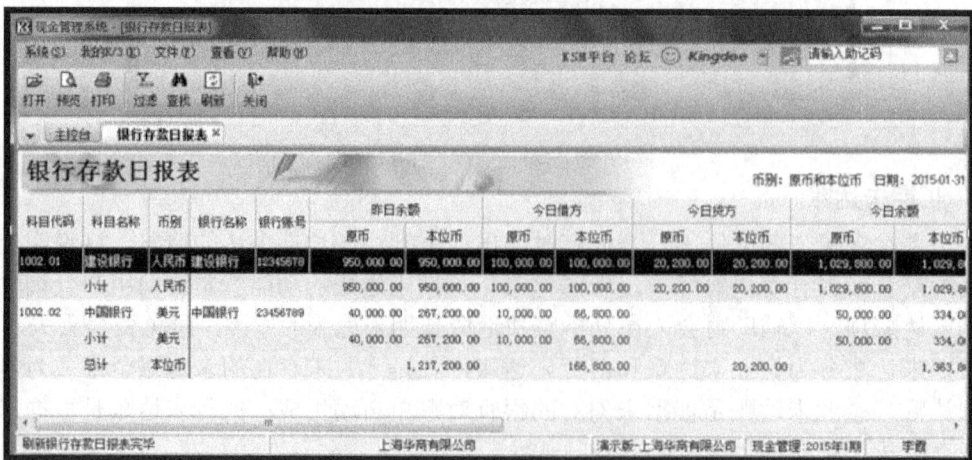

图 4-71　银行存款日报表

银行存款日报表是根据录入的银行存款日记账自动生成的。日记账对相同的币别小计，并且可以生成其他格式的报表。

7. 银行对账日报表

为了方便用户了解企业某一天在各银行的实际存款，系统提供了银行对账日报表，通过当日银行存款的收支和对账单余额的输出，使用户了解到企业存在银行资金的实际余额。银行对账日报表是根据用户录入或引入的银行对账单自动生成的。

银行对账日报表的具体操作与银行存款日报表的操作类似，请参照。

8. 银行存款与总账对账

银行存款与总账对账是指系统自动将出纳账与日记账(总账)当期银行存款发生额、余额进行核对，并生成对账表。

【操作向导】

(1) 在金蝶 K/3 主控台中，选择"财务会计"→"现金管理"→"银行存款"→"银行存款与总账对账"命令，双击"银行存款与总账对账"命令，出现"银行存款与总账对账"对话框，如图 4-71 所示。

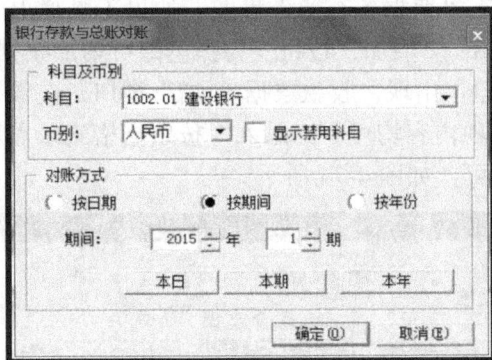

图 4-72　银行存款与总账对账设置界面

(2) 查询条件设置完毕，单击在"确定"按钮，进入"现金管理系统-银行存款与总账对账"界面，在此可进行现金管理系统的银行存款日记账余额、总账系统的银行存款日记账余额的查询、打印等操作，如图 4-73 所示。

图 4-73　银行存款与总账对账

子任务三　票据管理

票据实际上是一个广义的结算凭证概念，具体包括支票、本票、汇票等各种票据以及汇兑、托收承付、委托收款、贷记凭证、利息单等结算凭证。同时，在票据备查簿中，提供了凭证生成功能，即会计可以根据出纳录入的票据信息生成凭证。

1. 票据备查簿

票据备查簿主要是用于管理和查询各种票据，如"现金支票"、"银行汇票"、"商业承兑汇票"、"电汇凭证"和"托收承付结算凭证"等。

【操作向导】

(1) 选择"财务会计"→"现金管理"→"票据"→"票据备查簿"命令，双击"票据备查簿"命令，出现"票据备查簿"对话框。设置查询条件后，单击"确定"按钮，打开"票据备查簿"界面。

(2) 进入"票据备查簿"界面后，如需重新设置查询条件，可点击工具栏上的"打开"或"文件"→"打开"命令，系统弹出同样的界面以供选择设置。

(3) 若要增加票据，在"票据备查簿"界面，如果工具栏上的"增加"按钮为灰色，则在"票据类别"栏内单击，"增加"按钮变为黑色即可增加票据。

(4) 单击"增加"按钮，出现"收款票据-新增"窗口，在该窗口中根据具体情况新增收款或付款票据，票据各项内容均可手工录入，按票据格式录入新增票据数据，录入完毕后，单击"保存"按钮即可，如图 4-74 所示。

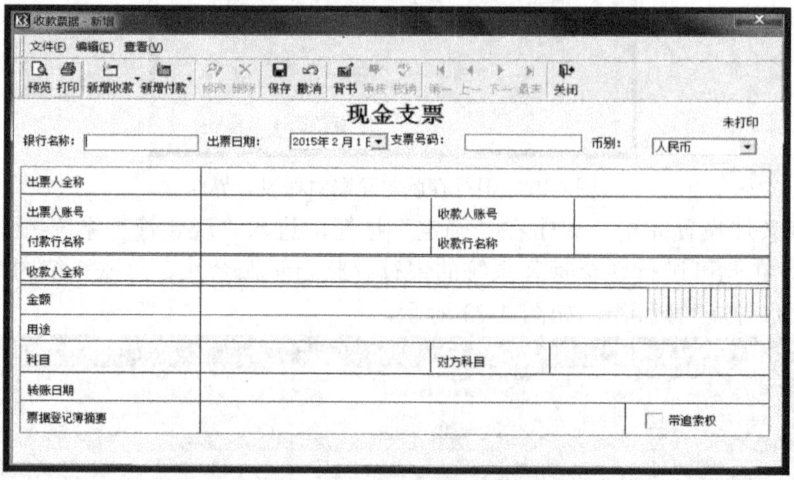

图 4-74　票据管理

【注意事项】

(1) 当票据备查簿管理的是商业承兑汇票和银行承兑汇票时，现金管理系统与应收款、应付款管理系统中的应收、应付票据完全共享。用户可选择在现金管理系统或应收款、应付款管理系统录入外来票据，这些票据会同时在另一系统出现。当然，若其中一个系统尚未启用时，其不影响启用系统的操作。也可以说，它们是启用后才同步，初始化的信息必须在两个系统分别建立。在应用两系统同步时，最好在一个系统(或在现金管理系统或在应收、应付系统)中录入票据,这样更利于企业的管理和控制。

(2) 为了操作的灵活和方便,新增界面的菜单栏设置了新增收款、新增付款功能键,用户可在此界面任意切换到其他票据的新增状态。

2. 支票管理

出纳人员经常要购置大量的空白支票进行资金支付业务,为了加强对购置的现金支票、转账支票、普通支票的管理,本模块实现了对空白支票的监管使用,防止和杜绝了由于出纳人员和业务人员责任不明确,而导致票据遗漏、丢失等现象的发生。

空白支票购置并领用后就可自动在票据备查簿中查阅显示,但对付款支票内容的维护只能在票据管理中进行。

【任务 4-2-4】

上海华商有限公司财务科 2015 年 1 月 2 日购入建设银行转账支票 1 本,号码 101~125。1 月 3 日办公室李明领用 101 号,用于办公用品,限额 400 元。

1) 支票的购置

【操作向导】

(1) 选择"财务会计"→"现金管理"→"票据"→"支票管理"命令,双击"支票管理"命令,进入"现金管理系统-支票管理"界面。

(2) 单击"购置"或"编辑"→"支票购置"命令,进入"支票购置"界面。

(3) 在此界面,单击"新增"或"编辑"→"新增支票购置"命令,出现"修改支票购置"对话框。

(4) 选择某个银行,并录入"支票类型"、"起始号码"、"结束号码"等,单击"确定"按钮即可,如图 4-75 所示。

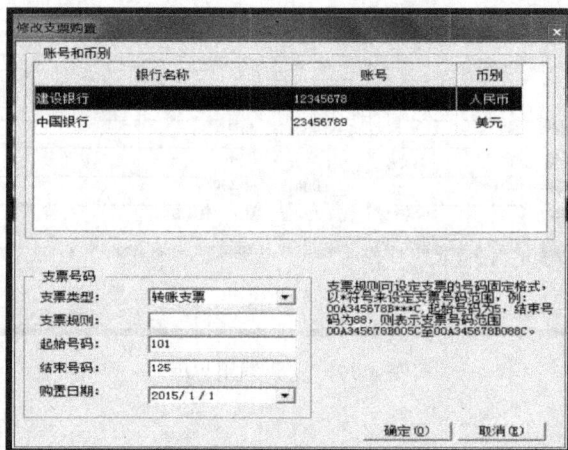

图 4-75 支票购置管理

【温馨提示】

① 购置支票时,支票号码规则不是必录项,但是如果要求录入支票号码规则,则该规则的录入必须按照支票购置新增界面的提示来设定支票规则。

② 支票购置可修改,其操作同"新增";未使用的支票可删除,但对已领用的支票不能修改或删除。

2) 支票的领用

【操作向导】

(1) 在"现金管理系统-支票管理"界面，选择要领用的支票，单击工具栏上的"领用"或"编辑"→"领用支票"命令，进入"支票领用"界面，如图 4-76 所示。

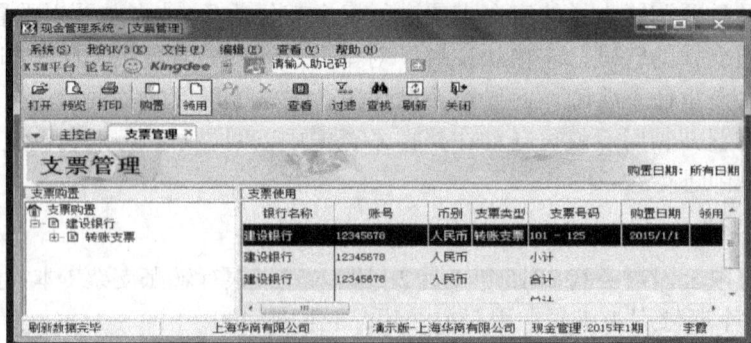

图 4-76　支票领用

(2) 依次输入"支票号码"、"领用部门"、"领用人"等信息，用户可根据需要自定义领用日期和预计报销日期。自定义完毕后，单击"确定"按钮，该支票即被领用，如图 4-77 所示。

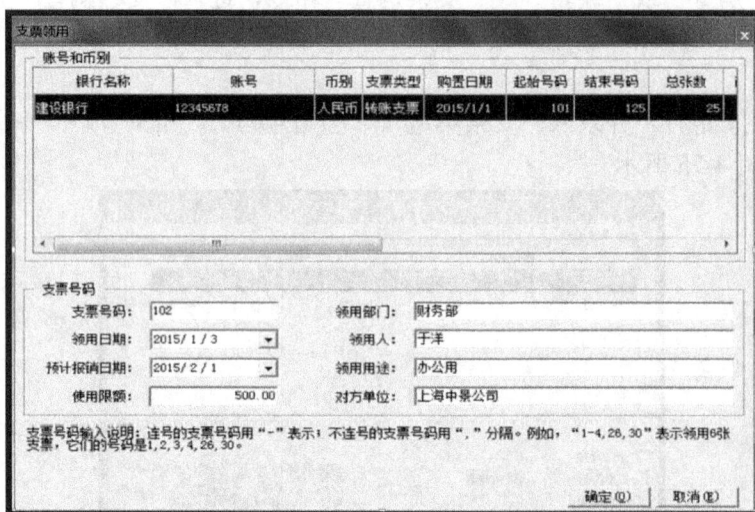

图 4-77　支票领用界面

【注意事项】

(1) 领用部门、领用人、领用用途和对方单位均可以按"F7"键进行调用。领用用途、对方单位及领用限额为非必录项。

(2) 支票号码可输入单张或多张支票。支票号码输入说明：连号的支票号码用"-"表示，不连号的支票号码用"，"分隔。例如："1-4，26，30"表示领用 6 张支票，分别是 1，2，3，4，26，30。

(3) 在"现金管理系统-[支票管理]"界面中选择要退回的支票，单击"删除"按钮，对领用支票的领用信息进行删除，支票退回到空白支票状态。但此处的删除并不是对支票的彻底删除，只对领用支票的领用单位、领用人等信息进行了删除。

3) 支票的报销

对已领用的支票在支付业务处理完毕后，进行报销处理。

【操作向导】

(1) 在"现金管理系统-[支票管理]"界面，选择要报销的支票，单击"修改"按钮，进入"支票-修改"界面。

(2) 对要报销的支票填写签发日期、收款人名称、付款金额等内容，单击"保存"按钮即可。在"现金管理系统-[支票管理]"界面可浏览到已报销的支票，如图 4-78 所示。

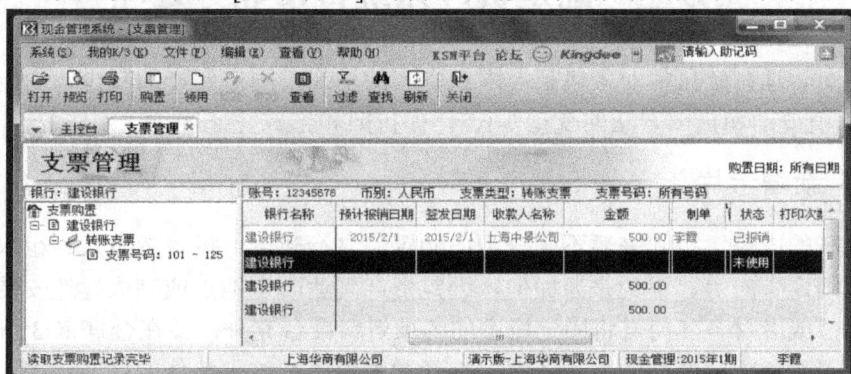

图 4-78　支票已报销界面

4) 支票的审核和核销

支票的审核是指业务人员对填制支票的真实性、合法性的检查。支票的核销是支票业务的结束标识，对款项已到账或已支付的支票进行封存，保证票据的完整。

【操作向导】

(1) 在"现金管理系统-[支票管理]"界面，双击选中的具体支票或者需操作的支票，然后单击"查看"按钮，进入"支票-修改"界面，如图 4-79 所示。

图 4-79　支票-修改界面

在该界面，主要是作废、审核、核销支票；而取消作废、反审核、反核销则在"编辑"菜单中或右键快捷菜单中。

(2) 审核人员详细审阅支票内容后，单击"审核"或"核销"按钮即可。

【温馨提示】

① 制单人和审核人不能是同一个人。

② 在支票管理界面中选择核销的票据，凡是进行过作废、审核、核销等操作的支票不允许修改或删除。

任务三　固定资产系统日常业务处理

固定资产管理系统日常业务包括：固定资产的增加、固定资产的减少、固定资产的其他变动(如价值变动和折旧方法的变动等)、计提折旧和生成凭证等。

子任务一　新增卡片

固定资产的取得，按其来源不同分为：购置、自行建造、投资者投入、租入、接受捐赠和盘盈的固定资产等。不论来源如何，固定资产到达既定地点或完成建造安装后，固定资产管理部门或者财务部门需将固定资产的各项资料准备充分，并在金蝶 K/3 固定资产管理系统中录入新增固定资产的卡片资料，将新增固定资产纳入整体的资产管理中，并根据其来源进行相应的核算处理。

【任务 4-3-1】

上海华商有限公司 1 月 5 日和 1 月 31 日购入两台联想电脑，分配给两个部门使用，分配情况如表 4-15 所示。

表 4-15　电脑分配情况

资产编码	BG-2	BG-3
名称	联想电脑	联想电脑
类别	办公设备	办公设备
计量单位	台	台
数量	1	1
经济用途	经营用	经营用
使用状态	正常使用	正常使用
变动方式	购入	购入
使用部门	财务部	人事部
折旧费用科目	管理费用-折旧费	管理费用-折旧费
币别	人民币	人民币
原币金额	5000	5000
开始使用日期	2015 年 1 月 5 日	2015 年 1 月 31 日
折旧方法	平均年限法(基于入账原值和入账预计使用期间)	平均年限法(基于入账原值和入账预计使用期间)

【操作向导】

(1) 在金蝶 K/3 主界面中，选择"财务会计"→"固定资产管理"→"业务处理"→"新增卡片"命令，弹出"卡片及变动-新增"对话框，如图 4-80 所示。

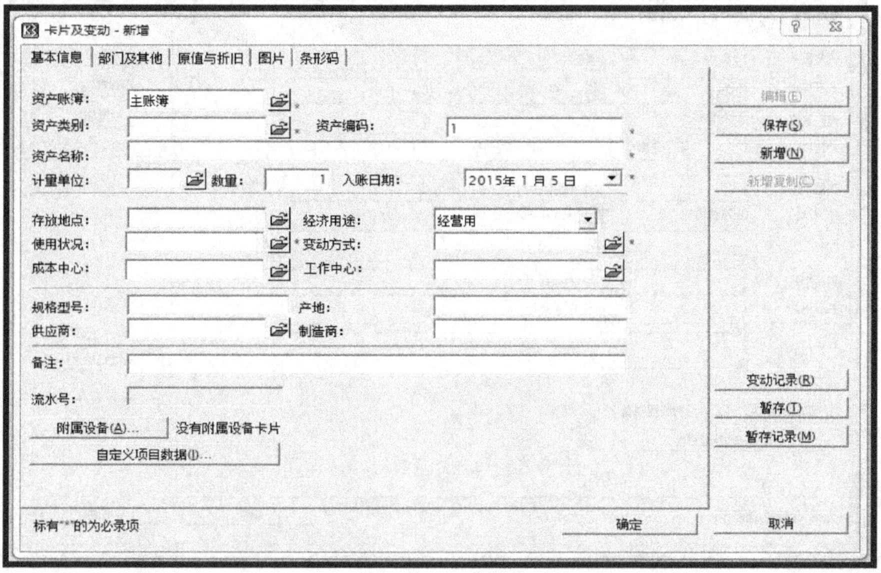

图 4-80　卡片及变动-新增

(2) 在"基本信息"、"部门及其他"、"原值与折旧"选项卡中，录入新增固定资产的相应信息后，单击"保存"按钮即可。

(3) 如果需要继续录入新卡片，可以单击"新增"按钮，系统将刷新对话框，用户即可开始下一张卡片的录入。

(4) 卡片录入操作完成后，单击"确定"按钮，进入"固定资产系统-[卡片管理]"窗口，可查看到录入的卡片数据，如图 4-81 所示。

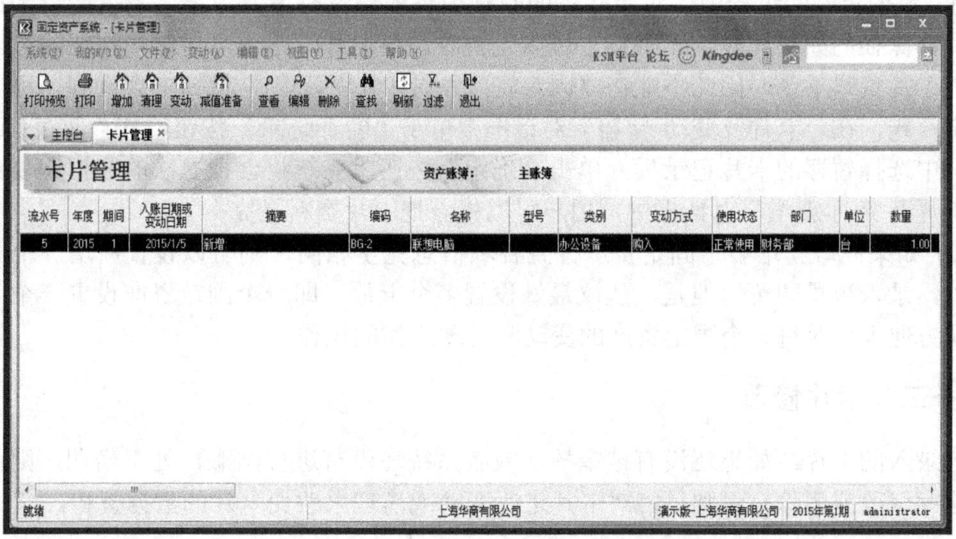

图 4-81　固定资产系统-[卡片管理]

(5) 如果同时新增多个相同的固定资产卡，可以通过"新增复制"按钮来实现。在"卡片及变动-新增"对话框中，单击"新增复制"按钮，系统自动将资产编码顺序加 1 外，其他信息都复制到新卡片中，修改局部信息后，如图 4-82 所示，单击"保存"按钮即可。

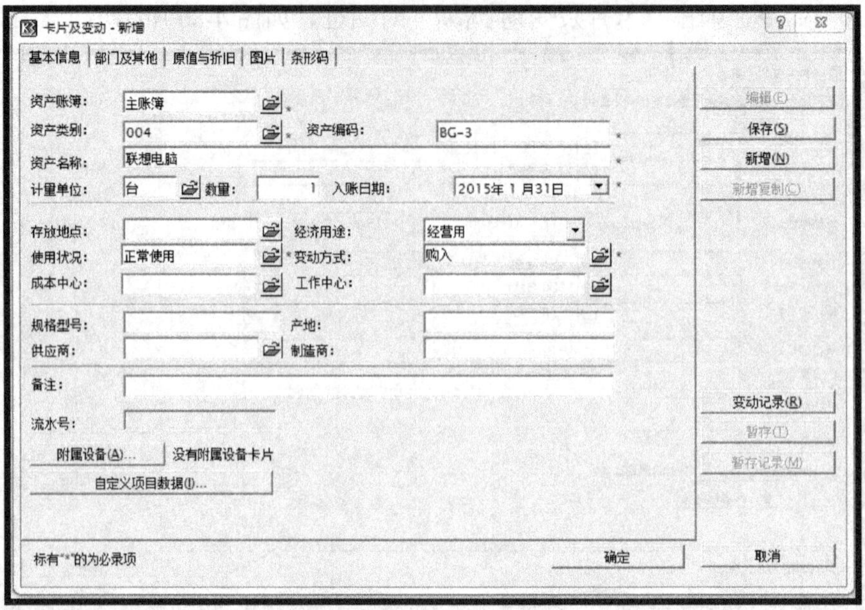

图 4-82　新增卡片复制

【温馨提示】

①　如果企业已有固定资产的电子文档，则可以在 Excel 编辑固定资产卡片资料，再导入到账套中。

②　本月新增的固定资产要到下月才能提取折旧，本月不提。

【说明与分析】

(1) 数据录入的过程中，对于必录的数据项目如果没有录入数据，系统会给予提示并且不允许保存，如果此时暂无资料，可以先暂时保存卡片，单击"暂存"按钮即可。由于暂存的卡片资料不全，因此不能在"固定资产系统-[卡片管理]"窗口中查询到，可在下次新增卡片式，在"卡片及变动-新增"对话框中单击"暂存记录"按钮，从"暂存记录表"对话框中选择暂存的卡片记录后，单击"确定"按钮，系统将会把上次的数据恢复到当前的"卡片及变动-新增"对话框中，用户可以接着把卡片资料录完。

(2) 如果同时新增多个固定资产并且各项信息完全相同，则可以设置新增一个固定资产卡片，录入数量即可。但是，建议最好设置多个卡片，即一个固定资产设置一个卡片，目的是方便今后对每一个固定资产的变动和清理工作的操作。

子任务二　卡片修改

已录入的卡片，如果还没有被审核，或者系统还没有进行结账，处于当期，则可以对卡片进行修改或删除，否则只能对卡片进行变动或清理来改变卡片的数据资料。

【操作向导】

(1) 在金蝶 K/3 主界面中，选择"财务会计"→"固定资产管理"→"业务处理"→

"卡片查询"命令，弹出"过滤"对话框，设置好过滤条件后，单击"确定"按钮(如果记得住固定资产编码，则编码过滤最快、最直接；如果记不住，则建议可按制单人、期间进行过滤)，弹出"固定资产系统-[卡片管理]"窗口。

(2) 选择要修改的卡片，单击工具栏中的"编辑"按钮，弹出"卡片及变动-查看"对话框供用户修改，如图4-83所示。如果卡片是以前期间录入的，或者是被审核过的卡片，则系统给予提示，不允许用户进行修改操作，如图4-84所示。

图 4-83　卡片及变动-查看

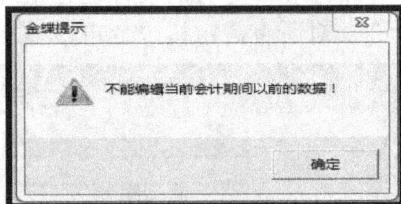

图 4-84　不能修改提示

(3) 修改卡片的操作与卡片录入一样，这里不再赘述。修改完成后，单击"确定"按钮，即可保存并退出。

【温馨提示】

① 修改卡片类别后，系统会自动将卡片上的固定资产科目和累计折旧科目修改为新卡片类别上定义的科目。

② 对于当期新增的卡片记录，如果不再需要了，可以在"固定资产系统-[卡片管理]"窗口中选择该卡片记录，单击"删除"按钮即可。

子任务三　卡片审核

为了保证固定资产卡片录入和变动的正确性和有限性，企业可以选择对固定资产卡片及其变动记录进行审核，并可以在设置系统参数时选择"卡片结账前必须审核"、"卡片生成凭证前必须审核"选项，系统会将审核作为企业固定资产管理的必要环节。

【操作向导】

(1) 在金蝶 K/3 主界面中，选择"财务会计"→"固定资产管理"→"业务处理"→"卡片查询"命令，弹出"过滤"对话框，设置好过滤条件后，单击"确定"按钮(建议按期间、变动方式进行过滤)，进入"固定资产系统-[卡片管理]"窗口。

(2) 对要审核的卡片数据检查核对后，选择要审核的某张卡片，选择"编辑"菜单→"审核"命令，即可对该卡片进行审核，此时卡片记录上的审核人将记录当前用户的用户名，如图 4-85 所示。

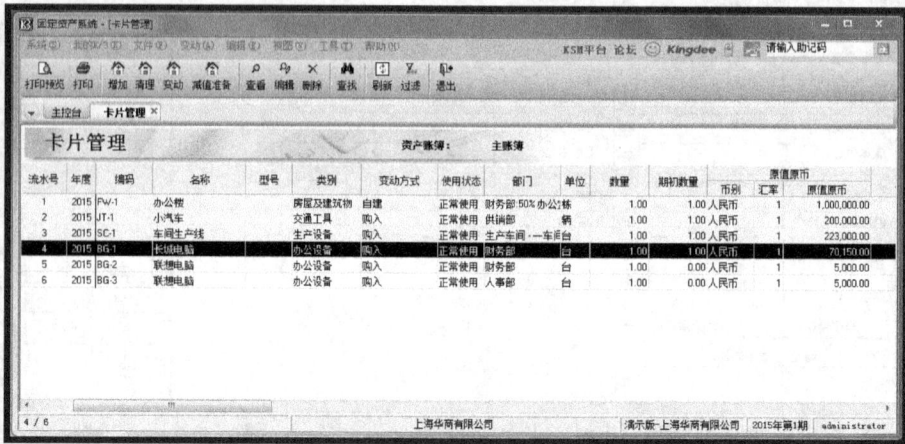

图 4-85　已审核卡片

(3) 如果确认当期新增的卡片记录和变动记录合理且正确无误，可以选择"编辑"菜单→"审核本期所有变动"命令，对所有需审核卡片审核签字，如图 4-86 所示。

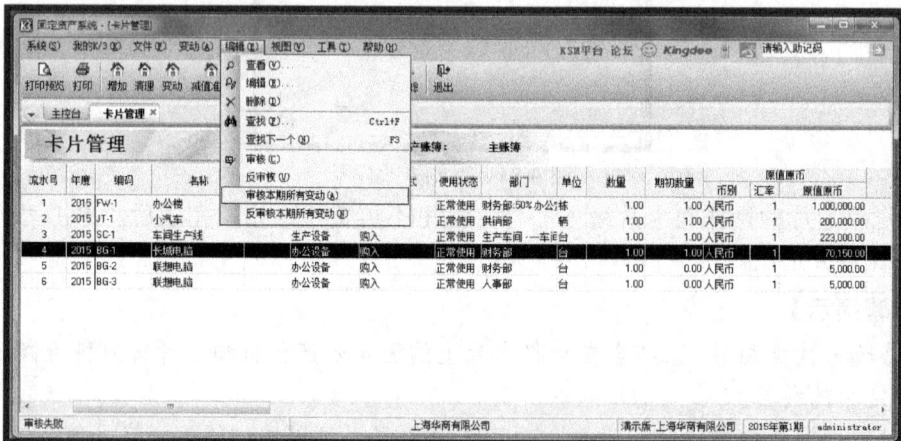

图 4-86　审核本期所有变动

(4) 已审核卡片也可以反审核。在"固定资产系统-[卡片管理]"窗口中，选择已审核的卡片记录，选择"编辑"菜单→"反审核"命令，即可反审核该卡片，反审核后卡片记录上的审核人信息将被清空。

【温馨提示】

① 审核卡片要求：卡片的制单人与审核人不能为同一人。

② 反审核卡片要求：必须由审核人进行反审核。

子任务四 固定资产清理

固定资产清理即减少固定资产，减少的主要原因有：投资转出、捐赠转出、报废、盘亏、清理、非货币性交易转出、非现金资产抵偿债务方式转出等。固定资产系统提供"固定资产清理"功能来完成对上述业务的处理。

【任务 4-3-2】

上海华商有限公司 2015 年 1 月 31 日报废一台生产设备，详细资料如表 4-16 所示。

表 4-16 生产设备报废情况表

清理日期	清理数量	变动方式
2015 年 1 月 31 日	1	出售

【操作向导】

(1) 在金蝶 K/3 主界面中，选择"财务会计"→"固定资产管理"→"业务处理"→"变动处理"，弹出"固定资产系统-[卡片管理]"窗口。

(2) 选择需要清理的固定资产卡片，选择"变动"菜单→"清理"命令或单击工具栏中的"清理"按钮，弹出"固定资产清理-新增"对话框，录入"清理日期"、"清理数量"、"清理费用"、"残值收入"、"变动方式"等内容，如图 4-87 所示。如果只是清理部分资产，则在"清理数量"中录入实际清理数量即可，系统将自动从原数量中减掉实际清理数量。

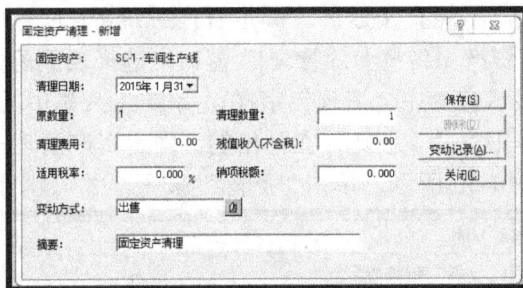

图 4-87 固定资产清理

(3) 单击"保存"按钮，此时系统会提示"保存清理数据前必须生成一条变动记录，确认要生成吗？"，如图 4-88 所示。

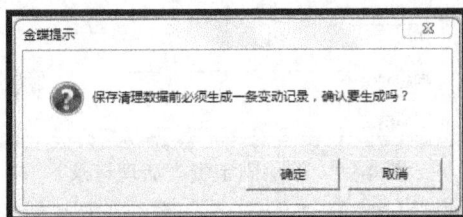

图 4-88 固定资产清理系统提示

(4) 如果确认要清理，则单击"确认"按钮，系统将生成一条固定资产的清理记录(与固定资产变动类似)，这样就完成了固定资产的清理，如图 4-89 所示。

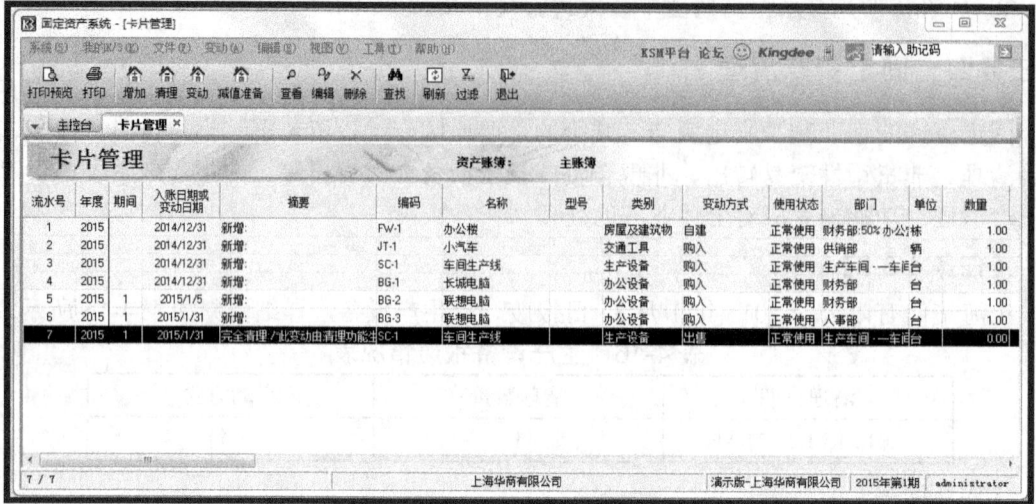

图 4-89　固定资产清理系统

【温馨提示】

① 若当期已进行了固定资产变动的操作，则不能进行清理，需将变动记录删除后方可。

② 当期新增固定资产当期可以清理，但只适用于单个固定资产，不能做批量清理。

③ 固定资产清理后，其价值为零。

【说明与分析】

(1) 要删除清理记录，不能直接通过"固定资产系统-[卡片管理]"窗口中"删除"按钮实现，而是要在"固定资产系统-[卡片管理]"窗口中选择要删除的固定资产清理记录(记录中的"摘要"字段中显示有"完全清理"字样)，单击工具栏中的"清理"按钮，弹出是否查看清理记录提示，单击"是"按钮，在弹出的"固定资产清理-编辑"对话框中查看该卡片的清理记录后，如图 4-90 所示，单击"删除"按钮，才可删除清理记录。

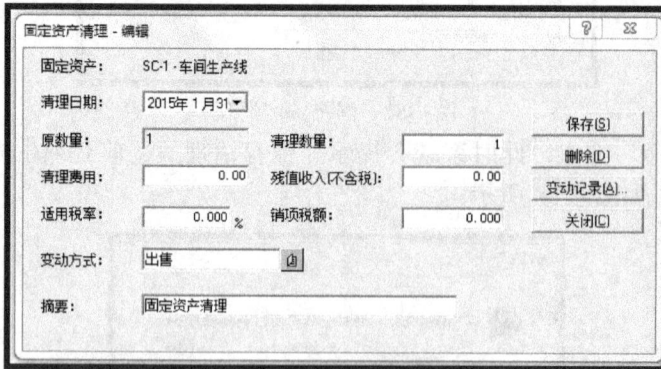

图 4-90　删除固定资产清理记录

(2) 系统提供批量清理的功能。在"固定资产系统-[卡片管理]"窗口中，通过"Shift"或"Ctrl"键选中多条需要清理的卡片，选择"变动"菜单→"批量清理"命令，弹出"批量清理"对话框,录入"清理数量"、"残值收入"、"清理费用"、"变动方式"等内容后,单击"确定"按钮,即可完成批量清理。

子任务五　固定资产变动

固定资产变动是指除固定资产增加和清理之外的其他变动业务,包括固定资产价值信息变动和非价值信息变动两个方面。固定资产价值信息变动包括固定资产原价值、固定资产折旧方法、预计使用寿命、预计净残值等折旧要素的调整,并经有关部门批准备案后,系统从下期开始将按变动后的折旧要素集体提折旧;固定资产非价值信息变动是指固定资产的使用情况、使用部门、存放地点等发生变动,这时也需要在固定资产管理系统中通过系统提供的"变动"功能,将变动的信息录入到系统中,以确保固定资产数据的正确性,便于以后的跟踪管理。

【任务 4-3-3】

上海华商有限公司固定资产"小汽车"的管理部门由"多个"管理部门转为"单一"人事部,费用科目改为"单一"管理费用。

【操作向导】

(1) 在金蝶 K/3 主界面中,选择"财务会计"→"固定资产管理"→"业务处理"→"变动处理"命令,在弹出的"过滤"对话框中设置好过滤条件后,单击"确定"按钮,进入"固定资产系统-[卡片管理]"窗口。

(2) 选择要变动的卡片(黄色背景的),选择"变动"菜单→"变动"命令或单击工具栏中的"变动"按钮,在弹出的"卡片及变动-新增"对话框中选择要变动的项目进行修改。注意:固定资产编码是不允许变动的,另外涉及原值、累计折旧、减值准备、预计净残值、使用寿命等折旧要素变动时,可能还需要考虑是否有必要对折旧公式进行相应的变动。

(3) 数据修改完成并检查无误后,如图 4-91 所示,单击"确定"按钮。注意,如果当期该卡片已经计提过折旧,则还需要重新计提折旧。

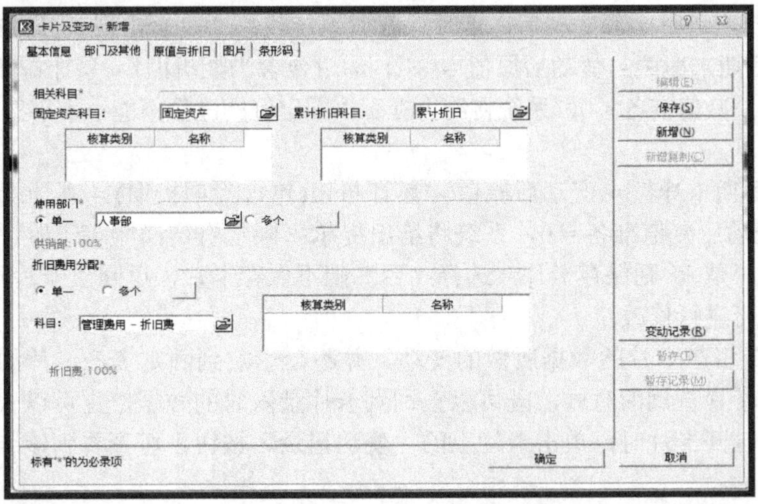

图 4-91　固定资产变动(1)

(4) 在"固定资产系统-[卡片管理]"窗口中，将增加刚才的变动记录(卡片记录的"摘要"栏显示为"变动")，如图 4-92 所示。

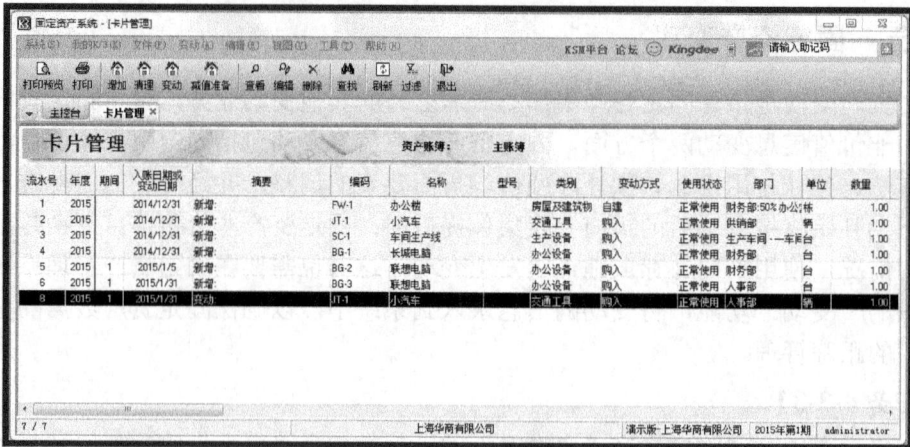

图 4-92　固定资产变动(2)

【温馨提示】

① 针对以前会计期间入账的固定资产卡片资料的变动(不包括固定资产的清理、报废、盘亏、投资转出等减少业务)，对当期录入的固定资产卡片，不能在当期变动，可直接通过"编辑"功能修改卡片数据。

② 固定资产管理系统支持在一个会计期间内对同一固定资产卡片进行多次变动，但实际上是在原变动记录上的修改，最终在同一期间只产生一条变动记录。

【说明与分析】

(1) 系统的"批量变动"功能可以提高工作效率，即多张卡片发生变动的内容相同时，可以通过"批量变动"功能实现。在"固定资产系统-[卡片管理]"窗口中，通过"Shift"或"Ctrl"键选择多条需要变动的卡片。选择"变动"菜单→"批量变动"命令，弹出"批量变动"对话框，录入相关变动内容后，单击"确定"按钮即可完成批量变动。

(2) 固定资产进行金额变动后，卡片保存时系统将判断是否出现负净额或零的情况：

① 变动后期末净额 = 变动后原值 − 累计折旧(包含当期折旧) − 累计折旧调增 + 累计折旧调减 − 变动后减值准备 < 0，系统将给出提示"固定资产净额不能小于零"，系统不允许保存卡片。

② 变动后期末净额 = 变动后原值 − 累计折旧(包含当期折旧) − 累计折旧调增 + 累计折旧调减 − 变动后减值准备 = 0，系统将给出提示"固定资产净额等于零，是否继续？"如果用户选择"是"，则保存卡片，选择"否"则不保存卡片，返回"卡片及变动 − 新增"对话框，用户可进行修改。

(3) 对固定资产卡片的数据所做的变动，并不会影响到固定资产卡片的历史数据，在进行固定资产卡片查询的时候，既可以查询到卡片录入时的数据，也可以查看到每期变动时的数据。当打开卡片时，单击卡片上的"变动记录"按钮，可查看到该卡片的所有变动数据。

(4) 固定资产卡片可以拆分，方便今后进行部分变动处理。在"固定资产系统-[卡片管理]"窗口中，选择成批、成套管理的固定资产卡片，再选择"变动"菜单→"拆分"命令，弹出"卡片拆分"对话框，如图 4-93 所示，设置相应参数后，单击"确定"按钮即可。

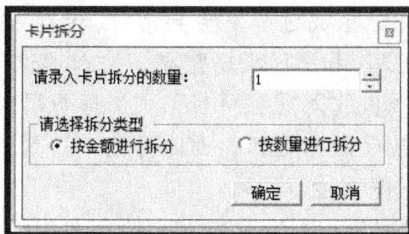

图 4-93　卡片拆分

子任务六　凭证管理

金蝶 K/3 固定资产管理系统除了完成对固定资产增加、变动、减少等业务，进行折旧计提和费用分摊外，还提供了"凭证管理"功能，依据会计制度和准则的规定，完成对前述业务的会计核算处理。固定资产管理系统生成的凭证将自动传递到总账系统，实现财务业务的一体化管理，保证固定资产管理系统和总账系统的数据相符。

【任务 4-3-4】

将【任务 4-3-1】中新增固定资产和【任务 4-3-2】中报废固定资产的卡片业务在固定资产管理系统中生成凭证。

【操作向导】

(1) 在金蝶 K/3 主界面中，选择"财务会计"→"固定资产管理"→"业务处理"→"凭证管理"命令，弹出的"凭证管理-过滤方案设置"对话框，设置好过滤条件后，单击"确定"按钮，弹出"固定资产系统-[凭证管理]"窗口。

(2) 选择"文件"菜单→"选项"命令，弹出"凭证管理-选项方案设置"对话框，进行异常处理设置后(如图 4-94 所示)，单击"确定"按钮即可。

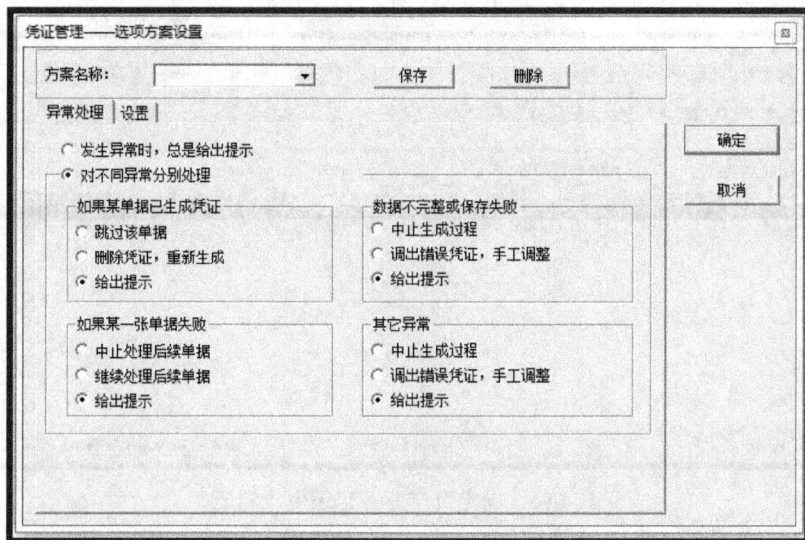

图 4-94　凭证管理选项方案设置

【温馨提示】

"凭证管理-选项方案设置"对话框中要完成两方面的设置：

① 异常处理。用户可在凭证生成过程发生异常时，选择"发生异常时，总是给出提示"，或选择"对不同异常分别处理"。用户可根据需要，按选项说明设置即可。

② 设置。设置对应的"残值收入对应科目"、"清理费用对应科目"、"减值准备对方科目"，这几项科目不必分别对应于股东资产，因此可统一设置，以确保固定资产清理和减值准备处理在生成凭证时的数据完整性。

(3) 在"固定资产系统-[凭证管理]"窗口中，选择要生成凭证的固定资产业务记录(可通过"Shift"或"Ctrl"键，用鼠标选择多行数据)，选择"编辑"菜单→"按单生成凭证"命令或单击工具栏中的"按单"按钮，弹出"凭证管理——按单生成凭证"对话框，如图4-95 所示。

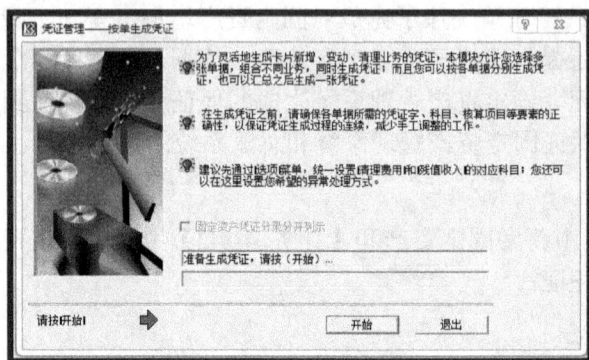

图 4-95　凭证管理——按单生成凭证

(4) 单击"开始"按钮，系统会根据变动方式类别中的设置生成记账凭证。如果在基础资料中预设的科目不完整，系统会提示并弹出凭证由用户修改。

(5) 修改完毕后，单击"保存"按钮即可生成凭证。固定资产业务记录生成凭证后，其颜色改变并且显示其凭证字号，如图4-96 所示。

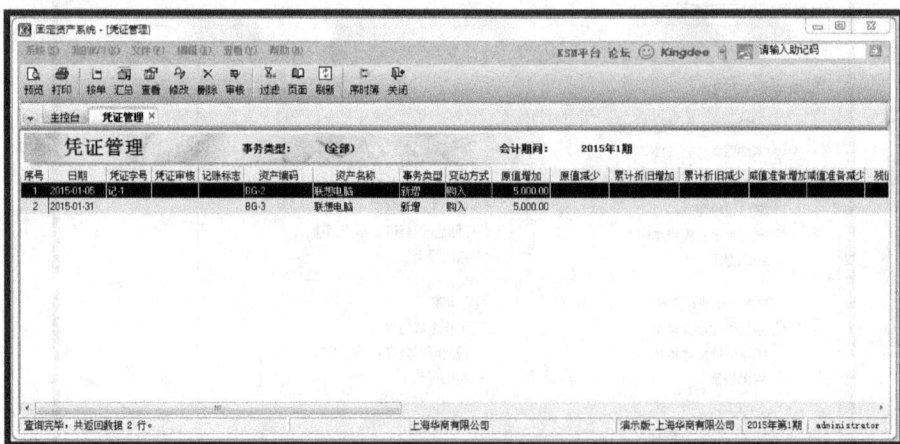

图 4-96　固定资产业务记录生成凭证

在"固定资产系统-[凭证管理]"窗口中，系统提供了一些与凭证相关的功能按钮，其说明如表4-17 所示。

表 4-17 "固定资产系统-[凭证管理]"功能按钮说明

功能按钮	说 明
按单生成凭证	可以一次同时选择一条或多条固定资产记录，分别单个生成一张或多张固定资产凭证并传到总账系统
汇总生成凭证	可以一次同时选择一条或多条固定资产记录，汇总生成一张固定资产凭证并传到总账系统。当通过"汇总"功能生成凭证时，系统还提供参数选项"固定资产分录分开列示"，选择该选项后，系统生成凭证，不会把多张卡片的固定资产金额汇总，不会只显示一条固定资产汇总金额分录，而是将多个固定资产分开显示，方便用户查看
修改凭证	对已生成但尚未过账、审核的固定资产凭证进行修改
删除凭证	对已生成但尚未过账、审核的固定资产凭证进行删除。用户只能删除自己制作的凭证，不能删除别人制作的凭证
查看凭证	查看已生成的固定资产凭证
审核凭证	对已生成的固定资产凭证进行审核。审核人和制单人不能为同一人

【温馨提示】

① 固定资产卡片按单生成凭证时，凭证摘要内容的自动取值规则默认为：变动方式+资产名称。如某一固定资产卡片，其"变动方式"为"购入"，"资产名称"为"小汽车"，则其固定资产卡片按单生成凭证后，系统默认的"摘要"为"购入-小汽车"。

② 固定资产卡片汇总生成凭证时，若选择"固定资产分录分开列示"，则系统在生成凭证时，凭证摘要内容的自动取值规则默认为：变动方式+资产名称；若未选择"固定资产分录分开列示"，则系统在生成凭证时，凭证摘要内容的自动取值规则默认为变动方式。

子任务七 凭证查询

生成凭证后，若要对凭证进行查询或编辑，需要在"固定资产系统-[会计分录序时簿]"窗口中进行操作。

【操作步骤】

在"固定资产系统-[凭证管理]"窗口中，选择"查看"菜单→"序时簿"命令或单击工具栏中的"序时簿"按钮，弹出"会计分录序时簿过滤"对话框，设置完毕后，单击"确定"按钮，进入"固定资产系统-[会计分录序时簿]"窗口，在此窗口中可以查看凭证的详细内容，如图 4-97 所示。

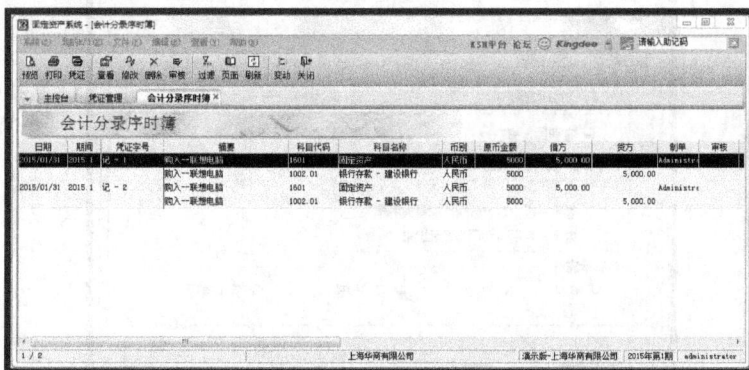

图 4-97 凭证查询

【温馨提示】

① 在"固定资产系统-[会计分录序时簿]"窗口中，同样可以查看、修改、删除、审核和反审核凭证，也可以设置过滤条件过滤出自己所需的凭证。

② "固定资产系统-[会计分录序时簿]"窗口和"固定资产系统-[凭证管理]"窗口可以随时切换。在"固定资产系统-[会计分录序时簿]"窗口中，选择"查看"菜单→"变动业务"命令或单击工具栏中的"变动"按钮，可切换到"固定资产系统-[凭证管理]"窗口；在"固定资产系统-[凭证管理]"窗口中，单击工具栏中的"序时簿"按钮，可以切换到"固定资产系统-[会计分录序时簿]"窗口。

子任务八　报表账簿查询

除了提供完整的固定资产业务处理，金蝶 K/3 固定资产管理系统还提供了丰富的统计报表和管理报表，帮助企业从多角度查询固定资产信息，进行资产统计分析及各种资产折旧费用和成本分析，并为企业进行固定资产投资、保养、修理等提供决策依据。系统提供查询的报表主要包括：固定资产清单、固定资产变动及结存表、固定资产明细账、折旧明细账和资产构成表。

1. 固定资产清单

固定资产清单提供对指定期间，企业各类固定资产信息的详细查询，并可按固定资产类别、使用部门、存放地点、经济用途、变动方式、使用状态等参数进行多级汇总(要能进行多级汇总设置，必须要先设置按项目升序或降序排序)。固定资产清单上的数据来源于固定资产卡片和折旧计提的数据。

【操作步骤】

(1) 在金蝶 K/3 主界面中，选择"财务会计"→"固定资产管理"→"统计报表"→"资产清单"命令，弹出"固定资产清单-[方案设置]"对话框，该对话框有三个选项卡，在这三个选项卡中可设置清单查询方案，并可保存为固定方案，以备使用。设置方案如图 4-98 所示。

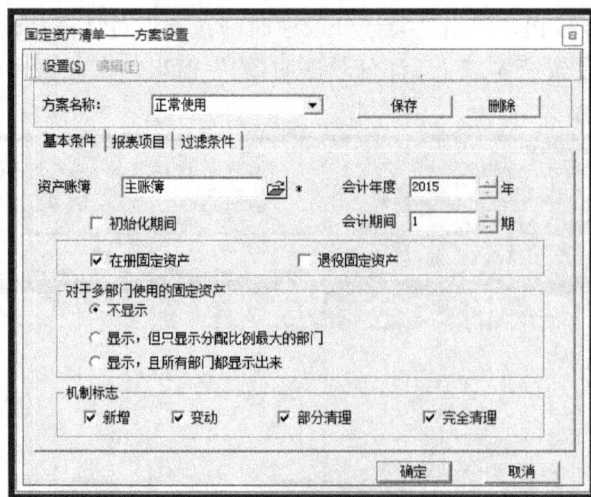

图 4-98　固定资产清单——方案设置

(2) 单击"确定"按钮，弹出"固定资产系统-[固定资产清单]"窗口，如图 4-99 所示。

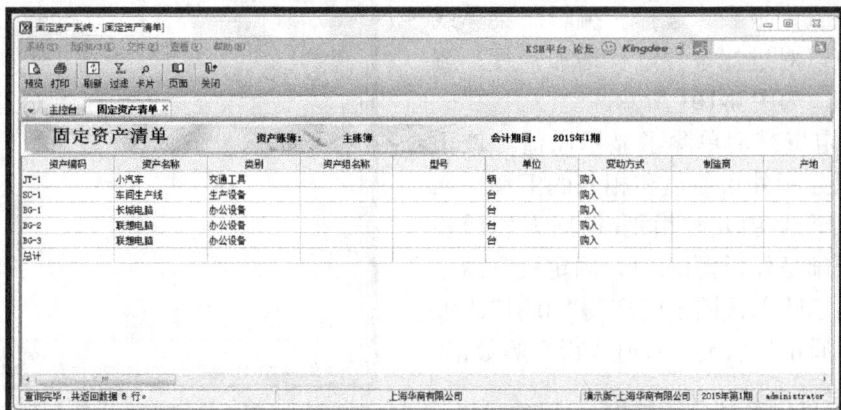

图 4-99　固定资产系统—[固定资产清单]

(3) 在"固定资产系统-[固定资产清单]"窗口中，选择要查看的固定资产，选择"查看"菜单→"查看卡片"命令或单击工具栏中的"卡片"按钮，弹出"卡片及卡片变动-[查看]"对话框，查看该固定资产更全面的信息。

【说明与分析】

(1) 固定资产清单与会计分录序时簿的不同之处在于：固定资产清单是查看某一期间企业固定资产的信息，并可从不同角度进行多级汇总和排序；会计分录序时簿是从卡片记录角度，显示一个或多个期间的卡片记录(包括制单人、审核人等信息)，若某一项固定资产发生多次变动，将以不同的记录显示出来。

(2) 在"固定资产清单-方案设置"对话框中的"基本条件"选项卡中，主要包括"会计期间"、"在册固定资产"、"退役固定资产"、"机制标志"等选项，各选项可以任意组合。如果同时选择"在册固定资产"和"退役固定资产"，就包含了所有固定资产的卡片信息。

(3) 在"报表项目"选项卡中，可以设置项目是否排序，是否显示、是否小计及多级汇总等内容，只有参与排序的项目才能进行小计和多级汇总，如图 4-100 所示。

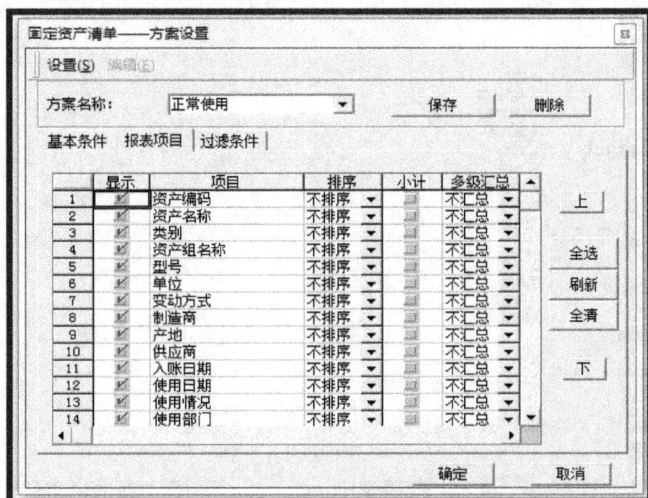

图 4-100　固定资产清单查询项目设置

(4) 在"过滤条件"选项卡中，可以设置不同的条件查询报表。选择"编辑"菜单或单击右键可以对过滤条件进行增加一行、删除行等操作，如图 4-101 所示。

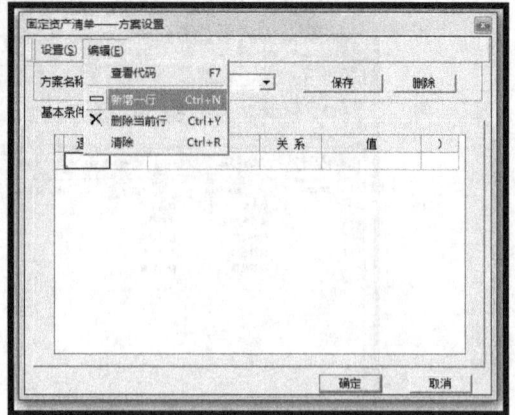

(5) 固定资产清单除了显示原值本位币外，还可以显示外币原值和相应的汇率。当某一固定资产是由几种币别(包括人民币和外币或者全部是外币)购入时，固定资产清单可以分别显示购入该固定资产的"币别"、"汇率"、"原值原币"以及"原值本币"等数据。

图 4-101　固定资产清单查询过滤条件

2. 固定资产变动及结存表

固定资产变动及结存表反映指定会计期间，企业固定资产的变动(包括增加和减少)金额以及当期结存金额，同时对于当期新增、当期又减少的固定资产，在该表中会包含这一进一出的数据。该表是根据固定资产卡片、固定资产变动和清理、减值准备计提折旧等综合统计编制而成的。

【操作步骤】

在金蝶 K/3 主界面中，选择"财务会计"→"固定资产管理"→"管理报表"→"固定资产变动及结存表"命令，弹出"固定资产变动及结存表-[方案设置]"对话框，在该对话框中进行过滤条件的设置后，单击"确定"按钮，可查询固定资产变动及结存表，如图 4-102 所示。

图 4-102　固定资产变动及结存表

【温馨提示】

固定资产变动及结存表提供跨期查询和分录别明细查询的功能。

3. 固定资产明细账

固定明细账用于查询一个或多个会计期间，固定资产业务的财务数据，同时在当期进行凭证处理，还可以查询对应的凭证信息。

【操作步骤】

在金蝶 K/3 主界面中，选择"财务会计"→"固定资产管理"→"管理报表"→"固定资产明细账"命令，弹出"固定资产及累计折旧明细账-[方案设置]"对话框，在该对话框进行过滤条件(方法同固定资产清单)的设置后，单击"确定"按钮，可查询固定资产及累计折旧明细账，如图 4-103 所示。

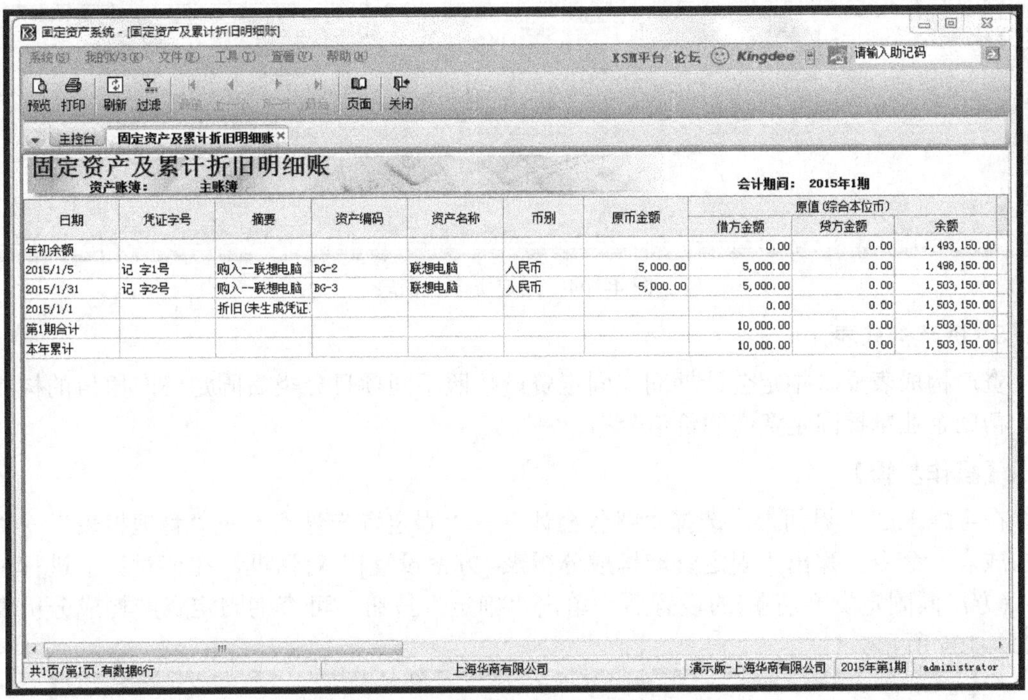

图 4-103　固定资产及累计折旧明细账

【温馨提示】

① 在该账簿中，主要可查询凭证信息。

② 该账簿可按类别(包括代码和名称)、部门、卡片查询不同会计期间的资产、折旧情况，同时还反映当期新增和减少的固定资产明细的增减过程。该账簿可选择按部门、类别、卡片设置过滤条件，显示明细账。

③ 固定资产明细账包括了"原值"、"累计折旧"、"净值"等各项信息，这在总账系统中是无法实现的。

4. 折旧明细表

折旧明细表用于查询各项固定资产的价值及折旧信息，可按类别、使用部门、存放地点、经济用途、变动方式和使用状态等项目的级次设置进行多级汇总。

【操作步骤】

在金蝶 K/3 主界面中，选择“财务会计”→“固定资产管理”→“管理报表”→“折旧明细表”命令，弹出“固定资产折旧表-[方案设置]”对话框，在该对话框进行过滤条件(方法同固定资产清单)的设置后，单击“确定”按钮，可查询固定资产折旧明细表，如图 4-104 所示。

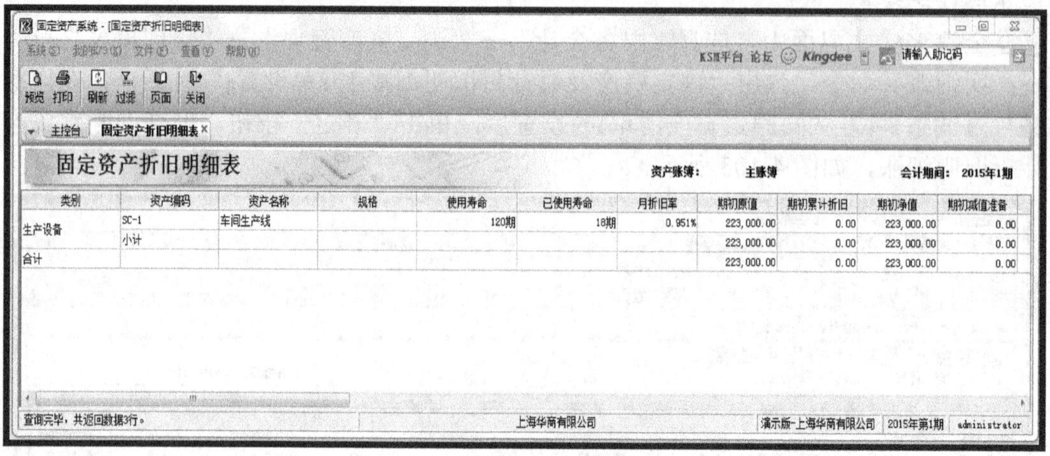

类别	资产编码	资产名称	规格	使用寿命	已使用寿命	月折旧率	期初原值	期初累计折旧	期初净值	期初减值准备
生产设备	SC-1	车间生产线		120期	18期	0.951%	223,000.00	0.00	223,000.00	0.00
	小计						223,000.00	0.00	223,000.00	0.00
合计							223,000.00	0.00	223,000.00	0.00

图 4-104　固定资产折旧表

5. 资产构成表

资产构成表反映指定会计期间，固定资产按照不同项目分类后固定资产原值的构成比例，帮助企业掌握固定资产的价值分布。

【操作步骤】

在金蝶 K/3 主界面中，选择“财务会计”→“固定资产管理”→“管理报表”→“资产构成表”命令，弹出“固定资产构成分析表-[方案设置]”对话框，在该对话框进行过滤条件(方法同固定资产清单)的设置后，单击“确定”按钮，可查询固定资产构成分析表，如图 4-105 所示。

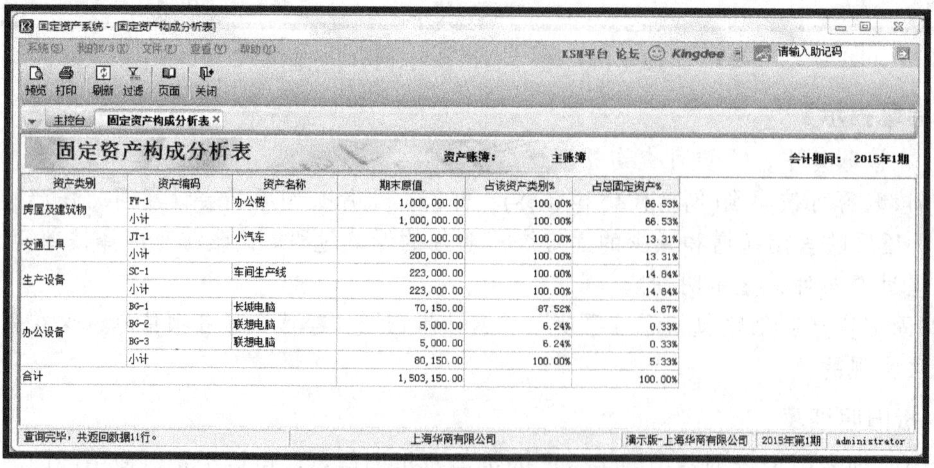

资产类别	资产编码	资产名称	期末原值	占该资产类别%	占总固定资产%
房屋及建筑物	FW-1	办公楼	1,000,000.00	100.00%	66.53%
	小计		1,000,000.00	100.00%	66.53%
交通工具	JT-1	小汽车	200,000.00	100.00%	13.31%
	小计		200,000.00	100.00%	13.31%
生产设备	SC-1	车间生产线	223,000.00	100.00%	14.84%
	小计		223,000.00	100.00%	14.84%
办公设备	BG-1	长城电脑	70,150.00	87.52%	4.67%
	BG-2	联想电脑	5,000.00	6.24%	0.33%
	BG-3	联想电脑	5,000.00	6.24%	0.33%
	小计		80,150.00	100.00%	5.33%
合计			1,503,150.00		100.00%

图 4-105　固定资产构成分析表

任务四　工资系统日常业务处理

在企业中，工资核算是一项工作量大、准确性要求高、涉及面广的工作。每月计算工资、编制工资报表工作耗用了会计人员大量的时间和精力。金蝶企业级财务软件提供了工资库处理功能，它可以进行分工操作与集权控制，自动进行工资费用分配、自动计提福利费、工会经费，并自动生成转账凭证，同时可以自动计提个人所得税，进行银行代发，大大减轻了会计人员的工作量，提高了工作效率。

子任务一　工资录入

在工资项目及工资计算公式这些相对固定的基础数据设定后，工资系统的日常业务便是工资数据的录入及计算。

【任务 4-4-1】

以上海华商有限公司的行政人员为例，录入这些部门人员本月份的工资数据，数据如表 4-18 所示。

表 4-18　工　资　数　据

部门代码	部门名称	职员代码	职员姓名	基本工资	奖金
01	人事部	004	何亮	3150.00	560.00
02	财务部	001	于洋	3200.00	600.00
		002	李霞	2980.00	500.00
		003	韩语	2850.00	450.00
03	办公室	006	李明	2100.00	550.00
04	供销部	005	张涛	2870.00	450.00

【温馨提示】

根据我们之前定义的计算公式，系统将根据"基本工资"自动计算出"补贴"值，同时我们还需要"应发合计"及"实发合计"这两个项目，它们可以通过公式计算出来。对于所得税，我们还需要"代扣税"这个项目，当然别的项目或者自己再新增一个工资项目也是可以的。

【操作步骤】

(1) 选择"人力资源"→"工资管理"→"工资业务"→"工资录入"命令。

(2) 当第一层次进入"工资录入"时，系统首先要求建立一个过滤方案，如图 4-106 所示。

(3) 单击"增加"按钮，在弹出的对话框中设置过滤方案的具体参数，如图 4-107 所示，包括基本信息、条件以及排序等栏目；也可通过"导入"按钮从其他工资类别中导入已定义好的过滤方案。

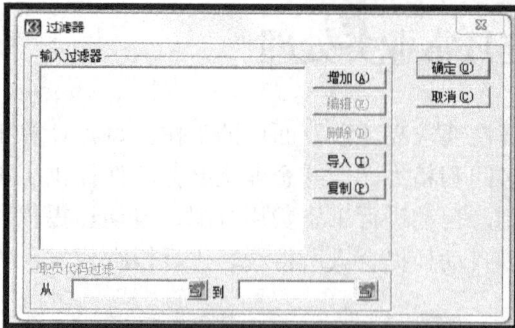

图 4-106　工资录入过滤器

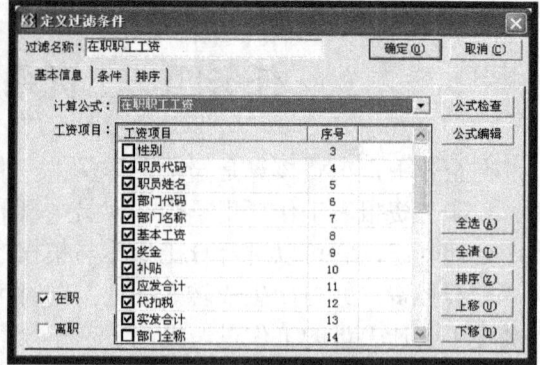

图 4-107　工资录入过滤器编辑

【分析与说明】

"工资录入定义过滤条件"主要参数说明如表 4-19 所示。

表 4-19　　"工资录入定义过滤条件"参数说明

参　　数	说　　明
过滤名称	根据需要直接手工录入
工资项目	选择工资录入时显示的项目,只在选择的项目前打钩
计算公式	可以在下拉框处选择,即之前已经定义好的公式,如果没有用户需要的公式,可以单击"公式编辑"按钮进行设置
公式检查	检查公式设置是否正确,等同于公式设置的检查按钮
条件	设置过滤条件

(4) 如果已定义好过滤方案,则可以在图 4-108 中选择对应的方案,再单击"确定"按钮即可进入"工资数据录入"窗口,录入职员的工资数据,再单击工具栏上的"保存"按钮进行数据保存。

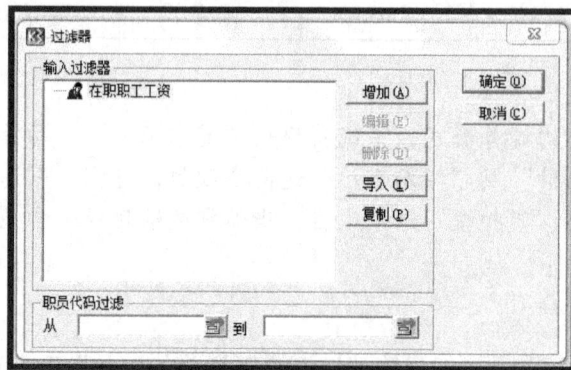

图 4-108　选择职工工资方案

【温馨提示】

在录入工资时我们可以看到有的工资项目为浅黄色,有的为纯白色,如果这个项目是通过公式计算出来,则系统不允许录入,状态为浅黄色,当颜色为纯白色状态时,系统才允许录入工资数据。

【分析与说明】

"工资数据录入"主要参数说明如表 4-20 所示。

表 4-20 "工资数据录入"参数说明

参 数	说 明
数据复制	可以把以往期间的工资项目数据复制到指定的工资项目中
同步职员属性	如果想要将人力资源中修改的职员信息同步到工资计算中,需要使用"同步"命令。若在工资计算中已经计算了工资结果,但未经过审核时在工资系统进行职员信息修改或者将人力资源系统中的职员信息同步到工资系统的职员管理中,该部分的职员信息修改不会在当期的工资计算中体现,只会在当期的工资计算审核结账之后的下一期工资计算中体现
审核/复审	对当前录入的工资数据进行审核,可以选择多个进行批量审核;只有审核后的工资记录才能进行复审
重新计算	利用已定义设置的计算公式,对录入的工资数据进行计算

子任务二 工资计算

我们已经知道在工资录入时可以通过菜单中的"重新计算"命令来计算已定义好的公式,同时系统提供了专门的"工资计算"明细功能。

【操作步骤】

选择"人力资源"→"工资管理"→"工资业务"→"工资计算"命令,进入"工资计算向导"对话框,如图 4-109 所示。选择工资录入中所定义的过滤方案,再单击"下一步"按钮便可完成公式的计算。

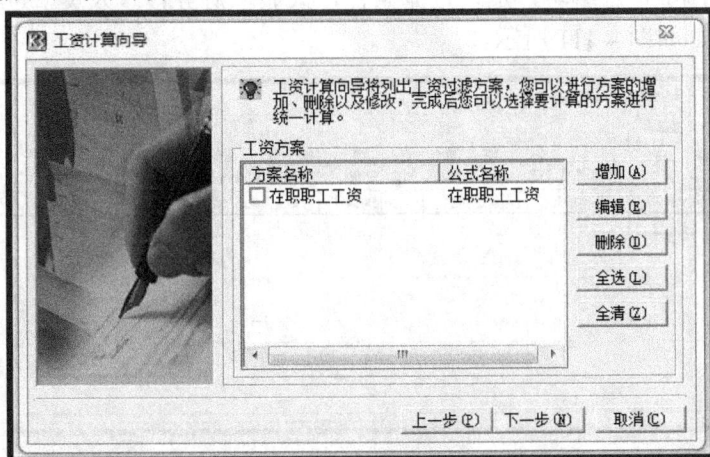

图 4-109 工资计算向导

【温馨提示】

公式计算完毕后,再次进入工资录入窗口便会发现公司所定义的公式已经计算完毕,并且反映到具体的工资项目中,如图 4-110 所示。

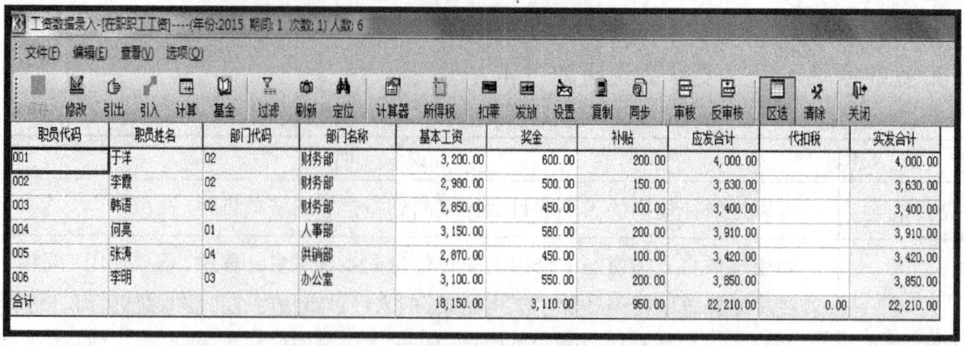

职员代码	职员姓名	部门代码	部门名称	基本工资	奖金	补贴	应发合计	代扣税	实发合计
001	于洋	02	财务部	3,200.00	600.00	200.00	4,000.00		4,000.00
002	李霞	02	财务部	2,980.00	500.00	150.00	3,630.00		3,630.00
003	韩语	02	财务部	2,850.00	450.00	100.00	3,400.00		3,400.00
004	何亮	01	人事部	3,150.00	560.00	200.00	3,910.00		3,910.00
005	张涛	04	供销部	2,870.00	450.00	100.00	3,420.00		3,420.00
006	李明	03	办公室	3,100.00	550.00	200.00	3,850.00		3,850.00
合计				18,150.00	3,110.00	950.00	22,210.00	0.00	22,210.00

图 4-110　计算完毕的工资录入界面

子任务三　所得税计算

一般情况下，企业需要对个人所得税进行代扣代缴的业务处理。工资管理系统中提供了个人所得税的处理功能。所得税计算即按照税法规定，对公司员工的个人所得收入进行所得税的计算，可根据需要设置多种计税方案，以满足核算的需要。

1. 所得税设置

【任务 4-4-2】

假设上海华商有限公司的工资所得税以“应发合计”作为所得税计算的工资项目，同时税率及速算扣除以金蝶 K/3 系统提供的税率为准，同时设置其他基本扣除 3500 元，学习所得税设置的步骤。

【操作步骤】

(1) 选择“人力资源”→“工资管理”→“工资业务”→“所得税计算”命令，在弹出的过滤方案窗口中进行编辑，加入过滤条件，只显示财务行政人员，进入“个人所得税数据录入”窗口，如图 4-111 所示。

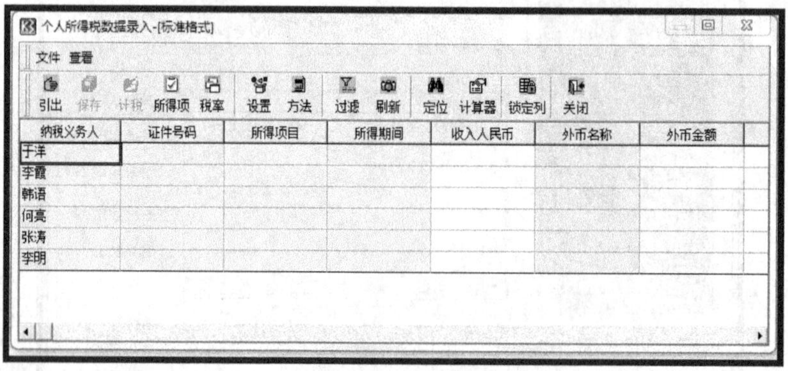

图 4-111　所得税设置及录入

【温馨提示】

在过滤方案窗口中，加入过滤条件的方法和工资录入的操作步骤相同，可以单击“增加”和“编辑”按钮，增加新的所得税过滤器或修改现有的所得税过滤器，所得税过滤器可以设置过滤条件和排序字段，同时可设置多种方案，以满足核算要求。

（2）如果是第一次进行个人所得税处理，首先需对个人所得税的参数方法进行初始设置。单击"个人所得税数据录入"窗口中的"方法"按钮，弹出如图 4-111 所示的窗口，可以根据企业发放工资的实际情况，设置所得税的计算方法，本案例中以"期间"作为计提标准，如图 4-112 所示。

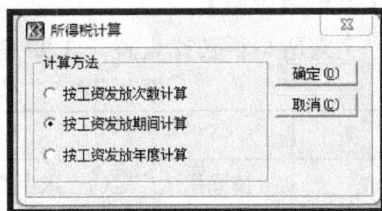

图 4-112　所得税计算方法

【分析与说明】

"所得税计算"主要参数说明如表 4-21 所示。

表 4-21　"所得税计算"参数说明

参　数	说　　明
按工资发放次数计算	以本次工资计算数据为基数进行所得税计算
按工资发放期间计算	如果是按照月份来计税，且一月多次发放工资时，则存在一个汇缴差额(如果是一月一次计税，则不存在这个问题，一次的数据就是一月的数据，可以直接进行所得税的计算；如果是多次发放工资，则存在一个月的汇缴和几次的扣税有一个差额的情况，还有一种就是年度汇缴同月份计算出来的数据差额)。按期间汇缴时，系统将所选期间中各次发放的工资(计税项目)进行相加，根据各属的税率范围来进行计算，计算后保存。这个数据存入个人所得税表中，可以记录每月所得税的汇缴纳数据。如果一月只发一次工资，则直接计算次和月都是一样的结果
按工资发放年度计算	按年度进行汇缴时，只有少数行业才会用到，具体计算时，计算公式应是：指定计税项合计(1～12 月)，以这个基数来判断税率所在档位，计算所得税。在进行按期或是按年进行汇缴时，直接以计算所得税的工资项目计算所得税，目前系统只提供这两种汇缴的数据

（3）单击工具栏上的"设置"按钮，弹出"个人所得税初始设置"对话框，选择"编辑"选项卡进入设置窗口，单击"新增"按钮增加一个新的设置，如图 4-113 所示。

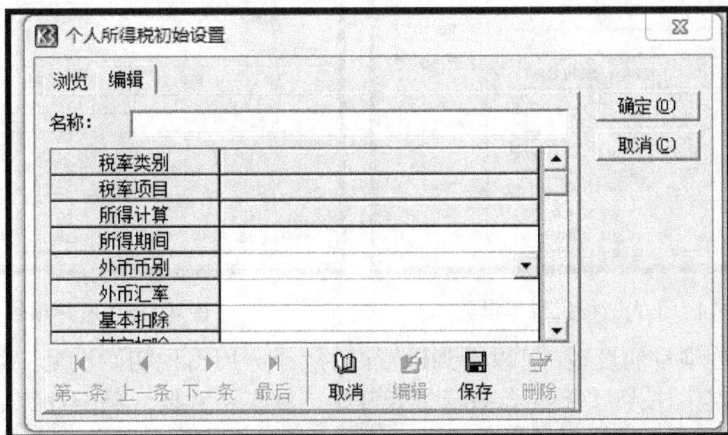

图 4-113　个人所得税初始设置

【分析与说明】

"个人所得税初始设置"主要参数说明如表 4-22 所示。

表 4-22　　"个人所得税初始设置"参数说明

参　　数	说　　明
税率类别	按照税法规定的个人所得税九级超额累进税率，分含税级距与不含税级距。(第九级由用户手工录入，由用户自己定义其上限)
税率项目	应交税项目，此处为工资或其他应交个人所得税的收入
所得计算	确定应交税项目的数据额，如应发工资项目合计
所得期间	计税所得所属期间，是个文本信息，主要用于报表展现
外币币别	所得外币的币别
外币汇率	所得外币的汇率
基本扣除	定义基本扣除数
其他扣除	定义其他的扣除数

(4) 设置税率类别：含税级距和非含税级距均为按照税法规定减除有关费用后的所得额，含税级距适用于由纳税人负担税款的工资、薪金所得，不含税的级距适用于由他人(单位)代付税款的工资、薪金所得。在图 4-113 中可以点击税率类别右边空白栏，在弹出的窗口中进行编辑新增，如图 4-114 所示。其中，所得税额＝应纳税额×该级别税率－速算扣除数。

(5) 设置税率项目：可以选择对应的工资项目，一般与所得税计算的项目一致，系统提供的"增项"和"减项"两个选项作为基数的增加或者减扣。例如，在所得项目选取"应发合计"这一工资项目做为计算所得税的计税基础，但在"应发合计"中包含了一个工资项目"补贴"可以是免税的，这个工资项目在计算所得税时扣减，这时应把"应发合计"做为增项，而"补贴"做为减项，如图 4-115 所示。

图 4-114　个人所得税税率设置　　　　　图 4-115　所得项目计算

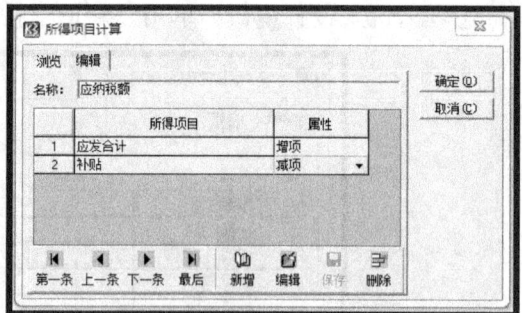

(6) 经过上述项目的设置，可以看到设置好的"个人所得税初始设置"窗口，如图 4-116 所示。单击"确定"按钮，系统会提示是否开始计算工资数据，确定计算后则返回工资数据，进一步确定是否开始计税，计算完毕后返回"个人所得税数据录入"窗口，如图 4-117 所示。在这里还可以根据需要填列其他项目(当前欠交、累计欠交等)。

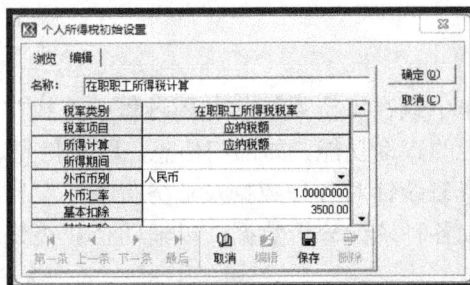

图 4-116 设置完毕的个人所得税初始设置

图 4-117 所得税计算完毕

【温馨提示】

在日常计税时，可以单击工具栏上的"所得项"及"计税"按钮分别返回工资数据并开始计税。同时所得税计算提供数据引出功能来进行电子报税接口的定义与电子报税。

2. 引入所得税

所得税计算完毕并保存后，再进入"工资业务-工资录入中引入数据"窗口。先用鼠标选定所待引入的工资项目，如"代扣税"这一列，再选择"编辑"菜单中的"引入所得税"命令或者工具栏中的"引入"按钮，将前面计算的所得税额引入至该列，引入后进行保存，如图 4-118 所示。

图 4-118 引入所得税

【温馨提示】

引入时光标应停在"代扣税"这列，否则可能不能正常引入。同时引入所得税时的"引入方式"对应所得税计算时的"计算方法"，即所得税计算时若选择"按期间进行计算"，则引入时也应选择"引入本期所得税"命令，否则不能正确引入。

子任务四　报表查询

为方便用户在日常工作中或在工资系统的使用过程中查找与工资相关的各种数据，系统针对各种信息提供了灵活的查询功能，如部门信息、职员信息、银行信息的查询。同时，为满足企业管理需要，工资系统针对各种数据及业务提供了丰富的统计分析功能，可通过系统中提供的报表及时获取各种统计分析数据，以辅助企业决策。

1. 工资发放表

【操作步骤】

(1) 选择"人力资源"→"工资管理"→"工资报表"→工资发放表"命令，首先弹出工资报表查询的过滤方案窗口，单击"增加"按钮，在弹出的过滤方案窗口中进行编辑，如图 4-119 所示。

(2) 确定相应的信息后，单击图 4-119 中的"确定"按钮返回到工资发放表的过滤器窗口，如图 4-120 所示，选择"进入默认条件"，单击"确定"按钮便返回相应的报表数据。

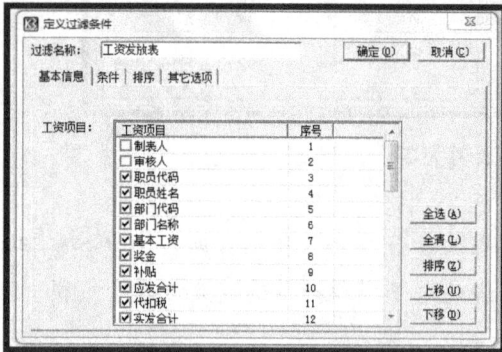

图 4-119　过滤方案编辑

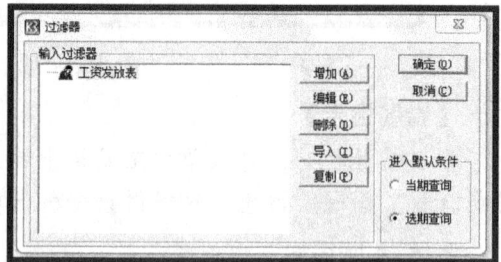

图 4-120　过滤方案及期间的选择

【温馨提示】

如果选择"当期查询"，单击"确定"按钮则直接返回当前工资系统期间的数据，否则需要进入工资发放表后确定对应的期间，在单击"刷新"按钮才会显示相应期间的数据，如图 4-121 所示。

图 4-121　工资发放表

在报表显示出来后，系统还提供了打印功能及相应的页面设置功能。

2. 工资条

工资条用于分条输出每位员工的工资数据信息。和其他报表类似，首先需要定义工资条的过滤方案，请参考工资发放表的设置方法，这里不再重复介绍。下面着重介绍工资条的主要设置参数。

【操作步骤】

选择"人力资源"→"工资管理"→"工资报表"→"工资条"命令，选择定义好的过滤方案后，单击"确定"按钮进入"工资条打印"窗口，如图 4-122 所示。

可以根据纸张的大小，设置相应的字体及列的宽度。如果使用套打，则先需要进行套打设置，选择已设置好的套打格式。普通打印可以通过列的宽度进行调整，对于设置好的格式需要通过"保存格式"按钮保存后才能生效。设置好后，单击"打印"按钮进行打印。

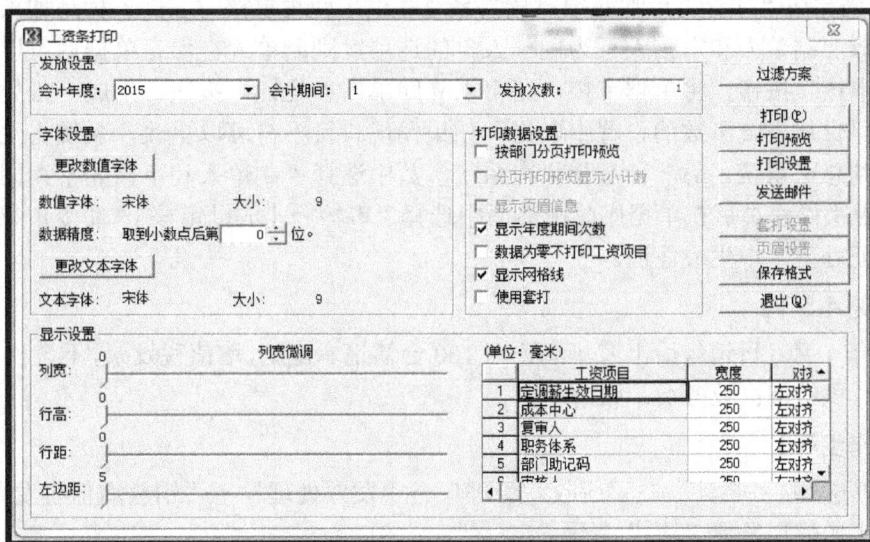

图 4-122　工资条打印设置

【温馨提示】

修改格式后不要直接退出，先打印预览再退出，修改效果才能被保存。

任务五　应收款日常业务处理

应收款管理系统能够对企业的应收款(包括应收账款、其他应收款和应收票据)进行全面的核算、管理、分析、预测和决策。本系统除了满足往来账务核算的基本功能外，还具有强大的分析管理功能，很贴近企业对应收账款实际管理的需要。

子任务一　日常单据处理

单据处理主要包括对销售发票、其他应收单、应收票据、收款单及应收退款单等几种单据进行处理。下面来说明单据处理应注意的事项。

1. 发票业务处理

应收款系统中的发票指销售发票。销售发票数据的录入方法有两种，一种是在销售系统的发票录入中输入并自动传递到应收、应付系统中；另一种是没有销售模块，直接在应收系统的"发票"功能中录入数据。

在发票序时簿中列示录入的发票单据的内容，用户可以对每一张发票进行新增、修改、删除、审核和打印等操作。如果用户购买了采购、销售模块，在该窗口还可以查看到采购、销售管理系统录入的发票，但不能对该发票进行审核、生成凭证等操作，只可以修改发票的收款计划，并且无论该发票在采购、销售管理系统是否进行了审核或生成凭证，发票在应收系统进行了核销处理后，都不能修改。

在应收款系统中所有的单据(包括发票、其他应收应付单、应收应付票据和付款单或收款单等)录入完成"保存"后都必须审核，系统提供了两种审核方法。一种是如果在系统参数中不选择"制单人和审核人不为同一人"的选项，则制单人在保存单据后可以立即单击变亮的"审核"按钮，将单据审核，还可以立即单击"凭证"按钮，生成一张凭证，凭证中的会计科目从系统参数的设置中取得，如果发现科目不符可以更改，系统将生成的凭证自动传递到总账系统。另一种是如果在系统参数中选择"制单人和审核人不为同一人"的选项，则更换操作员后在单据序时簿界面中选择"审核→[成批审核]"命令审核单据，然后在"凭证处理"中生成凭证。

【任务 4-5-1】

2015 年 1 月 6 日销售给上海华润公司 100 台笔记本电脑，增值税发票，不含税单价 3000元。部门：供销部；业务员：张涛。

【操作步骤】

(1) 单击"财务会计"→"应收款管理"→"发票处理"→"销售增值税发票-新增"，进入"销售增值税发票-新增"界面。

(2) 录入相应的信息并保存，再单击"审核"按钮进行审核，如图 4-123 所示。

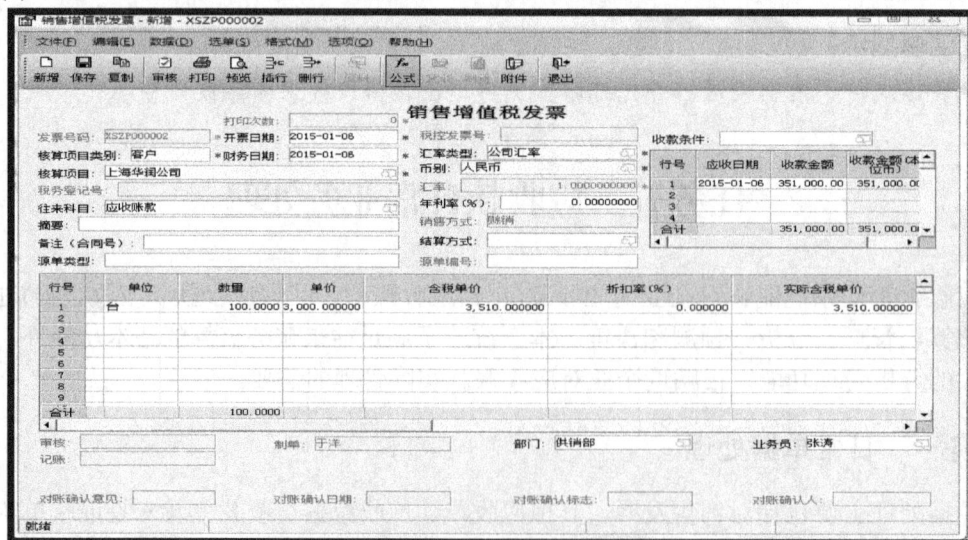

图 4-123　日常销售增值税发票新增

2. 其他应收单

其他应收单主要是系统根据相关票据自动生成，分为六种类型，分别是其他应收单、期末调汇、退票回冲单、应收款转销、应收票据转出和应收票据背书。核算项目类别可以选择"客户"、"供应商"、"部门"、"职员"，即可以应用到客户之外的其他应收应付业务。

【操作步骤】

单击"财务会计"→"应收款管理"→"其他应收单"→"其他应收单-维护"，进入"其他应收单序时簿"界面，用户可以对每一张应收、应付单进行新增、删除、审核、生成凭证等操作，如图 4-124 所示。

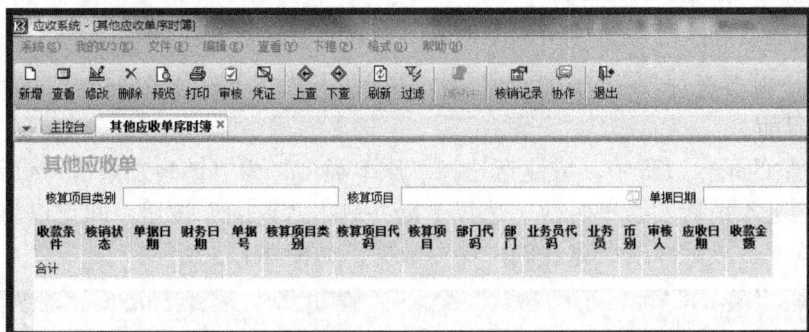

图 4-124 其他应收单序时簿

【温馨提示】

其他应收单分为不同的类型，每种类型的具体说明如下：

① 其他应收单：是由普通应收单，手工录入或销售系统的费用发票所生成的。不能对销售系统费用发票生成的其他应收单进行删除处理，也不能进行生成凭证操作，只能审核和反审核已经关联凭证的操作。如要删除该单据，只能在销售模块中进行。

② 应收款转销：两种来源，一种是应收款转销时生成其他应收单，不能对此类其他应收单进行删除及修改金额、币别、汇率的处理，也不能进行生成凭证操作。如果需要删除该单据，在核销日志中反审核即可。但如果该其他应收单已进行了审核，则必须先取消审核。该其他应收单对应的凭证字号自动取应收款转销生成的凭证字号。如果该其他应收单未审核，则应收款转销不能进行生成凭证操作。另一种是手工录入，但建议不要手工录入该类型单据。

③ 应收票据背书、转出：即对应收票据到期收不到款等情况进行转出处理时，系统会生成单据类型是"应收票据转出"或者"应收票据背书"的其他应收单。系统不能对此类其他应收单进行删除、修改金额、币别和汇率的处理，也不能进行生成凭证操作。如果要删除该单据，只能在应收票据中进行"取消处理"的操作。如果该其他应收单进行了审核，则必须先取消审核。该其他应收单对应的凭证字号自动取应收票据转出或应收票据背书处理时生成的凭证字号。如果该其他应收单未审核，则应收票据转出或者应收票据背书处理不能进行生成凭证操作。建议不要手工录入该类型单据。

④ 退票回冲单：期初应收票据退票生成。不能对此类其他应收单进行删除及修改期金额、币别和汇率的处理，也不能进行生成凭证操作。如果需要删除该单据，在核销日志中反核销即可。但如果该其他应收单已进行了审核，则必须先取消审核。该其他应收单对应

的凭证字号自动取期初应收票据退票生成的凭证字号。如果该其他应收单未审核，则期初应收票据不能进行生成凭证操作。建议不要手工录入该类型单据。

3. 收款单

收款单主要是用来对收款单进行各种维护，如新增、修改、删除等。根据票据处理生成或其他处理系统自动生成，应收票据不允许在这里修改、删除。

【任务 4-5-2】

2015 年 1 月 15 日收到销售给上海华润公司 100 台笔记本电脑的款项。制作收款单，结算方式：电汇；金额：35 100。

【操作向导】

(1) 选择"财务会计"→"应收款管理"→"收款"→"收款单-新增"命令，进入"收款单-新增"界面。

(2) 在收款的录入过程中，应注意选择"原单类型"为"销售发票"，然后在"原单编号"处双击，进入销售发票序时簿，选择单据并单击"返回"按钮，即可以将该发票信息关联到收款单上。然后修改结算金额，保存数据，如图 4-125 所示。

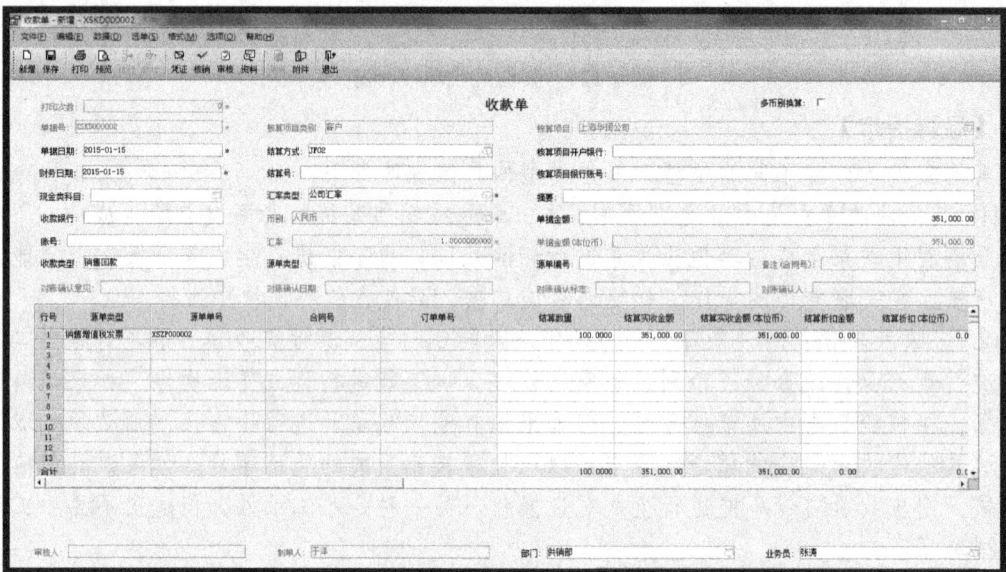

图 4-125　收款单新增

(3) 可以及时完成单据审核。审核后系统自动完成核销工作(由系统参数进行控制)，生成收款单，如图 4-126 所示。也可以单击"凭证"按钮及时生成该笔业务凭证。

图 4-126　收款单审核成功

【例 4-5-3】

2015 年 1 月 12 日收到北京长城公司现金 5000，制作预收款。

【操作向导】

(1) 单击"财务会计"→"应收款管理"→"收款"→"预收单-新增"命令，进入"预收单-新增"界面，如图 4-127 所示。

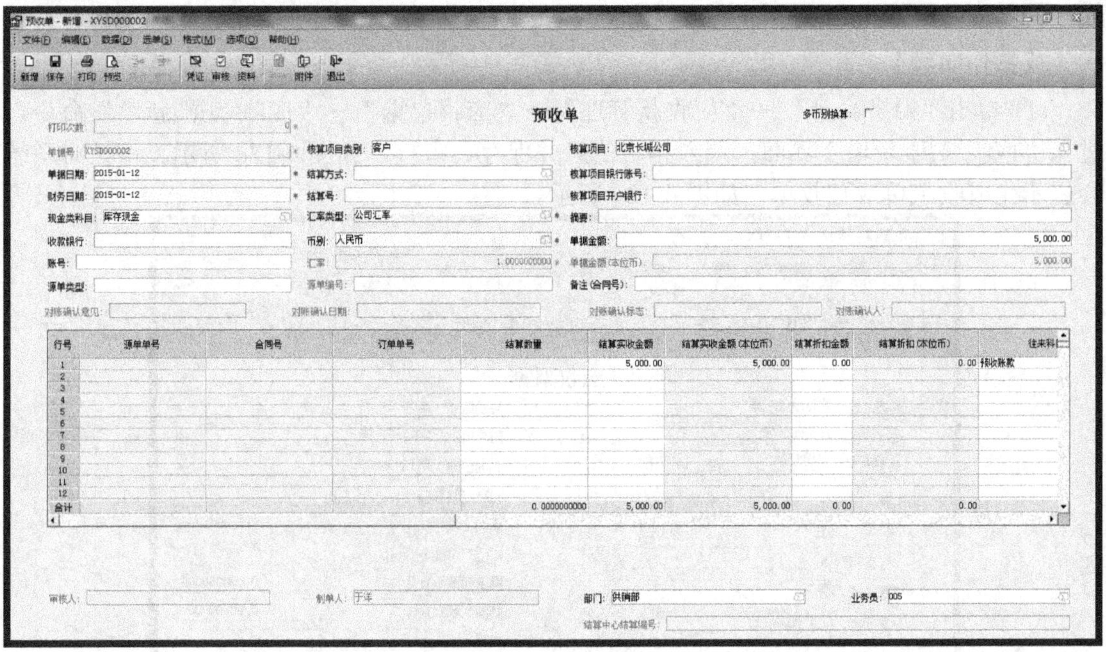

图 4-127　预收单新增

(2) 录入相应的信息后审核。也可单击"凭证"按钮及时对该笔业务生成凭证。

【温馨提示】

生成凭证时，如果科目等信息不完整需进行补充。

4. 退款单

退款单据在应收款系统中是用来处理退还多收客户货款的业务。可理解为收款单的相反单据，退款单的处理与收款单基本相同，不再赘述。

【温馨提示】

① 选择单据序时簿界面中的"编辑→凭证信息"命令，打开"凭证信息"对话框，通过它可以直接关联总账中的凭证，以避免一些重复入账的情况，如购买固定资产发生应收账款，由于固定资产已生成凭证，则做应收单后，只需关联固定资产生成的凭证即可。

② 除应收票据外，在录入单据的界面都可以直接生成凭证。

③ 除票据外，都可成批审核与成批反审核，但只对当前期间和以后期间单据有效。

④ 所有单据都提供了复制功能，输入类似单据时可以利用此功能减少工作量。

⑤ 操作过程中遇到进行不下去的情况，请仔细看提示，一般都与系统参数中的选项有关。

5. 应收票据

以应收票据为例说明票据业务的处理。

1) 新增票据

【任务 4-5-4】

2015 年 1 月 9 日收到北京长城公司的银行承兑汇票两张,金额分别为 15 000 元和 5 000 元,期限为 90 天。

【操作向导】

(1) 单击"财务会计"→"应收款管理"→"应收票据"→"应收票据-新增"命令,进入"应收票据-新增"界面,录入相应信息并保存、审核,如图 4-128 所示。审核时系统会提示生成收款单或预收单,如图 4-129 所示。

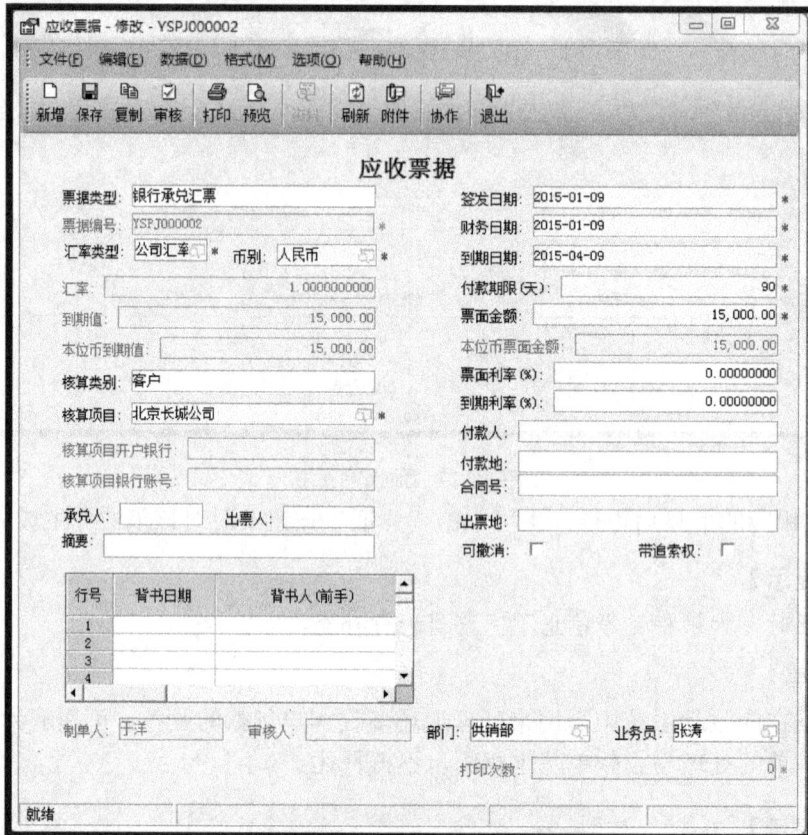

图 4-128 应收票据新增

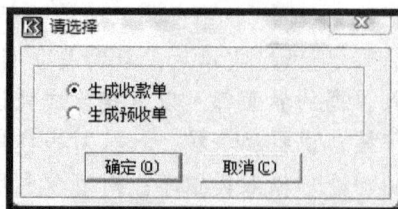

图 4-129 新增票据系统提示窗口

(2) 选择类型后自动生成一张收款单(或预收单)，生成的单据是未审核未核销状态。该案例选择生成收款单。

【温馨提示】

系统根据该收款单生成应收票据的凭证，对应收票据则不进行凭证处理。

2) 票据背书

收到应收票据后，应收票据到期可以收取现金或银行存款，此时要进行收款处理。如果应收票据没有到期，而急需资金，用户可以对票据进行背书、贴现处理。

【任务 4-5-5】

2015 年 1 月 16 日将北京长城公司的汇票 5000 元背书给苏州天堂公司。

【操作向导】

(1) 单击"财务会计"→"应收款管理"→"应收票据"→"应收票据-维护"命令，进入应收票据序时簿界面，选择"事务类型"为"应收票据"，单击"确定"按钮，系统进入"应收票据序时簿"界面，如图 4-130 所示。

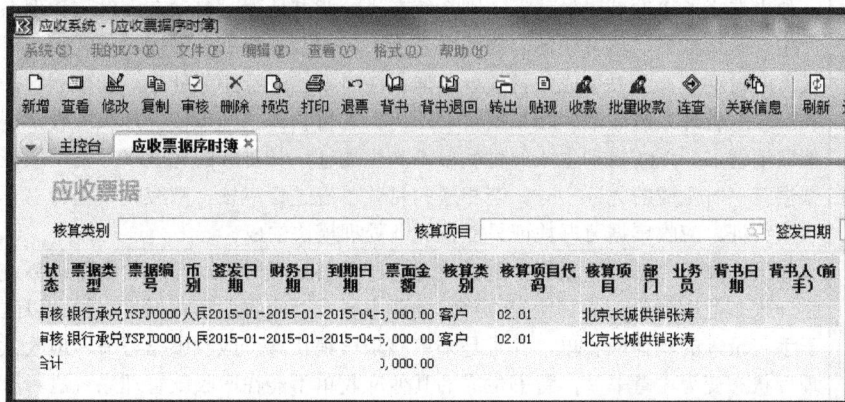

图 4-130　应收票据序时簿

(2) 单击工具栏上的"背书"按钮，填写相应的内容，并审核背书后生成的单据，如图 4-131 所示。

图 4-131　应收票据背书

"应收票据背书"参数说明如表 4-23 所示。

表 4-23　"应收票据背书"参数说明

数据项	说　　明	必填项 (是/否)
背书日期	是指应收票据背书处理的日期。除背书其他外，背书处理时系统会自动产生相应的单据(付款单、应收单、预付单)，产生单据的单据日期和财务日期均是自动取背书日期	是
背书金额	系统默认取应收票据的票面金额，不允许修改。背书时产生单据的实付金额(或金额)和单据金额自动取背书金额	是
核算类别	可以选择客户、供应商或自定义核算项目类别。此处显示的自定义核算项目类别为参数设置中新增的核算项目类别	是
被背书单位	根据核算类别选择明细核算项目。背书处理时产生单据的核算项目名称就是取被背书单位	是
利息、费用	是应收票据背书处理时的利息和费用，只支持手工录入	否
对应科目	指生成凭证时对应的会计科目，如应付账款、材料采购等，票据背书生成凭证时可以自动获取该科目	是
冲减应付款	如果选择了"冲减应付款"，则系统在进行背书处理时自动在应付款管理系统产生一张付款单，该付款单的摘要中显示"应收票据背书"字样，以区别于手工录入的付款单。背书生成的付款单不能在应付系统进行删除处理，如要删除，则在应收款管理系统取消应收票据背书即可。若付款单已经审核，则该应收票据不能取消背书。系统自动生成的付款单不产生凭证，其对应的凭证字号自动取应收票据背书时生成的凭证字号。若相应的付款单没进行审核，则应收票据背书不能生成凭证。应收票据背书凭证只能在凭证处理模块生成	
转预付款	如果选择了"转应收款"，则系统在进行背书处理时自动在应收款管理系统产生一张其他应收单，该其他应收单的摘要中显示"应收票据背书"字样，以区别于手工录入的其他应收单，并且是未审核未核销状态。应收票据背书转应收款处理后状态变为"背书"。背书生成的其他应收单不能在应收款管理系统进行删除处理，也不可以修改金额、币别和汇率。若其他应收单已经审核，则该应收票据不能取消背书。应收票据背书转应收款处理后进行取消处理后，状态变为"审核"。系统自动生成的该其他应收单不产生凭证，其对应的凭证字号自动取应收票据背书时生成的凭证字号。若相应的其他应收单没进行审核，则应收票据背书不能生成凭证。应收票据背书凭证只能在凭证处理模块生成	
转预付款	如果选择了"转预付款"，则系统在进行背书处理时自动在应付款管理系统产生一张预付单，该预付单的摘要中显示"应收票据背书"字样，以区别于手工录入的预付单，并且是未审核未核销状态。应收票据背书转预付款处理后状态变为"背书"，背书生成的预付单不能在应付系统进行删除处理，也不可以修改金额、币别和汇率。若预付单已经审核则该应收票据不能取消背书。应收票据背书转预付款处理后进行取消处理，状态变为"审核"。系统自动生成的该预付单不产生凭证，其对应的凭证字号自动取应收票据背书时生成的凭证字号。若相应的预付单没进行审核，则应收票据背书不能生成凭证。应收票据背书凭证只能在凭证处理模块生成	
其他	如果选择了其他，即直接增加原材料或材料采购等，不涉及到冲销应应付账款，生成背书凭证冲消应收票据即可，并且不在应收应付系统增加任何单据。应收票据背书转其他处理后进行取消处理后，状态变为"审核"	

【温馨提示】

只有审核后应收票据才可以进行背书处理。应收票据背书成功后状态是"背书"。期初录入的单据不需要审核，系统默认为"审核"状态。

3) 票据转出

应收票据到期，不能收到钱款，此时用户可以在应收票据模块进行转出处理，即再重新增加应收账款。

【任务 4-5-6】

2015 年 1 月 18 日，期初的应收票据-北京长城公司的票据转为应收账款。

【操作向导】

(1) 单击"财务会计"→"应收款管理"→"应收票据"→"应收票据-维护"命令，选择"事务类型"为"初始化-应收票据"，单击"确定"按钮，系统进入"应收票据序时簿"界面。

(2) 单击工具栏上的"转出"按钮，可以对应收票据进行转出操作，如图 4-132 所示。

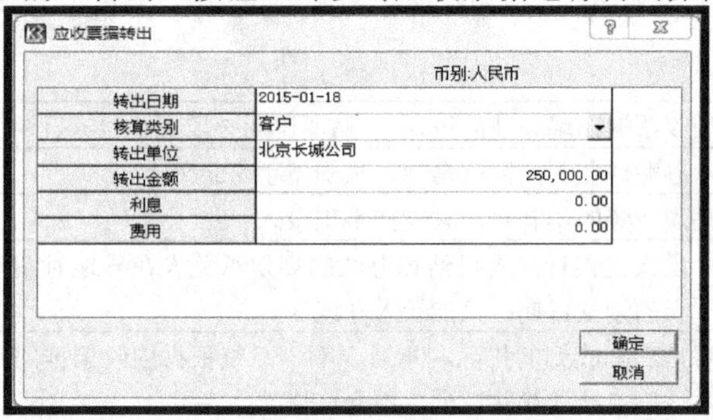

图 4-132 应收票据转出

应收票据进行转出处理时，应收票据减少，同时系统自动在应收单序时簿中产生一张其他应收单。应收票据转出生成的其他应收单不能在应收单序时簿中删除，如要删除，则取消应收票据转出即可，也不可以修改金额、币别和汇率。该其他应收单对应的凭证字号自动取应收票据转出凭证的凭证字号。若其他应收单已经审核则不能取消应收票据转出。应收票据转出处理后进行取消处理后，状态变为"审核"。其他应收单未审核，则应收票据转出不能生成凭证。应收票据转出凭证只能在凭证处理模块生成，会计分录为：

借：应收账款

贷：应收票据

【温馨提示】

只有审核后的票据才可以进行转出处理。应收票据转出成功后状态变为"转出"。

4) 票据贴现

【任务 4-5-7】

2015 年 1 月 20 日北京长城公司的汇票 15 000 元贴现，贴现率 7%。

【操作向导】

(1) 单击"财务会计"→"应收款管理"→"应收票据"→"应收票据-维护"命令，

选择"事务类型"为"应收票据",单击"确定"按钮,系统进入"应收票据序时簿"界面。

(2) 在"应收票据序时簿"界面,单击工具栏上的"贴现"按钮,打开"应收票据贴现"对话框,在此设置贴现信息,如图 4-133 所示。

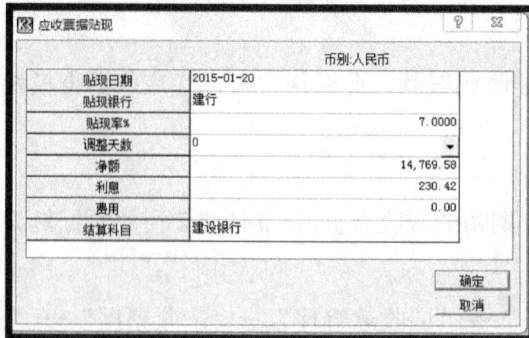

图 4-133　应收票据贴现

"应收票据贴现"参数说明如表 4-24 所示。

表 4-24　　"应收票据贴现"参数说明

数据项	说　　明	必填项 (是/否)
贴现日期	是指应收票据贴现处理的日期，贴现日期必须大于财务日期小于到期日期	是
贴现银行	是指承办贴现业务的银行名称，只支持手工录入	是
贴现率%	是指贴现业务的年利率，只支持手工录入	是
调整天数	按照中国人民银行的支付结算办法的规定承兑人在异地时贴现利息的计算应另加 3 天的划款日期；只能录入 0 或 3	否
净额	是贴现后实际收到的扣除利息后金额，系统根据应收票据的到期值、贴现期以及贴现率自动计算并填列，不允许修改	是
利息、费用	是应收票据贴现处理时的利息和费用，只支持手工录入。利息指带息票据的应收利息金额，费用指贴现时支付的银行手续费等。当然用户也可以通过凭证单独处理利息、费用信息，此处设为零	否
结算科目	是贴现业务涉及的结算科目，可以按 F7 键查询取得。选择后，应收票据贴现生成凭证的科目取此处科目	是

【温馨提示】

① 只有审核后的票据才可以进行贴现处理。

② 应收票据贴现处理后不在应收款管理系统产生任何单据,只是应收票据的状态变为"贴现"。如果需要取消贴现处理,只要在应收票据序时簿的编辑菜单选择"取消处理"命令即可,且应收票据的状态变为"审核"。

③ 应收票据贴现凭证只能在凭证处理模块生成。

④ 选择应收票据与现金管理系统同步时,在应收款管理系统进行了贴现的应收票据,传到现金管理系统时会回填相关的贴现信息。

5) 收款

在"应收票据序时簿"界面单击工具栏上的"收款"按钮,可以对应收票据进行收款操作。只有审核后的票据才可以进行收款处理。

"应收票据收款"参数说明如表 4-25 所示。

表 4-25 "应收票据收款"参数说明

数据项	说 明	必填项（是/否）
结算日期	是指应收票据收款处理的日期	是
金额	是应收票据到期收款的金额，系统默认取应收票据的票面金额，不允许修改	是
利息、费用	是应收票据收款处理时的利息和费用，只支持手工录入。利息指带息票据的应收利息金额，费用指收款时支付给的银行手续费等。当然用户也可以通过凭证单独处理利息、费用信息，此处设为零	否
结算科目	是收款业务涉及的结算科目，指应收票据的对方科目，一般应为现金、银行存款等，可以按 F7 键查询取得。选择后应收票据收款生成凭证的科目取此处科目	是

应收票据收款凭证只能在凭证处理模块生成。应收票据进行收款处理后，不在应收款管理系统产生任何单据，只是状态变为"收款"。在此处进行了应收票据收款处理后，也不用再进行收款单的录入。如果需要取消票据的收款处理，只要在应收票据序时簿的编辑菜单选择"取消处理"命令即可，且应收票据的状态变为"审核"。

6）退票

在"应收票据序时簿"界面单击工具栏上的"退票"按钮，可以对应收票据进行退票操作。目前对应收票据提供退票的情况包括：应收票据审核后、应收票据背书冲减应付款、应收票据背书转预付款、应收票据背书转其他、期初应收票据、期初应收票据背书冲减应付款、期初应收票据背书转预付款和期初应收票据背书转其他。

每种退票情况处理都不一样，下面以"应收票据审核后退票"为例进行详细说明：

对已审核的应收票据进行退票处理时，首先必须反核销原已核销的相关记录，退票成功后在应收款管理系统自动产生一张应收退款单，与原票据审核时自动产生的收款单(或预收单)自动核销。应收退款单摘要中注明了"票据×××退票"的字样。退票的凭证可采用凭证模板的方式生成。

退票后的应收票据在应收票据序时簿的状态栏中显示"作废"字样。

如果要取消退票，则手工删除相关凭证、核销日志中反核销收款单(或预收单)及应收退款单的记录后即可进行取消退票的操作，同时系统自动删除原退票产生的应收退款单，该应收票据取消退票并且状态变为"审核"。取消退票只能针对当前期间已经退票的票据，以前期间退票的票据不能取消退票。

【温馨提示】

对于应收票据的退票(即作废)，目前系统有三种方案：

① 通过背书转应收款，重新增加应收账款。

② 通过票据转出转为应收款。此两种方式处理实质一样，都会导致虚增应收账款的本年发生数，但与会计上凭证的处理方式一致。

③ 通过票据退票，增加一张退款单冲销原收款单，此种方式不会虚增应收账款发生数，但与凭证的处理则不相符。用户可以根据需要选择合适的退票方案。

子任务二　核销管理

核销是指将相互对应的各种单据进行勾对，应收系统核销类型主要包括到款结算、预收款冲应收款、应收款冲应付款、应收款转销、预收款转销、收款冲付款、预收款冲预付款。系统提供多种核销处理模式：手工核销、自动核销、单据审核后自动核销。

1. 核销基本操作

部分核销工作可以在收款单据上完成，在系统设置中选择"单据审核后自动核销"，即核销的工作在进行收款单的审核时已经完成，前提是收款单是由关联发票或者应收单的信息生成的。

如果新增的收款单不是由关联发票或者应收单生成的，则该收款单需要在"结算-到款结算"中执行核算工资。以上核销后的单据可以进行反核销操作。

核销处理一般是按相同币种进行核销。对应应收、应付为一种币别，而收、付款为另一种币别的业务，因此在录入收、付款单时必须做多币别转换。

1) 反核销

【任务 4-5-8】

反核销已核销单据。

【操作向导】

(1) 单击"财务会计"→"应收款管理"→"结算"→"核销日志-维护"命令，打开"过滤条件"对话框，输入条件确定后，出现核销日志窗口，该窗口列示了所有满足条件的核销记录。

(2) 双击核销日志左边的"选择"框，在需要反核销的单据前面的选择框打上对勾后，再单击工具栏上的"反核销"按钮，如图 4-134 所示。

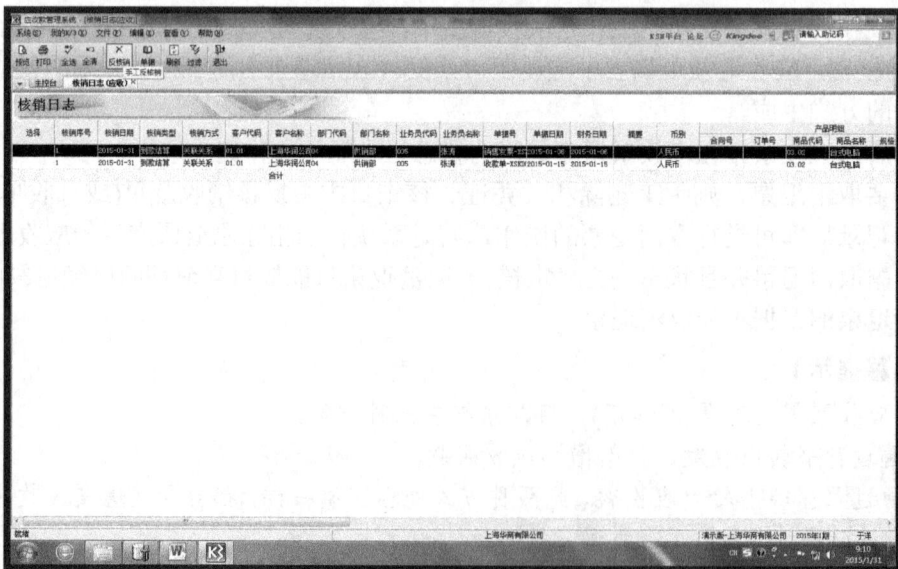

图 4-134　反核销

"反核销"参数说明如表 4-26 所示。

表 4-26　"反核销"参数说明

字　段	说　明
选择	进行反核销时必须选上，才可以进行操作
核销序号	核销时系统自动给予的顺序号，同一次核销的单据具有相同的核销序号。核销序号一般按核销的先后顺序从小到大自动递增。如果反核销，则会形成断号
核销日期	指核销应收款的日期，系统根据此日期计算账龄分析，而非根据收款单的单据日期作为应收款核销时间，当然用户可以选择收款单单据日期作为核销日期
客户	核销记录对应单据上客户的名称
单据号	核销记录对应单据的号码，包括单据类型和编号
单据日期	核销记录对应单据业务的发生日期
摘要	核销记录对应单据上的摘要
币别	核销记录对应单据的币别。对于异币种核销的单据，如应收款为港币，收款时为人民币，则录入收款单时必须先通过多币别换算把人民币折算为港币，再按港币进行核销，相应的核销日志中应收与收款的币别栏都显示为港币，即应收单的币别
应收核销金额	指应收单本次核销的金额，而不是单据累计核销的金额
实收核销金额	指收款单或销售发票本次核销的金额。一般情况下，同一核销序号的应收核销金额等于实收核销金额
单据余额	单据的未核销金额
核销人	进行核销操作的人员

2) 手工核销

【操作向导】

(1) 单击"财务会计"→"应收款管理"→"结算"→"到款结算"命令，打开"过滤条件"对话框，输入日期、核算项目等确定后进入核销窗口，该窗口列示了所有满足条件的待核销记录。

(2) 给相应的记录打上对勾后，单击工具栏中的"核销"按钮，即执行手工核销。

(3) 核销后的界面如图 4-135 所示。

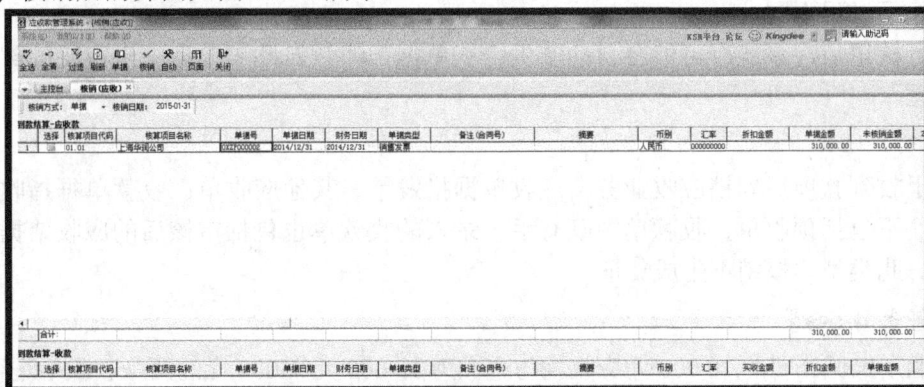

图 4-135　到款结算核销

系统提供了核销方式："单据"、"存货数量"、"关联关系"。"单据"和"关联关系"方式是按金额核销，"存货数量"还可以核销存货数量。"单据"和"关联关系"的不同之处只在于，按关联关系核销时单据必须存在关联关系，此时只需选中要核销的收款单即可进行快速核销，而不用指定对应的应收单，关联关系只是单据核销方式中的特例。

此两种核销方式的特点是快捷、方便，不足之处是不能及时了解未核销的存货数量，只能了解未核销金额。而按存货数量进行核销则可以解决此问题，但缺点是必须按不同的存货品种逐一进行核销，工作量大。用户可根据自己的实际情况选择合适的核销方式。

【温馨提示】

① 若在录入收款单时选择了相应的发票或其他应收单，则核销时系统默认核销方式是关联关系，故选择其他核销方式时这部分单据是不能核销的。

② "本次核销金额"用户可以根据实际情况进行修改，修改后系统将按指定的金额进行勾对。

3) 自动核销

【操作向导】

(1) 单击"财务会计"→"应收款管理"→"结算"→"核销日志-维护"命令，打开"过滤条件"对话框，输入条件确定后进入核销窗口，该窗口列示了所有满足条件的待核销记录。

(2) 单击工具栏中的"自动"按钮，即执行自动核销。

自动核销时，系统根据时间先后按单据余额进行自动勾对。即对该往来单位所有未核销的发票、其他应收单与所有未核销的收款单、退款单(不包括预收单)核销。此时参与核销的收款单不仅包括到款结算中显示的收款单据，还包括过滤框中未列示的未核销收款单；参与自动核销的应收单则包括录入的所有该往来单位未核销的应收单，不只是过滤框中列示的应收单。但已按存货数量、关联关系进行部分核销的往来单位不能再参与自动核销。除按单据方式进行到款结算核销外，对于其他核销类型与核销方式的组合，系统不提供自动核销的功能。

2. 核销类型

核销类型的正确选择极为重要，核销类型主要是按单据的不同进行分类的，不同核销类型的执行过程不同。

执行核销后，系统有可能会自动产生一些单据，注意对此类单据中未审核的部分进行审核处理。

1) 到款结算

用于收到款项后勾销应收业务。应收单据指发票、其他应收；收款单据指收款单、退款单，不包括预收单，收款单中既有手工录入的收款单也包括审核后的应收票据产生的收款单。此类型的核销不生成凭证。

【任务 4-5-9】

将北京长城公司的 20 000 元应收款与金额为 15 000 元、5000 元的两张收款单进行核销。

【操作向导】

(1) 单击"财务会计"→"应收款管理"→"结算"→"收款结算"命令，打开"过滤条件"对话框，输入条件确定后进入核销窗口，该窗口列示了所有满足条件的待核销记录。

(2) 选择对应的记录(即给所选记录打上"√"),单击工具栏中的"核销"按钮即执行手工核销。详见"核销基本操作中的手工核销"。

2) 预收款冲应收款

预收冲应收解决的是预收单的核销问题,包括预收款与销售发票、其他应收单核销,或预收单与退款单互冲。预收冲应收与到款结算的区别之处在于:预收冲应收要根据相应的核销记录生成预收冲应收凭证,而到款结算则不用。

【任务 4-5-10】

北京长城公司期初应收款 260 000 元中的部分款项 5000 元与本月的 5000 元预收业务核销。

【操作向导】

(1) 单击"财务会计"→"应收款管理"→"结算"→"到款结算"命令,打开"单据核销"对话框。

(2) 核销类型选择"预收款冲应收款",确定后进入核销窗口,该窗口列示了所有满足条件的待核销记录。

(3) 选择对应的记录(即给所选记录打上"√"),单击工具栏中的"核销"按钮即执行手工核销。如果预收款需要核销部分金额,则应手工录入"本次核销金额 5000",如图 4-136 所示。

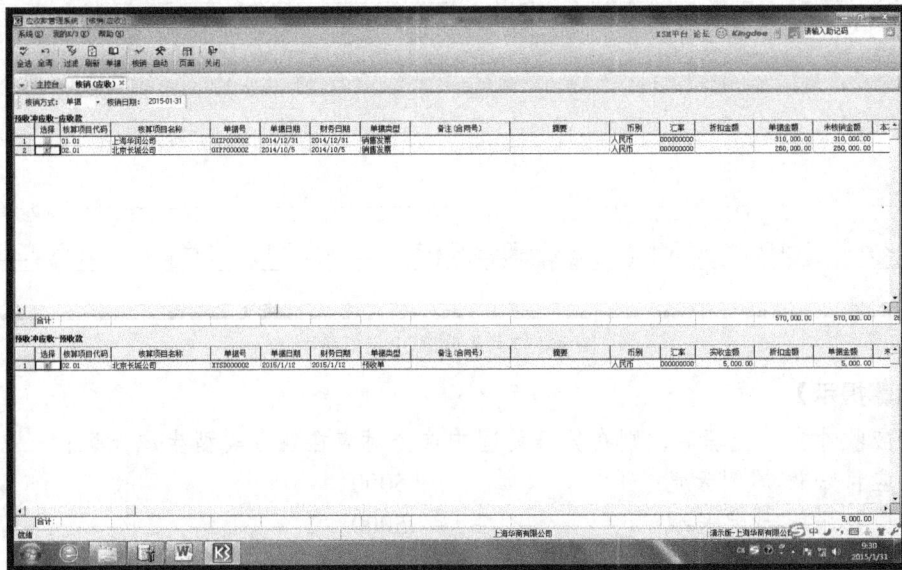

图 4-136　预收冲应收

【温馨提示】

(1) 进行预收冲应收处理后,相应的凭证应在凭证处理模块生成:

借:预收账款-北京长城　　　　　　　　　　5000
贷:应收账款-北京长城　　　　　　　　　　5000

(2) 用户若在系统参数中未选择"预收冲应收需要生成凭证",则核销后不需要生成凭证。

3) 应收款冲应付款

应收款冲应付款是跨系统的单据核销，用于应收单据和应付单据的转销，可以是相同的往来单位之间的冲销，也可以是不同的往来单位之间的转销。应收系统的"应收冲应付"和应付系统的"应付冲应收"作用是一样的。

【任务 4-5-11】

苏州天堂(供应商)期初应付款 13 300 与北京长城(客户)5000 进行核销。

【操作向导】

(1) 选择"财务会计"→"应收款管理"→"结算"→"到款结算"命令，打开"单据核销"对话框。

(2) 核销类型选择"应收款冲应付款"，确定后进入核销窗口，该窗口列示了所有满足条件的待核销记录。

(3) 选择对应的记录(即给所选记录打上"√")，单击工具栏中的"核销"按钮即执行手工核销。如果需要核销部分金额，则应手工录入"本次核销金额 5000"，如图 4-137 所示。

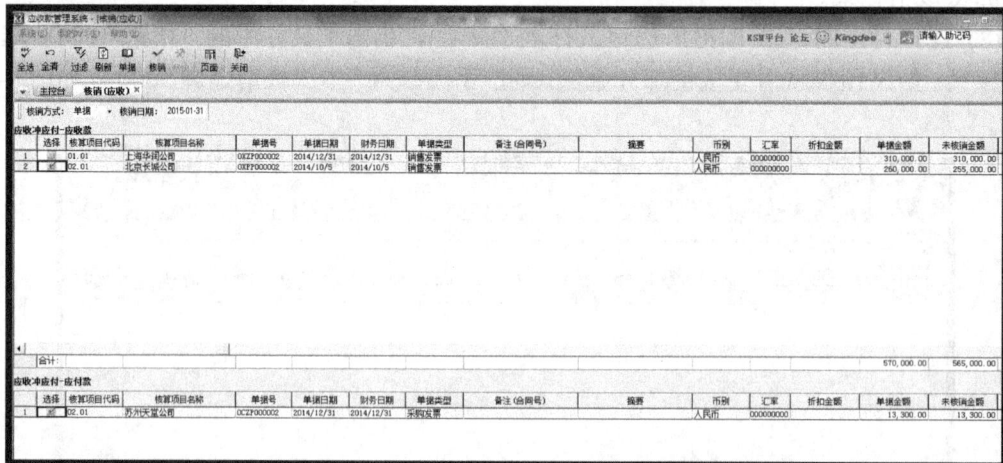

图 4-137　应收款冲应付款

【温馨提示】

进行应收冲应付处理后，则在凭证处理中选择对应在业务类型生成凭证：

借：应付账款-苏州天堂　　　　　　　5000
贷：应收账款-北京长城　　　　　　　5000

4) 应收款转销

用于不同往来单位之间的应收款转移。

转销后系统自动生成一张已审核的原客户的收款单，与原销售发票或其他应收单自动核销，系统自动生成的收款单摘要中有"×××转销款项；原单号码为×××"的字样，该收款单不允许手工删除。同时系统还自动生成一张未审核的转销客户的其他应收单，该其他应收单摘要中有"×××转销款项；原单号码为×××"的字样以区别于手工录入的其他应收单，该其他应收单不允许手工删除，也不允许修改金额、币别和汇率。

如果取消应收单转销，则需要在核销日志中反核销相关单据，相应生成的收款单与其他应收单系统自动删除。

【任务 4-5-12】

本期录入的北京长城公司期初 260 000 元，执行转销，转销金额为 8300 元。在转销客户中选择上海华润。

【操作向导】

(1) 单击"财务会计"→"应收款管理"→"结算"→"到款结算"命令，打开"单据核销"对话框。

(2) 核销类型选择"应收款转销"，确定后进入核销窗口，该窗口列示了所有满足条件的待核销记录。

(3) 选择对应的记录(即给所选记录打上"√")，单击工具栏中的"核销"按钮即执行手工核销。如果需要核销部分金额，则应手工录入"本次核销金额 8300"，如图 4-138所示。

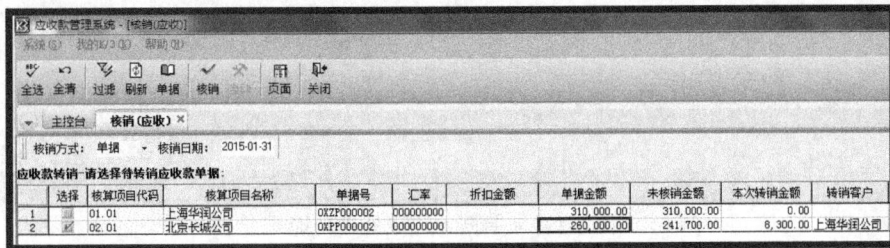

图 4-138　应收款转销

【温馨提示】

进行应收、应付转销处理后，相应的凭证应在凭证处理模块生成：

借：应付账款-上海华润　　　　　　　　　　　8300
贷：应收账款-北京长城　　　　　　　　　　　8300

子任务三　凭证处理

应收款系统的业务处理是由一系列单据组成的，是对往来业务和其他应收、其他应付业务的管理。而应收款系统在处理业务时会产生许多凭证，本节主要讲述的就是这些业务生成凭证的操作过程。同时凭证还是应收款系统和总账系统的连接点，所以用户在生成凭证时要格外仔细。

涉及坏账处理业务的凭证全部在"坏账处理"中生成。

应收款管理系统提供三类生成凭证的方式：

(1) 新增单据时，在单据序时簿或单据新增界面即时生成凭证；

(2) 采用凭证模板，在凭证处理时直接根据模板生成凭证；

(3) 采用凭证处理时随机定义凭证科目的方式来生成凭证，以下详细阐述。

1. 在单据上生成凭证

在每张审核后的单据界面，系统可以根据单据上对业务的描述，自动生成记账凭证，在凭证生成界面可以修改科目等内容，完成后保存即可。

【操作向导】

在各单据新增界面或各种单据序时簿中"查看"单据时,单击工具栏上的"凭证"按钮,如图 4-139 和图 4-140 所示。

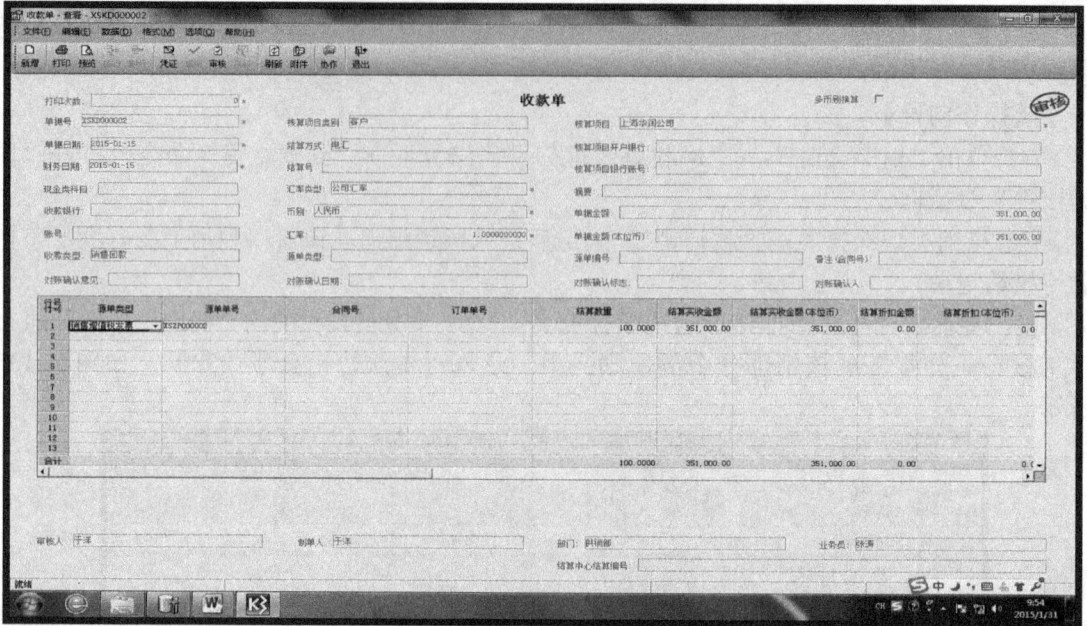

图 4-139　单据上凭证处理功能

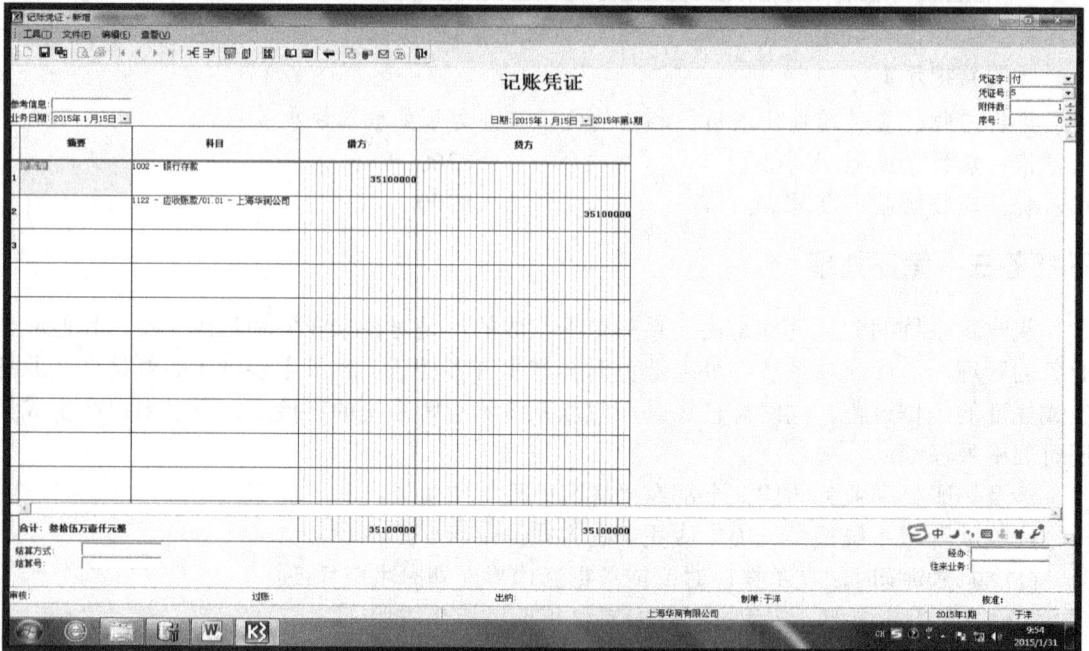

图 4-140　单据上生成凭证

【温馨提示】

此种方式生成的记账凭证,有可能凭证科目、结算方式等凭证信息不全面,需要补充完整。此方式适合要求每一笔业务单独生成一张凭证且要求及时进行财务处理的情况。

2. 在序时簿中生成凭证

在"发票序时簿"界面，单击"凭证"按钮，可立即生成凭证。如果"系统参数"中选择了"使用凭证模板"参数，则在发票序时簿上可以调用模板生成凭证，否则直接生成凭证。

【操作向导】

在各种单据序时簿中选择待生成凭证的单据，在工具栏选择"凭证"按钮，如图4-141所示。

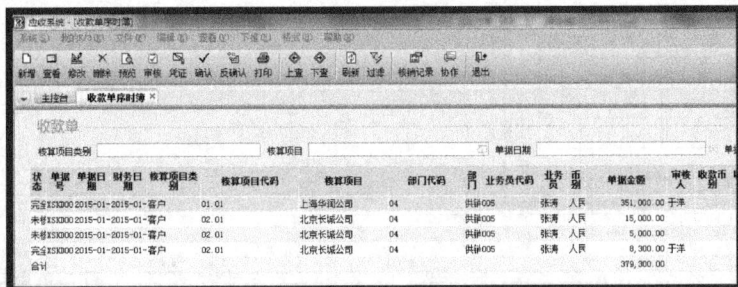

图4-141　序时簿中凭证处理功能

【温馨提示】

① 如果发票已在金蝶K/3系统的其他子系统(销售系统除外)中生成了凭证，则不需要重复生成凭证，可执行"编辑→凭证信息"命令，录入该发票在其他子系统生成的凭证字号即可。如果要取消关联，则应把凭证号清为零。

② 当应收款管理系统与销售系统结合使用时，销售系统的发票在销售系统生成凭证，此处只能查看，不能进行生成凭证或关联凭证的操作。

3. 不使用模板情况下在"凭证处理"中生成凭证

"凭证处理"功能模板主要对已审核的发票、其他应收单、收款单、退款单等原始单据生成记账凭证，用户在生成凭证前要审核所有单据，以免造成遗漏和与总账数据不符。

【操作向导】

(1) 单击"财务会计"→"应收款管理"→"凭证处理"→"凭证生成"，进入过滤条件对话框，设置过滤条件，进入凭证生成界面，如图4-142所示。

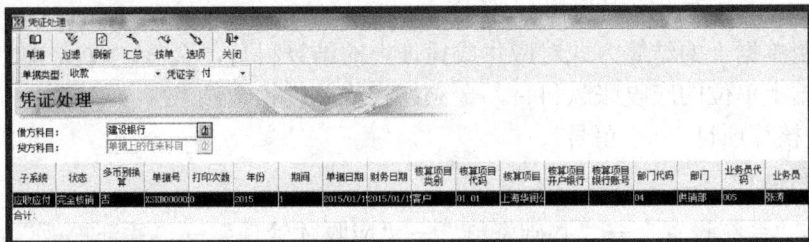

图4-142　凭证处理功能

(2) 在"单据类型"中选择相应的日常业务单据的类型和借、贷方会计科目。

(3) 在工具栏单击"选项"按钮，可以设置生成凭证的形式。

(4) 在工具栏单击"按单"按钮，可对单据生成凭证，也可以使用"Shift"或"Crtl"，选择多张单据，单击"按单"或者"汇总"按钮生成凭证，如图 4-143 所示。

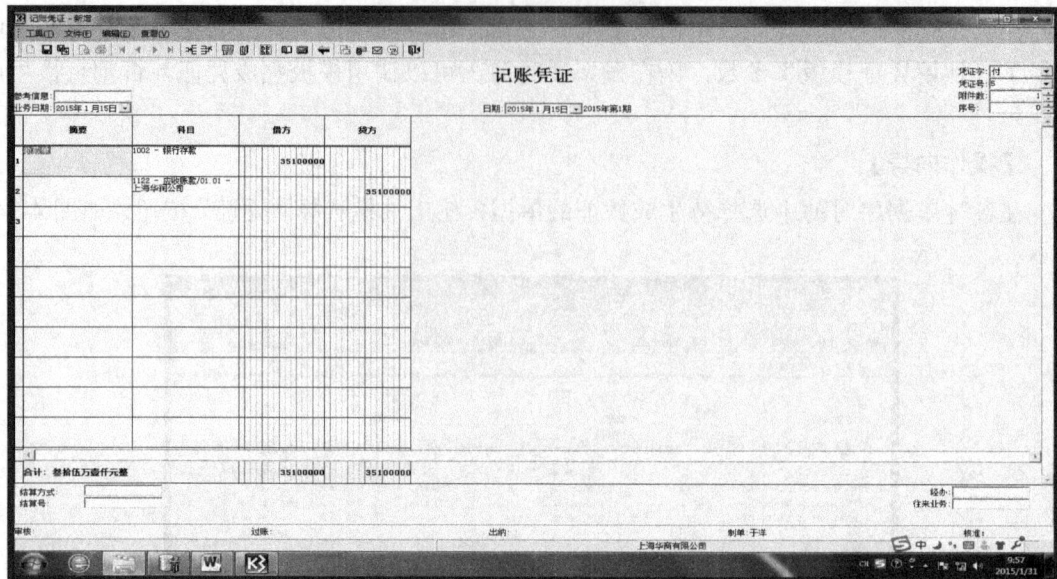

图 4-143 生成凭证

【温馨提示】

此种方法比较适合于企业通过一次操作将多笔业务生成多张凭证或者将多笔业务生成一张凭证的处理方式，而且是业务的凭证处理灵活、模板不适用的情况。

4. 使用凭证模板生成凭证

需要在系统参数中选择"使用凭证模板"，然后设置正确的凭证模板。

在设置模板时要保证凭证模板编号的唯一性，否则系统不允许保存；设置凭证模板主要是为了解各项科目来源及金额来源的意义，不同事务类型提供的选项也是不同的。在事务类型中没有的业务则无法通过凭证模板生成凭证，例如：应收票据退票，它只能以不使用模板的方式生成凭证。

【任务 4-5-13】

设置一个关于"收款"的凭证模板：

编号 0011　　名称：往来收款　　凭证字：记

借：使用单据上的结算方式对应生成凭证上的结算科目，金额：收款单收款金额。

贷：单据上单位的应收账款科目，金额：收款单收款金额。

摘要："核算项目"+"单号"。

【操作向导】

(1) 单击"系统设置"→"基础资料"→"应收款管理"→"凭证模板"，进入凭证模板维护窗口，系统目前提供了 20 个事务类型的凭证模板，如图 4-144 所示。

(2) 选定一个事务，单击"新增"按钮。在凭证模板新增界面，录入模板编号、模板名称、科目来源、金额来源等内容。

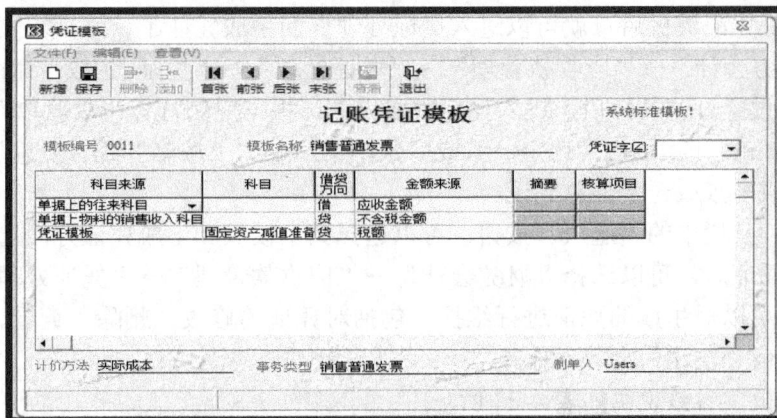

图 4-144　凭证模板设置

(3) 单击"摘要"按钮，弹出"摘要定义"对话框，双击"可选择摘要单元"的某项作为摘要。也可以直接在"摘要公式"框内录入摘要内容，如图 4-145 所示。

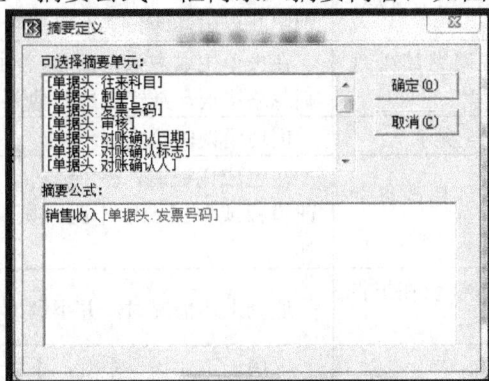

图 4-145　凭证模板上摘要的设置

(4) 保存"凭证模板"，系统提示"保存模板成功"。

(5) 在"凭证模板设置"中选择该模板，执行"编辑-设为默认模板"命令或者直接按快捷键 F4 将选中的模板设置为"默认模板"，如图 4-146 所示。

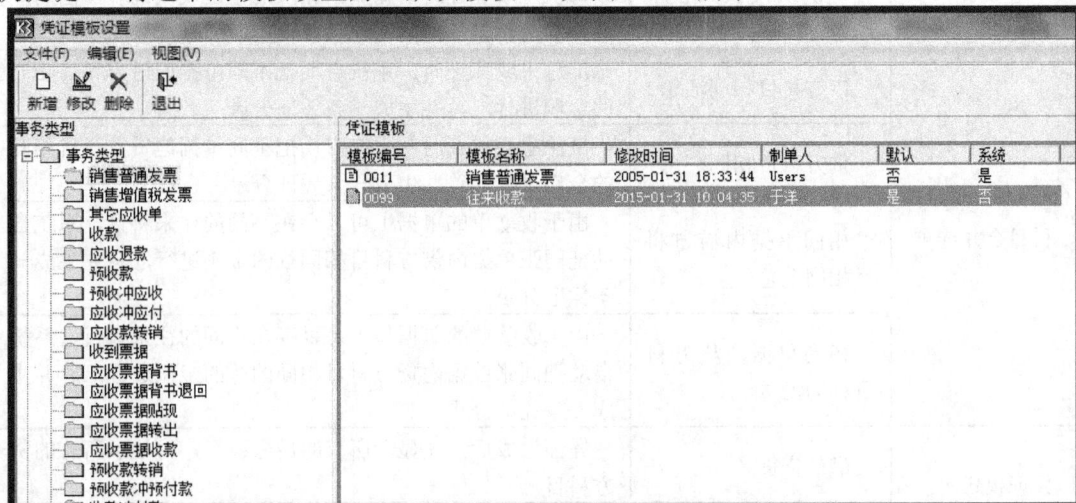

图 4-146　默认模板设置

(6) 设置好凭证模板后，就可以进入凭证处理界面生成凭证了。

单击"财务会计"→"应收款管理"→"凭证处理"→"凭证-生成"命令，选择正确的事务类型，设置过滤条件后，进入凭证生成界面，根据案例选择"收款单"。

(7) 按"Shift"或"Ctrl"选定一张或多张单据，单击"按单"或"汇总"按钮，则按单(单据组)生成多张或一张汇总凭证。

(8) 单击工具栏中的"选项"按钮，可以选择关于模板和生成凭证方面选项。

(9) 生成凭证后，可以选择"财务会计"→"应收款管理"→"凭证处理"→"凭证-维护"命令，可以对生成的凭证进行维护，包括对凭证的修改、删除、查看、审核及发送邮件、发送短信、发送信息等操作。

"凭证模板"参数说明如表 4-27 所示。

表 4-27　"凭证模板"参数说明

类　别	选　项	描　述
错误处理	中断凭证生成过程	在按单生成多张凭证时，若生成某一张凭证时出现错误，则中断退出，即使其他单据可生成凭证也不再处理
	忽略错误继续处理下一张单据	在按单生成多张凭证时,若生成某一张凭证时出现错误，则忽略错误，继续生成其他单据的凭证
	给出错误提示	出现错误时给出提示
数据不完整或保存失败	调出凭证修改界面手工调整	在生成凭证时，若凭证科目、核算项目等必录事项从凭证模板或单据上取不到，则调出不完整的凭证，由用户补录
	忽略错误,仅在报告中说明	遇到上述情况时，并不调出凭证，只是在报告中说明
默认模板	实际成本法	仅用于工业核算系统，不用设置
	计划成本法	仅用于工业核算系统，不用设置
模板选择方式	每次选择默认模板	每次生成凭证时，均依据默认凭证模板生成凭证
	每次从模板列表中选择	每次生成凭证时，均调出相应的凭证模板列表，由用户选择当前单据使用的凭证模板
科目合并选项	借方科目相同汇总	汇总生成凭证时，系统自动把不同单据但借方科目相同的金额进行汇总并生成一条凭证分录
	贷方科目相同汇总	汇总生成凭证时，系统自动把不同单据但贷方科目相同的金额进行汇总并生成一条凭证分录
	相同单据内借方科目相同汇总	由于收款单的单据上可以存在不同的往来科目，系统自动把同张单据内借方科目相同行的金额进行汇总并生成一条凭证分录
	相同单据内贷方科目相同汇总	由于收款单的单据体上可以存在不同的往来科目，系统自动把同张单据内贷方科目相同的行的金额进行汇总并生成一条凭证分录
凭证模式	借借贷贷	凭证生成后，先显示所有的借方科目，再显示所有的贷方科目
	借贷借贷	凭证生成后，逐张单据反映业务的借贷内容

【温馨提示】

若生成凭证失败，查看报告一般都可以找到问题的原因，生成凭证错误的常见原因如表 4-28 所示。

表 4-28　生成凭证错误的常见原因

常见错误	原　因	解决方法
取不到科目	系统不能从制单的科目来源中取到科目	补录相关科目数据或调整科目取数来源
从单据上功能取不到相应的核算项目	凭证上科目的核算项目在单据上无对应字段	调整凭证模板上科目
与总账当前期间不对应，不能保存凭证	总账当前期间大于应收款管理系统当前期间	反结转调整总账系统当前期间
凭证借贷不平	一般是因为金额来源设置不正确	修改模板

子任务四　坏账处理

应收款管理系统提供的坏账处理功能主要是基于对坏账的处理。包括坏账损失、坏账收回、计提坏账准备及生成坏账的相关凭证等。

每个企业都会发生坏账，金蝶 K/3 系统为方便坏账的管理特别设置了该功能。"坏账"模块是应收系统与应付系统的唯一区别，应收系统有"坏账"模块而应付系统没有。

1. 坏账准备计提

一般情况下应当年底计提一次坏账准备，也可以一年计提多次，如果年中计提了坏账准备，则年末还能再计提。系统根据在系统设置中设定的坏账准备计提方法(应收款百分比法)，弹出相应的计提坏账准备对话框，系统根据系统参数中设置的计提方法计算出应计提的坏账准备，用户不能对此进行修改。本案例使用的是应收款百分比法计提坏账准备。

【任务 4-5-14】

根据现有的应收款余额情况和坏账准备余额情况在 1 月份计提或冲销坏账准备金。

【操作向导】

(1) 单击"财务会计"→"应收款管理"→"坏账处理"→"坏账准备"命令，打开"计提坏账准备"对话框，如图 4-147 所示。

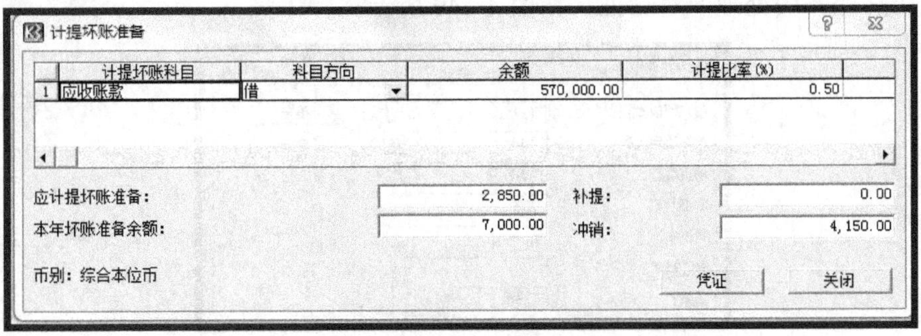

图 4-147　坏账准备

(3) 在此单击"凭证"按钮，系统自动生成处理坏账准备的凭证，保存即可。凭证上的科目信息取自系统设置中的会计科目，余额为该会计科目的余额，如图 4-148 所示。

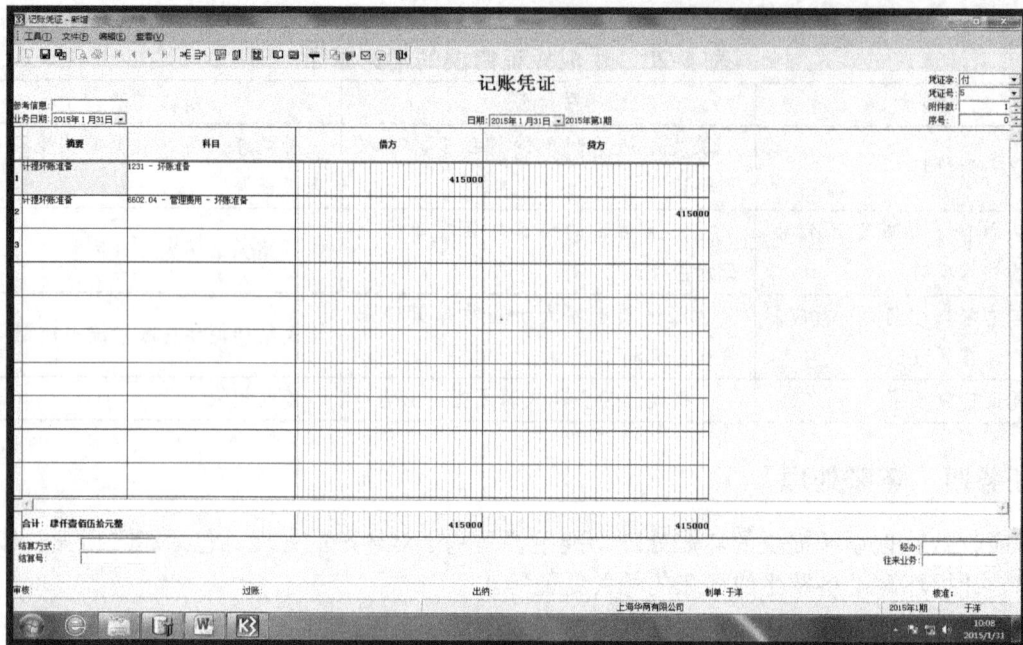

图 4-148　应收账款百分比法计提坏账准备的参数说明

【温馨提示】

如果要取消计提的坏账准备，只需删除坏账准备的计提凭证即可。

2. 坏账损失

处理应收系统发生的坏账业务。

【任务 4-5-15】

北京长城公司 5000 元的应收账款，逾期未还，催缴无效，处理为坏账。

【操作向导】

(1) 单击"财务会计"→"应收款管理"→"坏账处理"→"坏账损失"命令，打开"过滤条件"对话框，选择"核算项目类别"、"核算项目代码""单据类型"等。单击"确定"进入"坏账损失处理"对话框，如图 4-149 所示。

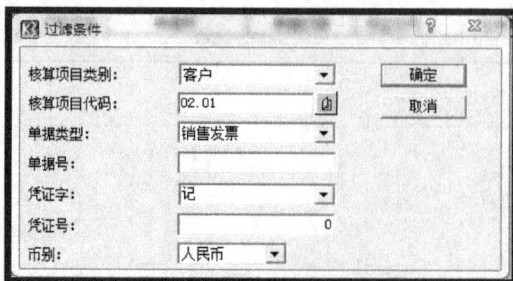

图 4-149　坏账损失过滤条件

(2) 选择坏账记录、录入坏账原因、修改坏账金额，如图 4-150 所示。

图 4-150 坏账损失处理

(3) 单击"凭证"按钮，系统自动生成记账凭证，如图 4-151 所示。

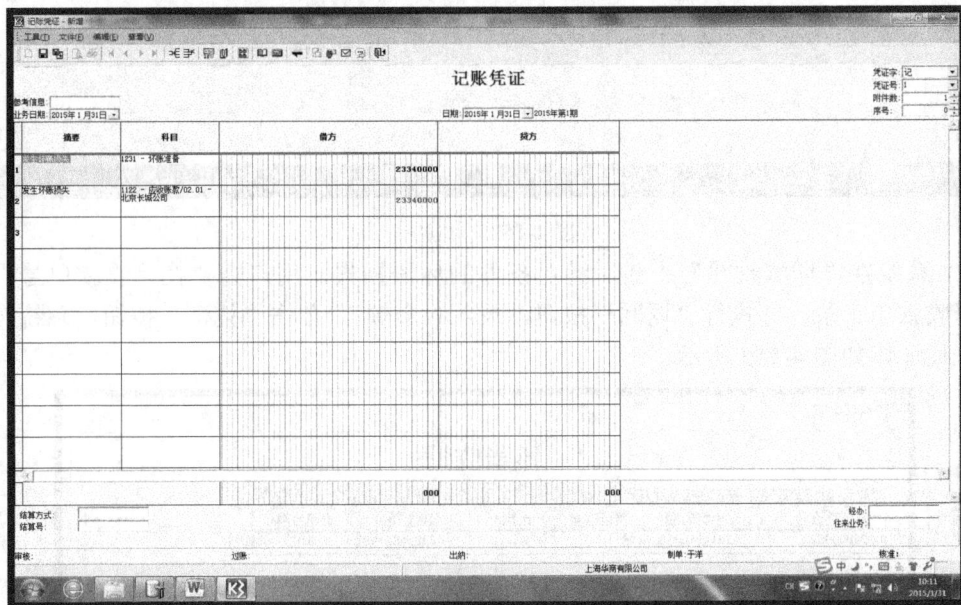

图 4-151 坏账损失凭证

【温馨提示】

① 此处只列示初始化时的应收单及初始化后已生成凭证的应收单据，不包括初始化后未生成凭证的应收单。

② 如要取消坏账损失，只需删除坏账损失凭证即可。

3. 坏账收回

对于已处理的坏账损失又收回的，在本功能模块进行处理。

【任务 4-5-16】

制作应收单：北京长城公司 5000 元，并进行坏账收回处理。

【操作向导】

(1) 制作收款单，如图 4-152 所示。

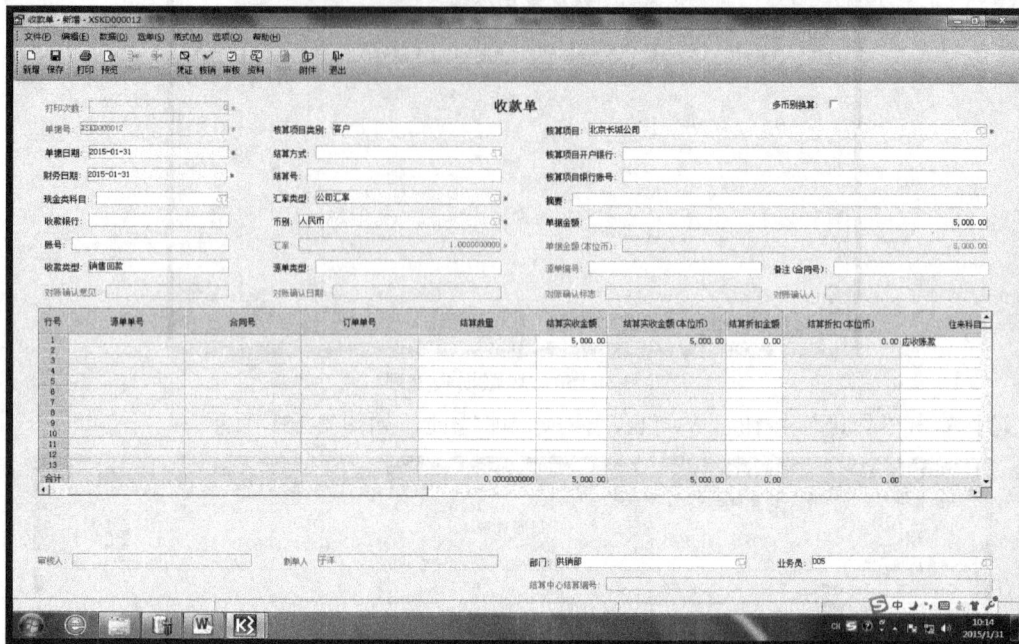

图 4-152　收款单

(2) 系统在"坏账收回"中显示满足条件的坏账损失，用户需要在"收款单号"一项中选择收款单记录，并执行"返回"按钮。录入"金额"，单击"凭证"按钮，系统自动生成记账凭证，如图 4-153 所示。

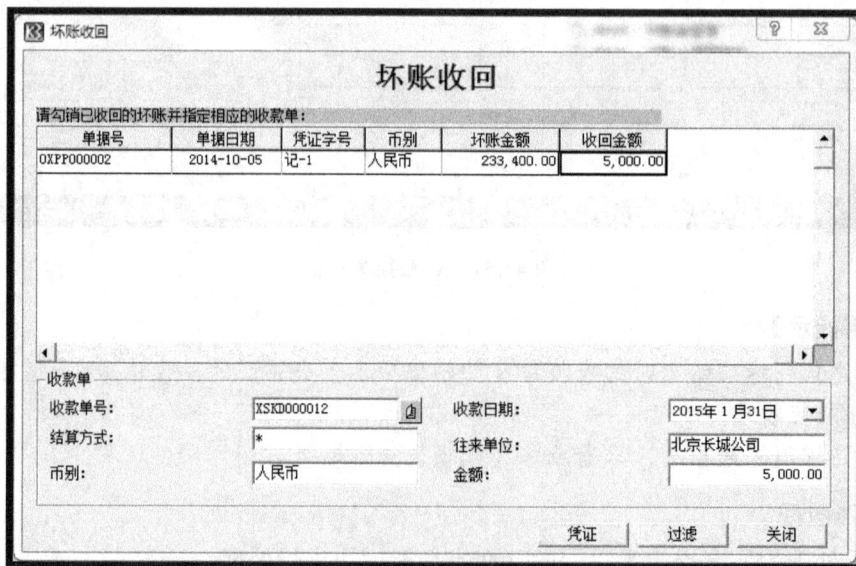

图 4-153　坏账收回

(3) 对系统生成的凭证补充信息，执行保存即可。在凭证上反映两笔业务：冲销"坏账损失"的业务和收款业务，如图 4-154 所示。

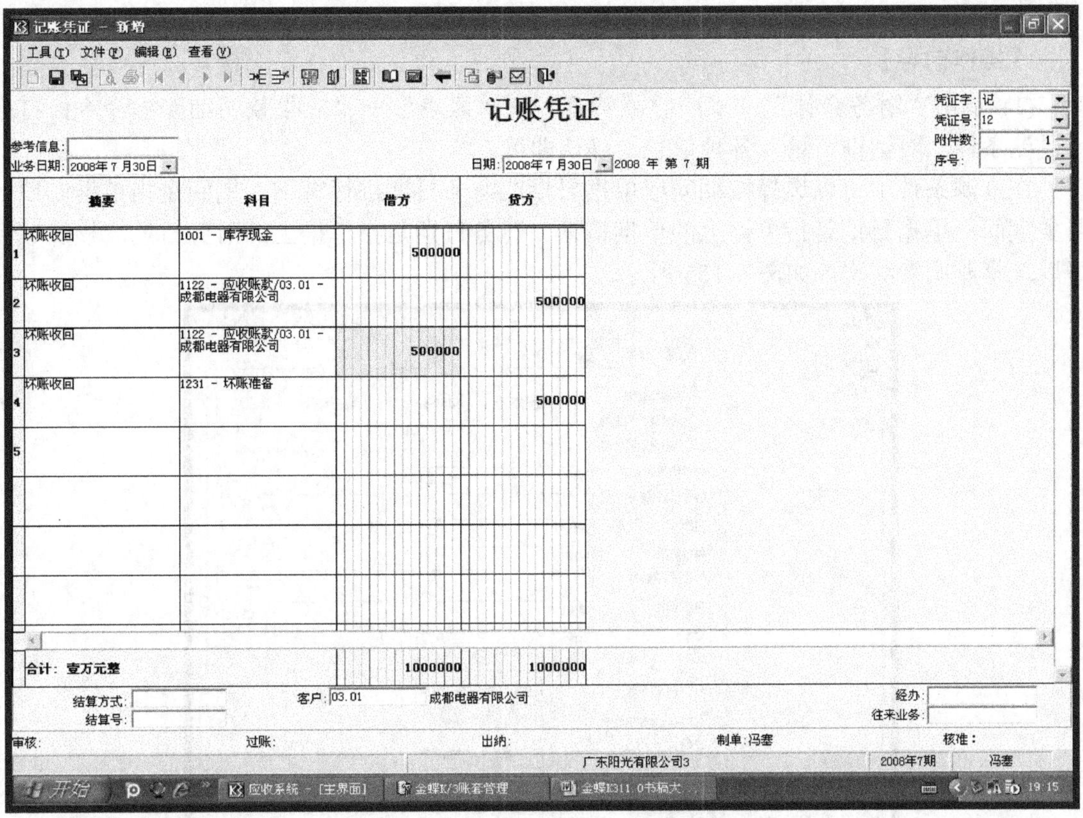

图 4-154 坏账收回记账凭证

【温馨提示】

① 收回金额必须与收款单的金额相等。

② 如果要取消坏账收回记录，只需删除坏账收回产生的凭证即可。

子任务五 报表管理

对于应收款系统，完善、完备的报表是必不可少的，同时它又需要一项独有的分析报表，如账龄分析表、收款分析表等。

1. 账表管理

应收款管理系统提供的账表管理主要是对各种报表的查询。账表管理主要由以下几个功能模块：

(1) 应收款汇总表、应收款明细表；

(2) 往来对账表、到期债权列表；

(3) 应收计息表、调汇记录表；

(4) 应收款趋势分析表、月结单连打；

(5) 万能报表。

下面以应收款明细表为例，详细进行讲解。

应收款明细表可以按期输出，也可以按日输出，可以通过应收款明细表查询往来账款的报表。

【操作向导】

(1) 单击"财务会计"→"应收款管理"→"账表"→"应收款明细账"命令，打开"过滤条件"对话框，录入各种信息，确认即可。

在过滤条件中可以选择按期间或单据日期或财务日期进行查询，期间是指单据归属的财务期间，单据日期是指单据上的单据日期。财务日期是指单据上的财务日期。核算项目可以选择非明细级次，如图 4-155 所示。

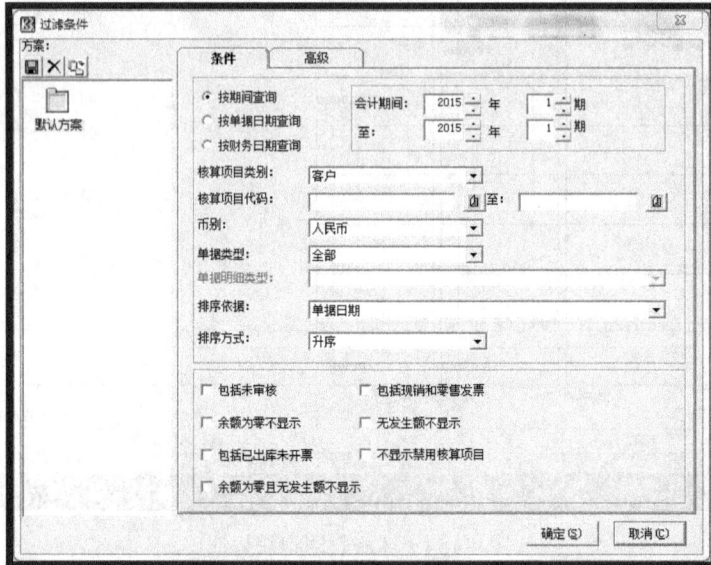

图 4-155　应收账款明细表过滤条件

(2) 进入应收款明细表，查询各项信息。应收款明细表中本期应收栏列示的是销售发票、其他应收单和坏账损失的金额，本期实收栏列示的是收款单、预收单、退款单和应收冲应付的金额，如图 4-156 所示。

图 4-156　应收款明细表

如果本期应收与本期实收的数据不一致，则考虑是否是凭证的借贷方向与汇总表中单据的显示方向不一致所致。如果期末余额与总账系统不一致，则考虑是否是单据没有生成凭证。应收款明细表中同一日期的单据先按单据类型分类显示，单据的显示类型依次是：销售发票、应收单、收款单、预收单、退款单、应收款冲应付款、坏账损失，同一单据类型中按单据号的升序排列显示。

2. 账龄分析

账龄分析主要用来对未核销的往来账款进行分析。

【操作向导】

(1) 单击"财务会计"→"应收款管理"→"分析"→"账龄分析"命令，打开"过滤条件"对话框，选择日期范围、单据类型、账龄段等内容，如图4-157所示。

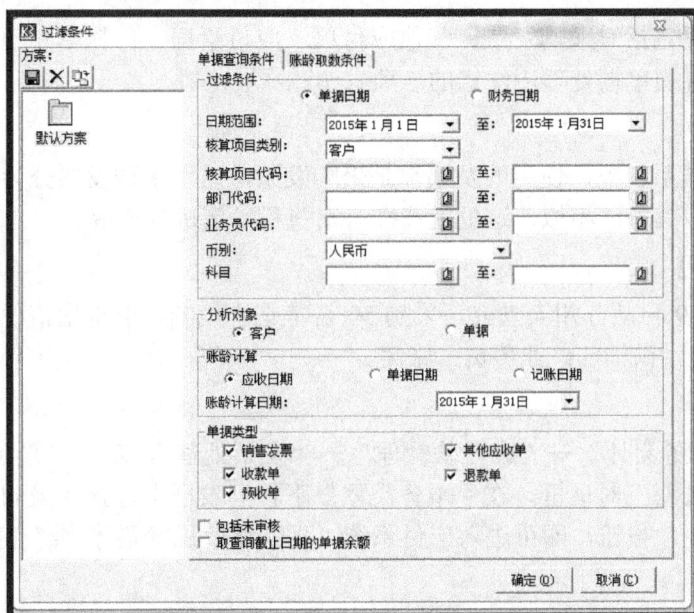

图4-157　账龄分析过滤条件

(2) 确定过滤条件后，进入账龄分析表，报表按照过滤条件中的分组分别列示出各组未到期与已到期余额，如图4-158所示。

过滤条件的选择直接影响账龄分析结果，所以应正确选择自己所需要的。

图4-158　账龄分析

任务六　应付款日常业务处理

应付款管理系统能够对企业的应付款包括(应付账款、其他应付款、应交税费和应付票据)进行全面的核算、管理、分析、预测和决策。本系统除了具有满足往来账务核算的基本功能外，还具有强大的分析管理功能，很贴近企业对应收账款实际管理的需要。

子任务一　日常单据处理

单据处理主要包括对采购发票、其他应付单、应付票据、付款单和预付单等几种单据的处理。下面来说明单据处理应注意的事项。

1. 发票处理

在应付款管理系统中，使用的发票都是采购发票，这个采购发票分为普通发票和增值税发票两种。由于其方法相似，这里就选择对增值税发票进行详解。

【任务 4-6-1】

2015 年 1 月 9 日从苏州天堂公司采购 50 台笔记本电脑，取得增值税发票，不含税单价 2 000 元。部门：供销部；业务员：张涛。

【操作向导】

(1) 单击"财务会计"→"应付款管理"→"发票处理"，双击"采购发票-新增"选项，即可打开"过滤"对话框，在"事务类型"下拉列表框中选择"采购增值税发票"选项后，单击"确定"按钮，即可进入应付系统"采购增值税发票-新增"窗口，如图 4-159 所示。

(2) 录入相应的信息并保存，再单击"审核"按钮进行审核。

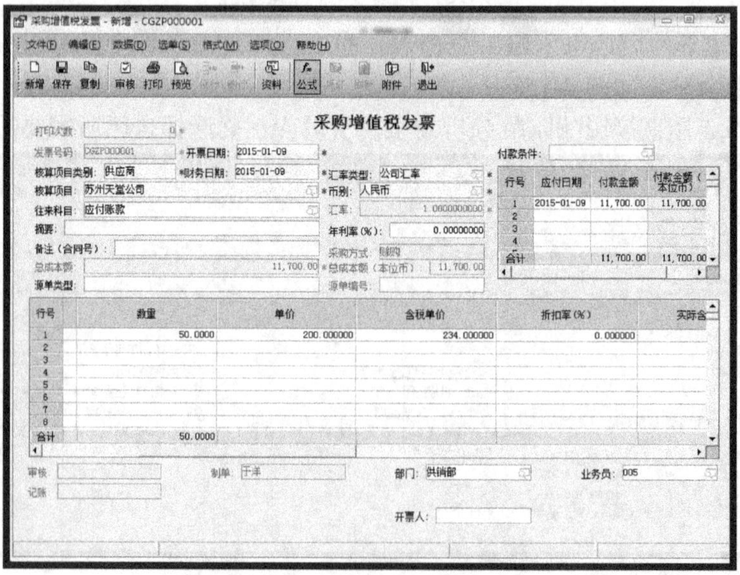

图 4-159　日常采购增值税发票新增

2. 其他应付单

其他应付单处理也是单据处理中不可忽视的一项操作。

【操作向导】

(1) 单击"财务会计"→"应付款管理"→"其他应付单"→"其他应付单-维护"命令，进入"其他应付单序时簿"界面，用户可以对每一张应收、应付单进行新增、删除、审核和生成凭证等操作。

3. 应付票据

以应付票据为例说明票据业务的处理。

【任务 4-5-4】

2015 年 1 月 12 日采购笔记本电脑，交给广州太阳公司银行承兑汇票两张，金额分别为 15 000 元和 5000 元，期限为 90 天。

【操作向导】

(1) 单击"财务会计"→"应付款管理"→"应付票据"→"应付票据-新增"命令，进入"应付票据-新增"界面，录入相应信息并保存、审核。审核时系统会提示生成付款单或预付单，如图 4-160 和图 4-161 所示。

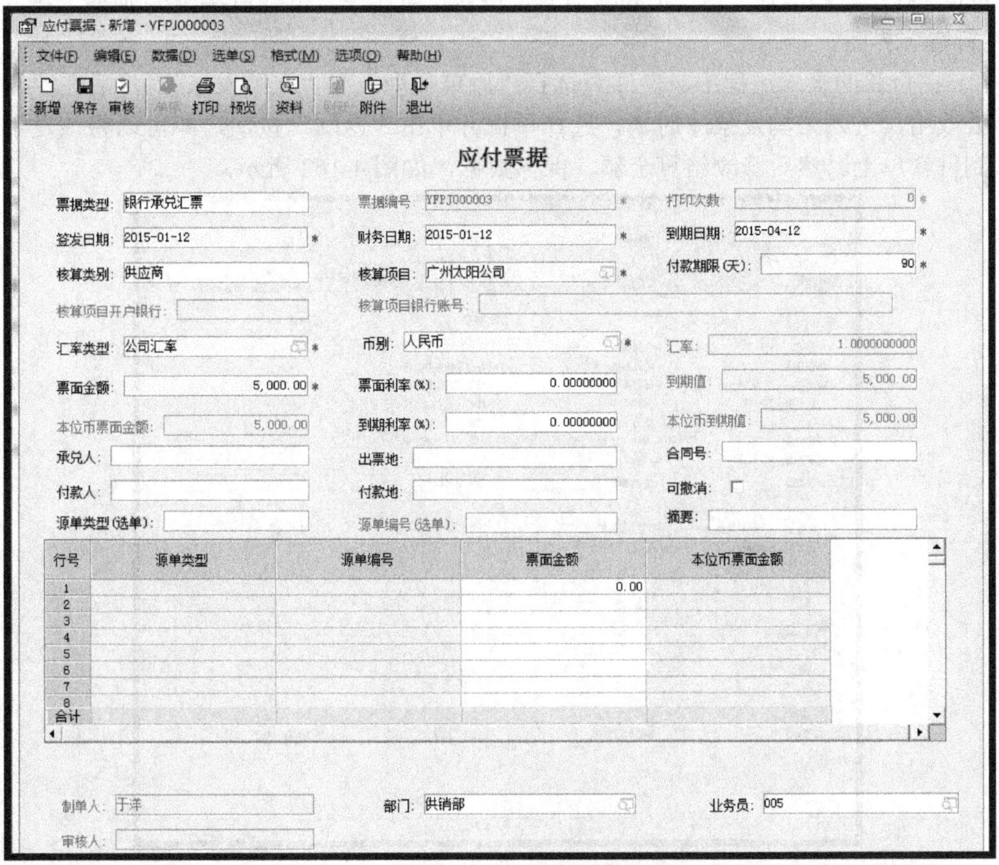

图 4-160　日常应付票据新增

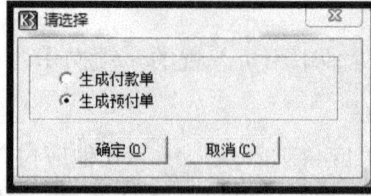

图 4-161　新增票据系统提示窗口

(2) 选择类型后自动生产一张付款单(或预付单)，生成的单据是未审核未核销状态。该案例选择生成预付单。

4. 付款单

付款单主要是用来对付款单和预付单进行各种维护，如新增、修改、删除等。根据票据处理生成或由其他处理系统自动生成，应付票据不允许在这里修改、删除。

【任务 4-5-2】

2015 年 1 月 16 日支付给苏州天堂公司 50 台笔记本电脑的款项，制作付款单。结算方式：电汇；金额：11 700。

【操作向导】

(1) 选择"财务会计"→"应付款管理"→"付款"→"付款单-新增"命令，进入"付款单-新增"界面。

(2) 在付款的录入过程中，应注意选择"原单类型"为"采购发票"，然后在"原单编号"处双击，进入采购发票序时簿，选择单据并单击"返回"按钮，即可以将该发票信息关联到付款单上。然后修改结算金额，保存数据，如图 4-162 所示。

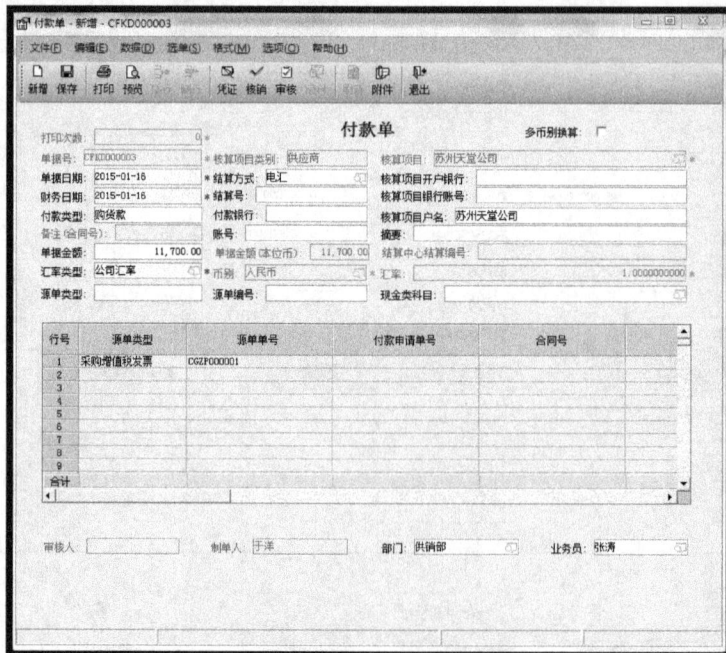

图 4-162　付款单新增

(3) 可以及时完成单据审核。审核后系统自动完成核销工作(由系统参数进行控制)。也可以单击"凭证"按钮及时生成该笔业务的凭证。

【例 4-5-3】

2015 年 1 月 17 日支付给到广州太阳公司现金 5000，制作预付款。

【操作向导】

(1) 单击"财务会计"→"应付款管理"→"付款"→"预付单-新增"命令，进入"预付单-新增"界面，如图 4-163 所示。

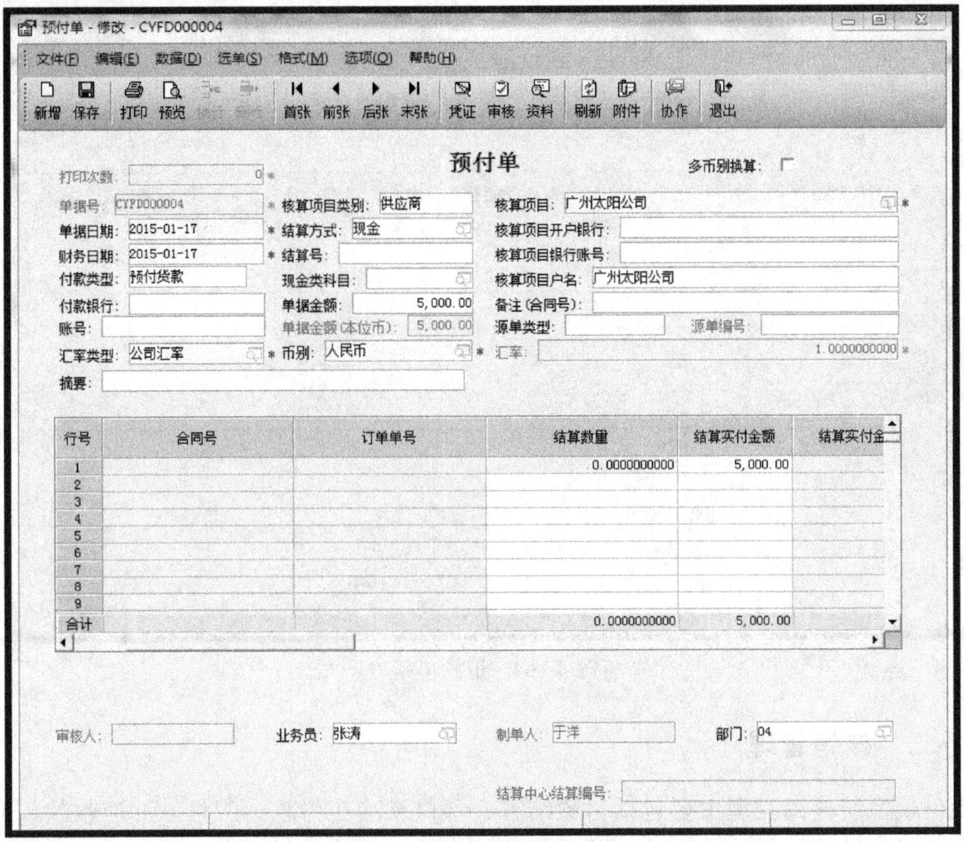

图 4-163　预付单新增

(2) 录入相应的信息后审核。也可单击"凭证"按钮及时对该笔业务生成凭证。

【温馨提示】

生成凭证时，如果科目等信息不完整需进行补充。

5. 退款处理

【任务 4-5-3】

2015 年 1 月 19 日收到广州太阳公司退还现金 5000，制作退款单。

【操作向导】

(1) 单击"财务会计"→"应付款管理"→"退款"→"退款单-新增"命令，进入"应付退款单-新增"界面，如图 4-164 所示。

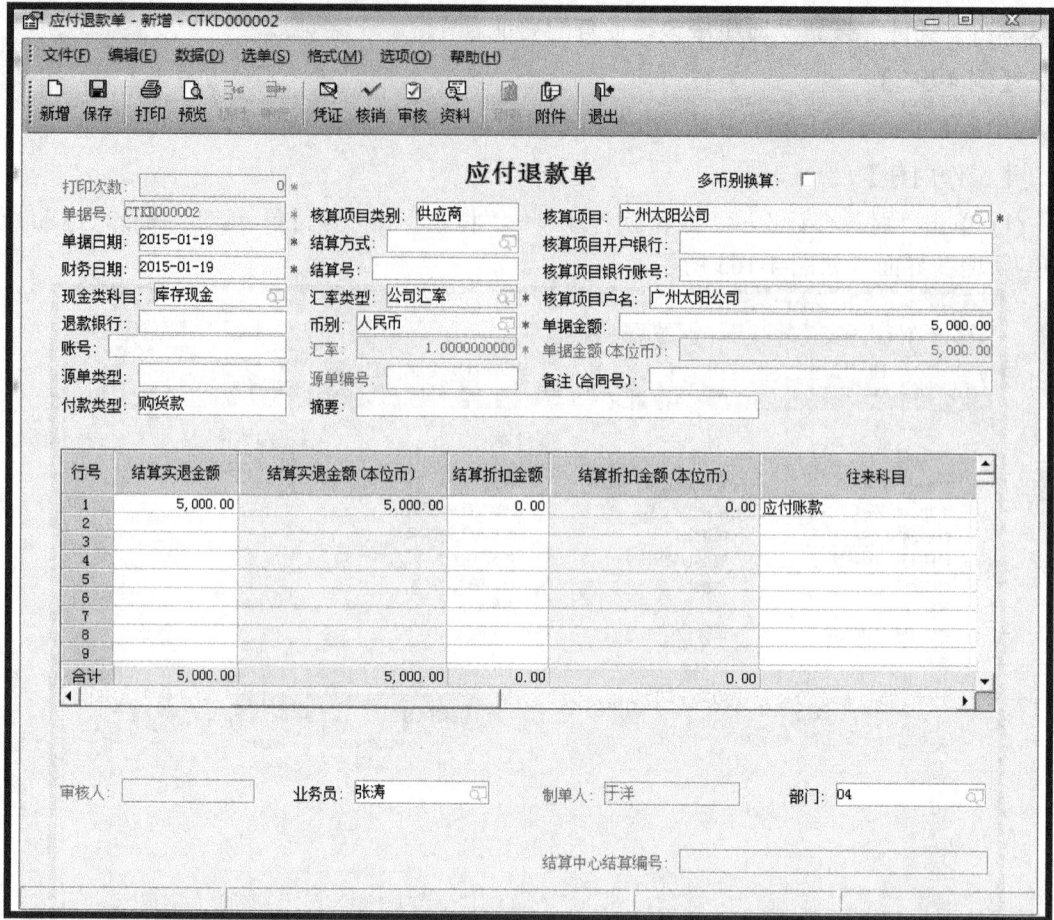

图 4-164　退款单新增

子任务二　核销管理

应付款系统核销类型主要包括付款结算、预付款冲应付款、应付款冲应收款、应付款转销、预付款转销、付款冲收款、预付款冲预收款；系统提供了多种核销处理方式：按单据、存货数量和关联关系核销；系统提供多种核销处理模式：手工核销、自动核销、单据审核后自动核销。

1. 单据核销

核销单据的具体操作步骤如下。

【操作向导】

单击"财务会计"→"应付款管理"→"结算"→"核销日志-维护"命令，打开"过滤条件"对话框，输入过滤条件确定后，即可进入"应付款管理系统-核销(应付)"窗口。若要使用自动核销方式，即可单击工具栏的"自动"按钮，按往来单位余额自动进行核销。若要手动核销，则可在应付款单据列表窗口和扣款单据列表窗口中，分别将符合核销条件的单据标上对勾后，单击"核销"按钮完成核销操作，核销后界面如图 4-165 所示。

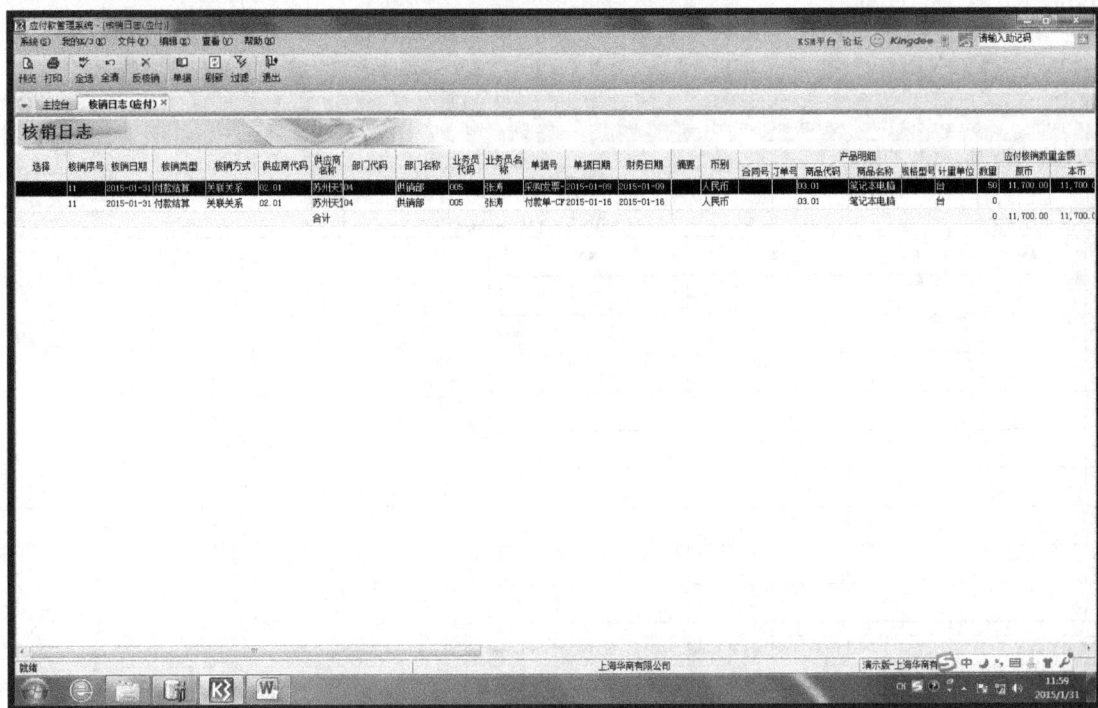

图 4-165 到款结算核销

子任务三 凭证处理

"凭证处理"功能模板主要对已审核的发票、其他应付单、付款单、退款单等原始单据生成记账凭证，用户在生成凭证前要审核所有单据，以免造成遗漏和与总账数据不符。

【操作向导】

(1) 选择"财务会计"→"应付款管理"→"凭证处理"→"凭证生成"命令，进入过滤条件对话框，设置过滤条件，进入凭证生成界面，如图 4-166 所示。

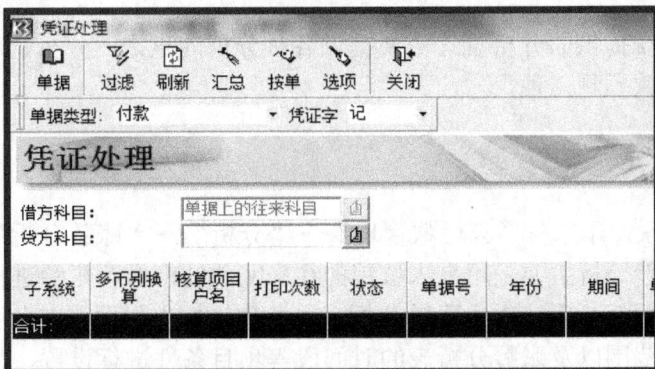

图 4-166 凭证处理

(2) 在"单据类型"中选择相应的日常业务单据的类型和借、贷方会计科目。

(3) 在工具栏单击"选项"按钮，可以涉及生成的凭证形式。

(4) 在工具栏单击"按单"按钮，可对单据生成凭证，也可以使用"Shift"或"Crtl"

键，选择多张单据，单击"按单"或者"汇总"按钮生成凭证，如图 4-167 所示。

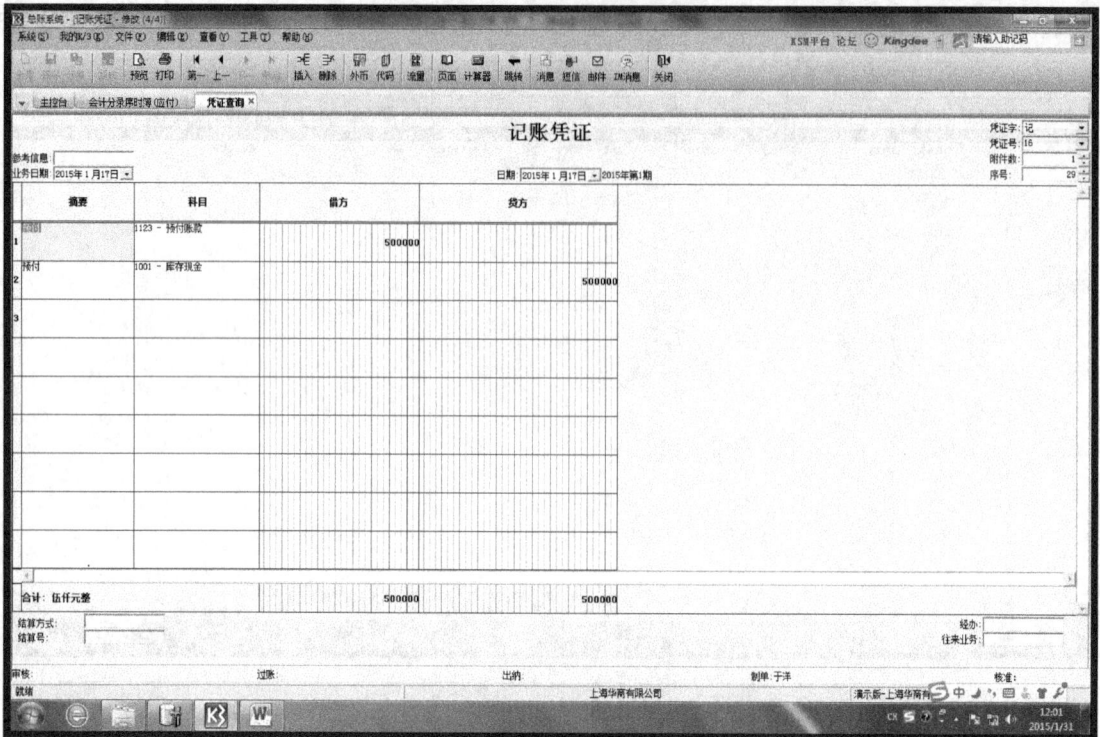

图 4-167　生成凭证

【温馨提示】

此种方法比较适合于企业通过一次操作将多笔业务生成多张凭证或者将多笔业务生成一张凭证的处理方式，而且适合业务的凭证处理灵活、模板不适用的情况。

子任务四　应付款分析

应付款管理系统提供的分析管理主要提供各种分析的查询。分析管理主要包括账龄分析、付款分析和付款预测三种。

1. 账龄分析

【操作向导】

(1) 单击"财务会计"→"应付款管理"→"分析"→"账龄分析"命令，进入"账龄分析"界面。账龄分析主要是用来未核销的往来账款的余额、账龄进行分析。

进入该处理界面后，系统弹出账龄分析表"条件设置"界面，在此界面中，用户可以对账龄分析表输出范围以及账龄分析表的时间段等项目条件进行设置，如图 4-168 所示。

(2) 确定过滤分析后，进入账龄分析表，报表按照过滤条件中的分组分别列示出各组未到期与已到期余额，如图 4-169 所示。

过滤条件的选择直接影响账龄分析结果，因此要正确选择自己所需要的。

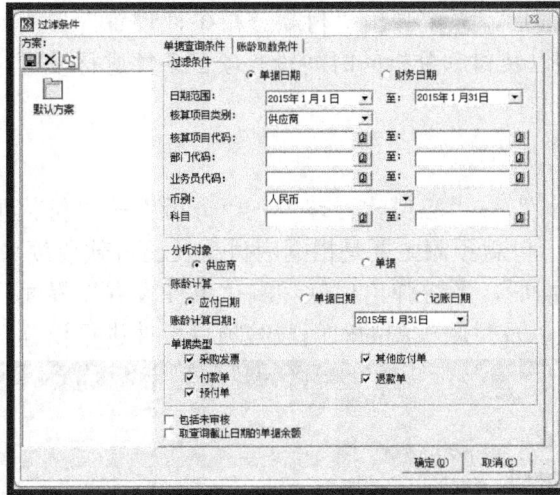

图 4-168　账龄分析过滤条件

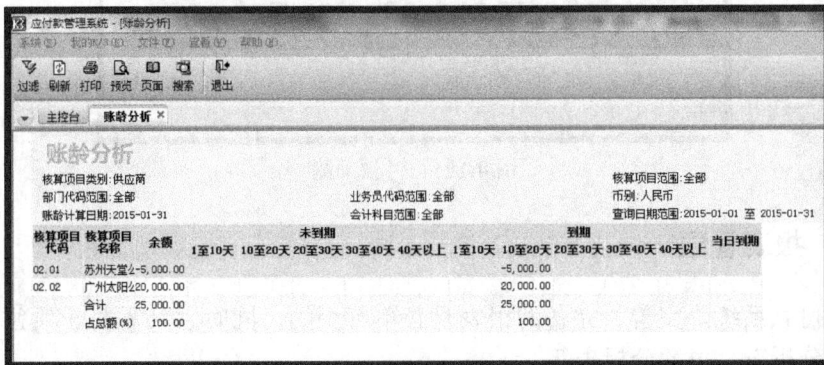

图 4-169　账龄分析

2. 付款分析

【操作向导】

(1) 单击"财务会计"→"应付款管理"→"分析"→"付款分析"命令，进入该处理界面。付款分析主要是用来统计往来单位(或地区、行业)付款的金额，及占总体付款金额的比例，如图 4-170 所示。

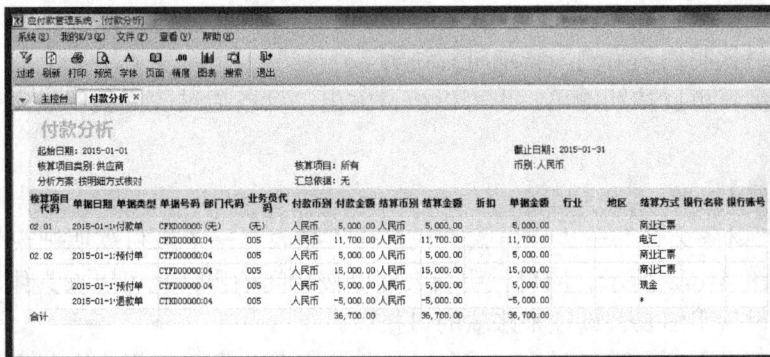

图 4-170　付款分析

(2) 进入该处理界面后，系统弹出"付款分析条件设置"界面，在此界面中，用户可以对付款分析输出范围以及付款分析的时间段等项目条件进行设置。

3. 付款预测

【操作向导】

(1) 单击"财务会计"→"应付款管理"→"分析"→"付款预测"命令，进入处理界面，如图 4-171 所示。付款预测主要是根据应付款及已付款金额来统计将来的付款金额。

(2) 进入该处理界面后，系统弹出付款预测"条件设置"界面，在此界面中，用户可以对付款预测输出范围以及付款预测的时间段等项目条件进行设置。

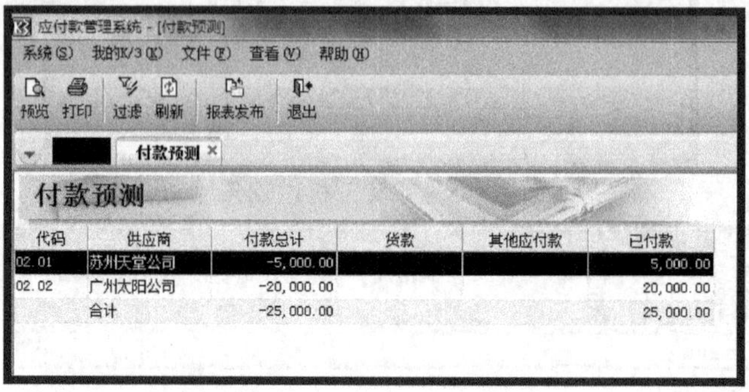

图 4-171　付款预测

子任务五　报表管理

对于应付款系统，完善、完备的报表是必不可少的，同时它又需要一项独有的分析报表，如账龄分析表、付款分析表等。

1. 账表管理

应付款管理系统提供的账表管理主要是提各种报表的查询。账表管理主要由以下几个功能模块：

(1) 应付款汇总表、应付款明细表；

(2) 往来对账单；

(3) 应付款计息表、调汇记录表；

(4) 应付款趋势分析表、月结单连打。

下面以应付款明细表为例，详细进行讲解。

应付款明细表可以按期输出，也可以按日输出，可以通过应付款明细表查询往来账款的报表。

【操作向导】

(1) 选择"财务会计"→"应付款管理"→"账表"→"应付款明细表"命令，进入处理界面，如图 4-172 所示。应付款明细表可以按期间输出，也可以按具体日期输出，用户可以通过应付款明细表查询往来账款的日报表。

进入该处理界面后，系统弹出"应付款明细表条件设置"界面，在此界面中，用户可以对应付款明细表输出范围进行设置。

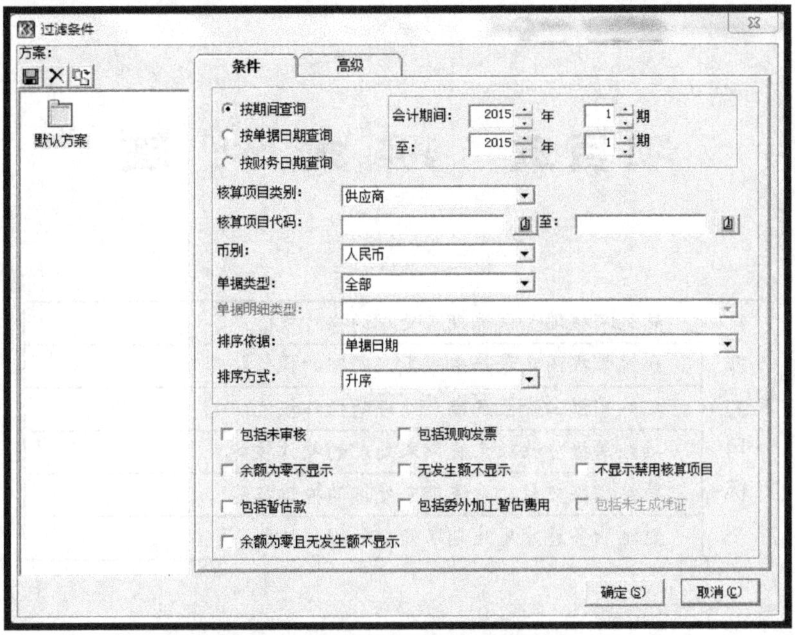

图 4-172 应付账款明细表过滤条件

(2) 进入应付款明细表，查询各项信息。应付款明细表中本期应付栏列示的是采购发票、其他应付单的金额，本期实付栏列示的是付款单、预付单等单据的金额，如图 4-173 所示。

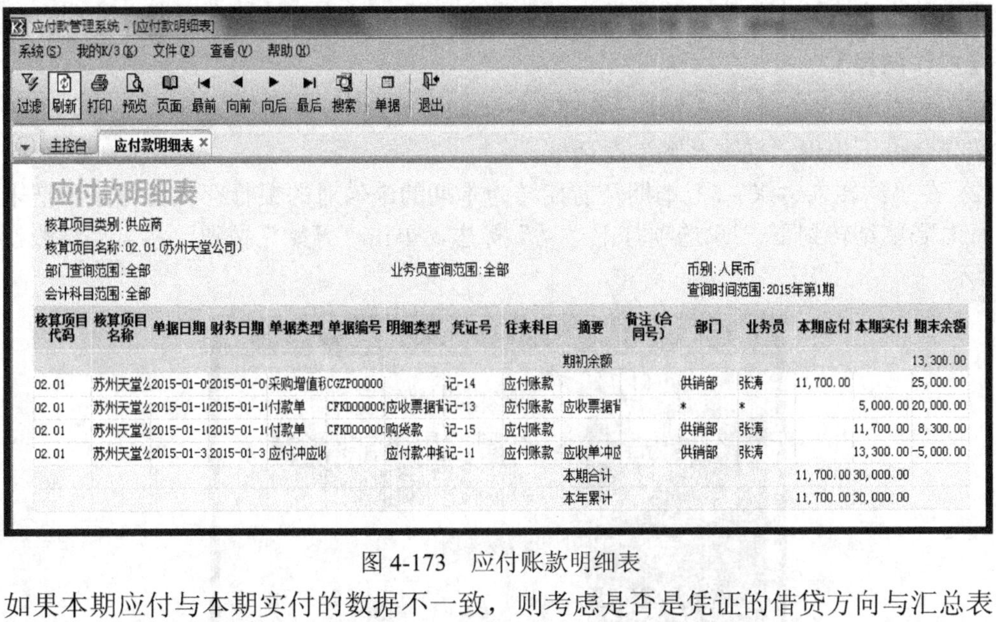

图 4-173 应付账款明细表

如果本期应付与本期实付的数据不一致，则考虑是否是凭证的借贷方向与汇总表中单据的显示方向不一致所致。如果期末余额与总账系统不一致，则考虑是否是单据没有生成凭证。应付款明细表中同一日期的单据先按单据类型分类显示，单据的显示类型依次是：销售发票、应付单、付款单、预付单、退款单、应付款冲应收款、坏账损失，同一单据类型中按单据号的升序排列显示。

项目五　期末处理

能力目标	熟练掌握现金系统期末处理的操作技能
	熟练掌握固定资产系统期末处理的操作技能
	熟练掌握工资系统期末处理的操作技能
	熟练掌握应收款系统期末处理的操作技能
	熟练掌握应付款系统期末处理的操作技能
	熟练账务总账系统期末处理的操作技能

任务一　现金期末处理

为了总结会计期间(如月度和年度)资金的经营活动情况，必须定期进行结账。会计期末结账应结出本会计期间借、贷方发生额和期末余额，并将其结转到下期会计期间。

【操作向导】

(1) 选择"财务会计"→"现金管理"→"期末处理"→"期末结账"命令，双击"期末结账"命令，出现"期末结账"对话框。

(2) 在"结转未达账"(把本期及前期转为本期的未勾对的银行存款日记账和把未勾对的银行对账单结转到下一期)选项打上"√"标志，单击"开始"按钮，将自动结账，如图5-1 所示。

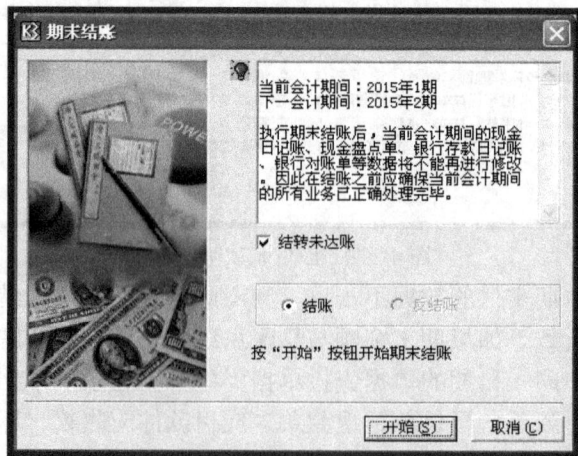

图 5-1　期末结账界面

执行期末结账后，当前会计期间的现金日记账、现金盘点单、银行存款日记账、银行对账单的数据将不能再进行修改。因此，在结账之前，应确保当前会计期间的所有业务已正确处理完毕。

【温馨提示】

① 结转未达账的选项必须打上"√"标志，否则将造成下期余额调节表不能平衡。

② 本系统同时提供反结账功能，但只有系统管理员组的成员才有权力进行此操作。

③ 进行反结账时，系统提供"取消本期对前期记录的勾对"选项。若选中该选项，反结账时取消本期对以前期记录所做的所有勾对，结账后再重新勾对；若不选中该选项，用户可以手工取消需要修改的上期记录的勾对，反结账修改正确后，再结账回本期重新勾对。

任务二　固定资产期末处理

固定资产系统期末处理主要包括计提折旧、折旧管理、自动对账和期末结账等操作。

子任务一　工作量管理

在固定资产管理和核算的日常业务处理工作中，如果有用工作量法计提折旧费用的固定资产，则应在计提折旧费用之前输入其本期完成的实际工作量。

【任务 5-2-1】

上海华商有限公司的小汽车本期工作量为 1000 km。

【操作向导】

(1) 在金蝶 K/3 主界面，选择"财务会计"→"固定资产管理"→"期末处理"→"工作量管理"命令，过滤条件设置(方法同固定资产清单)完毕后，单击"确定"按钮，进入"工作量管理"界面。

(2) 在"本期工作量"栏录入数据，工作量录入完毕后，单击"保存"按钮，将当前数据保存即可，如图 5-2 所示。

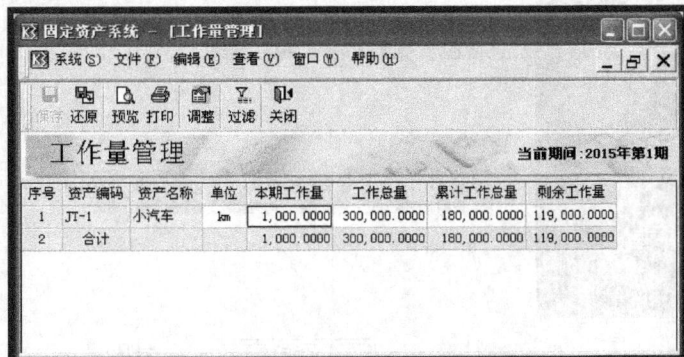

图 5-2　固定资产工作量管理

"工作量管理"中各参数的含义和关系如表 5-1 所示。

表 5-1　　"工作量管理"参数说明

参　数	说　明
工作总量	来源于固定资产卡片上"预计工作量"的数据
累计工作总量	各期已录入的实际工作量之和
剩余工作量	剩余工作量=工作总量-累计工作总量-本期工作量

【温馨提示】

系统提供了工作总量查询，供用户查询各项固定资产，在各会计期间的工作量及累计工作总量。

【分析与说明】

为简化录入工作，系统提供了"调整"功能，可以针对多项工作量相同的固定资产，批量录入工作量。操作方法说明如下：在"工作量管理"界面中，按住 Shift 键，用鼠标选择多项固定资产，然后单击"调整"按钮或选择"编辑"→"调整"命令，在"数值或变动公式"中，录入一个数据或运算公式，选择生效的固定资产范围，单击"确定"按钮，系统将会把录入的数据或计算后的数据自动填入所选的多项固定资产的"本期工作量"项目内。

子任务二　计提折旧

对于企业来说，计提折旧是每期固定资产管理必须要进行的工作，系统为用户提供了计提折旧和费用分摊向导，在各项数据设置的基础上，能够自动计提本期各项固定资产的折旧，并将折旧费用根据使用部门的情况分别计入有关的费用科目，自动生成计提折旧的转账凭证并传送到账务系统中去。

【操作向导】

(1) 在金蝶 K/3 主界面，选择"财务会计"→"固定资产管理"→"期末处理"→"计提折旧"命令，进入"计提折旧"向导界面，如图 5-3 所示。

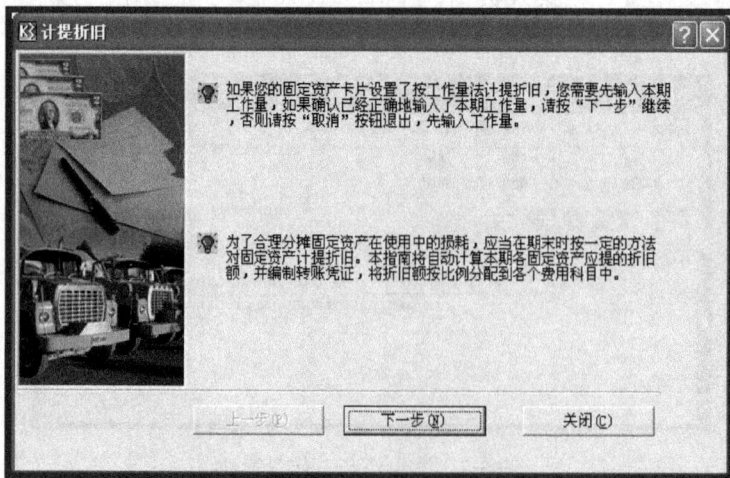

图 5-3　固定资产计提折旧向导界面

(2) 在"计提折旧"向导提示下，依次输入"凭证摘要"和"凭证字"，单击"计提折旧"按钮，系统正式进入提取折旧工作，如图 5-4 所示。

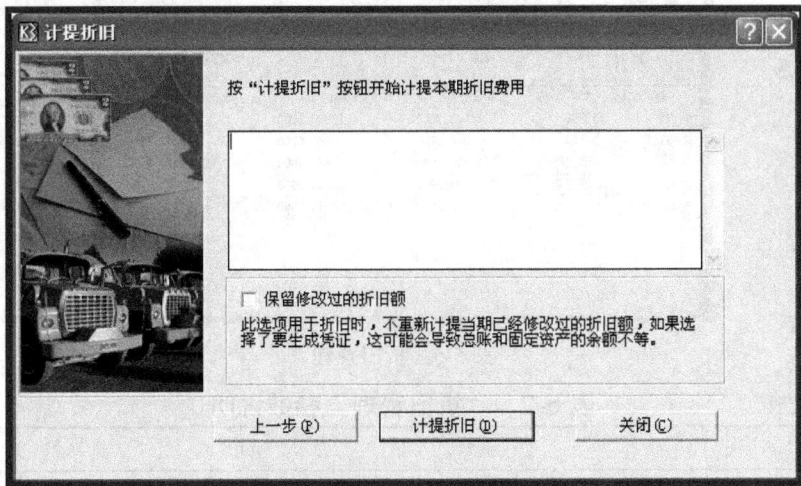

图 5-4　固定资产计提折旧

【温馨提示】

① 为了保证折旧数据的正确性，计提折旧时不允许其他用户同时使用系统，如果此时有用户使用，系统将给出提示。

② 如果本期已经计提过固定资产折旧费用，系统会给出"是否重新计算折旧"的提示。

③ 在重新计算折旧的情况下，系统自动删除原计提折旧时生成的凭证。

④ 金蝶固定资产管理系统产生的折旧凭证，可以与金蝶账务及成本系统无缝链接，费用可按车间及部门自动传到成本计算单中。

子任务三　折旧管理

计提折旧后，若需要对本期实际折旧额进行调整，在"折旧管理"对话框中对本期折旧额进行修改即可；在"折旧管理"中修改"本期折旧额"后，系统会自动修改计提折旧凭证上的数据，但是只对本期折旧额起到修改的作用，而今后期间计提折旧还是按原折旧额。所以用户如果只是暂时对本期应提折旧额修改，则可以在此进行，如果用户希望今后每个期间的折旧额都改变，还是应当进行"卡片变动处理"。

【操作向导】

(1) 在金蝶 K/3 主界面，选择"财务会计"→"固定资产管理"→"期末处理"→"折旧管理"命令，过滤条件设置(方法同固定资产清单)完毕后，单击"确定"按钮，进入"折旧管理"界面，在此可对本期实际折旧额进行调整。

(2) 修改"本期折旧额"中的数据后，单击"保存"按钮，保存所做的修改。对已提折旧进行修正后，相应的折旧凭证也随之更新，不用再进行单独处理，如图 5-5 所示。

"折旧管理"界面各参数说明如表 5-2 所示。

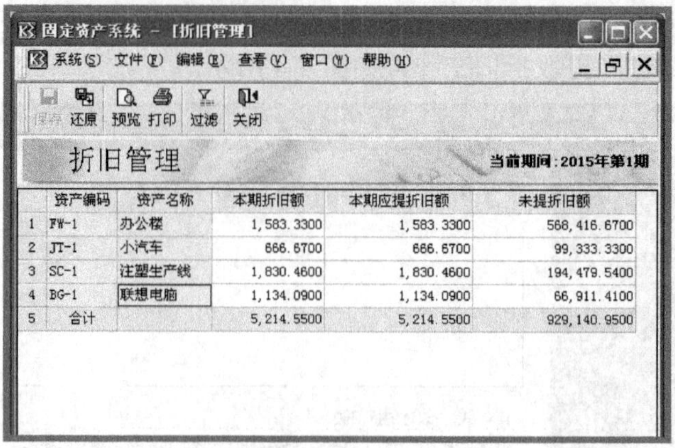

图 5-5　折旧管理

表 5-2　"折旧管理"参数说明

参　　数	说　　明
本期折旧额	如果用户需要调整本期折旧,则直接修改"本期折旧额"中的数据
本期应提折旧额	是按照固定资产的折旧要素和折旧方法计算出来的,供用户修正折旧时参考,但不能修改
未提折旧额	未提折旧额=固定资产净额-累计折旧-本期折旧额

【温馨提示】

如果想取消对折旧的修正,则单击"还原"命令,即可恢复到上一次保存后的数据状态。

子任务四　自动对账

固定资产管理系统实现了固定资产业务处理和总账财务核算处理的无缝链接,但为了防止用户不通过固定资产系统,直接在总账系统录入固定资产凭证,导致业务与财务数据核对不上,系统提供了自动对账功能,帮助用户将固定资产系统的业务数据与总账系统的财务数据进行核对,及时发现错误。

【操作向导】

(1) 在金蝶 K/3 主界面,选择"财务会计"→"固定资产管理"→"期末处理"→"自动对账"命令,进入"对账方案"设置界面,如图 5-6 所示。

(2) 在"对账方案"界面,选择对账方案和对账会计期间,可以对不同期间的账务进行核对。如果对账方案包括总账系统尚未过账的凭证,则选择"包括未过账凭证"选项。

(3) 在"对账方案"界面,单击"增加"按钮,出现"固定资产对账"窗口,可以设置固定资产系统的原值、累计折旧、减值准备所对应的总账系统的科目。科目设置完成后,录入方案名称并单击"确定"按钮,进行方案保存,如图 5-7 所示。

(4) 设置完成后,单击"确定"按钮,系统将给出自动对账报表,自动对账报表分别列示了固定资产系统和总账系统的固定资产原值、累计折旧、减值准备的期初余额、本期发生额、期末余额等情况,如图 5-8 所示。

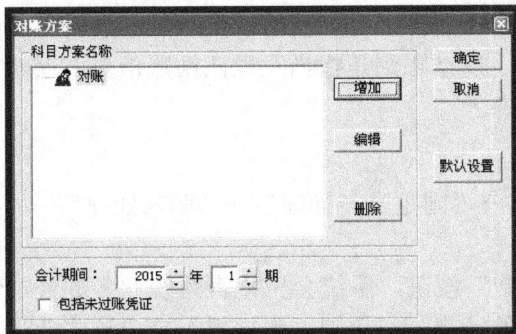

图 5-6　固定资产对账方案界面　　　　　　图 5-7　固定资产对账方案设置界面

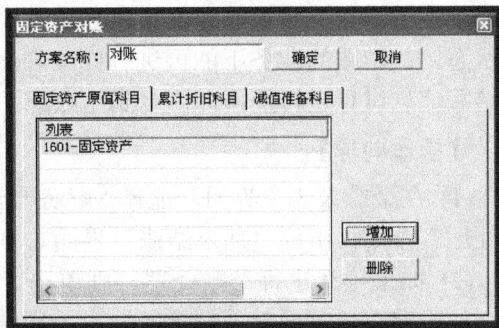

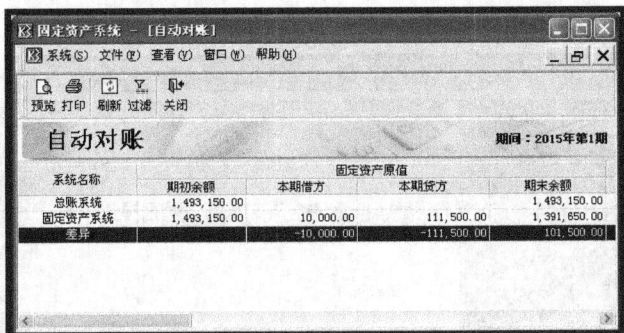

图 5-8　自动对账界面

　　自动对账后，如果发现数据不平衡，即某项数据有"差异"，用户应及时对两系统数据进行检查，找出错误及时更正，避免将数据错误累计到以后期间，系统将会控制对前期数据的修改。如果对账平衡了，则可以开始进行结账处理。

　　【温馨提示】

　　① 在"对账方案"界面，选择对账方案和对账会计期间，可以对不同期间的账务进行核对。

　　② 如果要严格控制固定资产系统和总账系统数据的一致性，则可以在"系统参数"设置中选择"期末结账前先进行自动对账"选项，这样在进行结账处理时，系统会先自动进行对账检查，如果没有设置对账方案或对账不平衡，则系统会给予提示并不允许结账，如图 5-9 所示。

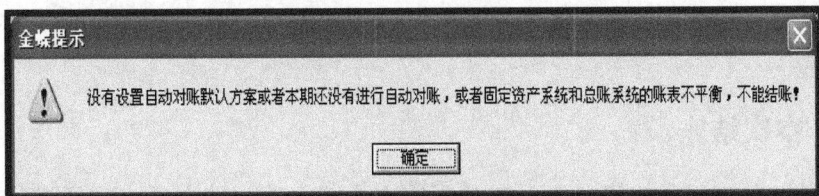

图 5-9　系统关于对账的提示窗口

子任务五　期末结账

　　期末结账功能是指将当前会计期间的业务结转到下一期间，也可以对最近已结账会计期间的业务进行反结账。结账指将固定资产的有关账务处理如折旧或变动等信息转入已结账状态，已结账的业务不能再进行修改和删除。反结账则是指当发现已结账信息有误时对已结账信息进行逆转操作，恢复到结账前的状态。

【操作向导】

(1) 在金蝶 K/3 主界面，选择"财务会计"→"固定资产管理"→"期末处理"→"期末处理"命令，出现"期末结账"界面。

(2) 如果确认进行结账处理，则单击"开始"按钮，系统会先检查系统业务的处理情况，如果存在业务处理不完善的情况，系统将给予提示，用户需根据提示完成这些业务后再进行结账处理。如果系统检查一切顺利，则自动完成结账过程，会计期间转入下一期，如图 5-10 所示。

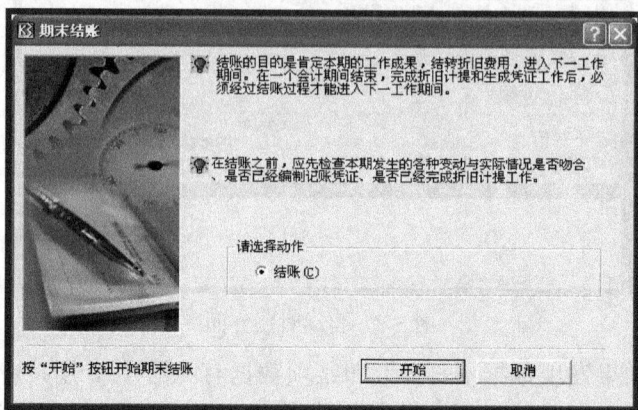

图 5-10　期末结账

【温馨提示】

① 结账或反结账前，要确保没有其他用户在同时使用固定资产管理系统。

② 如果发现已结账期间的信息有误，可以进行反结账。反结账的操作方法为：在期末处理模块，按住"Shift"键，双击"期末结账"，弹出"期末结账"界面，选择"反结账"，单击"开始"按钮，系统自动完成反结账过程，会计期间转回上一期。

③ 反结账只有系统管理员才可以操作。

任务三　工资期末处理

子任务一　本次结账

在一月多次发放工资的情况下，在分配完本次工资费用数据后，需要进行本次结账处理，进入到本月下一次工资发放。

【操作向导】

选择"人力资源"→"工资管理"→"工资业务"→"期末结账"命令，系统弹出"期末结账"窗口，如图 5-11 所示。选择"本次"和"结账"选项，单击"开始"按钮，系统给出已成功结账到本月下一次工资发放和工资基金结转的提示。

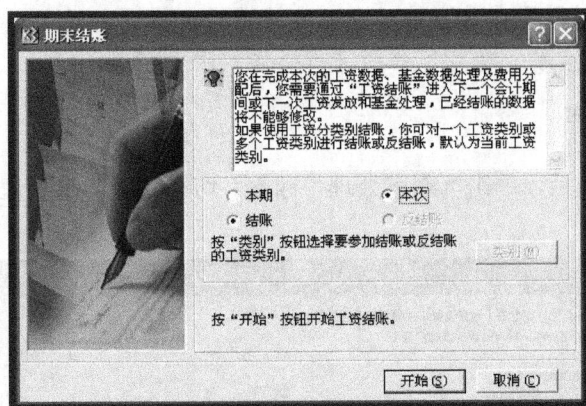

图 5-11　工资结账

子任务二　本期结账

在处理完成本月内的工资发放工作及工资费用分配之后，需要通过本期结账功能，把本期内多次工资数据进行结转，从而进入到下一期工资发放。

【操作向导】

选择"人力资源"→"工资管理"→"工资业务"→"期末结账"命令，进入"期末结账"窗口，选择"本期"和"结账"选项，单击"开始"按钮，系统给出已成功结账到下一个月第一次工资发放和工资基金结转的提示。

子任务三　反结账

如果在结账之后发现需要修改前期的数据，则可以采用反结账的功能，依次返回前期内各发放次数，进行相关的修改工作。

【操作向导】

选择"人力资源"→"工资管理"→"工资业务"→"期末结账"命令，进入"期末结账"窗口，选择"本次"或"本期"及"反结账"选项，单击"开始"按钮，系统给出已成功反结账到上一次工资发放和工资基金结转的提示。

【温馨提示】

① 进行反结账时，"期末结账"窗口有一选项"是否删除当前工资和基金数据"，若选择此选项，则在执行反结账操作时，系统将把当前的工资和基金数据全部删除。如果未选择这一选项，则在执行反结账操作时，系统将不删除已经存在的当前的工资数据，再结账时，系统将保留反结账前已做了修改的固定工资项目数据。

② 结账和反结账功能可针对不同的工资类别进行，但使用此功能的前提是需要在工资系统的系统参数中"工资"页面选择"工资分类别结账"选项。系统将根据此选项进行相应的处理，如果选择工资分类别结账，则系统在结账或反结账时，仅对其中一个工资类别进行结账或反结账处理。

③ 如果在"系统设置"→"工资管理"→"系统参数"中已经设置了工资结账前必须审核或者必须复审，则需要在结账前对工资数据进行审核或者复审。

④ 工资结账和反结账的功能可分别进行操作权限的控制。

子任务四　期末处理

"凭证处理"完成后，单击"期末处理"标签，切换到"期末处理"选项卡，如图 5-12所示。

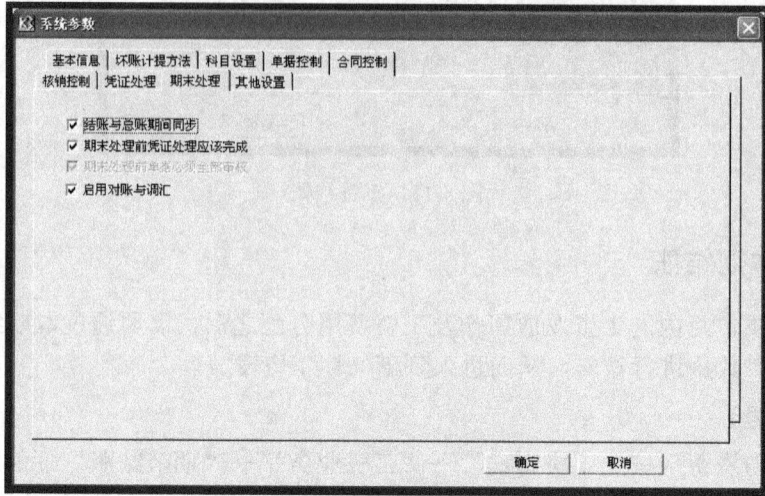

图 5-12　系统参数期末处理设置

"期末处理"选项卡的参数说明如表 5-3 所示。

表 5-3　"期末处理"参数说明

参　数	说　明
结账与总账期间同步	默认勾选。如果勾选，则应收款管理系统必须先于总账系统结账。建议选择此选项，以保证应收款管理系统的数据资料能及时准确地传入总账系统。如果不选，总账系统结账的时候将不会检查应收款系统所在账期
期末处理前凭证处理应该完成	期末处理以前，本期的所有单据必须已生成记账凭证，否则不予结账。建议选择此选项，否则总账数据与应收款数据可能不一致。如果勾选"启用对账与调汇"，则该选项必须勾选
期末处理前单据必须全部审核	期末结账时必须检查本期的单据已经审核，否则不予结账。此选项系统设置为必须选上但不能修改
启用对账与调汇	新建账套默认选上。如果勾选，系统将会控制并实现； 单据审核时将校验，录入的往来科目必须受控于应收应付系统； 生成凭证时必须使用科目来源"单据上的往来科目"； 生成凭证后，"往来科目"中除凭证摘要外均不得修改，以保证单证相符； 明细表、汇总表、账龄分析表可以按科目查询； 期末可以按科目对账； 该选项取消后将不能重新启用

任务四 应收款期末处理

子任务一 对账

【操作向导】

(1) 对账检查。在主界面选择"财务会计"→"应收款管理"→"期末处理"→"期末对账检查"命令，系统首先对当期的单据、凭证、以及核销票据进行对账检查，如图 5-13 所示。

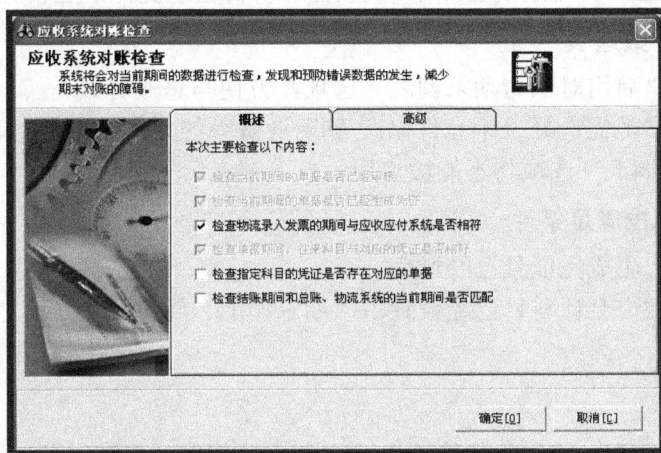

图 5-13 期末对账检查

(2) 检查完毕后，如有错误应及时更正。在检查通过的情况下进入对账过滤条件，如图 5-14 所示，录入相应的期间、科目等选项。

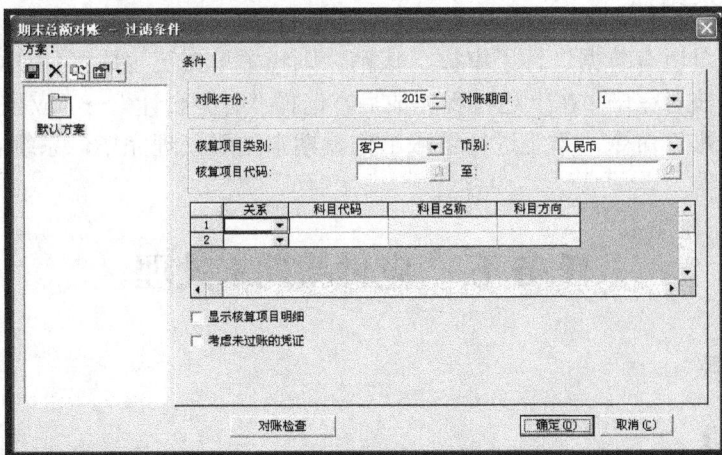

图 5-14 期末对账科目检查设置

(3) 单击"确定"按钮，进入"期末总额对账"窗口。在此窗口中，用户可以对应收款系统和总账系统的数据进行核对，及时查询差额数据，并及时更正。

子任务二　期末调汇

对于有外币业务的企业，会计期末如果汇率有变，通常要进行期末调汇的业务处理。实现期末调汇可以在总账系统，也可以在应收、应付款系统中完成。下面介绍如何在应收系统中进行期末调汇。

1. 设置受控科目

(1) 在相关科目属性中选择"科目受控系统"选项。

(2) 如果用户选择某科目受控"应收应付"系统，则意味着该科目只能被应收、应付款系统，物流的采购系统，销售系统，存货系统使用，总账系统和成本管理等系统将不能使用该科目生成凭证，否则系统会提示："该会计科目已经受控于应收应付系统！"。

2. 设置系统参数选项

(1) 建议选择"启用对账与期末调汇"选项，方便与总账对账。

(2) 总账系统参数需选择"不允许修改/删除业务系统凭证"参数，否则应收款系统选择的"启用对账与调汇"选项将不能被启用。

3. 期末调汇单据满足条件

(1) 本期单据已生成凭证且已经过账。

(2) 单据上的往来会计科目已经设置了"期末调汇"属性。

4. 期末调汇

【操作向导】

选择"财务会计"→"应收款管理"→"期末处理"→"期末调汇"命令，系统提示"为了保证调汇结果正确，请先完成对账！"，确认后，系统调出"对账检查"对话框，对账完毕后，调汇开始。

子任务三　期末结账

若本期已经对所有单据进行了审核、核销，则相关单据已生成了凭证，而且与总账系统的数据资料已核对完毕。在上述过程完成后，选择"财务会计"→"应收款管理"→"期末处理"→"结账"命令，系统进行结账工作。期末结账处理完毕，系统自动进入下一个会计期间。

任务五　应付款期末处理

子任务一　对账

【操作向导】

(1) 对账检查：在主界面选择"财务会计"→"应付款管理"→"期末处理"→"期末对账检查"命令，系统首先对当期的单据、凭证、核销以及票据进行对账检查，如图 5-15所示。

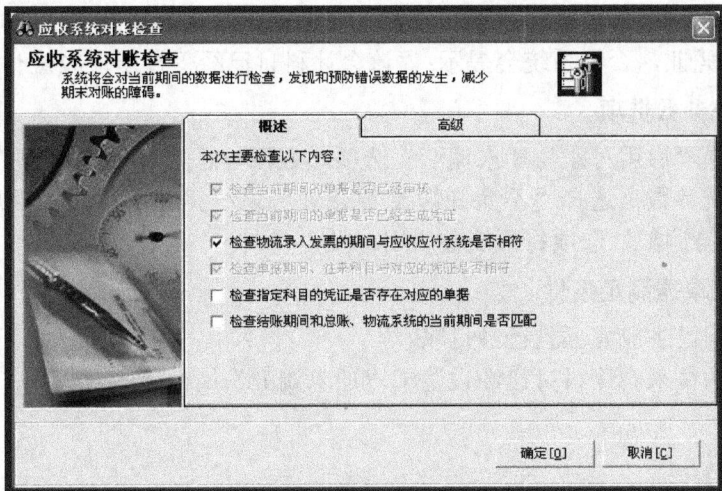

图 5-15 期末对账检查

(2) 检查完毕后，如有错误应及时更正。在检查通过的情况下进入对账过滤条件，如图 5-16 所示，录入相应的期间、科目等选项。

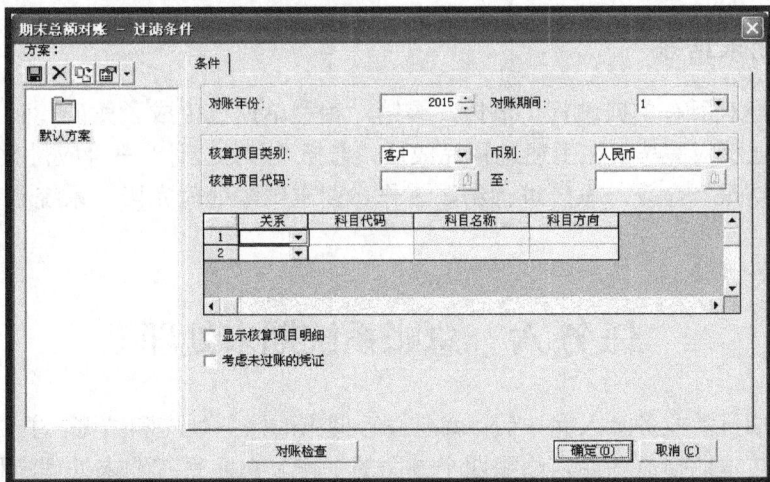

图 5-16 期末对账科目检查设置

(3) 单击"确定"按钮，进入"期末总额对账"窗口。在此窗口中，用户可以对应付款系统和总账系统的数据进行核对，及时查询差额数据，并及时更正。

子任务二 期末调汇

对于有外币业务的企业，会计期末如果汇率有变，通常要进行期末调汇的业务处理。实现期末调汇可以在总账系统，也可以在应收、应付款系统中完成。下面介绍如何在应付系统进行期末调汇。

1. 设置受控科目

(1) 在相关科目属性中选择"科目受控系统"选项。

(2) 如果用户选择某科目受控"应收应付"系统，则意味着该科目只能被应收、应付款系统，物流的采购系统，销售系统，存货系统使用，总账系统和成本管理等系统将不能使用该科目生成凭证，否则系统会提示："该会计科目已经受控于应收应付系统!"。

2. 设置系统参数选项

(1) 建议选择"启用对账与期末调汇"选项，方便与总账对账。

(2) 总账系统参数需选择"不允许修改/删除业务系统凭证"参数，否则应付款系统选择的"启用对账与调汇"选项将不能被启用。

3. 期末调汇单据满足条件

(1) 本期单据已生成凭证且已经过账。

(2) 单据上的往来会计科目已经设置了"期末调汇"属性。

4. 期末调汇

【操作向导】

选择"财务会计"→"应付款管理"→"期末处理"→"期末调汇"命令，系统提示"为了保证调汇结果正确，请先完成对账!"，确认后，系统调出"对账检查"对话框，对账完毕后，调汇开始。

子任务三　期末结账

若本期已经对所有单据进行了审核、核销，相关单据已生成了凭证，而且与总账等系统的数据资料已核对完毕。在上述过程完成后，选择"财务会计"→"应付款管理"→"期末处理"→"结账"命令，系统进行结账工作。期末结账处理完毕，系统自动进入下一个会计期间。

任务六　总账系统期末处理

当所有当期日常业务录入完毕后，就要进行期末的账务处理和结账，主要有汇率调整、自动转账、结转本期损益和期末结账四个方面的工作。总账系统期末处理流程图如图 5-17 所示。

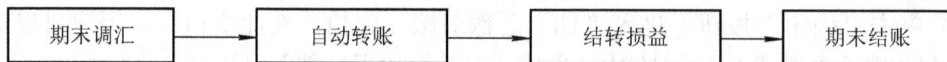

| 期末调汇 | → | 自动转账 | → | 结转损益 | → | 期末结账 |

图 5-17　总账系统期末处理流程图

子任务一　期末调汇

本功能主要用于对外币核算的账户在期末自动计算汇兑损益，生成汇兑损益转账凭证及期末汇率调整表。只有在会计科目中设定了"期末调汇"的科目才能进行期末调汇处理。在结账处理窗口中，单击"期末调汇"按钮，系统会进入期末调汇向导窗口，根据向导的提示生成转账凭证，同时生成一张调汇表。

【任务 5-6-1】

美元期末汇率为 6.69。

【操作向导】

(1) 选择"财务会计"→"总账"→"结账"→"期末调汇"命令，弹出"期末调汇"窗口，如图 5-18 所示。

(2) 录入期末汇率，即"调整汇率"，单击"下一步"按钮，选择一个损益科目，单击"完成"按钮即可生成一张调汇凭证。审核凭证并过账，如图 5-19 所示。

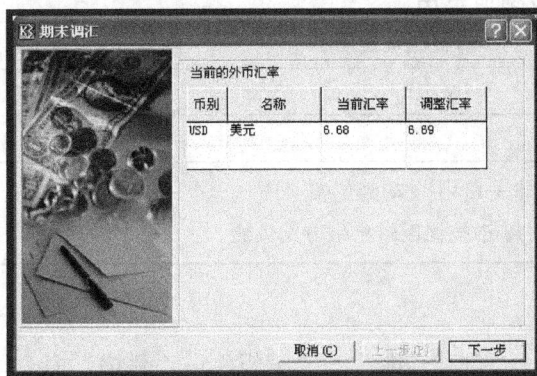

图 5-18　期末汇率设置　　　　　　　　　　图 5-19　期末调汇参数设置

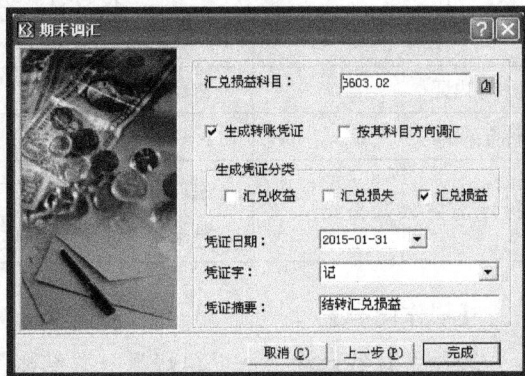

"期末调汇"参数说明如表 5-4 所示。

表 5-4　"期末调汇"参数说明

数据项	说　　明
汇兑损益科目	即发生的汇兑差异转入的损益科目，一般为财务费用科目。在这里输入的汇总损益科目必须是一个最明细科目
生成转账凭证	选择后系统会自动生成一张转账凭证。如果选择此选项，则在下面要录入生成转账凭证的日期、凭证字及凭证摘要
生成凭证分类	期末调汇可根据用户的需要分别生成汇总收益凭证、汇总损失凭证或汇总损益凭证。一般选择汇兑损益(即有收益又有损失)凭证
凭证日期	生成转账凭证的日期。系统自动给出，一般是会计期间末，也可以自行修改
凭证字	生成转账凭证的凭证字
凭证摘要	生成转账凭证的凭证摘要

【温馨提示】

① 用户在使用"期末调汇"功能时一定要在所有涉及外币业务的凭证和要调汇的会计科目全部录入完毕并审核过账后才能进行，以免调汇数据不正确。

② 用户必须将"期末调汇"生成的转账凭证审核过账。

③ 调汇公式为：调整额＝外币科目的原币金额*调整后汇率－外币科目的本位币金额

子任务二　自动转账

企业结账之前，按企业财务管理和成本核算的要求，必须进行制造费用、产品生产成本的结转以及期末调汇及损益结转等工作。若为年底结转，还必须结平本年利润和利润分配账户。为了方便用户，K/3 系统提供"自动转账"功能，即能够自动生成可按比例转出指定科目的"发生额"、"余额"、"最新发生额"、"最新余额"等项数值并生成会计凭证。

1. 编辑公式

【任务 5-6-2】

月末要结转制造费用，自动转账设置如表 5-5 所示。

表 5-5　结转制造费用

名称/摘要	结转制造费用
机制凭证	自动转账
转账期间	1～12
科目/方向/转账公式	生产成本—基本生产成本—费用/自动判定/转入 制造费用—修理费/自动判定/按比例转出借方发生额

【操作向导】

选择"财务会计"→"总账"→"结账"→"自动转账"→"编辑"→"新增"命令，按照案例设置各项内容并保存，如图 5-20 所示。

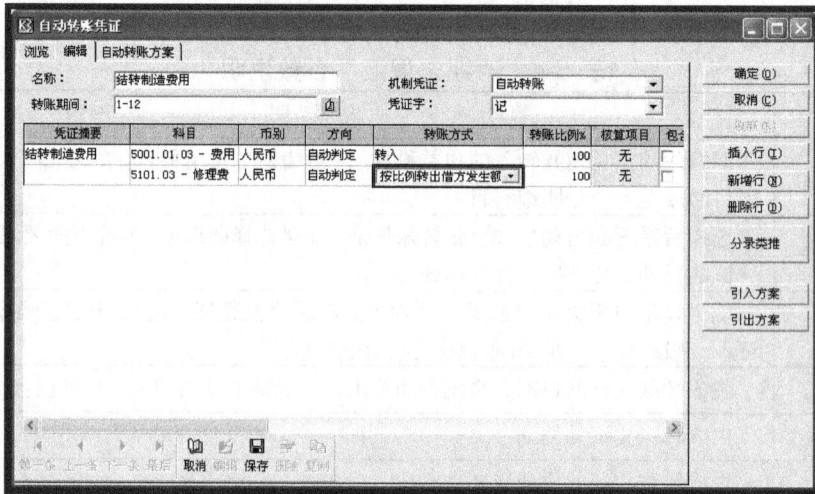

图 5-20　自动转账编辑

"自动转账"参数说明如表 5-6 所示。

表 5-6　"自动转账"参数说明

数据项	说　　明
转账期间	系统提供了 1～12 个会计期间，根据本案例应该全选
凭证字	选择生成凭证的凭证字
凭证摘要	手工录入正确的收支信息
科目	双击后会自动弹出"科目"对话框，用户可以选择需要的会计科目。选择科目时必须注意要选择科目的最明细一级，如是非明细科目则只能转出
币别	显示币别

续表

数据项	说　　明
方向	会计分录的借贷方向，可以根据转账方式"自动判断"，除非确定，否则建议用户选择"自动判断"
转账方式	科目的"余额"、"借方发生额"、"贷方发生额"等转出的金额和方式，共有 6 种："转入"指该会计科目属于转入科目；"按比例转出余额"指按该科目余额的百分比例转出；"按比例转出贷方发生额"指按该科目的贷方发生额的比例转出；"按比例转出借方发生额"指按该科目的借方发生额的比例转出；"按公式转出"指根据后面的"公式定义"中的公式取数转出；"按公式转入"指根据后面的"公式定义"中的公式取数转入
转账比例	用于选择了比例转入(出)的转账方式，直接录入百分比例
核算项目	如果会计科目下还下挂核算项目，则在此选择相应的核算项目
包含本期未过账凭证	选择"包含"和"不包含"二者之一
公式定义	当"转出方式"选择"按公式转入或转出"时，则在此定义公式，根据科目是否下设外币及数量，录入原币取数公式、本位币取数公式和数量取数公式。公式设置可以按 F7 键或单击工具条中"获取"按钮进入公式向导辅助输入，公式的语法与自定义报表完全相同，通过取数公式可取到账上任意的数据。另外，在公式中还可录入常数
机制凭证	提供了自动转账凭证的一些控制参数，如选"不参与多栏账汇总"，这种凭证月底的成本结转不参加多栏账的汇总
引入方案	引入自动转账方案
引出方案	将自动转账方案引出到文件。目前支持导出到 Excel 文件

【任务 5-6-3】

本月管理费用发了 20 000 元工资，月末要计提福利费用，自动转账设置如表 5-7 所示。

表 5-7　计提福利费

名称/摘要	计提福利费
机制凭证	自动转账
转账期间	1~12
科目/方向/转账公式	管理费用—工资及福利费/借方/按公式转入 应付职工薪酬/贷方/按公式转入
公式	ACCT("6602.01","SY","",0,0,0,"") *0.14

【操作向导】

(1) 选择"财务会计"→"总账"→"结账"→"自动转账"→"编辑"→"新增"命令，进入"自动转账编辑"界面，再编辑标签页中各项内容，如图 5-21 所示。

(2) 在"公式定义"中录入取数公式，如图 5-22 和图 5-23 所示。

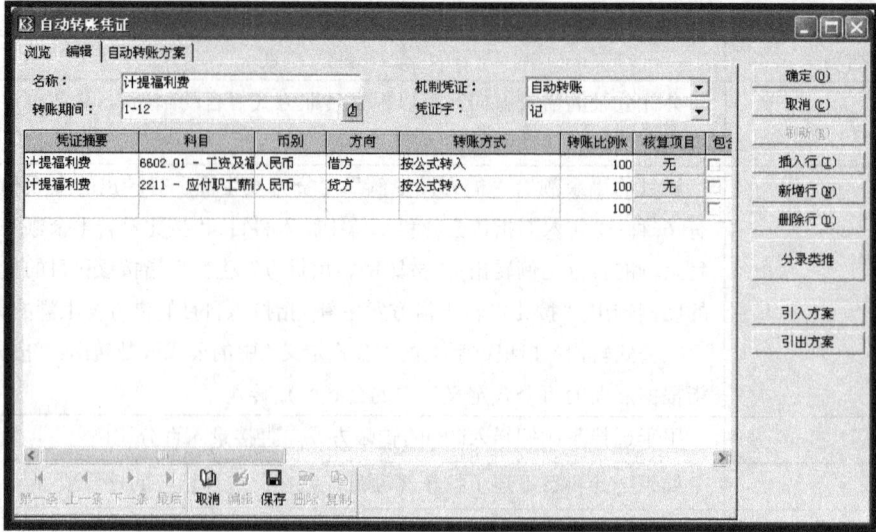

图 5-21　自动转账编辑

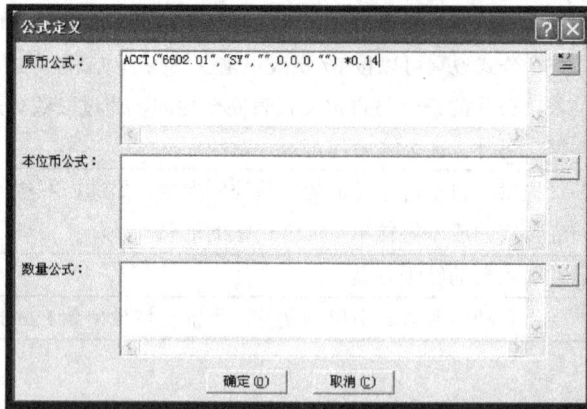

图 5-22　公式定义

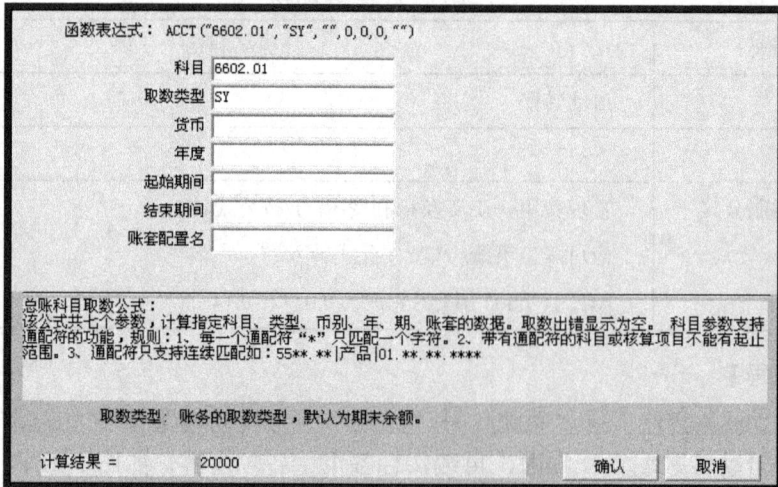

图 5-23　公式取数参数设置

2. 自动转账方案设置

在用户有多个自动转账凭证时，尤其是凭证之间还有先后的逻辑处理顺序时，需要将其在一个方案中管理。设置自动转账方案可以定时或手工执行方案，如图 5-24 所示。

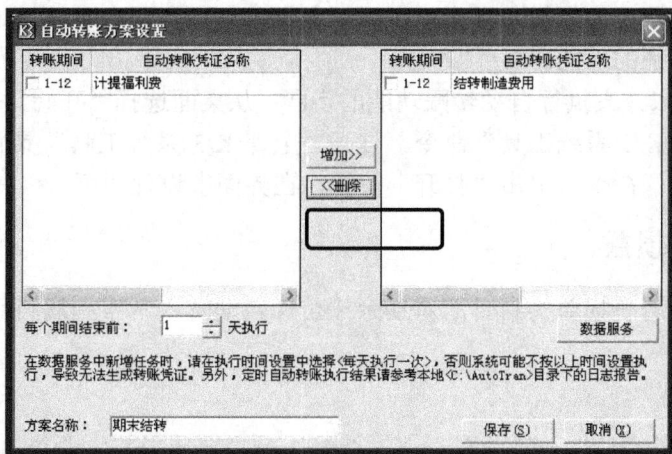

图 5-24　自动转账方案设置

3. 生成凭证

自动转账凭证格式或自动转账方案设置完毕之后，在需要生成相应的转账凭证时，单击设置界面中的"生成凭证"按钮即可。

【操作向导】

自动转账凭证格式设置完毕之后，选择"财务会计"→"总账"→"结账"→"自动转账"→"浏览"命令，某项目自动转账设置，单击"生成凭证"按钮，如图 5-25 所示。

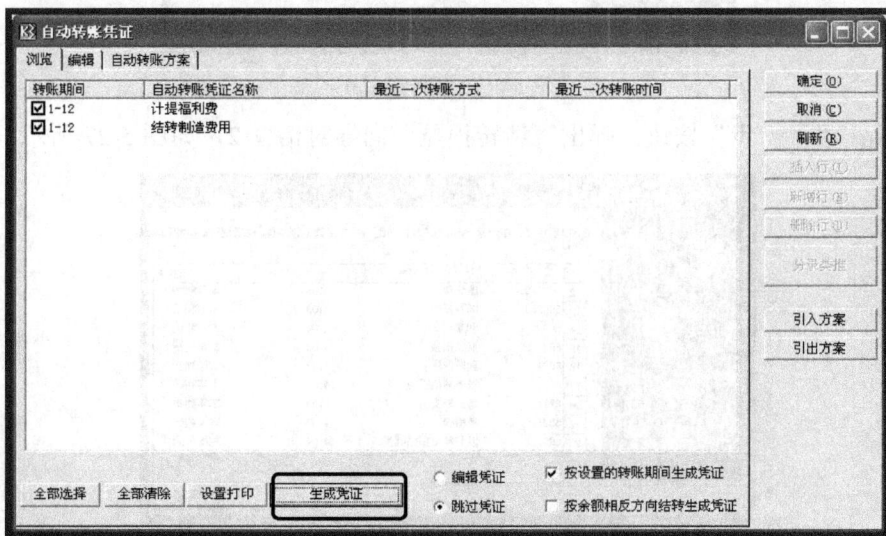

图 5-25　生成自动转账凭证

【温馨提示】

生成的转账凭证，需要审核后过账。

【说明与分析】

(1) 目前用户使用自动转账的主要目的是设置转账模板，按期结转凭证，大部分是进行每期固定的财务处理，如生产成本结转、制造费用结转等等，系统提供了自动转账凭证或转账方案。在设置了多期转账期间后，以后各期都可以实现自动结转。系统提供定时自动生成自动转账凭证的功能。

(2) 按自动转账方案执行自动转账功能的步骤：从桌面选择"开始"→"程序"→"金蝶 K/3"→"金蝶 K/3 系统工具"命令。打开"金蝶 K/3 系统工具"界面，选择"辅助工具"→"代理服务"命令，单击"打开"按钮，在界面中设置即可。

子任务三　结转损益

使用此功能将所有损益类科目的本期余额全部自动转入本年利润科目，自动生成结转损益记账凭证。

【操作向导】

(1) 选择"财务会计"→"总账"→"结账"→"结转损益"命令，弹出"结转损益"向导对话框 1，如图 5-26 所示。

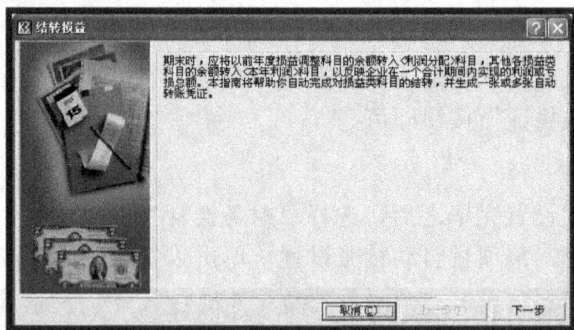

图 5-26　结转损益 1

(2) 单击"下一步"按钮，弹出"结转损益"向导对话框 2，如图 5-27 所示。

图 5-27　结转损益 2

(3) 单击"下一步"按钮，弹出"结转损益"向导对话框 3。选择相应内容，单击"完成"按钮，生成结转损益的凭证，如图 5-28 所示。

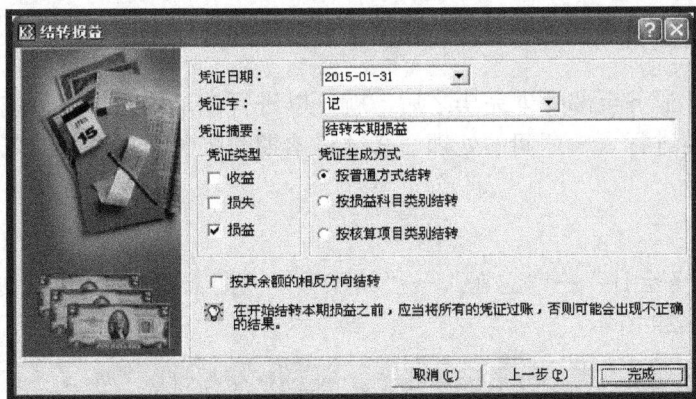

图 5-28　结转损益 3

【说明与分析】

(1) 系统是按照在"会计科目"中选定的科目类别来进行自动结转损益工作的。只有在科目类别中设定为"损益类"的科目余额才能进行自动结转。在日常财务处理中，损益类科目的余额在每期的期末都要结转到本年利润科目中去。如果要结转本期损益，建议用户最好使用系统提供的"结转本期损益"功能，否则在输出有关损益类的会计报表时，会出现错误的数据。

(2) 在结转损益前用户一定要将所有的凭证全部录入并审核过账，否则结转损益数据不正确！

(3) 用户必须将"结转损益"生成的转账凭证审核并过账，否则无法结账。

"结转损益"参数说明如表 5-8 所示。

表 5-8　"结转损益"参数说明

数据项	说　明
凭证日期	选择生成的结转损益凭证的凭证日期。系统默认为会计期间末，也可手工录入
凭证字	选择生成的结转损益凭证的凭证字
凭证摘要	可手工输入结转损益凭证的摘要
生成凭证分类	系统提供三种凭证的分类：收益、损失、损益。选择"收益"，系统将收入类科目结转生成一张凭证；选择"损失"，系统将费用损失类科目结转生成一张凭证；选择"损益"，系统将收入、费用损失类科目结转生成一张凭证。系统默认为"损益"
按其余额的相反方向结转	选择此选项，在结转损益时，按损益类科目余额的相反方向结转，不选择此选项，则按损益类科目自身定义的余额方向的反方向结转
按损益科目类别分别结转	不同类型的损益类科目生成多张结转损益凭证。 不同类型的损益类科目是指科目属性中，不同的科目类别，如营业收入、营业成本及税金、期间费用、其他收益、其他损失、以前年度损益调整和所得税
按核算项目类别结转损益	结转损益时可以根据损益类科目所挂的不同核算项目分别生成凭证。系统搜索出所有带此核算项目类别的损益类科目。将这些损益类科目按照此核算项目类别下所挂的不同核算项目结转生成不同的凭证，同时将剩下的没有带此核算项目类别的科目也结转生成另外一张结转损益凭证。选择后增加一个核算项目类别的下拉框

子任务四　期末结账

在所有的会计业务全部处理完毕之后，就可以进行期末结账了。系统的数据处理都是针对于本期的，要进行下一期间的处理，必须将本期的账务全部进行结账处理，系统才能进入下一期间。

【操作向导】

(1) 选择"财务会计"→"总账"→"结账"→"期末处理"命令，进入"期末结账"向导界面，如图 5-29 所示。

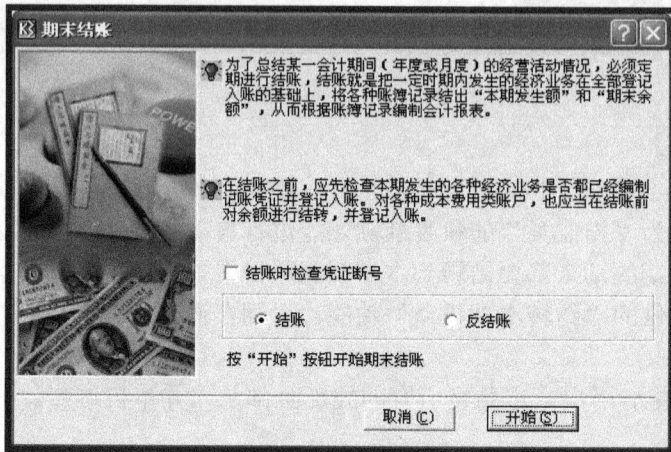

图 5-29　期末结账

(2) 在"期末结账"向导的指引下，完成结账工作。

【说明与分析】

(1) 系统在过账之前要对账务处理进行常规性检查，必须将本期间的所有会计凭证及业务资料全部输入系统并且过账之后才能结账。如果系统发现本期内还有未过账的记账凭证，系统会发出警告，然后中断结账。

(2) 在全部事项处理完毕之后，系统开始结账。结账完成之后，系统进入下一个会计期间，并返回到主界面。对于拥有系统管理员权限的用户，系统还提供了"反结账"的功能。

(3) 由于总账系统采用了大型数据库技术，系统一旦启用，所有年度的数据都可以放在一个账套里，所以财务数据的年结功能同月结功能没有区别。

(4) 其他系统和总账系统一起使用，一定要将其他模块结账后才能结总账。

项目六 报表管理

能力目标	熟练掌握利用报表模板生成报表的操作技能
	熟练掌握自定义报表的操作技能
	熟练掌握编制现金流量表的操作技能
	熟练掌握财务分析的操作技能
	熟练掌握相关财务报告分析应用的技能

ERP 系统在应用一段时间后，将会产生大量的日常运营数据。这些数据都是企业宝贵的信息资源，它为企业管理者从各方面了解企业当前运营状况，做出各项决策提供定量化的依据。判断一个 ERP 系统的成熟与否，很大程度上看其信息是否能满足客户的需要。金蝶 K/3 ERP 系统的各模块不仅为用户提供了丰富的通用报表，而且提供了 K/3 报表子系统帮助用户快速、准确地编制各种个性化报表。K/3 报表子系统提供了数百个灵活的取数公式，满足各层次用户的不同需要；而且其具有与 EXCEL 类似的操作风格，用户经过简单培训就能独立编制自己所需报表，降低企业培训费用。金蝶 K/3 报表系统作为 K/3 ERP 系统的重要组成部分，提供了丰富的取数公式，可以从 K/3 ERP 各子系统中取数，帮助用户编制各类管理报表。

对企业的财务报告进行分析是重要的环节。财务分析是指运用财务报表数据对企业过去的财务状况和经营成果及未来前景的一种评价。通过这种评价，可以为财务决策、计划和控制提供广泛的帮助。财务分析的基础是企业的财务报告，它反映过去的财务状况和经营成果不是报表使用者的最终目的，真正价值是通过对财务报表的分析来预测未来的盈余、股利、现金流量及其风险，以帮助管理人员规划未来。因此可以说，不掌握财务报表分析，就不能把反映历史状况的数据转变成未来的有用信息。

任务一 报表模板生成报表

子任务一 编制资产负债表

资产负债表是反映企业某一特定日期财务状况的会计报表，它是根据资产、负债和所有者权益之间的相互关系，按照一定的分类标准和一定的顺序，把企业一定日期的资产、负债和所有者权益各项目予以适当排列，并对日常工作中形成的大量数据进行高浓缩整理后编制而成的。

一般企业按照月度制作资产负债表报送到有关税务部门。

1. 报表模板

系统根据不同行业的会计制度要求,提供了 20 多个行业,上百张固定报表的模板,便于用户快捷编制企业的基本报表。

【任务 6-1-1】

上海华商有限公司使用新企业会计准则报表模板制作资产负债表。

【操作向导】

选择"财务会计"→"报表"→"(行业)-新企业会计准则"→"新会计准则资产负债表"命令,打开此模板,选择"文件"→"另存为"命令,将模板保存在"报表"子功能中,修改报表名称,按"保存"按钮即可,如图 6-1 所示。

图 6-1 报表另存为

【温馨提示】

对于系统中的模板资料一般保留,不做修改,目的是今后再次借鉴使用;对于符合企业报表要求的模板,用户进行"另存为"命令,集中保存到"性质-报表"中使用。

2. 设置报表公式

选择报表计算,检查报表公式是否有问题,是否存在类似于"公式设置有问题"或"科目代码错误"等系统提示,或者所取得数据不满足用户取数的要求等问题,用户都需要修改取数公式以取得所需的报表设置。

【操作向导】

(1) 选择"财务会计"→"报表→(行业)-新新企业会计准则"→"新会计准则资产负债表"命令,选择"文件"→"打开"命令,选择"报表系统"→"报表"→"资产负债表"命令,打开已保存的资产负债表,如图 6-2 所示;然后选中需要修改公式的单元格,首先在公式编辑栏清除原公式,然后选择"插入"→"函数"命令或单击工具栏"f(x)"按钮,使用"ACCT"函数重新设置公式,如图 6-3 所示。

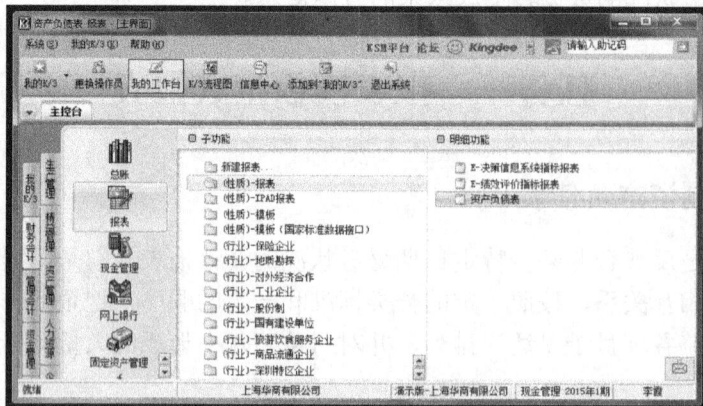

图 6-2 打开保存报表

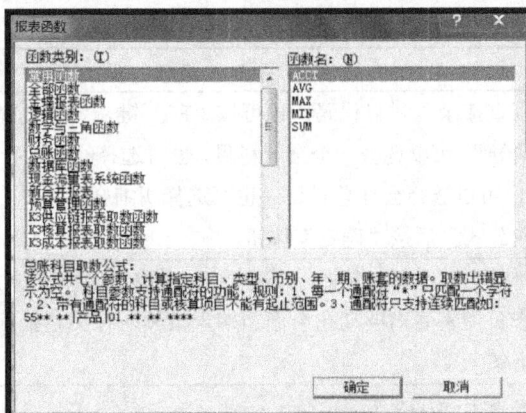

图 6-3　取数函数

常用函数说明如表 6-1 所示。

表 6-1　"报表函数"参数说明

参　数	说　明
ACCT	总账科目取数公式。ACCT 是报表系统中应用最多的一个函数。通过设置该函数的具体参数，报表系统可以按照用户的要求从总账系统提取数据；资产负债表基本上是用此函数设置完成的
RPTDATE	返回指定格式的报表日期。默认取当前账套当前期间的最后一天，特别适用于"资产负债表"
REF_F	该公式为表间取数函数，可以从其他报表提取数据。具体系统能取出指定账套、指定报表、指定表页、指定单元的值
SUM	求和取数参数

(2) 在函数"ACCT"中，根据需要填写参数，对于本案例我们只要选择填写"科目"、"取数类型"、"起始期间"、"结束日期"等参数内容即可，如图 6-4 所示。在"取数科目向导"中可以设置科目参数、代码，核算项目，如图 6-5 所示。

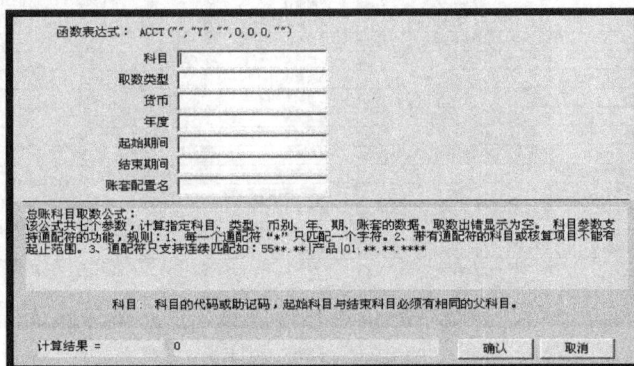

图 6-4　ACCT 函数表达式

【注意事项】

"函数表达式"参数说明如表 6-2 所示。

表 6-2 "函数表达式"参数说明

参 数	说 明
科目	可以直接录入科目代码;也可按"F7"键,弹出选择会计科目的对话框"取数函数向导",可以选择一个会计科目,也可选择一系列会计科目(从某某科目到某某科目);可以选择会计总科目,也可选择明细会计科目,还可以取到核算项目值。"填入公式"后按"确定"按钮
取数类型	按"F7"键选择。包括:期初余额、期末余额、借方发生额等共二十几项类型;在资产负债表中需要期初余额和期末余额两种类型数据。如不选择,系统默认为期末余额
货币	如果不选择代表本位币
年度	如不选择,系统默认为当前年度
起始、结束期间	设置报表取数期间

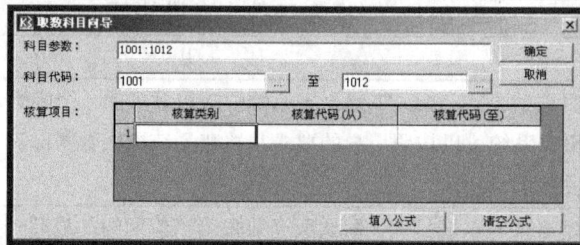

图 6-5 科目取数向导

(3) 修改公式后,选择"数据"→"报表重算"命令,重新计算报表数据,检查平衡情况并保存即可,如图 6-6 所示。

图 6-6 资产负债表

子任务二 编制利润表

利润表又称损益表,是反映企业一定期间生产经营成果的会计报表。利润表把一定期间的营业收入与其同一会计期间相关的营业费用进行配比，并计算出企业一定时期的净利润或净亏损。

一般企业按照月度制度损益表报送到有关税务部门。

1. 报表模板

【任务 6-1-2】

上海华商有限责任公司使用新企业会计准则的财务报表模板制作利润表。

【操作向导】

选择"财务会计"→"报表"→"(行业)-新企业会计准则"→"新会计准则利润表"命令，打开此模板，选择"文件"→"另存为"命令，将模板保存在"报表"子功能中，修改报表名称，按"保存"按钮即可。

【温馨提示】

报表模板也可选择"报表"→"性质"→"模板"→"损益表样表"命令，此模板中的公式已设置完整。

2. 设置报表公式

利润表的公式也是使用函数"ACCT"设置，在参数设置时注意"取数类型"与资产负债表有所不同。由于利润表科目当期结余的特殊性和利润表取数要求的特殊性，系统设置了适合利润表取数的两个取数类型，以保证科目取数的正确性。

利润表"本期数"应使用"损益表本期实际发生额"即"SY"。

利润表"本年累计数"应使用"损益表本年实际发生额"即"SL"。

任务二 自定义报表

用户在日常操作中除制作一些常用的报表(如资产负债表、利润表等)外，有时会制作许多无固定格式的管理型报表，本任务主要讲述了这些报表的制作方式和技巧。

【任务 6-2-1】

制作一张"货币资金表"，样表如表 6-3 所示。

表 6-3 货币资金表

单位名称：上海华商有限公司　　　　　　2015 年 1 月 31 日　　　　　　单位：元

项目\科目	期初余额	本期发生额		期末余额
		借方发生额	贷方发生额	
库存现金				
建设银行				
中国银行				
其他货币资金				
合计				

负责人：　　　　　　　　会计主管：　　　　　　　　制表人：

子任务一　设置报表格式

在新建的报表中可设置行列数、编辑页眉页脚、融合单元、定义表格斜线等内容。

【操作向导】

(1) 选择"财务会计"→"报表"→"新建报表"→"新建报表文件"命令，系统将显示空表界面(类似于电子表格)，如图 6-7 所示。

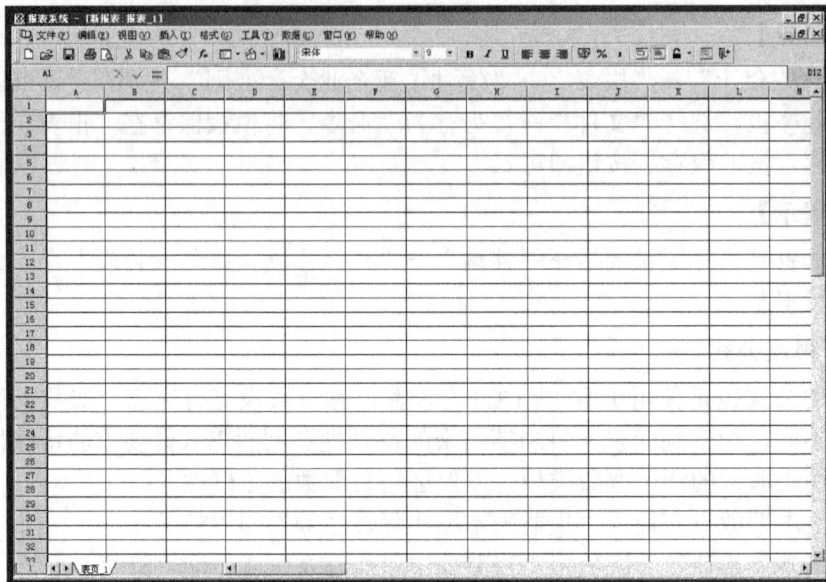

图 6-7　新建报表

【温馨提示】

新建的报表文件在界面和操作方面都类似于 Excel 表格。系统预设新建报表为 50 行、50 列的空白报表。

(2) 选择"格式"→"表属性"命令，在"行列"选项卡中直接录入行、列数，即可调整新建报表的行列设置。根据案例可以设置行列数为"7"行、"5"列，如图 6-8 所示。

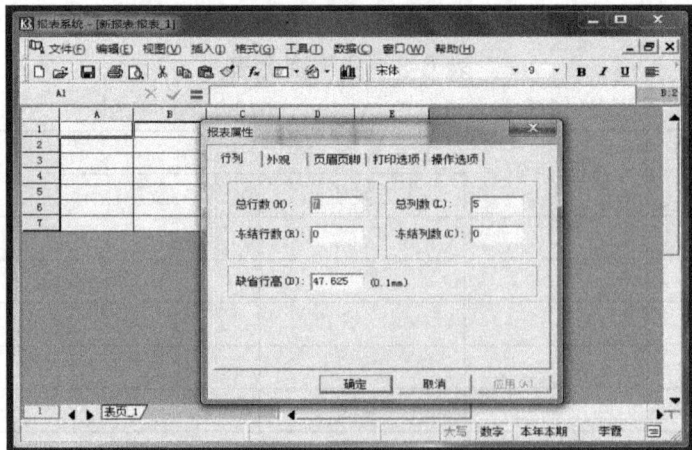

图 6-8　报表属性

【温馨提示】

可以在报表上拖动行标的下边界来设置所需的行高；如果要更改多行的高度，先选定要更改的所有行，然后拖动其中一个行标题的下边界即可。列宽的修改方法与此相同。

(3) 选择"格式"→"表属性"命令，在"页眉页脚"选项卡中可以定义表名、表末文字和报表附注内容，如图 6-9 所示。系统预设了 5 行页眉和 2 行页脚，用户可根据需要设置。

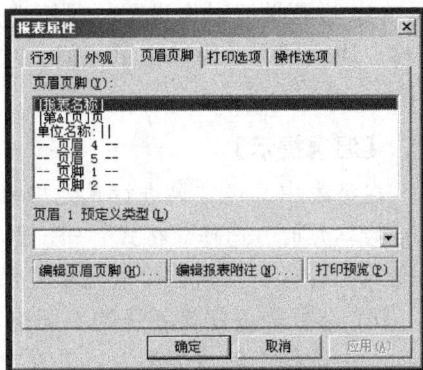

图 6-9 报表属性

【温馨提示】

页眉页脚在"打印预览"中才会显示，包括报表上面的名称、单位和报表下方的注解等设置，在报表主体处是无法直接看到的。

(4) 在"页眉页脚"选项卡中，选择第一行页眉"报表名称"，然后单击"编辑页眉页脚"按钮，直接录入报表名称，并且在此处单击相应的工具按钮，修改页眉页脚的字体和颜色等内容。其他页眉页脚的录入方式相同，如图 6-10 所示。

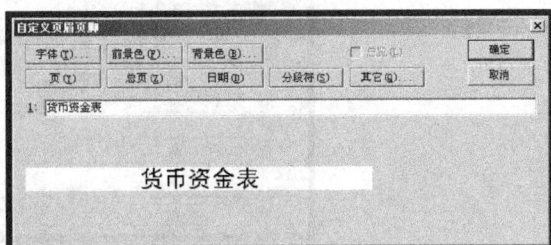

图 6-10 页眉页脚编辑

【注意事项】

"自定义页眉页脚"参数说明如表 6-4 所示。

表 6-4 "自定义页眉页脚"参数说明

参 数	说 明
字体	设置页眉页脚中字体的大小和形状，单击"字体"，弹出"字体"设置的界面，此时，可以对字体、字形、大小进行设置
前景色	报表的前景颜色，系统缺省值为黑色。当某单元格及其相应的行列都未设置前景色时，此单元格的前景色即取缺省色
背景色	报表的背景颜色，系统缺省值为白色。颜色取用顺序与前景色完全相同
页	可以在页眉页脚中显示出报表当前页的页数，显示为"第1页"的字样
总页	可以在页眉页脚中显示出报表的总页数，如报表共有三页，在页眉页脚处显示为"3"。如果用户需要显示为"共 3 页"的字样，此时需要在页眉或页脚处设置"共&[总页]页"的字样，其中"共"和最后的"页"字是手工录入的。"&[总页]"仅是只取出一个总页数的数值
日期	可以取出当前操作电脑中的系统时间进行显示
分段符	作用在于：如果在同一个页眉或页脚中设置了多项内容，用"分段符"可以将这几项内容均匀分布在页面上
其它	可以将报表函数用于页眉页脚中，单击"其它"，将会弹出"报表函数"界面，在此可以选择各种报表函数
总览	如果选择了这个复选项，则在"自定义页眉页脚"界面中，可以直接预览到所设置页眉页脚值的样式，不用退出"自定义页眉页脚"的界面到报表编辑中通过"打印预览"来查看页面的设置信息

(5) 进行单元融合设置：鼠标选定 N 个单元格，选择"格式"→"单元融合"命令，可将一块区域合并为一个单元格。在案例中是分别合并"A1、A2"、"B1、B2"、"E1、E2"、"C1、D1"。

【温馨提示】

在报表中，经常要进行单元融合处理，以设计出符合用户要求的报表。当要求解除某融合的单元时，选择"格式"→"解除融合"命令，系统即时将所选单元中的纵横线恢复。注意只有进行单元融合的单元才可以解除融合。

(6) 选择需要定义斜线的单元格，选择"格式"→"定义斜线"命令，在"单元斜线"选项卡中选择"斜线类型"，并在"单元斜线"选项卡录入斜线单元中的文字内容，单击"确定"按钮即可，如图 6-11 所示。

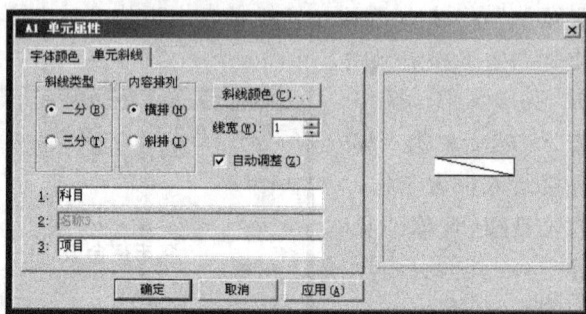

图 6-11　斜线定义

【温馨提示】

斜线可以定义为二分、三分两种形式。"字体颜色"选项卡中设置该斜线单元格的字体大小、字形、颜色等内容。如果要删除斜线，选择该单元格后选择"格式"→"删除斜线"命令。

子任务二　设置报表内容

设置报表内容主要包括录入文字内容和设置取数公式。

【操作向导】

(1) 选择"视图"→"显示公式"命令，在此状态下设置报表中的文字内容和公式。

【温馨提示】

"数据状态"下也可以进行文字和公式的设置工作，但是在"数据"状态录入的文字信息在"公式"状态不会显示，所以如果要在公式状态显示文字信息，须在公式状态录入文字。

"填充"命令：设置的公式较多、内容类似的情况下，可以使用"填充"命令快速制作报表公式。在公式状态下首先定义一个单元公式，然后将光标定义在单元格右下角，此处显示"填充"时，向下拖动，复制多个公式，然后直接在编辑栏调整公式内容，符合报表需要即可。

错误的公式可以重新使用函数功能设置，注意修改后的公式使用公式编辑栏前的"√"

按钮确认；可以使用工具栏中的"复制"、"粘贴"、"刷新"等协助报表设置；也可以使用工具栏中的"字体"、"字号"、"居中"等完善报表编辑。

(2) 完成设置后，选择"视图"→"显示数据"命令，完成报表制作，并在"文件"菜单中选择"另存为"命令，录入报表名称并单击"保存"按钮即可，如图 6-12 所示。

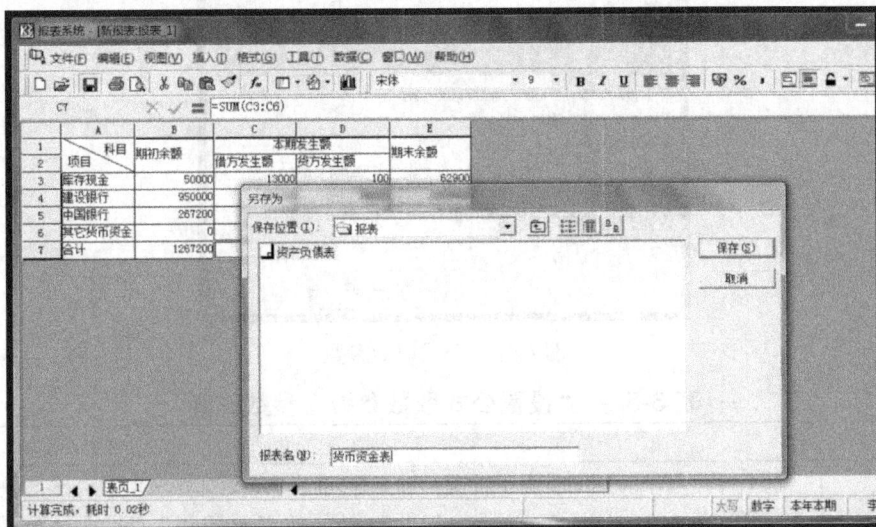

图 6-12 报表另存为

【温馨提示】

保存报表时注意保存位置，可进行选择，一般情况下默认系统提供的"报表"即可。

报表名称不能和已有的报表名称重复，包括不能和模板中的报表名称重复，注意修改"报表名"一项。

子任务三 报表处理功能

本任务主要介绍功能丰富的报表业务处理功能，可以协助用户快速、准确、全面地制作报表。

1. 公式取数参数

选择"工具"→"公式取数参数"命令，可对每张表页设置报表期间以及其他的一些表页中对所有的取数公式均可共用的信息。

【任务 6-2-2】

把货币资金表处理成万元报表，保留 2 位小数。

【操作向导】

(1) 选择"工具"→"公式取数参数"命令，打开"设置公式取数参数"对话框，在此处选择"数值转换"，"运算符"、"转换系统"分别为"除"、"10 000"，如图 6-13所示。

【注意向导】

"设置公式取数参数"参数说明如表 6-5 所示。

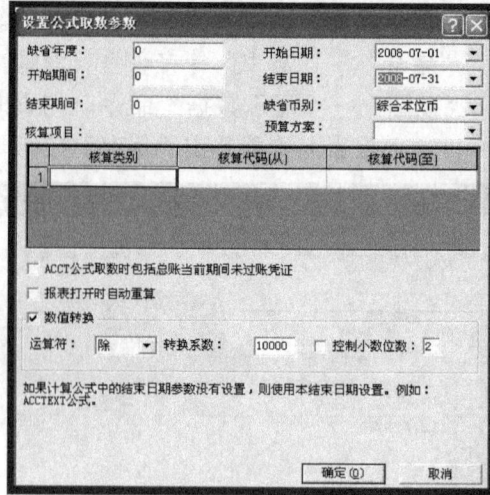

图 6-13　公式取数参数

表 6-5　　"设置公式取数参数"参数说明

参　　数	说　　明
缺省年度	缺省年度与缺省期间是用于设置基于会计期间的公式(如账上取数 acct)的缺省年度和缺省期间值，在设置这些公式时，如果未设置会计年度和会计期间值，则取数时系统自动采用此处设置的年度和期间进行取数
开始日期和结束日期	报表"开始日期"和"结束日期"是设置基于按日的取数函数 ACCTEXT 而言的，对其他的函数无效。如果设置 ACCTEXT 函数，未设置开始日期和结束日期，则以此处设置为准进行取数。 　在输入框中输入当前的期间号，单击"确定"按钮后，报表期间就设置成功了。这时，报表系统状态栏的期间处会显示出的期间号(未设置报表期间时，状态栏中显示中文"当前期间")。 　一般情况取数公式的取数账套、年度、期间参数均采用默认值，这样才能根据需要改变来取数。如果在公式中设置了参数，则系统始终按设置值取数，例如公式中设置了会计期间为 1，则该单元格的数据一直按第一期显示，不论报表期间设置的值是多少。此种情况仅用于需定期分析等情况用。原则是：公式设置了参数，则按公式设置的参数取值；公式未设置，则按"报表期间设置"取值
核算项目	在公式取数参数中提供核算项目选择，减少定义报表取数公式的工作量，"公式取数参数设置"提供核算项目选择，其中公式的范围现仅限于 ACCT、ACCTEXT 两个函数。 　对于公式中定义了具体的核算项目的单元格，报表重算时以具体的核算项目为准取数；对于公式中没有定义具体的核算项目的单元格，报表重算时以在公式取数参数中选择的核算项目为准取数
ACCT 函数包括未过账凭证	在"公式取数参数"界面中，提供了"ACCT 函数包括总账当前期间未过账凭证"选项。如果选择了这个选项，则在 ACCT 函数在进行取数计算时，会包括账套当前期间的未过账凭证；否则，系统的 ACCT 函数只是对已过账的凭证进行取数
报表打开时自动重算	在"公式取数参数"界面中，提供了"报表打开时自动重算"选项。如果选择了这个选项，则在每次打开报表时都会自动对报表进行计算。如果不选择该选项，则打开报表时将显示最后一次计算后的结果
数值转换	在数值转换功能中，可以对报表的数据进行乘或除的转换

(2) 选择"数据"→"报表重算"命令，即可处理为万元报表，如图 6-14 所示。

图 6-14 数值转换

2. 批量填充

金蝶报表提供了批量填充功能，用于快速进行报表的编制。批量填充用于减少用户单个定义公式的重复性工作量，对于有规律的公式定义，如编制部门分析报表，采购日报等报表的快速向导定义。批量定义主要用于按核算项目类别编制报表时的自动公式定义或定义一些费用明细表方面，大大减少了编制报表工作量、如编制部门分析表、项目分析表、个人销售业绩报表、管理费用明细表等。

【任务 6-2-3】

制作按客户设置应收账款明细表，包括单位期初余额、本期借方发生额、本期贷方发生额和期末余额。

【操作向导】

(1) 新建一空白报表，选择"工具"→"批量填充"命令，进入"批量填充"对话框，选择 ACCT 函数，在"科目"栏选择应收账款，再选择核算类别为"客户"后，选择需要的客户，单击"增加"按钮添加到右边的"生成项目"栏，如图 6-15 所示。

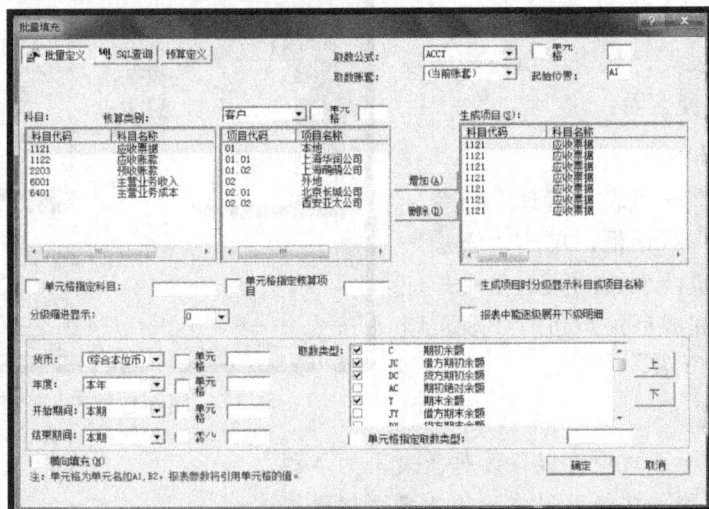

图 6-15 批量填充设置

【温馨提示】

① "取数公式"支持三种取数函数即 ACCT、ACCTCASH 和 ACCTGROUP。

② "取数类型"可以通过"上"、"下"键调整顺序。

③ 选择科目或核算项目时都可以使用"Ctrl"或"Shift"键多选。

(2) 可根据需要调整年度、期间。取数类型提供了多种选择,根据案例选择"期初余额"、"借方发生额"、"贷方发生额"、"期末余额",并注意可通过"上"、"下"键调整数据排列顺序,单击"确定"按钮即可生成报表,如果无数据可选择"报表重算",如图 6-16 所示。

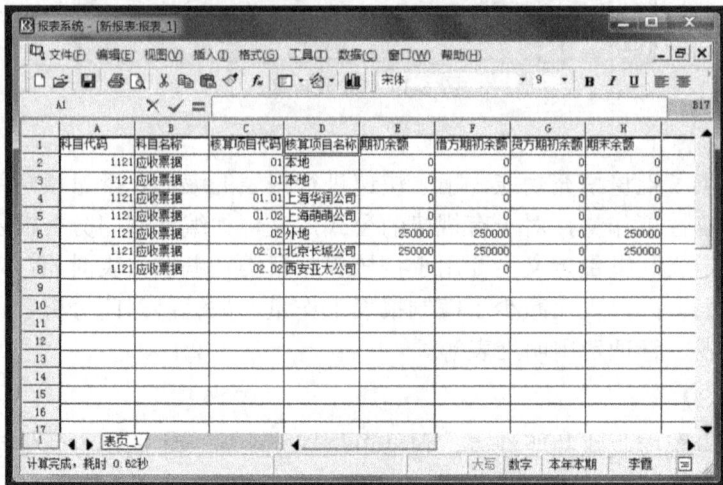

图 6-16　批量填充生成报表

【温馨提示】

报表生成后用户需要进行必要的编辑,如删除不需要的项目,调整行列数。

3. 表页管理

系统提供多表页管理功能,在一张报表上可设置多张表页,如资产负债表中设置 12 张表页以方便查看。

【操作向导】

选择"格式"→"表页管理"命令,进入"表页管理"对话框,单击"添加"按钮可以增加表页,表页的张数由用户任意设置。某表页完成后注意进行"表页锁定",如图 6-17 所示。

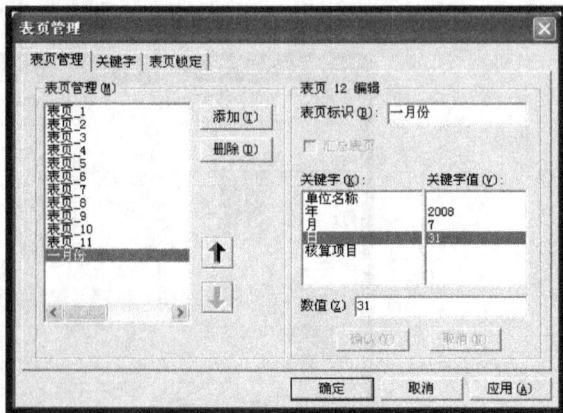

图 6-17　表页管理

【温馨提示】

① 在"表页标识"中可以修改每张表页的名称。

② 单击"删除"按钮可以将不用的表页删除掉。

③ 由于同一个报表中公式相同,所以报表计算完成后,需要将该表页选择"锁定",

否则该表页随同下一张表页的计算而重新计算。

④ 同时结合利用系统的"表页汇总"命令可以自动把一个报表中不同表页的数据项进行汇总。

4. 表页汇总

表页汇总可自动把一个报表中不同表页的数据项进行汇总。

由于表页汇总是把数据相加，有些数字如序号，文字内容等不需要汇总，对于这些区域，需先锁定单元格(选择区域后单击"格式"菜单中的"单元锁定"命令)，再进行汇总。

表页汇总生成的汇总报表可以选择追加到当前报表作为当前报表的最后一张表页，也可以生成新的报表。

5. 报表审核

一张设置好的报表如果经过了审核，报表的准确程度就可以信赖，可以设置若干审核条件对报表进行全方位的审核。该功能可选择"工具"菜单中的"报表审核"和"设置审核条件"命令配合实现。

【任务 6-2-4】

对资产负债表设置审核条件，由系统自动判断资产负债表平衡情况。

条件：D42=H42；不满足条件系统提示："期末数借贷不平衡"。

【操作步骤】

(1) 选择"工具"→"报表审核"→"设置审核条件"命令，在"审核条件"选项卡中增加审核条件，在"显示信息"中增加提示内容，如图 6-18 所示。

(2) 选择"工具"→"报表审核"→"审核报表"命令，则系统提示报表是否通过审核。

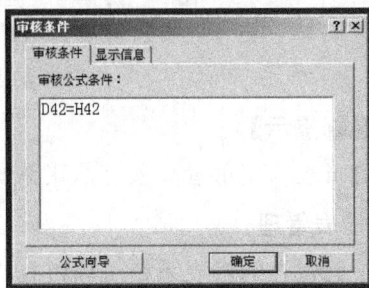

图 6-18 设置审核条件

【温馨提示】

可以在"审核条件"的设置中使用"公式向导"来设置更加复杂的勾稽关系，如设置两张报表中的某项数据是否相等。不仅可以设置"="，还可以设置">"或"<"等比较关系。

不同的表页可以设置不同的审核条件。

6. 报表账簿联查

很多报表的数据来自总账系统，用户在进行报表查询时，对于部分数据希望能进行追溯查询，追踪该数据的业务来源，因此系统提供了数据"联查"命令，对于由 ACCT、ACCTEXT 公式取数得到的数据，可以联查到总账系统的总分类账、明细分类账、数量金额总账、数量金额明细账，帮助用户有效地对数据进行分析。

如果 ACCT 公式中设置了跨账套的数据源，只要当前用户具有该账套的权限，也可以进行跨账套的查询。

【操作向导】

选择某个单元格，单击右键，选择"联查"→"明细分类账"命令，系统直接调用到该科目的明细账界面进行联查，如图 6-19 所示。

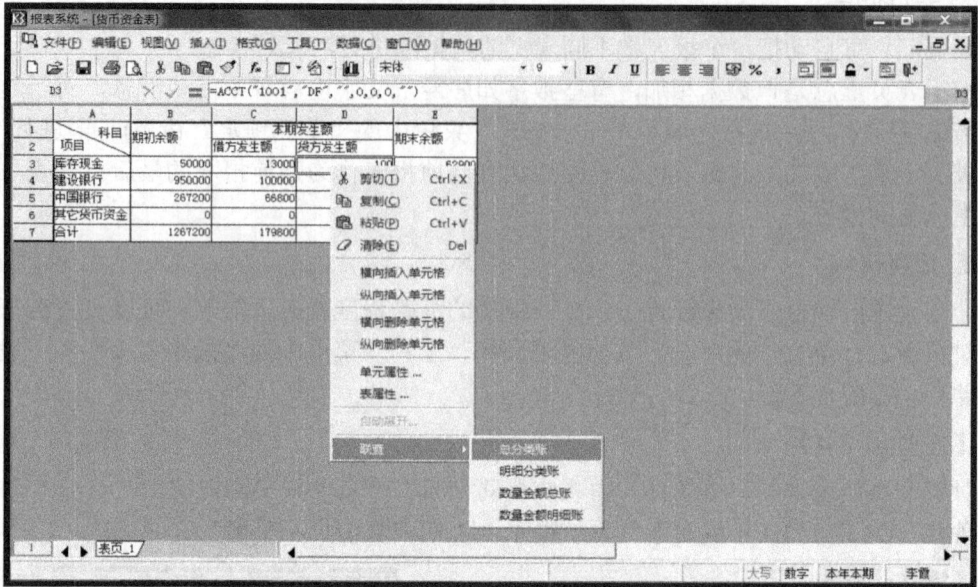

图 6-19　报表账簿联查

【温馨提示】

当前报表的使用者必须有总账系统相应账簿的查询权限，才可以联查到。

7. 报表管理

对于已保存的报表系统可以进行"删除"、"更名"等管理操作。

【操作向导】

选择"文件"→"打开"命令，选择某报表，单击"删除"或"更名"按钮即可，如图 6-20 所示。

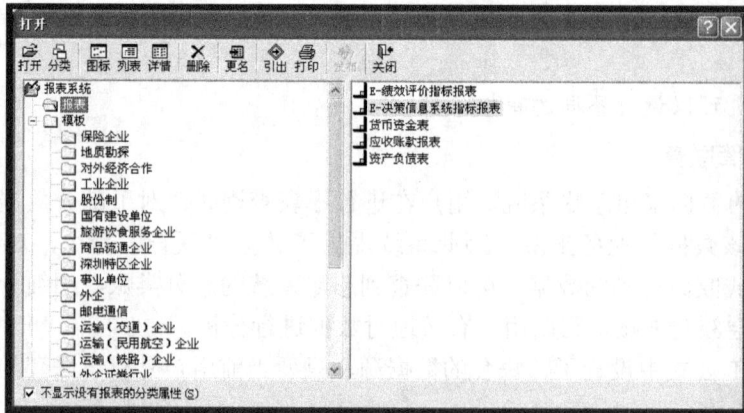

图 6-20　报表管理

任务三　编制现金流量表

现金流量表是以现金为基础编制的财务状况变动表。企业对外提供的会计报表一般包括资产负债表、利润表和现金流量表，这三张表从不同角度反映企业的财务状况、经营成果和现金流量。资产负债表反映企业一定日期所拥有的资产、需偿还的债务以及投资者所拥有的净资产的情况；利润表反映企业一定时期内经营成果，即利润或亏损的情况，表明企业运用所拥有的资产获利的能力；现金流量表反映企业一定期间内现金的流入和流出，表明企业获得现金和现金等价物的能力。

现金流量表的编制采用了拆分所有有现金类科目凭证的方法，将所有有现金类科目凭证拆分为一对一的关系，从现金类科目的 T 型账户中可按照核算项目、下级科目展开，可以查看所有的此类凭证，直接判断现金流动所属的类别。在确定了现金流动所属的类别之后就可以产生报表。

现金流量表模块可以处理所有期间的数据，只要账套中有凭证，不论凭证是否过账、是否审核，也不论会计期间是否结账，模块均可以对凭证进行拆分处理，编制报表。可以一年出一次报表，也可以一个月出一次报表，甚至每天都可以出一张现金流量表，总之在任意时间都可以编制报表，十分方便快捷。

子任务一　现金流量表初始设置

本任务主要讲述编制现金流量表的准备工作，对一些设计现金流量表的重要参数进行设置。

1. 定义现金类会计科目

现金流量表是以现金为基础编制的，这里的现金是指企业库存现金、可以随时用于支付的存款以及现金等价物。库存现金是指企业持有可随时用于支付的现金，即与会计核算中"现金"科目所包括的内容一致。银行存款是指企业存在银行或其他金融机构随时可以用于支付的存款，即与会计核算中"银行存款"科目所包括的内容基本一致。两者的区别在于：如果存在银行或其他金融机构的款项是不能随时用于支付的存款，如不能随时支取的定期存款，不作为现金流量表中的现金，但提前通知银行或其他金融机构便可支取的定期存款，则包括在现金流量表中的现金概念中。其他货币资金是指企业存在银行有特定用途的资金，或在途中尚未收到的资金，如银行汇票存款、银行本票存款、信用证保证资金、信用卡、在途货币资金等。现金等价物是指企业持有的期限短、流动性强、易于转换为已知金额的现金、价值变动风险很小的投资。现金等价物的主要特点是流动性强，并可以随时转换成现金的投资，通常指在购买 3 个月或更短时间内即到期或可转换为现金的投资。

【操作步骤】

选择"系统设置"→"基础资料"→"公共资料"→"科目"命令，选择设定为现金类的会计科目，单击右上角的"修改"按钮，将其设定为现金项目。其中"交易性金融资产"科目是现金等价物，双击科目，使属性从"是现金"改为"是现金等价物"。所有现金类科目全部选好后单击"确定"按钮，如图 6-21 所示。

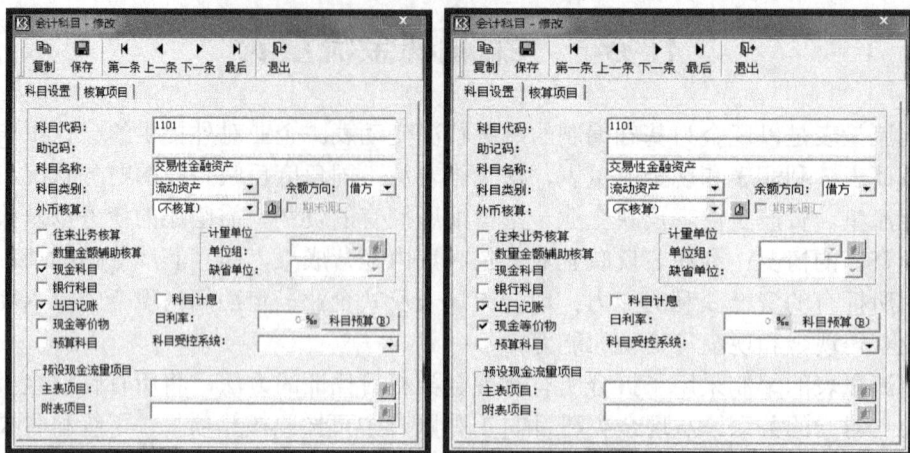

图 6-21　设置现金类科目

【温馨提示】

在选择现金类项目时也要对现金类科目的明细科目分别进行设置。

2. 定义报表项目

系统预设了现金流量表的基本报表项目，用户对于这些报表项目可以进行修改或删除，还可以设置特殊的项目。

【操作步骤】

选择"系统设置"→"基础资料"→"公共资料"→"核算项目"→"现金流量项目"命令，进入现金流量项目修改界面，单击"项目"按钮进入项目的操作，单击工具栏中需要进行新增、修改、删除的项目进行修改、删除，操作结束后单击"关闭"按钮，如图 6-22 所示。

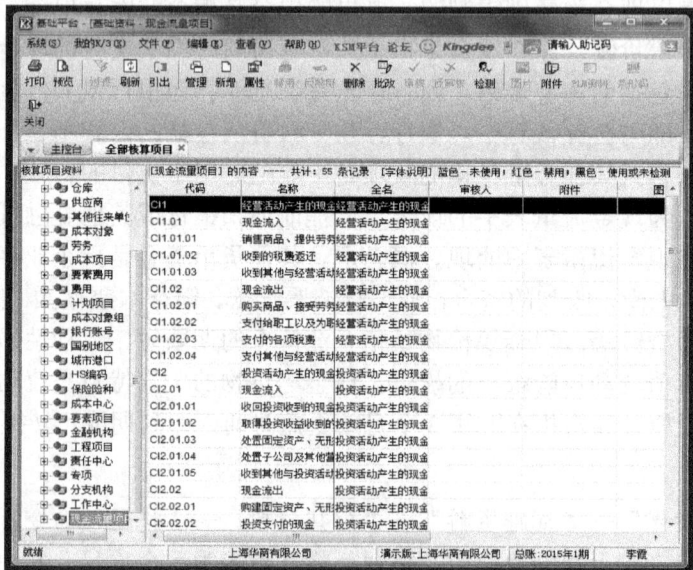

图 6-22　修改报表项目

子任务二 现金流量表的编制

经营活动产生的现金流量是一项重要的指标,它可以说明企业在不动用企业外部筹得资金的情况下,通过经营活动产生的现金流量是否足以偿还负债、支付股利和对外投资。经营活动产生的现金流量通常可以采用间接法和直接法两种方法反映。

间接法,即通过将企业非现金交易、过去或者未来经营活动产生的现金收入或支出的递延或应计项目以及与投资或筹资现金流量相关的收益或费用项目对净损益的影响进行调整来反映企业经营活动所形成的现金流量。间接法以利润表上的净利润为起点,通过调整某些相关项目后得出经营活动产生的现金流量。

直接法,即通过现金收入和现金支出的总括分类反映来自企业经营活动的现金流量。采用直接法编制经营活动的现金流量时,有关企业现金收入和支出的信息可以从企业会计记录获得,也可以在利润表中营业收入、营业成本等数据的基础上,通过调整以下项目获得。

(1) 一切存货及经营性应收和应付项目的变动;

(2) 固定资产折旧、无形资产摊销等其他非现金项目;

(3) 其现金影响属于投资或筹资活动现金流量的其他项目。

采用直接法提供的信息有助于评价企业未来现金流量,而间接法却不具有这一优点。所以,国际会计准则鼓励企业采用直接法编制现金流量表。在我国,现金流量表也以直接法编制。

1. 现金流量表的直接法编制

在选定了账套,提取了凭证之后可以进行现金流量表的操作。现金流量表模块是用直接法编制现金流量表,通过对方现金类科目的 T 型账户来确定现金流入和流出的分类,编制现金流量表。

【操作步骤】

选择"现金流量表"→"现金流量表"→"T 型账户"命令或单击"T 型账"按钮,系统将弹出"T 型账户"选择条件对话框,如图 6-23 所示。

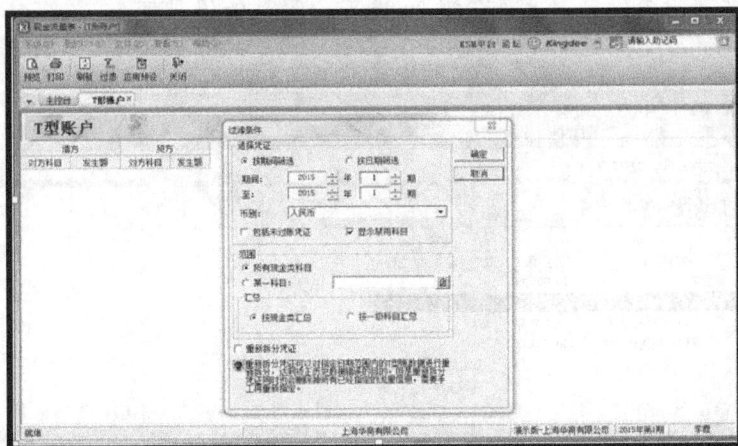

图 6-23 T 型账过滤条件

"T 型账户"过滤条件说明如表 6-6 所示。

表 6-6　"T 型账户"过滤条件说明

数据项	说　　明
期间	如选择"按期间筛选",可选择输出 T 型账户的会计年期,可跨年和跨期查询
日期	如选择"按日期筛选",可选择输出 T 型账户的日期期间
币别	选择输出 T 型账户的币别。提供了"综合本位币"的选择
包括未过账凭证	T 型账数据将未过账凭证包括在内
范围	可按"所有现金类科目"进行拆分,也可按某一科目进行拆分。需注意的只有选择"所有现金类科目"或某一科目选择的是现金类科目时才能进行现金流量的指定,否则不能指定现金流量,只能进行查看
汇总	有两种方式:"按现金类汇总"和"按一级科目汇总"。"按现金类汇总"是将对方科目按现金类科目和非现金类科目分别汇总显示,这样对于对方科目是现金类的科目就不用指定其现金流量(因为不存在流量);"按一级科目汇总"是将对方科目直接按一级科目进行汇总
重新拆分凭证	T 型账户数据查询就是一次凭证拆分的过程。系统需要对所有的凭证拆分成一借一贷的数据,这样才能进行流量的指定。如果历史数据已经进行了凭证数据的拆分和现金流量指定,系统会保存,不会重新拆分。如果用户想要对以前历史数据全部重新做调整,就可以使用此选项

【温馨提示】

在此过滤条件中,系统会告诉用户当前账套所在的会计期间、已提取数据的会计期间段。在范围下面有两个选项:一是所有现金类科目,选择该选项,表示模块将显示所有已指定的现金类科目的 T 型账户;二是某一现金类科目,选择该选项后,可以单击右边的"打开"按钮,模块将弹出科目表,在科目表中可以选择某一个现金会计科目,模块将显示该科目的 T 型账户。在这种查询方式下,可以查询到单一现金科目的 T 型账户,看到该现金科目的发生额。如果选择的会计科目是非现金科目(系统最开始所指定的现金类科目),则系统会给出提示"非现金类科目,请重新输入"提示,如图 6-24 所示。

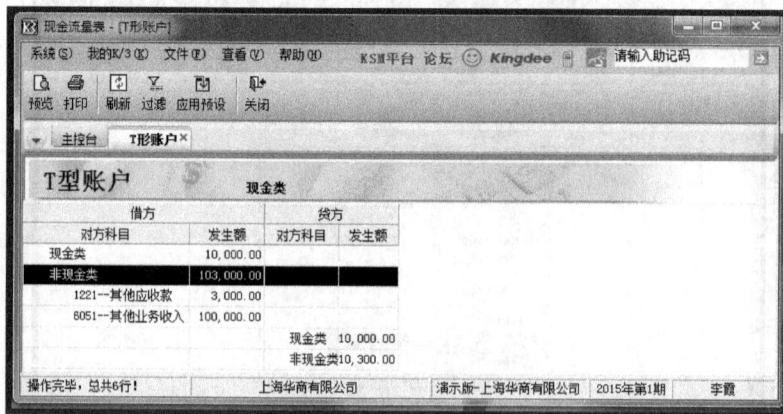

图 6-24　T 型账户

在汇总方式中，模块为用户提供了两种汇总方式，可以选择其中的某一种汇总方式。选择"按现金类科目汇总"方式，模块会将所选会计科目的对方科目分为现金类科目和非现金类科目两大类进行汇总。选择"按一级科目汇总"方式，模块将按照一级科目汇总。

在 T 型账户中设置现金项目共有以下 3 种方法：

(1) 直接设置总账科目的现金项目：用于那些可以直接对一级科目设置现金项目的业务，例如应收账款科目中所有业务都是购买商品而发生的，则可以直接定义应收账款一级科目为"购买商品接受劳务支付的现金"的现金项目。将鼠标指向现金类或非现金类(如指向非现金类科目)，单击鼠标右键，弹出菜单，选择"按下级科目展开"，系统会将现金类和非现金类下面的一级会计科目展开显示出来。现金类下面一般是定为现金类的会计科目如现金、银行存款等科目；非现金类科目为除现金类科目以外的所有会计科目如应付账款、原材料等。单击需要设置的一级会计科目，按鼠标右键弹出菜单，选择"选择现金项目"，从中选择所需的现金项目，如图 6-25 所示。

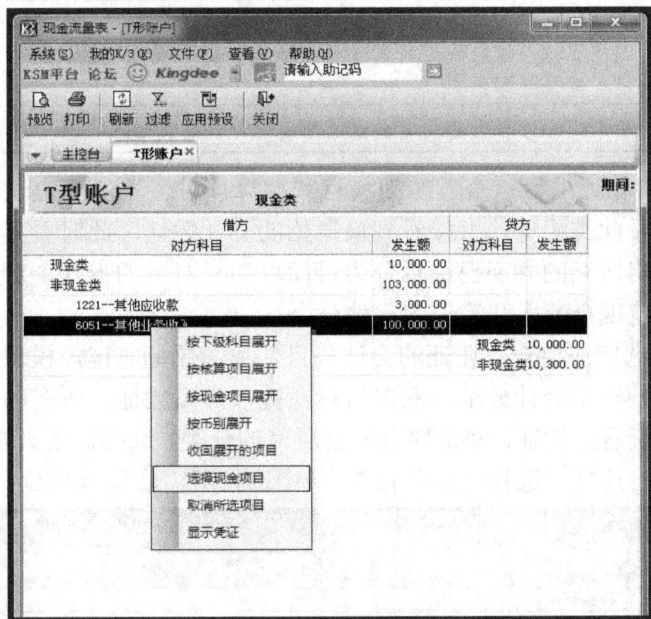

图 6-25 直接设置现金科目

(2) 按明细科目分开设置现金项目：用于那些无法分清其中现金项目的会计科目，例如"其他应收、应付款"，其中每个明细科目有其不同的含义，所以要按明细科目来定义现金项目。用鼠标指定某一会计科目(不论该会计科目处于什么级次)，双击鼠标左键或单击鼠标右键弹出菜单，选择按下级科目展开，系统将按下一级科目展开(如果该科目级次下设有下一级科目)。任何会计科目都可以通过以上的操作将科目一级级地展开，直至科目最明细的一级，通过展开科目可以看到科目的详细资料。单击需要设置的明细会计科目，单击鼠标右键弹出菜单，选择"选择现金项目"，从中选择所需的现金项目。

【温馨提示】

选定某一会计科目，单击鼠标右键，弹出菜单，选择按核算项目展开，模块将按照核算项目将会计科目展开，相关内容如表 6-7 所示。

表 6-7　相关明细菜单

数 据 项	说 明
按下级科目展开	选择"按下级科目展开",将该科目的下级有金额科目显示出来。当然用户也可以双击该科目,按该科目的下级科目展开
按核算项目展开	选择"按核算项目展开",出现"核算项目"界面,选择核算项目,如果选择非明细级核算项目,系统将会自动显示该级核算项目下所有下级明细项目及非明细项目
按现金项目展开	按指定现金流量项目展开显示。如果没有指定现金流量,则显示为"未处理现金流量"
按币别展开	按不同的币别展开。只对过滤条件中币别选择"综合本位币"有用
收回展开的项目	收回已展开的项目
选择现金项目	选择该科目的现金流量项目。该指定为批量指定,会将以前已指定现金流量项目重新按该次指定的流量项目为准。单击该功能按钮后,系统会提示:此操作将会用所选择的流量项目替换选定行所包括的所有凭证的现金流量,是否继续?确定后可进行流量项目的指定
取消所选项目	取消所选择的现金流量项目。该操作为批量取消。单击该功能按钮后,系统会提示此操作将会清除选定行所包括的所有凭证的现金流量,是否继续?确定后取消所有现金流量的指定
显示凭证	显示包含该科目的有关流量的所有凭证,方便查看,也可进行个别修改

(3) 按凭证设置相近项目:查看明细科目和核算项目还不能确定现金流入和流出的分类,此时还可以查看此类凭证,直接看到最原始的会计凭证。此时看到的凭证是已经经过处理的凭证,系统将所有的凭证已经拆分为最简单的一对一的形式,对应关系非常简单,可以十分方便地确定现金流入和流出的各种分类。

在 T 型账户中选定需要查看凭证的会计科目,单击鼠标右键,模块弹出菜单,选择显示凭证选项,选定某一个会计分录,双击鼠标左键,弹出凭证,所有的会计科目用户都可以通过这样的操作查看到凭证,确定现金流量所属的分类。选择需要设定现金项目的凭证,单击右键弹出菜单,选择"选择现金项目",从中选择所需的现金项目,如图 6-26 所示。

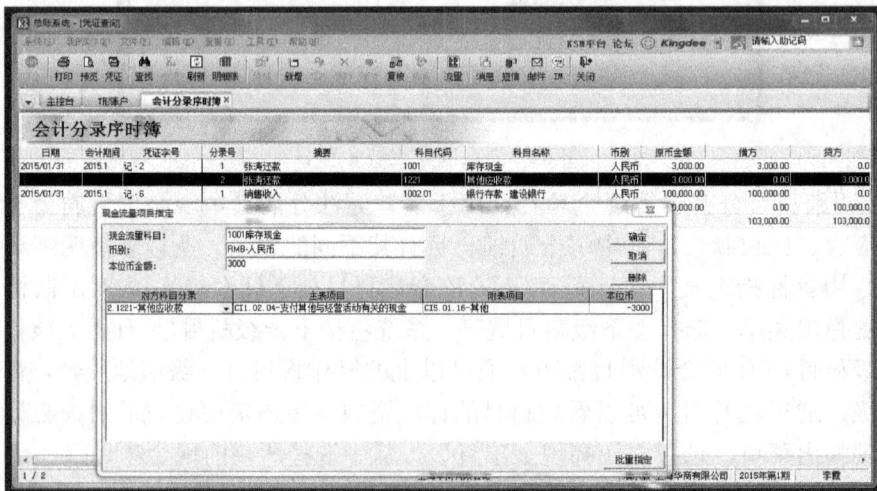

图 6-26　T 型账户中凭证指定

所有的现金类科目的对方科目为非现金类(只有对方科目为非现金的才涉及现金流量的变化,对方科目为现金类的将不会产生现金流量的变化)的现金流入和流出都可以通过这种方法来确定现金流量所属的现金项目，当将所有的非现金类的发生额都指定了现金项目之后，就可以生成一张现金流量表了。

在指定了现金项目之后，如果想查看所指定的现金项目，则单击鼠标右键，弹出菜单，选择按现金类项目展开选项，模块将显示该现金发生额所属的现金类项目。

2. 制作现金流量表附表

当现金流量表的主表设置完毕后，可以开始设置现金流量表的附表。

【操作步骤】

选择"报表"→"附表二"命令，弹出"现金流量表-[附表项目]"窗口，如图 6-27 所示。

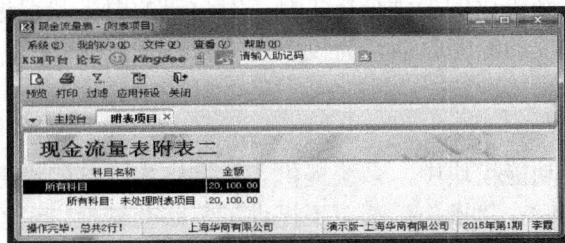

图 6-27 附表

该窗口中显示的是还未设置现金项目的会计科目，只是在此处设置的是"附表项目"，操作参考设置现金项目的三种方法(总会计科目、明细会计科目和凭证设置)。提醒用户在此出现的会计科目中涉及的凭证一般都为转账凭证，不涉及现金类项目(现金、银行存款、其他货币资金)即没有现金、银行凭证。

3. 生成现金流量表

【操作步骤】

选择"报表"→"报表"命令，进入现金流量表，如图 6-28 所示。

图 6-28 现金流量表

【温馨提示】

衡量报表正确性的两个等式如下:

T 型账中非现金类科目借贷方发生额之差＝资产负债表当期货币资金期初期末数之差

附表二中所有科目金额＋损益表当中的净利润＝经营活动产生的现金净流量

以上平衡关系如有问题请检查主附表中是否有未指定项目。

任务四　财 务 分 析

金蝶财务软件的财务分析主要提供报表分析、指标分析、因素分析、预算管理分析的内容,用户可以根据系统提供的各种分析工具,对自己的财务状况进行一个比较全面的分析,了解公司的财务状况的经营收益,为投资决策提供有力的依据。

子任务一　系统设置

在系统设置这一个功能模块中,系统提供了数字格式、打印设置、页面设置、标题脚注设置四个小功能,同时在“操作”菜单下提供了多账套管理,设置默认取数账套,工作区设置等功能。

1. 显示工作区设置

金蝶财务分析默认的显示界面分为两大部分,左边为菜单操作部分,用于选择菜单,右边为工作区。在编制和分析报表时,可只显示工作区,以提供更多的操作空间。

【操作步骤】

选择“操作”→“显示工作区”命令,如图 6-29 所示。

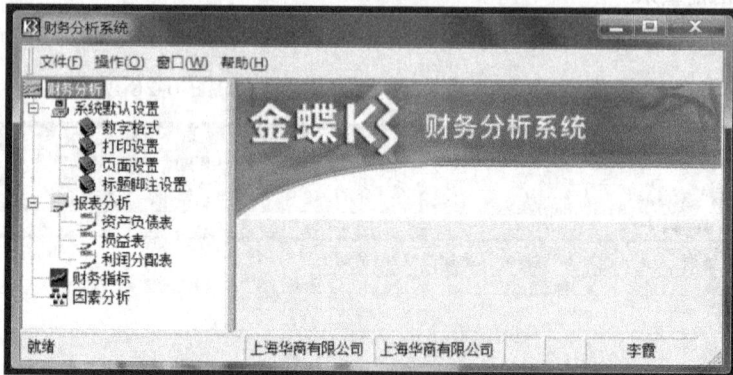

图 6-29　财务分析工作区

2. 多账套管理

财务分析可对多种数据进行财务分析,待分析的数据源是通过“多账套管理”来进行配置管理。

【操作向导】

(1) 选择“操作”→“多账套管理”命令,系统弹出“设置多账套取数”对话框,在此窗口可以对账套进行新增、修改和删除,如图 6-30 所示。

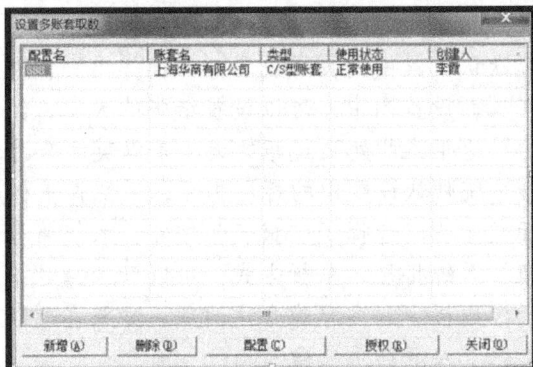

图 6-30 设置多账套取数

【温馨提示】

配置名：为配置的名称。金蝶报表与财务分析取数公式提供了多账套取数功能，不同账套的区分就是以此配置名进行区分的。

账套名：配置所对应的账套名称，具体解释如下。

类型：该配置所对应的数据库类型，目前支持 C/S 数据库和 Access 数据库两种类型。

使用状态：显示该配置是否可正常使用或无法使用的状态信息。

(2) 系统除多账套管理外，还有"设置默认取数账套"的功能。选择"操作"→"设置默认取数账套"命令，选择默认账套，如图 6-31 所示。

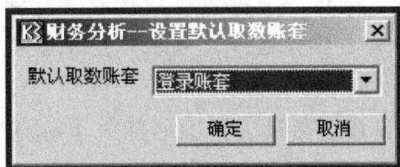

图 6-31 设置登录的账套

3. 系统默认设置

这些功能在使用中对新增报表有效，对于系统中初始设置的基本报表和指标不会发生作用。

【操作向导】

(1) 用鼠标选定财务分析中的系统默认设置选项，双击鼠标左键或是按该项目左边的加号，系统弹出默认设置的所有功能操作窗口，系统提供了"数字格式"、"打印设置"、"页面设置"和"标题脚注设置"四种数字格式供选择。

【温馨提示】

数字格式：系统为提供了四种数字格式供选择，将鼠标指向数字格式，双击鼠标左键，系统弹出数字格式的操作窗口。用鼠标选定需要的数字格式，双击鼠标左键，确定所选择的数字格式。

格式 0.00：这种格式表示数字如果有小数，系统将保留两位小数。

格式 0.000：这种格式表示数字如果有小数，系统将保留三位小数。

格式#,##0.00：这种格式表示在数字中加入分节号并保留两位小数。

格式#,##0.000：这种格式表示在数字中加入分节号并保留三位小数。

打印设置：双击系统默认设置中的打印设置，系统弹出打印设置的窗口，在此处可以

进行一系列的打印的设置，

页面设置：双击系统默认设置中的页面设置，系统弹出页面设置的对话框，可以对报表页面形式进行设置，在页面设置图中，可以设置纸张的大小，纸张的来源，纸张的摆放方向以及纸张上下左右的页边距，此处页边距的大小是以英寸来计算的。

标题脚注设置：双击系统默认设置中的标题脚注，系统弹出标题脚注设置的窗口。

标题：指分析表的标题名称。选择了"报表"按钮，系统将显示所分析报表的名称。选择了"分析方式"按钮，系统将显示分析方式，可以只选择"报表"或是"分析方式"按钮，也可以两者都选。标题栏中的内容隐含这两项，如果在删除了其中一项内容后又想加入，那么只能按已设置的录入规则手工输入。

字体名称：指标题字体所使用的字体是宋体、楷体还是别的字体。按字体右边的下拉按钮，系统将列出所有的字体的名称，用鼠标选定所需要的字体。

字体大小：指标题字体的大小。

页号打印位置：选择页号的打印位置是在标题还是在脚注。

脚注：是指所需定义的脚注的名称。双击脚注栏，可以选出日期和时间，选择了"日期"按钮，系统将显示报表的期间，选择了"时间"按钮，系统将显示报表打印的时间，如果两者都选择，系统将显示报表的期间和打印的时间。还可以设置脚注的字体名称和字体大小。

(2) 完成了以上这些关于标题脚注的设置之后，按"确定"按钮，退出标题脚注设置的操作。

子任务二　报表分析

金蝶财务分析系统提供了对资产负债表、损益表和自定义报表的分析。对每一报表系统提供了结构分析、比较分析、趋势分析等三种分析方法。

1. 系统预设报表分析

在报表分析中，可对资产负债表、损益表和利润分配表进行结构分析、比较分析和趋势分析。双击"报表分析"，弹出已定义好的三张财务报表(资产负债表、损益表、利润分配表)，光标定位在其中一张要分析的报表，现以资产负债表为例讲解报表分析步骤。

【操作向导】

(1) 单击鼠标右键，系统弹出报表分析的操作选项框，设定当前分析报表要分析的数据源，从报表分析的操作选项框，选择"报表属性"，如图 6-32 所示。

【温馨提示】

此功能是对报表的数据源进行设置，操作方法与系统默认设置中的数据源选项的操作相同，即确定报表的数据来源。系统提供了两种数据来源，一种是金蝶报表，另一种数据源是金蝶账套。数据来源为"金蝶报表"的是金蝶报表系统做出的、保存为 kds 文件或 kdt 文件，系统直接从该文件中取数，但只取报表中的数据。数据来源为"金蝶账套"的指财务分析系统直接从所选账套中取数，系统不但取数据，而且取公式，并可根据公式在财务分析系统中自动进行运算。

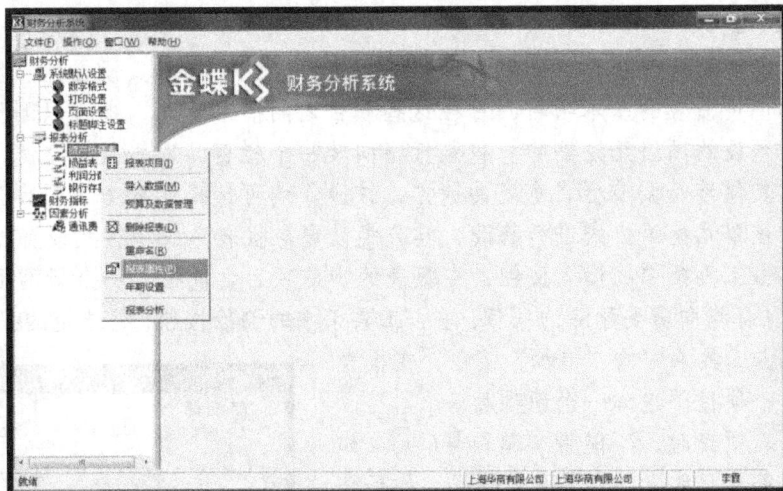

图 6-32　报表分析设置

　　选项"金蝶报表"为数据源，则要进行"导入数据"设置，选择从已确定的报表数据源中导入数据的功能(如果设置的数据源为金蝶的账套数据，则无需选择该功能，系统将自动从账套中导入数据；如果设置的数据源为金蝶报表或者是其他的数据源，则需要选择该功能方可将数据导入报表中，只要跟随界面上的向导就可以轻松完成导入数据的过程)。

　　选择"金蝶报表"为数据源，还必须设置"报表年限"。此选项是对报表的期间进行设置，可以将一年划分为若干期，系统将自动计算各期的起止时间，也可由用户选择报表的起始期间，对报表进行年期的设置(数据源为金蝶账套时无法修改年期方案，数据源为报表时可根据需要设置不同期间，如按周设置期间，或按天设置从而进行不同的分析方式。此功能需与报表系统联用)。

　　(2) 设置报表项目。选择"报表项目"，检查系统已定义好的报表公式是否正确，如检查正确，按退出键，如图 6-33 所示。

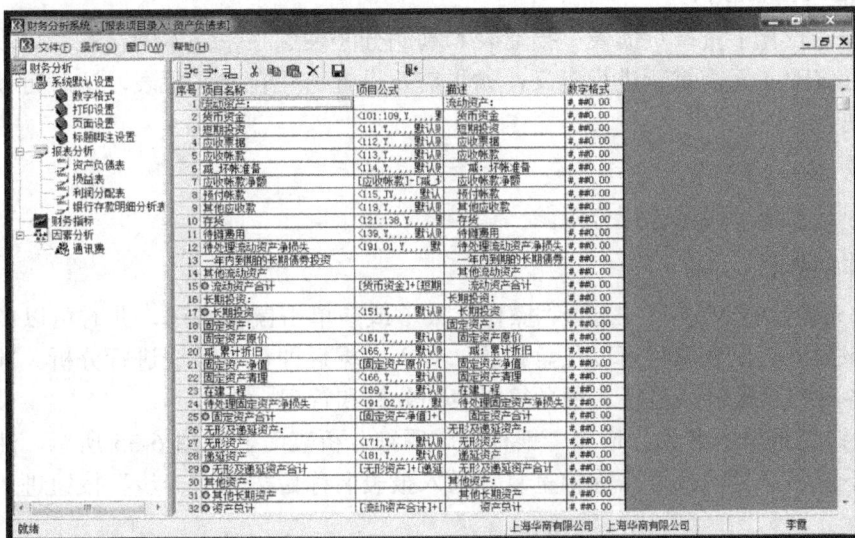

图 6-33　报表项目维护

【温馨提示】

系统预设了流动资产合计、固定资产合计、资产总计、流动负债合计、负债及所有者权益合计等资产负债表的基本项目，可在这些项目之间插入行次，也可以删除不需要的项目，对于系统预设的项目无法删除。将鼠标指向某一个栏目，双击鼠标左键，可调节该栏目的宽度。在其他涉及调节栏目宽度的地方，该操作均可选择。双击"项目公式"中的单元格，可以对该单元格的公式进行修改，其公式设置与报表系统中公式设置相同。

插入：单击工具条中的插入按钮，在报表的当前项目之前插入一个新的项目。

删除：将鼠标指向需要删除的项目，单击工具条中的删除按钮，将选定的报表项目删除。

追加：单击工具条中的"追加"按钮，在报表项目的最后一个项目下追加一个新项目。

在录入报表项目时，不能带有单引号(')。如果带有这样的符号，系统会出现取数错误，如果需要加入该符号，可以在描述栏中加入。

(3) 设置"报表分析"。选择"报表分析"命令，弹出一张设置好的资产负债表。单击"分析方式"图标，系统会弹出图 6-34 所示的报表分析方式设置窗口。

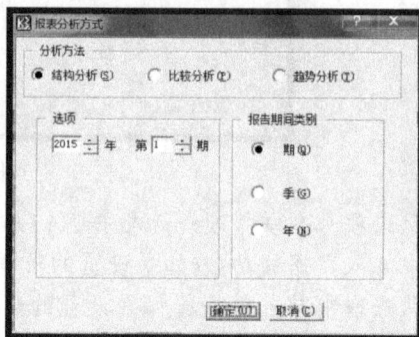

图 6-34　报表分析方式

【温馨提示】

报表的分析方法有结构分析、比较分析、趋势分析等。可以对该报表数据结构进行分析，也可将该表的各个期间的数据进行比较分析或是同指定的基期数据比较。

在"报表分析"中还有一个图表显示的功能。单击"图表分析"按钮或是用鼠标双击资产负债表中的某一项目，系统弹出图表的视图，可以形象直观地对报表进行分析。在进行图表分析时，系统提供了各种图形供选择，有饼图、直方图、折线图等。

2. 自定义报表分析

系统预先设置了资产负债表、损益表和利润分配表这三张基本的报表，可以以这些表为模板进行修改，无需重新进行定义，如果需要设置一些自定义报表，这时可以通过新建报表来实现。

【任务 6-4-1】

对"银行存款"明细进行分析。

【操作向导】

(1) 首先选定报表分析，选择"操作"菜单或是单击鼠标右键，此时可以增加一张新报表，对该报表的报表项目可以任意设置，导入数据后即可对该表进行分析。同时用户还可以设置各种预算报表，进行各种预算报表的分析和管理。

(2) 确定新报表的名称，增加"银行存款明细分析表"，如图 6-35 所示。注意此处输入的名称不能和已有的报表名称相重复。录入报表名称后按"下一步"按钮进入下一步的操作。

(3) 配置报表数据源，该表为账套数据源，如图 6-36 所示。

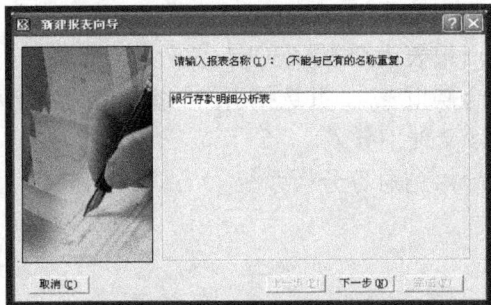

图 6-35 自定义报表向导

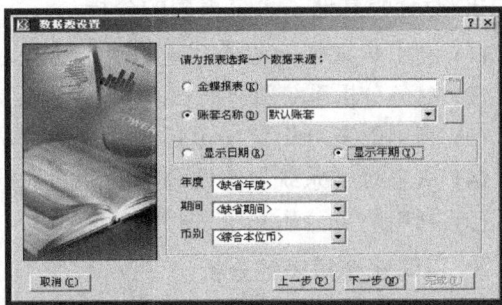

图 6-36 自定义报表数据源设置

(4) 在报表项目生成器中选择科目、项目、取数类型，单击"增加"按钮，最后单击"完成"按钮，生成报表项目，如图 6-37 所示。

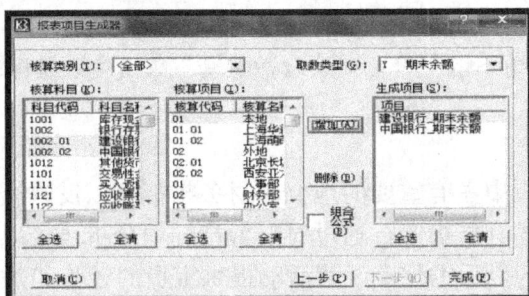

图 6-37 报表项目生成器

【温馨提示】

本案例在取数类型中选择"损益表本期实际发生额"并分别选择管理费用的几个明细科目，然后单击"增加"按钮，并且单击"完成"按钮则生成项目。

如用户用于编制部门管理费用报表、项目管理报表等报表，首先要确定要编制报表的核算类型(本案例没有核算项目)，在核算科目栏自动显示设置了该核算类型的所有科目。

如果不在报表项目生成器中定义报表的项目，直接按完成按钮生成一张空的报表，系统提示是否立即进行报表的定义，如果选"是(Y)"按钮，进入报表定义操作，如果选"否(N)"按钮，退出报表操作，返回财务分析的主窗口。

如果新建报表的数据源为金蝶报表，则还需要进行"导入数据"和"年期设置"。

(5) 生成报表分析。选择"报表分析"选项，弹出报表分析界面，如图 6-38 所示。

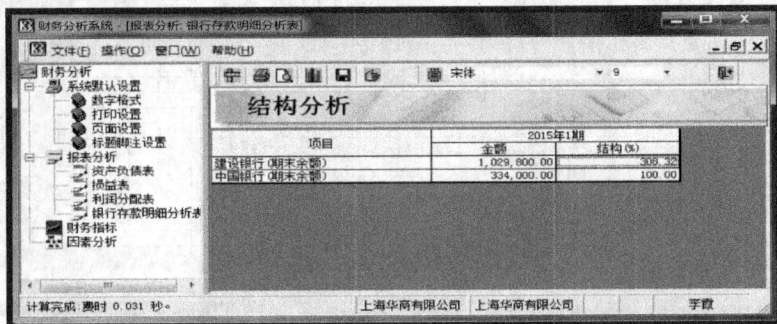

图 6-38 自定义报表分析

3. 对金蝶其他子系统报表的分析

(1) 利用金蝶软件各子系统的引出功能，引出报表为金蝶报表 kds 文件格式。

(2) 财务分析系统新建报表，数据源设置为"金蝶报表"，并选择引出的报表路径和名称。

(3) 利用财务分析定义项目和公式，可从 kds 文件中导入。

(4) 从金蝶子系统导出要分析的期间数据，导入到财务分析系统。

(5) 利用财务分析系统进行分析。

4. 不同账套报表的分析

(1) 在总账系统集中指定统一的基础资料(如会计科目、币别等)，如集团统一要求分公司的账套基础资料一致。

(2) 集团总部人员使用公式向导或手工录入公式定义取数项目和公式。

(3) 定义公式时，"取数账套"、"会计年度"、"开始期间"、"结束期间"使用系统默认值。

(4) 通过"操作"菜单下的"设置默认取数账套"来改变取数账套，对不同账套作分析。

子任务三　指标分析

指标分析在财务分析中占有重要的地位，财务指标可以反映企业的财务状况、资金运作能力、偿债能力以及盈利能力等，通过对财务指标的分析，可以对企业的财务状况和经营成果作一个总结，并为以后的生产经营活动提供宝贵的经验和素材。

要进行财务指标的分析，首先进行财务指标的定义。

1. 财务指标定义

【操作向导】

将鼠标指向财务分析主窗口中的财务指标，单击鼠标右键，弹出"指标定义"和"指标分析"两个选项，选择指标定义，单击鼠标左键，进入指标定义的操作。其设置和"报表分析"中"报表项目"设置的操作相同，可以插入、删除追加指标项目并设置公式，如图 6-39 所示。

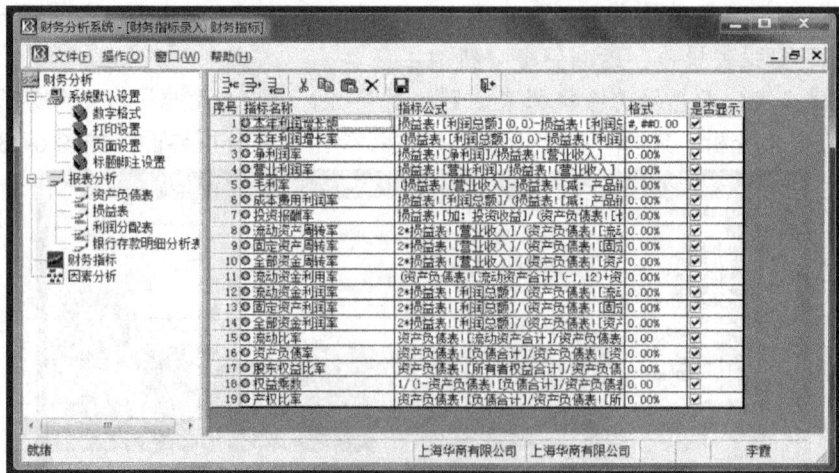

图 6-39　财务指标定义

2. 指标分析

【操作向导】

(1) 将鼠标指向财务分析主窗口中的财务指标，单击鼠标右键，弹出"指标定义"，和"指标分析"两个选项，选择指标分析，单击鼠标左键，进入指标分析的。

(2) 在指标分析图中，按"分析"按钮，系统弹出指标分析期间的设置窗口，在数据期间的设置中，可以设置指标分析的期间，在年的设置中，按上下移动按钮即可选择不同的年份，在期间的设置中，按期间的上下移动按钮，选择不同的期间，进行各个期间的指标分析。选择不同的期间，系统将根据所设置的指标公式自动选择计算的功能。

子任务四　因素分析

在财务分析中，系统提供了因素分析，对于财务中的一些需要进行深入分析的对象如利润、税金等，可以在因素分析处对这些分析对象进行分析。选择确定与分析对象相关的各种的因素，确定影响分析对象变动的因素以及因素与因素之间的计算关系，进行深入的分析。

1. 因素分析对象定义

【操作向导】

(1) 在财务分析的主窗口中，选择因素分析，单击鼠标右键，系统弹出新建分析对象，单击鼠标左键，进入新建分析对象的操作。

新建分析对象名称：输入分析对象的名称，如成本、利润等，此处输入的名称不能同已有的名称重复。输入完成后，单击"下一步"按钮，进入下一步的操作或是按"取消"按钮，取消新建分析对象的操作。假设用户要分析"通讯费"的组成因素，其向导如图 6-40 所示。

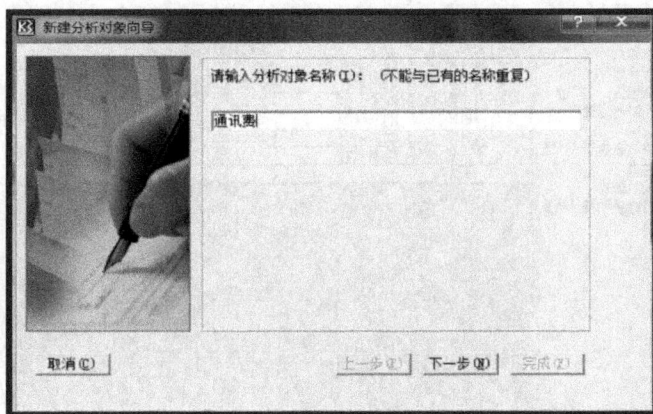

图 6-40　新建分析对象向导

(2) 数据源配置。对于新建的分析对象，必须为其配置数据源才可以进行因素分析，其操作与新建"报表分析"确定数据源是相同的，可以参考。设置完毕后单击"下一步"按钮。

(3) 生成因素。在因素生成器中，定义与该分析对象相关的因素，选择需要进行分析的、组成该分析对象的因素，可以是一个会计科目，也可以是会计科目下设的核算项目，也可以是报表的某一个项目。

根据案例，"核算类型"应该选择"职员"，会计科目为"管理费用--通讯费"，取数类型为"期末余额"，如图 6-41 所示。

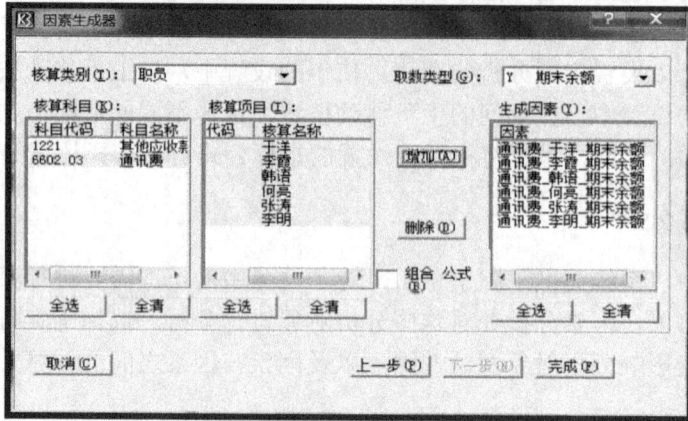

图 6-41　因素生成器

【操作向导】

在前面的因素生成器中，已经生成了与分析对象相关的各个因素，在分析对象的定义功能中，可以将与分析对象相关的各个因素之间的关系进行定义和修改。选择因素分析下设置的分析对象，单击鼠标右键，系统弹出功能对话框，单击"分析对象定义"，进入分析对象项目定义操作，定义后保存设置，如图 6-42 所示。

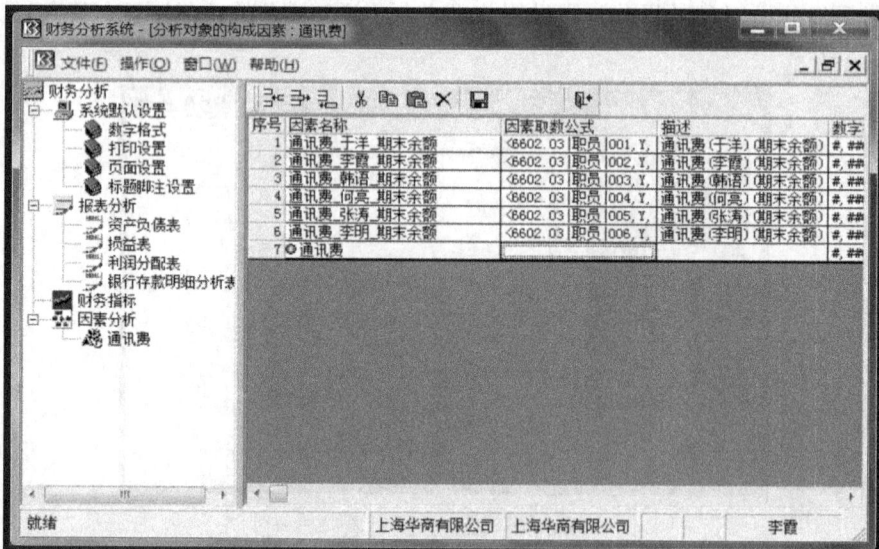

图 6-42　因素分析生成

【温馨提示】

因素取数公式：需要设置该公式，本案例应设置为上述几个客户应收账款的合计数。

描述：录入描述文字，例如"合计"。

2. 因素分析

【操作向导】

　　在因素分析中选择已经建立的因素分析对象，即"应收账款分析"，双击或右键选择"因素分析"，即可进入该分析报表中。其分析方法同"报表分析"相类似，同样可以进行结构分析、比较分析、趋势分析等，分析方法由用户选择确定，如图 6-43 所示。

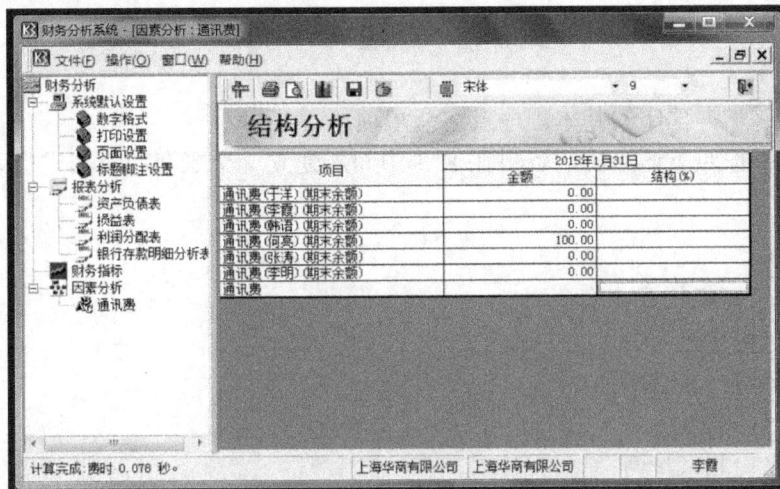

图 6-43　因素分析

实 训 项 目

实训一 建 账

实训目的：掌握建账的基本程序及注意事项。

实训要求：按照下述给出的资料在 K/3 中间层建立一个账套并对其进行系统设置，启用账套。

实训资料：

(一) 新建公司机构及账套

(1) 公司机构代码：01；

(2) 公司名称：北京华商；

(3) 账套号：01.01；

(4) 账套名：北京华商；

(5) 账套类型：工业企业；

(6) 数据实体：系统会自动给出，不需客户命名；

(7) 数据库文件路径：D：\上海华商 01 账套\(提前建好的文件夹)；

(8) 数据库日志路径：D：\上海华商 01 账套\。

(二) 设置账套参数

(1) 公司名称：北京华商有限公司。

(2) 记账本位币：人民币　货币代码：RMB。

(3) 账套启用期间：2015 年 01 月 01 日。

(三) 添加用户

用户名	认证方式	用户组	权限
张华	密码认证(不设密码)	Administrators(系统管理员组)	不需授权
李萍	密码认证(不设密码)	Users(一般用户组)	授予所有权限

实训二 账套初始化

实训目的：掌握对账套进行初始化的步骤及各操作要点。

实训要求：根据下述给出的资料按顺序完成账套系统基础资料的维护及初始数据录入并结束初始化工作。

实训资料：

一、从模板中引入会计科目

二、设置总账系统参数

三、系统资料维护

(一) 增加两种币别。注意汇率小数点的切换(切换到英文标点状态)

币别代码	币别名称	记账汇率	折算方式	汇率类型
HKD	港币	0.80	原币*汇率=本位币	浮动汇率
USD	美元	6.22	原币*汇率=本位币	浮动汇率

(二) 增加凭证字为"记"字

(三) 增加两个计量单位组及相应组里的计量单位

计量单位组	代码	计量单位名称	系数
重量组	KG	公斤	1
	T	吨	1000
数量组	J	件	1
	X	箱	50

(四) 增加支票结算方式

代码	名　　称
JF06	支票

(五) 新增相关核算项目资料

(1) 新增"客户"资料：

代码	名　　称
01	天河区(上级组)
01.01	长城公司
01.02	天达公司
02	越秀区(上级组)
02.01	宏基公司
02.02	长海公司

(2) 新增"部门"资料：

代码	名　　称
01	财务部
02	行政部
03	销售部(上级组)
03.01	销售一部
03.02	销售二部
04	生产部

(3) 新增"职员"资料：

代码	名称	部门
001	张华	财务部
002	李萍	行政部
003	王林	销售一部
004	赵立	销售二部
005	刘红	生产部
006	孙晴	生产部

(4) 新增"供应商"资料：

代码	名称
01	海珠区(上级组)
01.01	恒星公司
01.02	南方公司
02	白云区
02.01	王码公司
02.01	强发公司

(5) 新增"产成品"核算项目。

属性名称	属性类别	属性长度
标准成本	实数	
出厂价	实数	
零售价	实数	
销售政策	文本	255

(六) 会计科目维护

(1) 增加会计科目。

科目代码	科目名称	外币核算	期末调汇	数量金额辅助核算	核算项目
1002	银行存款	所有币别	√		
1002.01	建设银行	人民币			
1002.02	中国银行	美元	√		
1002.03	工商银行	港元	√		
1221	其他应收款				
1221.01	职员				职员
1403	原材料				
1403.01	甲材料			√(计量单位：公斤)	
1403.02	乙材料			√(计量单位：公斤)	
6602	管理费用				
6602.01	工资及福利				
6602.02	折旧费				
6602.03	通讯费				部门、职员
5001	生产成本				
5001.01	工资及福利费				
5101	制造费用				
5101.01	折旧费				
5101.02	工资及福利费				
6001	主营业务收入				部门、职员、物料
6603	财务费用				
6603.01	利息				
6603.02	汇兑损益				

(2) 会计科目的修改。

科目代码	科目名称	往来业务核算	核算项目
1122	应收账款	√	客户
2202	应付账款	√	供应商

(七) 新增"物料"资料

先设上级组　　01　　材料
　　　　　　　02　　产品

代码	名称	属性	计量单位	计价方法	存货科目	销售收入	销售成本
01.01	甲材料	外购	公斤	加权平均	1403.01	6001	6401
01.02	乙材料	外购	公斤	加权平均	1403.02	6001	6401
02.01	A产品	自制	件	加权平均	1406	6001	6401
02.02	B产品	自制	件	加权平均	1406	6001	6401

四、初始余额录入

科目名称	外币/数量	汇率	借方金额	贷方金额
库存现金			30,000	
银行存款-建设银行			500,000	
银行存款-中国银行	200,000	6.22	1,244,000	
银行存款-工商银行	100,000	0.8	80,000	
应收账款			150,000	
原材料-甲材料	1,000		20,000	
-乙材料	500		50,000	
其他应收款-职员	张华		5,000	
坏账准备				5,000
固定资产			5,600,000	
累计折旧				500,000
应付账款				300,000
短期借款				100,000
实收资本				6,774,000
合　计			7,679,000	7,679,000

注：应收账款科目期初数据：

客户	时间	事由	金额
长城公司	2013.12.06	销货款	80,000
宏基公司	2014.11.25	销货款	70,000
合　计			150,000

应付账款期初数据：

供应商	时间	事由	金额
恒星公司	2014.09.12	购料	120,000
王码公司	2014.06.03	购料	180,000
合　计			300,000

五、切换币别为综合本位币，进行试算平衡检查

六、试算平衡结束初始化工作

实训三　日常账务处理

实训目的： 掌握 K/3 财务系统日常账务处理工作

实训要求： ① 根据下述资料录入记账凭证，对其进行审核、过账并查看各种账表；

② 进行往来业务核销；

③ 利用自动转账功能结转有关费用；

④ 进行期末调汇、结转损益等业务处理并进行期末结账。

实训资料：

一、录入记账凭证

1. 提现类

5 日，提取现金 10,000 元备用。

摘要：提现。

借：库存现金　　　　10,000

贷：银行存款-建行　　10,000

2. 应付往来业务类

10 日，偿还前欠恒星公司的货款 120,000 元。

摘要：偿还欠款

借：应付账款-恒星　　120,000

贷：银行存款-建行　　120,000

3. 多核算项目类

15 日，销售一部王林向宏基公司销售 A 产品 60,000 元，货款暂欠。

摘要：赊销产品。

借：应收账款-宏基公司　　60,000

贷：主营业务收入-销售一部/王林/A 产品　　60,000

4. 数量金额业务类

20 日，采购甲材料 1000 公斤，单价 50 元/公斤；乙材料 500 公斤，单价 40 元/公斤，以建行存款支付。

摘要：采购材料。

借：原材料-甲材料　　50,000

　　　　　　-乙材料　　20,000

　　贷：银行存款-建设银行　　　70,000

5. 涉及外币业务类

25 日，收到某外商交来投资款 20,000 美元，存入中行美元户，当日汇率为 6.23。

摘要：收到投资。

借：银行存款-中行　　20,000*6.23　　　124,600

贷：实收资本　　　　　　　　　　　　12,4400

资本公积　　　　　　　　　　　　　200

6. 30 日，支付本月通迅费。

摘要：支付通讯费

　　　　借：管理费用-通讯费/销售一部/王林 500

　　　　　　　-通讯费/销售二部/刘红　　400

　　　　　　　-通讯费/行政部/李萍　　　300

贷：库存现金　　　　　　　　　　1,200

7. 应收往来业务类

30 日，收回宏基公司前欠销货款 60,000 元，存入建行。

摘要：收回前欠货款。

借：银行存款-建行　　　60,000

贷：应收账款-宏基公司　60,000

二、凭证其他相关操作及账簿查询

1. 将前面所做的所有记账凭证审核、过账

2. 假设当月 5 日的提现记账凭证金额出错，正确应为 1,000 元，请用红字冲销法更正

3. 制作一张提现的模式凭

4. 查看各种总分类账、明细账等

5. 查看管理费用多栏式明细账

6. 查看科目余额表、试算平衡表等

7. 查看"管理费用-通迅费"及"产品销售收入"的核算项目组合表

三、往来管理

1. 利用核销管理功能进行应收账款、应付账款的核销

2. 查看往来对账单及账龄分析表

四、期末处理

1. 进行当月的期末调汇操作，生成凭证并审核过账

港币：　期末汇率：0.81

美元：　期末汇率：6.23

2. 结转当期损益 (注意先将当月未过账凭证全部过账)

3. 将结转损益的记账凭证过账

4. 期末结账

实训四　报 表 系 统

实训目的：掌握系统预置报表的查询技巧及基本的修改操作，并能制作简单的自定义报表。

实训要求：① 查看资产负债表及损益表；
　　　　　　　② 根据要求制作自定义报表。

实训资料：

一、查看当月北京华商有限公司的资产负债表及损益表

二、制作一张自定义内部报表

简　表

单位名称：北京华商有限公司　　　　　　　2015-01-31　　　　　　　单位：元

	资产资料		损益资料	
	年初数	期末数	本期发生额	本年累计数
库存现金				
银行存款				
应收账款-长城公司				
管理费用				
合　计				

单位负责人：　　　　　　　　会计主管：　　　　　　　　　　制表人：

三、以批量填充的方式制作以下自定义报表

货币资金表

单位名称：北京华商有限公司　　　　　　　2015-01-31　　　　　　　单位：元

项目	期初余额	借方发生额	贷方发生额	期末余额
库存现金				
银行存款-建行				
银行存款-中行				
银行存款-工行				
其他货币资金				
合　计				

单位负责人：　　　　　　　　会计主管：　　　　　　　　　　制表人：

实训五　现金管理系统

实训目的：掌握现金管理系统日常业务处理方法

实训要求：

① 录入现金管理系统初始数据，进行系统设置；

② 录入现金日记账，进行库存现金盘点、现金对账；

③ 录入银行存款日记账、银行对账单记录，进行银行存款对账、编制银行存款余额调节表；

④ 进行现金管理系统期末建账。

实训资料：

一、初始数据录入

1．从总账系统引入现金、银行存款科目

2．从总账系统引入 2014 年 1 月 1 日的现金、银行存款科目余额

3．进行试算平衡检查，如已平衡则结束初始化，将现金管理系统启用期间定在 2014 年 1 月 1 日

二、现金处理

1．登记现金日记账(从总账引入)

2．进行 1 月 31 日的库存现金对账

三、银行存款处理

1．登记银行存款日记账(从总账引入)

2．录入银行对账单

建设银行银行对账单记录：

日期	摘要	借方	贷方
01-05	提现	10,000	
01-15	购买办公设备	24,000	
01-15	收回欠款		70,000
01-10	偿还欠款	120,000	
01-20	清理固定资产收入		4,500
01-26	收回坏账		3,000
01-20	购料	70,000	

3．进行建行账户的银行对账

4．生成银行存款余额调节表

附录　企业会计信息化工作规范

第一章　总　　则

第一条　为推动企业会计信息化，节约社会资源，提高会计软件和相关服务质量，规范信息化环境下的会计工作，根据《中华人民共和国会计法》、《财政部关于全面推进我国会计信息化工作的指导意见》(财会〔2009〕6 号)，制定本规范。

第二条　本规范所称会计信息化，是指企业利用计算机、网络通信等现代信息技术手段开展会计核算，以及利用上述技术手段将会计核算与其他经营管理活动有机结合的过程。

本规范所称会计软件，是指企业使用的，专门用于会计核算、财务管理的计算机软件、软件系统或者其功能模块。会计软件具有以下功能：

(一) 为会计核算、财务管理直接采集数据；

(二) 生成会计凭证、账簿、报表等会计资料；

(三) 对会计资料进行转换、输出、分析、利用。

本规范所称会计信息系统，是指由会计软件及其运行所依赖的软硬件环境组成的集合体。

第三条　企业(含代理记账机构，下同)开展会计信息化工作，软件供应商(含相关咨询服务机构，下同)提供会计软件和相关服务，适用本规范。

第四条　财政部主管全国企业会计信息化工作，主要职责包括：

(一) 拟订企业会计信息化发展政策；

(二) 起草、制定企业会计信息化技术标准；

(三) 指导和监督企业开展会计信息化工作；

(四) 规范会计软件功能。

第五条　县级以上地方人民政府财政部门管理本地区企业会计信息化工作，指导和监督本地区企业开展会计信息化工作。

第二章　会计软件和服务

第六条　会计软件应当保障企业按照国家统一会计准则制度开展会计核算，不得有违背国家统一会计准则制度的功能设计。

第七条　会计软件的界面应当使用中文并且提供对中文处理的支持，可以同时提供外国或者少数民族文字界面对照和处理支持。

第八条　会计软件应当提供符合国家统一会计准则制度的会计科目分类和编码功能。

第九条　会计软件应当提供符合国家统一会计准则制度的会计凭证、账簿和报表的显示和打印功能。

第十条 会计软件应当提供不可逆的记账功能,确保对同类已记账凭证的连续编号,不得提供对已记账凭证的删除和插入功能,不得提供对已记账凭证日期、金额、科目和操作人的修改功能。

第十一条 鼓励软件供应商在会计软件中集成可扩展商业报告语言(XBRL)功能,便于企业生成符合国家统一标准的 XBRL 财务报告。

第十二条 会计软件应当具有符合国家统一标准的数据接口,满足外部会计监督需要。

第十三条 会计软件应当具有会计资料归档功能,提供导出会计档案的接口,在会计档案存储格式、元数据采集、真实性与完整性保障方面,符合国家有关电子文件归档与电子档案管理的要求。

第十四条 会计软件应当记录生成用户操作日志,确保日志的安全、完整,提供按操作人员、操作时间和操作内容查询日志的功能,并能以简单易懂的形式输出。

第十五条 以远程访问、云计算等方式提供会计软件的供应商,应当在技术上保证客户会计资料的安全、完整。对于因供应商原因造成客户会计资料泄露、毁损的,客户可以要求供应商承担赔偿责任。

第十六条 客户以远程访问、云计算等方式使用会计软件生成的电子会计资料归客户所有。

软件供应商应当提供符合国家统一标准的数据接口供客户导出电子会计资料,不得以任何理由拒绝客户导出电子会计资料的请求。

第十七条 以远程访问、云计算等方式提供会计软件的供应商,应当做好本厂商不能维持服务情况下,保障企业电子会计资料安全以及企业会计工作持续进行的预案,并在相关服务合同中与客户就该预案做出约定。

第十八条 软件供应商应当努力提高会计软件相关服务质量,按照合同约定及时解决用户使用中的故障问题。

会计软件存在影响客户按照国家统一会计准则制度进行会计核算问题的,软件供应商应当为用户免费提供更正程序。

第十九条 鼓励软件供应商采用呼叫中心、在线客服等方式为用户提供实时技术支持。

第二十条 软件供应商应当就如何通过会计软件开展会计监督工作,提供专门教程和相关资料。

第三章 企业会计信息化

第二十一条 企业应当充分重视会计信息化工作,加强组织领导和人才培养,不断推进会计信息化在本企业的应用。

除本条第三款规定外,企业应当指定专门机构或者岗位负责会计信息化工作。

未设置会计机构和配备会计人员的企业,由其委托的代理记账机构开展会计信息化工作。

第二十二条 企业开展会计信息化工作,应当根据发展目标和实际需要,合理确定建设内容,避免投资浪费。

第二十三条　企业开展会计信息化工作，应当注重信息系统与经营环境的契合，通过信息化推动管理模式、组织架构、业务流程的优化与革新，建立健全适应信息化工作环境的制度体系。

第二十四条　大型企业、企业集团开展会计信息化工作，应当注重整体规划，统一技术标准、编码规则和系统参数，实现各系统的有机整合，消除信息孤岛。

第二十五条　企业配备的会计软件应当符合本规范第二章要求。

第二十六条　企业配备会计软件，应当根据自身技术力量以及业务需求，考虑软件功能、安全性、稳定性、响应速度、可扩展性等要求，合理选择购买、定制开发、购买与开发相结合等方式。

定制开发包括企业自行开发、委托外部单位开发、企业与外部单位联合开发。

第二十七条　企业通过委托外部单位开发、购买等方式配备会计软件，应当在有关合同中约定操作培训、软件升级、故障解决等服务事项，以及软件供应商对企业信息安全的责任。

第二十八条　企业应当促进会计信息系统与业务信息系统的一体化，通过业务的处理直接驱动会计记账，减少人工操作，提高业务数据与会计数据的一致性，实现企业内部信息资源共享。

第二十九条　企业应当根据实际情况，开展本企业信息系统与银行、供应商、客户等外部单位信息系统的互联，实现外部交易信息的集中自动处理。

第三十条　企业进行会计信息系统前端系统的建设和改造，应当安排负责会计信息化工作的专门机构或者岗位参与，充分考虑会计信息系统的数据需求。

第三十一条　企业应当遵循企业内部控制规范体系要求，加强对会计信息系统规划、设计、开发、运行、维护全过程的控制，将控制过程和控制规则融入会计信息系统，实现对违反控制规则情况的自动防范和监控，提高内部控制水平。

第三十二条　对于信息系统自动生成且具有明晰审核规则的会计凭证，可以将审核规则嵌入会计软件，由计算机自动审核。未经自动审核的会计凭证，应当先经人工审核再进行后续处理。

第三十三条　处于会计核算信息化阶段的企业，应当结合自身情况，逐步实现资金管理、资产管理、预算控制、成本管理等财务管理信息化。

处于财务管理信息化阶段的企业，应当结合自身情况，逐步实现财务分析、全面预算管理、风险控制、绩效考核等决策支持信息化。

第三十四条　分公司、子公司数量多、分布广的大型企业、企业集团应当探索利用信息技术促进会计工作的集中，逐步建立财务共享服务中心。

实行会计工作集中的企业以及企业分支机构，应当为外部会计监督机构及时查询和调阅异地储存的会计资料提供必要条件。

第三十五条　外商投资企业使用的境外投资者指定的会计软件或者跨国企业集团统一部署的会计软件，应当符合本规范第二章要求。

第三十六条　企业会计信息系统数据服务器的部署应当符合国家有关规定。数据服务器部署在境外的，应当在境内保存会计资料备份，备份频率不得低于每月一次。境内备份的会计资料应当能够在境外服务器不能正常工作时，独立满足企业开展会计工作的需要以及外部会计监督的需要。

第三十七条　企业会计资料中对经济业务事项的描述应当使用中文，可以同时使用外国或者少数民族文字对照。

第三十八条　企业应当建立电子会计资料备份管理制度，确保会计资料的安全、完整和会计信息系统的持续、稳定运行。

第三十九条　企业不得在非涉密信息系统中存储、处理和传输涉及国家秘密，关系国家经济信息安全的电子会计资料；未经有关主管部门批准，不得将其携带、寄运或者传输至境外。

第四十条　企业内部生成的会计凭证、账簿和辅助性会计资料，同时满足下列条件的，可以不输出纸面资料：

(一) 所记载的事项属于本企业重复发生的日常业务；

(二) 由企业信息系统自动生成；

(三) 可及时在企业信息系统中以人类可读形式查询和输出；

(四) 企业信息系统具有防止相关数据被篡改的有效机制；

(五) 企业对相关数据建立了电子备份制度，能有效防范自然灾害、意外事故和人为破坏的影响；

(六) 企业对电子和纸面会计资料建立了完善的索引体系。

第四十一条　企业获得的需要外部单位或者个人证明的原始凭证和其他会计资料，同时满足下列条件的，可以不输出纸面资料：

(一) 会计资料附有外部单位或者个人的、符合《中华人民共和国电子签名法》的可靠的电子签名；

(二) 电子签名经符合《中华人民共和国电子签名法》的第三方认证；

(三) 满足第四十条第(一)项、第(三)项、第(五)项和第(六)项规定的条件。

第四十二条　企业会计资料的归档管理，遵循国家有关会计档案管理的规定。

第四十三条　实施企业会计准则通用分类标准的企业，应当按照有关要求向财政部报送 XBRL 财务报告。

第四章　监　　督

第四十四条　企业使用会计软件不符合本规范要求的，由财政部门责令限期改正。限期不改的，财政部门应当予以公示，并将有关情况通报同级相关部门或其派出机构。

第四十五条　财政部采取组织同行评议，向用户企业征求意见等方式对软件供应商提供的会计软件遵循本规范的情况进行检查。

省、自治区、直辖市人民政府财政部门发现会计软件不符合本规范规定的，应当将有关情况报财政部。

任何单位和个人发现会计软件不符合本规范要求的，有权向所在地省、自治区、直辖市人民政府财政部门反映，财政部门应当根据反映开展调查，并按本条第二款规定处理。

第四十六条　软件供应商提供的会计软件不符合本规范要求的，财政部可以约谈该供应商主要负责人，责令限期改正。限期内未改正的，由财政部予以公示，并将有关情况通报相关部门。

第五章　附　　则

第四十七条　省、自治区、直辖市人民政府财政部门可以根据本规范制定本地区具体实施办法。

第四十八条　自本规范施行之日起,《会计核算软件基本功能规范》(财会字〔1994〕27 号)、《会计电算化工作规范》(财会字〔1996〕17 号)不适用于企业及其会计软件。

第四十九条　本规范自 2014 年 1 月 6 日起施行,1994 年 6 月 30 日财政部发布的《商品化会计核算软件评审规则》(财会字〔1994〕27 号)、《会计电算化管理办法》(财会字〔1994〕27 号)同时废止。